高等学校“十二五”规划教材

地下工程施工技术

主　编　任建喜

副主编　郑选荣

编　者　任建喜　郑选荣　李金华

于远祥　朱　彬　冯晓光

西北工業大學出版社

【内容简介】 本书为高等学校"十二五"规划教材。主要内容有地下工程概述、岩体隧道钻爆法施工技术、土质隧道施工技术、盾构法施工技术、隧道掘进机施工技术、井巷工程施工技术、基坑工程施工技术、地下连续墙施工技术、顶管法施工技术、沉管法施工技术、冻结法施工技术、注浆法施工技术和地下工程施工组织与施工监测等。

本书可作为土木工程、工程力学、工程管理相关专业或专业方向学生的教材，也可供从事有关土木工程设计、施工、监理、监测等工作的工程技术人员参考。

图书在版编目(CIP)数据

地下工程施工技术/任建喜主编．—西安：西北工业大学出版社，2012.1(2017.1 重印)
高等学校"十二五"规划教材
ISBN 978-7-5612-3268-2

Ⅰ．①地… Ⅱ．①任… Ⅲ．①地下工程—工程施工—施工技术—高等学校—教材
Ⅳ．①TU94

中国版本图书馆 CIP 数据核字(2011)第 273912 号

出版发行：西北工业大学出版社
通信地址：西安市友谊西路 127 号 邮编：710072
电　　话：(029)88493844 88491757
网　　址：www.nwpup.com
印 刷 者：陕西向阳印务有限公司
开　　本：787 mm×1 092 mm 1/16
印　　张：20.25
字　　数：491 千字
版　　次：2012 年 2 月第 1 版 2017 年 1 月第 3 次印刷
定　　价：42.00 元

前　言

土木工程是建造各类工程设施的科学技术的总称。它主要包括工程设施的勘测、设计、施工、保养和维修等。土木工程的主干学科是结构工程、岩土工程、桥梁与隧道工程；相关学科有市政工程，供热、供燃气、通风及空调工程，防灾、减灾及防护工程，水工结构工程，港口、海岸及近海工程等。目前，土木工程专业按照专业方向进行教学，2010 年中华人民共和国住房和城乡建设部制定的《土木工程专业规范(讨论稿)》推荐的三个专业方向是建筑工程、桥梁与隧道工程和地下工程。"地下工程施工技术"是土木工程专业地下工程方向推荐的专业课之一，属于施工原理与方法的知识单元。本书包含了该规范建议的地下工程施工技术课程的知识点。

随着大学扩招，土木工程本科教育已经从精英教育转向大众教育，培养高级工程应用型人才成为土木工程专业教学的任务。特别是 2010 年教育部启动了"卓越工程师教育培养计划"，强调培养学生的动手实践能力。本书的编写适应了国家对土木工程人才培养的要求。

本书的主要内容包括地下工程概述、岩体隧道钻爆法施工技术、土质隧道施工技术、盾构法施工技术、隧道掘进机施工技术、井巷工程施工技术、基坑工程施工技术、地下连续墙施工技术、顶管法施工技术、沉管法施工技术、冻结法施工技术、注浆法施工技术和地下工程施工组织与施工监测。本书的内容反映了地下工程领域施工的新技术、新设备、新工艺和先进的管理理念。本着科研与教学相互促进、科研成果融入本科教学的宗旨，本书的许多内容来自于笔者的最新科研成果。为提高学生的学习效果，便于学生学习和复习，本书每章均给出了思考题。

本书由任建喜担任主编，郑选荣担任副主编。全书共分 13 章。具体编写分工如下：第 1，7，8，11 章和第 13 章的 13.1～13.4 节由任建喜编写，第 2，3，12 章由郑选荣编写，第 4，5 章由李金华编写，第 6 章由于远祥编写，第 9，10 章由冯晓光编写，第 13 章的 13.5 节由朱彬编写。本书的出版得到西安科技大学教材建设委员会的立项支持，衷心感谢西安科技大学对本书提供的支持！

由于水平有限，本书存在的缺点和不足请读者批评指正。

编　者

2011 年 9 月

目　　录

第1章 绪　论

本章主要介绍地下工程的定义、作用和发展方向，概述了地下工程施工技术的新进展，简述本书涉及的内容，介绍本门课程的学习方法。

1.1 地下工程的定义

地下工程是指深入地面以下为开发利用地下空间资源所建造的地下土木工程，地下工程涉及的内容很多，主要有地下房屋、地下铁道、公路隧道、水下隧道、上下水道、电力及燃气管道、地下商业街、地下停车场、地下水力发电站、地下能源发电站、地下工厂、地下核能发电设施、各种通道工程、地下共同沟、过街地下通道、人防避难工程和各种储备设施等。

1.2 地下工程的作用

地下工程的作用主要有：

(1)隧道可供给城市地区的用水、排出雨污水，对环境保护起重要作用。

(2)地下可提供储藏空间和其他空间，使土地利用面积倍增。

(3)城市地下人防工程可成为战时避难的场所。

(4)地下空间可提供放射性废物(核废料)或其他有害废弃物唯一安全的储存场所。

(5)隧道可提供安全的、高速而经济的交通手段。

(6)地下停车场是解决城市停车难的重要方式之一。

(7)食料、液体、瓦斯和二氧化碳的地下储存是社会的发展趋势。

地下空间的利用是多方面的，已渗透到人类生活的各个领域，形成了功能广泛的工程系统和科学体系，并发展成为对国民经济发展具有重要意义的产业。它是一个具有横跨岩土、地质、结构、计算机科学和灾害防御等学科领域的大学科，也是21世纪重大的技术领域。在规划我国21世纪的学科发展领域时，它的形成和发展是不容忽视的，必须给予应有的重视。

1.3 地下工程的发展方向

目前，各国都把地下空间利用的重点放在城市建设上。如前所述，地下空间作为城市的重要资源，得到了多方面的应用，如地下街、地下停车场、交通设施、通讯设施等。这些地下设施与地面设施一起构成了城市的立体空间网络。

为了更好地开发利用城市地下空间，培养地下空间方面的技术人才，国家在高校设立了"城市地下空间工程"本科专业。各高校在土木工程专业下设置了地下工程专业方向。

从城市地下空间利用的现状看，主要发展重点在联络城市各处设施的地下通道，如地下商业街、地下联络通道和城市有轨道交通系统(地下铁道和轻轨)。目前,日本在全国20多个城市,共拥有150多处地下街,总建筑面积为1 200 000 m^2;法国、英国等发达国家也在修建地下街。如加拿大的最大城市蒙特利尔已提出以地下铁道车站为中心,建造联络城市2/3设施的地下街网的宏伟规划。

城市有轨交通系统(包括地铁、轻轨、单轨等运送系统),作为城市的基础设施和灾害防御设施,得到了巨大的发展。这是城市地下空间利用的第二个方面。许多国家都针对城市发展规模的特点,在人口超过50万的大、中城市纷纷修建和发展大量(>40 000人/高峰小时)、中量(25 000~40 000人/高峰小时)、小量(<25 000人/高峰小时)有轨交通系统,这是城市国际化、现代化的一个重要标志。一些国家也正在研究城市道路地下化的交通系统,如日本东京的地下环形道路的建设,极大地减轻了地面交通的压力。我国近几年掀起的"地铁和轻轨热"方兴未艾。继北京开通地铁之后,上海、广州、深圳已经投入运营。南京、青岛、哈尔滨、成都等城市的地铁都在建设中。西安市地铁规划有15条线路,2008年开始修建地铁2号线,2011年9月试运营。总之,利用地下空间,开辟交通通道是解决城市交通拥堵的根本性措施之一。

21世纪将是开发地下空间的世纪。目前,主要利用地下20 m左右的空间,接着利用地下20~50 m的空间,以后将逐步发展到地下100 m以内的空间。地下空间利用在社会可持续发展中占据着重要的地位;地下空间是国家重要的社会资源,必须加以充分利用;地下空间的利用应作为国家的基本国策,予以技术支持,推进其健康发展;地下空间利用的重点是城市地下空间的综合利用,是建立防灾型城市的基础。需要指出的是,降低地下空间的造价是当务之急,也是发展地下空间的瓶颈问题。

1.4 地下工程施工技术新进展

进入21世纪以来,随着科学技术的进步,特别是先进的施工机械的出现,地下工程的施工水平越来越高。地下工程施工技术的新进展主要体现在以下5个方面:

(1)地下工程施工机械的自动化水平不断提高。隧道掘进机、盾构机、煤矿巷道掘锚一体机等自动化程度高的大型施工设备得到普遍使用,这些设备的使用极大地提高了劳动效率,降低了工人的劳动强度,使得施工速度不断提高,施工质量不断改善。

(2)以锚杆、锚索联合支护技术为代表的主动支护方法的理论和实践水平不断提高,锚杆、锚索联合支护技术在地下工程一次支护中得到广泛使用,先进的支护技术的使用提高了地下工程施工的速度。

(3)地下工程施工中新的工法不断出现,提高了地下工程施工的水平。如浅埋暗挖法施工,由于具有造价低、拆迁少、灵活多变、无需太多专用设备及不干扰地面交通和周围环境等特点,该工法已经在复杂条件下的城市地铁车站及区间施工中得到广泛应用;如盾构法施工具有围岩扰动小、地面沉降小、对地表构筑物影响小等优点,目前在地铁区间隧道工程施工中已经得到普遍使用。

(4)地下工程信息化施工的水平不断提高。由于地下工程施工条件的复杂性,特别是多为隐蔽工程,为保证施工质量和安全,监控预测信息反馈指导地下工程施工已得到广泛的应用,如深基坑工程施工监测、隧道工程施工监测和地铁工程施工监测等。

(5)地下工程项目管理的理论和实践不断发展,进度、质量和成本三大控制在地下工程项目管理方面得到普遍使用，提高了施工管理水平。

1.5　本书涉及的内容

面对21世纪我国城市地下空间开发利用以及能源、交通、水利水电建设的需要，地下工程的领域越来越广、数量越来越多、规模越来越大，对地下工程施工技术的掌握显得越发重要。

由于地下工程涉及的领域多，工程类型多，因此其施工手段及施工技术多样。本书介绍了岩体隧道钻爆法施工技术、土质隧道施工技术、盾构法施工技术、隧道掘进机施工技术、井巷工程施工技术、基坑工程施工技术、地下连续墙施工技术、顶管法施工技术、沉管法施工技术、冻结法施工技术、注浆法施工技术和地下工程施工组织与施工监测。

1.6　本门课程的学习方法

“地下工程施工技术”这门课程需要理论与实践相结合进行学习，作为一门实践性很强的课程，现场实践是学好本门课程的重要手段。学生应首先学习课本的理论知识，尤其是学习施工方法和施工设备的使用方法，然后结合认识实习、生产实习、毕业实习、课程设计和参观等手段进行现场观摩，了解具体的施工过程，巩固课堂上学习的施工机械设备、施工工艺和施工难点，最后通过课后的思考题巩固所学知识。

思　考　题

1. 地下工程的定义是什么？
2. 地下工程的作用是什么？
3. 地下工程的发展方向是什么？
4. 地下工程施工技术有哪些新进展？

第2章　岩体隧道钻爆法施工技术

本章主要介绍岩体隧道钻爆法施工技术，主要涉及钻爆开挖、装渣和运输等环节，同时讲述主要施工作业的施工要点、所需设备和材料等。

2.1　钻爆法隧道开挖方法

钻爆法是一种使用最普遍的岩体隧道开挖方法，因其具有适用于各种岩性断面的隧道开挖施工的优点，而得到广泛的应用。

2.1.1　开挖方法

根据不同的地质条件、断面面积及断面形状，钻爆法隧道开挖方法可归纳为如图2.1所示的几种类型。

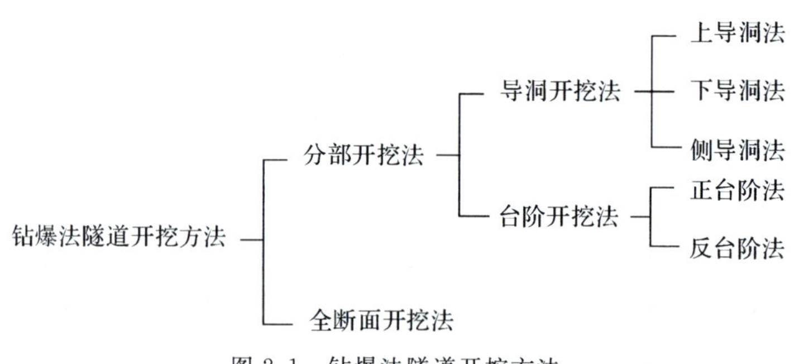

图2.1　钻爆法隧道开挖方法

一、全断面开挖法

1. 施工特点

当岩石坚固性中等以上，节理裂隙不太发育，围岩整体性较好，断面小于100 m^2时，可采用全断面开挖法。采用该法，整个工作面基本上依次向前推进，在开挖工作面上只有一个垂直作业面，凿岩、爆破依次进行，其施工流程如图2.2所示。目前，矿山巷道断面小，施工多使用小型凿岩和装运机械，钻凿上部炮孔常采用蹬渣作业，装药连线借助梯子进行，因而多采用全断面开挖法。

应用全断面开挖法开挖洞室的优点是开挖面大，能发挥深孔爆破的优点；作业集中，便于施工管理；工作面空间大，易于通风，适合选用以大型机械为主的机械化作业线，施工进度快。在岩层条件允许的情况下，尽量选择该施工方法。但该施工方法也有缺点，在设备落后、使用小型机械时，凿岩、装药、装岩等比较麻烦，难以提高生产效率。

全断面开挖机械化施工的三条主要作业线是：

(1) 开挖作业线。钻孔台车、装药台车、装载机配合自卸汽车(无轨运输时)、装渣机配合矿车及电瓶车或内燃机车(有轨运输时)。

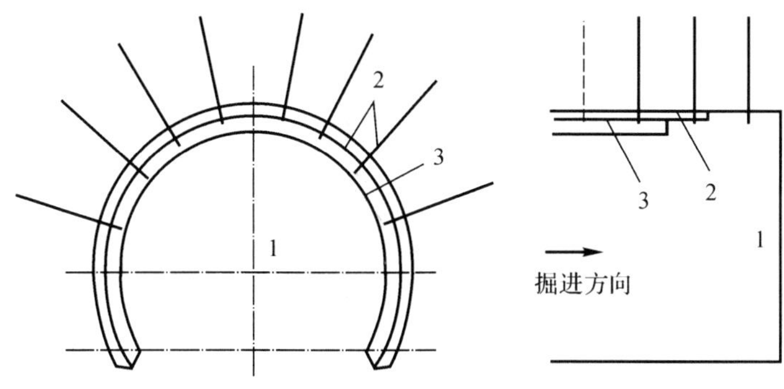

图 2.2　全断面开挖法施工流程

1—全断面开挖;2—锚喷支护;3—灌筑混凝土衬砌

(2) 锚喷作业线。混凝土喷射机、混凝土喷射机械手、锚喷作业平台、进料运输设备及锚杆注浆设备。

(3) 模注混凝土衬砌作业线。混凝土拌和工厂、混凝土输送车及输送泵、施作防水层作业平台、衬砌模板台车。

2.施工注意事项

(1)为确保施工安全和施工进度,应加强对开挖面前方的工程地质和水文地质的调查,对不良地质情况,要及时预测、预报、分析研究,随时准备好应急措施。

(2)新奥法施工机械化程度高,各种机械功效匹配。如各工序机械设备要配套:钻眼、装渣、运输、模筑、衬砌支护使用主要机械和相应的辅助机具(钻杆、钻头、调车设备、气腿、凿岩钻架、注油器、集尘器等),在尺寸、性能和生产能力上都要相互配合,施工才不会彼此影响,能充分发挥各种机械设备的使用效率,加快掘进速度。

(3)注意对各种辅助作业及辅助施工方法的设计与施工检查。如软弱破碎围岩中使用全断面法开挖时,应重视支护前后围岩的动态测量与监控工作。各种辅助作业的三管两线(即高压风管、高压水管、通风管、电线和运输路线)应保持良好的工作状态。

(4)加强施工生产第一线人员的技术培训。因为新奥法技术性较强,机械设备种类多,需加强施工管理和协调,保证施工安全、质量和进度。

(5)选择支护类型时,应优先考虑锚杆和锚喷混凝土、挂网等主动支护形式。

二、导洞开挖法

借助辅助巷道(导洞)开挖大断面洞室的方法称为导洞开挖法。先行开挖的导洞可用于洞室施工的通风、行人和运输,并有助于进一步查明洞室范围内的地质情况。这种导洞具有临时性,一般断面 4～8 m^2,在中等稳定岩层中不需临时支护。采用本法施工时不需要特殊设备和机具,并能根据不同地质条件、洞室断面和支护形式变换开挖方法,灵活性大,适用性强。导洞开挖法可根据导洞在主洞室的位置分为上导洞、下导洞和侧导洞等几种开挖法。如图 2.3 所示为上导洞开挖法施工示意图。

三、台阶法

用台阶法开挖时将工作面分成上、下两部分。若上部工作面超前时形成正台阶,称正台阶工作面;若下部工作面超前时形成倒台阶,称反台阶工作面。

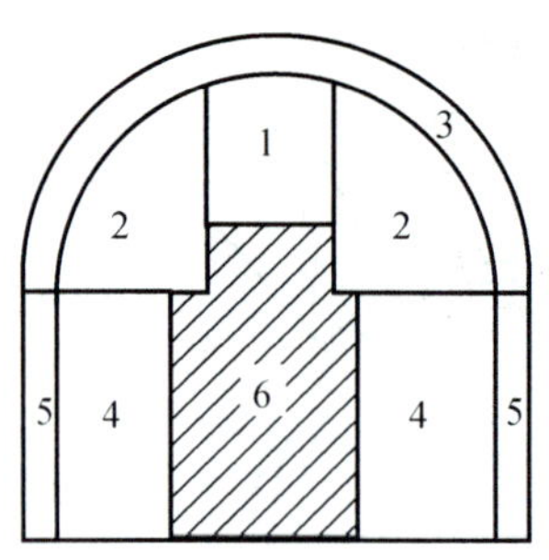

图 2.3　上导洞开挖法施工顺序图

1—上导洞；2—拱部扩大；3—浇灌混凝土拱顶；4—开挖边墙；5—浇灌混凝土边墙；6—挖取中心岩柱

正台阶法：采用正台阶法开挖时，如图 2.4 所示，将洞室断面分成两部分，先掘上部断面使上部超前而出现台阶。爆破后先将拱部用喷射混凝土进行支护，出渣后在上、下断面同时进行凿岩。此外，根据洞室大小及围岩级别可将断面分成几个部分。

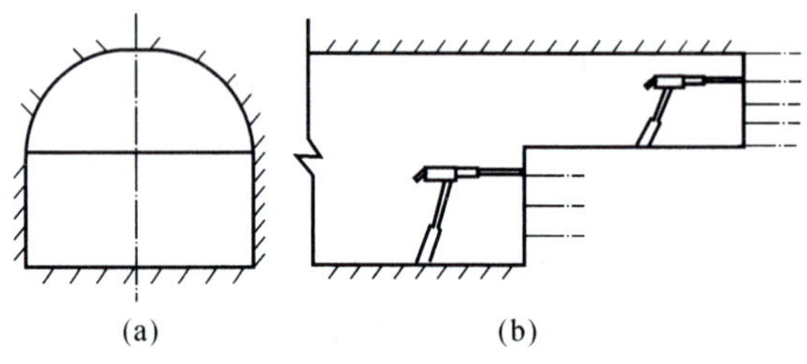

图 2.4　正台阶法开挖示意图

(a)横断面；(b)纵断面

采用正台阶开挖法，当下部台阶开挖时由于开挖工作面具有两个自由面，因此炮眼的钻凿也可以采用向下钻立孔的方式进行。但有时由于凿岩深度不够会出现底板欠挖的现象，此时必须及时进行纠正。

在整个洞室完成爆破开挖后，自下而上先墙后拱进行浇灌混凝土工作。若采用锚喷支护，拱部锚杆的安设随上部断面的开挖及时进行，而喷射混凝土则可视具体情况分段完成。

正台阶开挖法在施工中需经常调整上、下台阶的进度，且往往由于上部出渣速度慢而影响下部凿岩工序的进行，致使开挖不能按正规循环进行作业。在一般情况下，上部工作面要超前 3～5 m，但在施工中还应根据具体条件调整工艺参数，才能取得良好效果。

反台阶法：采用反台阶法开挖洞室，如图 2.5 所示，先开挖下部断面Ⅰ，然后在下部开挖面开挖一段距离后再开挖上部断面Ⅱ。在开挖上部断面时，由于有良好的爆破自由面，可适当减少炮孔数量。

在整个洞室开挖后，自下而上先墙后拱浇灌混凝土，若采用锚喷支护、拱顶支护与上部断面开挖平行作业，随后完成墙部支护。

采用反台阶法开挖洞室的主要优点是上部断面爆破时岩渣直接落到洞室底板上，减少了上部工作面人力耙运岩渣的工序，并使上、下两个工作面的作业相互干扰少，平行作业的时间长，工作效率高且管理方便。

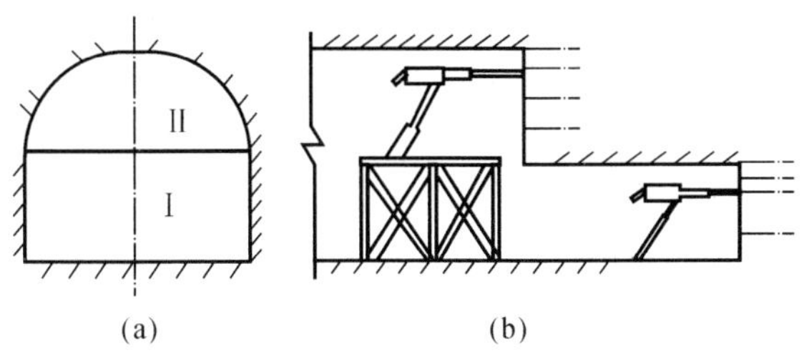

图 2.5　反台阶法开挖示意图

(a)横断面；(b)纵断面

此外，为减少搭设凿岩台架的工作，也可将下部工作面Ⅰ一直掘至洞室的端墙，然后再开挖上部断面Ⅱ，此时凿岩和支护均可利用渣堆做工作台，这样便将全断面反台阶工作面开挖法改变为先拉底后挑顶的两部开挖法。实践证明，该法也是一种行之有效的方法。

采用全断面开挖法和台阶法布置工作面的开挖均具有以下优点：

(1)开挖空间大，有利于提高施工机械化程度和劳动生产率。

(2)作业地点集中，施工管理方便。

(3)轨道和管线路可以一次铺成，并可铺双轨提高出渣效率。

(4)通风条件好，有利于改善劳动条件。

2.1.2　影响开挖方法的因素

开挖大断面洞室的方法有多种，施工条件各异，因此，为达到施工可靠、速度快、效率高以及保证工程质量、经济效果好等要求，必须综合考虑地质条件、断面面积、支护形式、运输条件及施工队伍与设备条件等有关影响因素，才能合理选择开挖方法。

一、地质因素

洞室的开挖与支护方法、施工速度、工程费用都与围岩的地质条件和地下水情况有关，尤其是开挖方法和支护形式，在很大程度上取决于地质条件。因此，在确定洞室开挖方法时，首先应根据洞室围岩的地质构造、岩石坚固性、地下水情况等，判断洞室围岩的整体稳定性。并根据这种分析，判断围岩的允许暴露面积和暴露时间，以便选择与其相适应的开挖方法。

在复杂地质条件下，施工中有时还需要随着岩石地质条件的变化及时变更开挖方法。另外，为保证洞室顺利施工和投产后设备正常运转，在确定洞室位置时除考虑生产系统的需要外，还应尽量避开断层和软弱夹层较多的不稳定岩层，若难以避开时也应使洞室轴线与岩体软弱结构面的走向尽量接近垂直相交，以保证洞室围岩的稳定性。

在围岩坚固和稳定的情况下，地下水尚不致影响洞室的稳定性，主要是解决施工期的排水问题。但当岩石破碎、松软及遇水膨胀时，地下水有可能造成开挖过程中的冒顶和片帮事故，给施工带来极大困难。因此，规划洞室的位置时应尽量避开复杂的地质构造。

二、断面面积

洞室也因断面面积不同而采用不同的施工方法。这主要是从稳定围岩角度考虑的，其次考虑开挖进度、便于凿岩和装运岩石等因素。因此，针对不同的洞室跨度和高度，就有不同的开挖方法。当岩石条件差时，选择合适的开挖方法尤为重要，许多情况下，这关系到洞室开挖是否顺利甚至能否成功的问题。

在围岩坚固稳定且开挖后的施工期内无需大量的临时支护的条件下，若洞室断面面积小于 100 m^2，应采用全断面开挖法施工，这样能有效地提高施工进度。

三、支护形式

洞室的支护形式较多，就其作用可分为临时支护和永久支护（在新奥法中又分别称初次支护和二次支护）。临时支护常用锚喷（网）、钢拱架和格栅拱加模喷支护，其特点是：快速封闭围岩、支护速度快、成本较低。

常用的永久支护有混凝土整体式浇筑和锚喷支护两大类。由于不同的类型，有其不同的工艺特点，就同一类型也因具体条件的差异使施工方法和顺序亦不一样，这就要求开挖方法与之相适应。

在采用整体式混凝土支护时，一般采用先墙后拱的施工顺序较多，这是由于使用先墙后拱的施工方法能获得良好的整体性。然而在某些破碎、松软岩层中，不允许有较大暴露面积的情况下，采用整体式混凝土支护洞室时，为了施工安全采用先拱后墙施工顺序是合理的。

四、装运条件

选择洞室开挖方法，除考虑稳定围岩外，尽量提供便于装运岩石的条件。例如，如使岩渣集中，既便于装运，也便于大型设备施工，减少转车和其他工序等。

五、施工队伍与设备条件

在确定洞室开挖方法时，必须从现实条件出发，尽量利用单位现有的设备和机具，并考虑充分发挥施工队伍的技术特长。

大断面洞室开挖队伍必须是具备经验的专业化施工队伍，该队伍应熟悉洞室开挖方法并配备与要求相适应的设备和机具。

2.2 爆破破岩作用机理及有关概念

2.2.1 爆破破岩作用机理

炸药的爆炸反应是有机物的氧化还原反应，具有高温、高压和高速度的特点。炸药的爆炸过程是爆轰波的传播过程，也是爆炸生成气体和初始做功的过程。当炸药在岩（土）体中爆炸时，爆炸波轰击岩面，以冲击波形式向岩体内部传播，形成动态应力场。冲击波作用时间短，能量密度很高，使炮孔周围岩石产生粉碎性破坏。爆炸气体静压和膨胀做功，有使岩石质点作远离药包中心运动的倾向，岩石受切向拉力，其强度达到岩石抗拉强度时，则岩石破坏，产生径向裂隙。在爆炸结束的瞬间，随着温度下降，气体逸散，介质又为释放压缩能而回弹，从而又可能产生环向裂缝。在爆破力作用下，在偏离径向 45°的方向上还可能产生剪切裂缝。在这些裂缝的交错切割和剩余爆破力的作用下，岩石即被破碎和移位。

一、无限介质中的爆破作用

假定将药包埋置在无限介质中进行爆破，则在远离药包中心不同的位置上，其爆破作用是不相同的。爆破作用大致可以划分为 3 个区域，如图 2.6 所示。

(1) 压缩粉碎区。它是指半径为 R_1 范围的区域。该区域内介质距离药包最近，受到的压力最大，故破坏最大。当介质为土壤或软岩时，压缩形成一个环形体孔腔；当介质为硬岩时，则产生粉碎区破坏，故称为压缩粉碎区。

(2) 破裂区。R_1 与 R_2 之间的范围叫破裂区。在这个区域内介质受到的爆破力虽然比压缩粉碎区小，但介质的结构仍然被破坏成碎块。

(3) 震动区。R_2 与 R_3 之间的范围叫震动区。在此范围内，爆炸能量只能使介质发生弹性变形不能产生破坏作用。

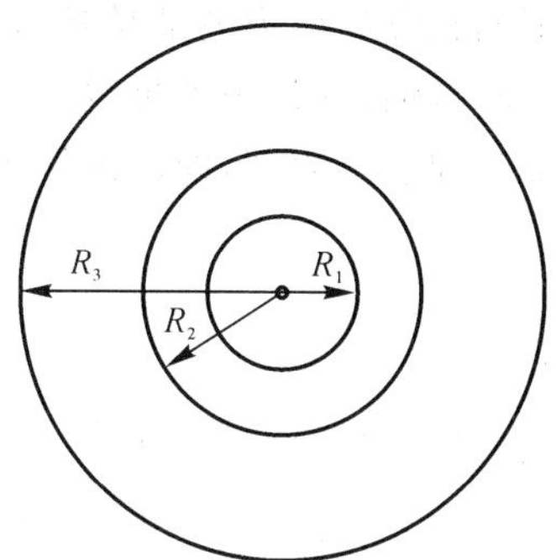

图 2.6　爆破的内部作用

R_1— 压缩粉碎区半径；R_2— 破裂区半径；R_3— 震动区半径

二、临空面与爆破漏斗

临空面又叫自由面，是指暴露在大气中的开挖面。在假定的无限介质中爆破，抛掷和松动是无法实现的。而在有临空面存在的情况下，足够的炸药爆炸能量就会在靠近临空面一侧实现爆破抛掷，其结果是形成一个圆锥形的爆破凹坑，此坑就叫爆破漏斗。爆破抛起的岩块，一部分落在爆破漏斗之外形成爆破堆积体或飞石，另一部分回落到爆破漏斗之内，掩盖了真正的爆破漏斗，形成看得见的爆破坑，叫做可见爆破漏斗，如图 2.7 所示。

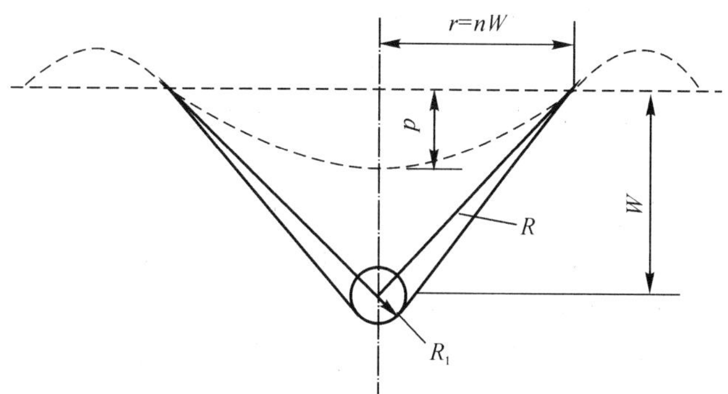

图 2.7　可见爆破漏斗

爆破漏斗由以下几何要素组成：① 药包中心到自由面的最短距离，叫最小抵抗线(W)；② 最小抵抗线与自由面交点到爆破漏斗边沿的距离，叫爆破漏斗半径(r)；③ 药包中心到爆破漏斗边沿的距离叫破裂半径(R)；④ 可见漏斗深度(p)；⑤ 压缩圈半径(R_1) 等。

爆破漏斗半径 r 与最小抵抗线 W 比值 n($n=r/W$)，称为爆破作用指数，这是一个描述爆破漏斗大小、爆破性质、抛掷堆积情况等因素的相关系数。通常把 $n=1$ 的爆破称为标准抛掷爆破，其漏斗称为标准抛掷爆破漏斗；$n>1$ 的爆破称为加强抛掷爆破或扬弃爆破；$0.75<n<1$ 的爆破称为加强松动或减弱抛掷爆破；$n\leqslant 0.75$ 的爆破称为松动爆破。平坦地形的松动爆破结果，只能看到岩土破碎和隆起，并没有看见爆破漏斗。

临空面数目多少对爆破效果有很大影响，增加临空面是改善爆破状况，提高爆破效果的重要途径。

三、柱状药包爆破特点

当炮眼装药长度远大于横截面的直径时，形成圆柱状延长药包，简称柱状药包。它是工程爆破中应用最为广泛的药包。球形药包爆炸应力波的传播方向，是以药包中心为圆心成球面状向四周传播。当炮孔方向垂直于临空面，即最小抵抗线与炮孔装药轴线重合时，柱状药包爆炸作用力的方向是平行于临空面而指向岩体内部，即爆破作用受到岩体的挟制作用，但一般仍能形成倒圆锥漏斗，易残留炮窝。

2.2.2 岩石爆破相关名词的含义

在岩石爆破技术中，隧道的掘进受到了特别的重视。隧道爆破是单自由面条件下的岩石爆破，其关键技术是掏槽，其次是周边光面爆破。隧道爆破的原则是：先做出设计，在掌子面上布置炮眼，而后根据设计的炮眼深度和方向钻眼，然后根据设计的装药量及起爆顺序将炸药及不同段别的雷管装入炮眼，待做好安全防护工作后，连接回路并起爆。按照爆破顺序，最初的几个炮眼要形成一个槽腔，破岩深度取决于掏槽效果。成功的隧道爆破，应该是达到预定的进尺，掌子面较平整，岩渣块度适宜装运，轮廓壁面平整，超欠挖在预定的范围之内，围岩稳定。

隧道爆破开挖涉及的主要名词是：

(1)掏槽：即在开挖面的中部，钻一定数量的眼，并且超量装药，以破碎抛掷岩石，首先形成一个槽腔，增加自由面，为其他炮眼的爆破创造条件。

(2)光面爆破：即在开挖轮廓线上布置比普通爆破更为密集的炮眼，并采用装少量炸药的特殊装药结构，周边炮眼间距与抵抗线之比大约为0.8，且在主爆体爆破后同时起爆，使岩体沿开挖轮廓线爆除，使围岩最大限度少受损伤的爆破技术。

(3)预裂爆破：与光面爆破相比，炮眼还要密一些，装药量也要多一些，爆破从开挖断面轮廓线开始，即周边炮眼在断面上的其他炮眼爆破之前同时起爆，其工艺与光面爆破基本一样。当装药量和间距选择适当时，在各炮眼的爆破作用力相互作用下，使周边炮眼之间形成一连续的预裂破裂面，成为随后其余炮眼爆破所产生的爆破冲击波的屏障，使传到破裂面外侧围岩处的爆破作用力减到最小，以使围岩所受到的扰动和破坏达到最小程度。

(4)循环进尺：一次开挖爆破的隧道进尺。

(5)炮眼间距：同一并排同段号爆破两相邻炮眼的中心距离。

(6)抵抗线：药包中心至自由面的最小距离。

(7)炸药单耗：爆破1 m^3岩石所需要的炸药量。

(8)炮眼利用率：实际循环进尺与炮眼深度之比。

(9)掏槽眼：开挖断面中部，最先起爆的一些炮眼，为其他炮孔创造有利的爆破条件。

(10)周边眼：周边轮廓线上的炮眼。

(11)底板眼：隧道底边上的炮眼。

(12)炸药的敏感度：炸药在外能作用下起爆的难易程度称为该炸药的敏感度。

(13)炸药的威力：通常用爆力和猛度表示。

(14)爆力：炸药爆炸时对周围介质做功的能力称为爆力(或威力)。炸药的爆力越大，其破坏能力越强，破坏的范围及体积也越大。一般地，爆炸产生的气体物质越多或爆温越高，则其爆力越大。炸药的爆力通常用铅柱扩孔实验法测定。铅柱扩孔容积等于 280 cm^3 时的爆力称为标准爆力。

(15)猛度:炸药爆炸后对与之接触的固体介质的局部破坏能力称为猛度。这种局部破坏表现为固体介质的粉碎性破坏程度和范围大小。一般地,炸药的爆速越高,则其猛度也越大。炸药的猛度通常用铅柱压缩法测定,以铅柱被爆炸压缩的数值表示。

(16)炸药爆炸的稳定性:爆轰波在炸药中传播的速度简称为爆速。炸药起爆后,爆轰波能以最大的速度稳定传播的过程,称为理想爆轰。在一定条件下,炸药达不到理想爆轰,但还能以相应的某一定常速度稳定传播爆轰的过程,称为稳定传爆。炸药在理想爆轰时,才能充分释放出其固有能量,否则爆轰不稳定,会降低爆炸效果,甚至发生拒爆。为充分利用炸药的爆炸能,提高爆破效果,保障施工安全,必须保证炸药的稳定传爆,争取达到理想传爆。影响爆炸稳定性的主要因素有药包直径、密度、径向间隙约束条件等。

2.3　隧道爆破技术

2.3.1　隧道爆破常用炸药

工程用炸药一般以某种或几种单质炸药为主要成分,另加一些添加剂混合而成。目前,在隧道爆破施工中使用最广的是硝铵类炸药。硝铵类炸药品种极多,但其主要成分是硝酸铵,占60%以上,其次是梯恩梯或硝酸钠(钾),占10%～15%。

(1) 铵梯炸药。在无瓦斯坑道中使用的铵梯炸药,简称岩石炸药,其中2号岩石炸药是最常用的一种;在有瓦斯坑道中使用的炸药,简称煤矿炸药,它是在岩石炸药的基础上外加一定比例食盐作为消焰剂的煤矿用安全炸药。

(2) 浆状(水胶)炸药。它属于新型安全炸药。由于这类炸药含水量较大,爆温较低,比较安全,发展前景良好。浆状炸药是由氧化剂水溶液、敏化剂和胶凝剂为基本成分组成的混合炸药。水胶炸药是在浆状炸药的基础上应用交联技术,使之形成塑性凝胶状态,进一步提高了炸药的化学稳定性和抗水性,炸药结构更均匀,提高了传爆性能。浆状(水胶)炸药具有抗水性强、密度高、爆炸威力较大、原料广、成本低和安全等优点,常用在露天有水深孔爆破中。

(3) 乳化炸药。它通常是指以硝酸铵、硝酸钠水溶液与碳质燃料通过乳化作用,形成的乳脂状混合炸药,亦称为乳胶炸药。其外观随制作工艺不同而呈白色、淡黄色、浅褐色或银灰色。乳化炸药具有爆炸性能好、抗水性能强、安全性能好、环境污染小、原料来源广和生产成本低、爆破效率比浆状及水胶炸药更高等优点。有资料表明,在地下工程开挖中保持原使用的2号岩石炸药孔网参数不变,乳化炸药可使平均炮孔利用率稳定在90%以上;平均炸药单耗较2号岩石炸药下降1.35%。在露天爆破中,使用乳化炸药每1m^3岩石炸药耗量比混合炸药(浆状炸药70%～80%,铵油炸药30%～20%)降低23.1%,每延米炮孔爆破量增加18.2%,石渣大块率从0.97%～1.0%下降到0.6%～0.7%,尤其适用于硬岩爆破。

(4) 硝化甘油炸药。又称胶质炸药,是一种高猛度炸药。它的主要成分是硝化甘油(或硝化甘油与二硝化乙二醇的混合物)。硝化甘油炸药抗水性强、密度高、爆炸威力大,因此适用于有水或坚硬岩石的爆破。但它对撞击摩擦的敏感度高,安全性差,价格昂贵。保存期不能过长,容易老化而导致性能降低,甚至失去爆炸性能。硝化甘油炸药一般只在水下爆破中使用。

隧道爆破使用的炸药一般均由厂制或现场加工成药卷形式，药卷直径有 ϕ22 mm，ϕ25 mm，ϕ32 mm，ϕ35 mm，ϕ40 mm 等，长度为 165 ～ 500 mm，可按爆炸设计的装药结构和用药量来选择使用。

2.3.2 隧道爆破器材及起爆方法

为了使炸药发生爆炸，就需要一定的起爆能。起爆方法根据所用的器材不同，可分为火雷管起爆法、导爆索起爆法、电雷管起爆法和塑料导爆管非电雷管起爆法以及混合起爆法。常用的起爆器材有火雷管、导火索、电雷管、导爆索、塑料导爆管非电雷管等。不同的爆破方法所用的起爆器材也不同。

1. 火雷管起爆法

火雷管起爆法主要用火源（点火材料）点燃导火索，用导火索来传导火焰，直接喷射于火雷管的正起爆药上而使火雷管起爆，使炸药发生爆炸。

(1) 火雷管。火雷管的构造如图 2.8 所示。它由用金属（铝、铁或铜）、纸、硬塑料做一端开口、一端封闭成聚能结构的圆管状管壳，用雷汞、二硝基重氮酚等高感度的炸药作正起爆药；用黑索金、特屈儿、TNT 等爆炸威力大的炸药作副起爆药，中心带一小孔的加强帽等 4 部分组成。

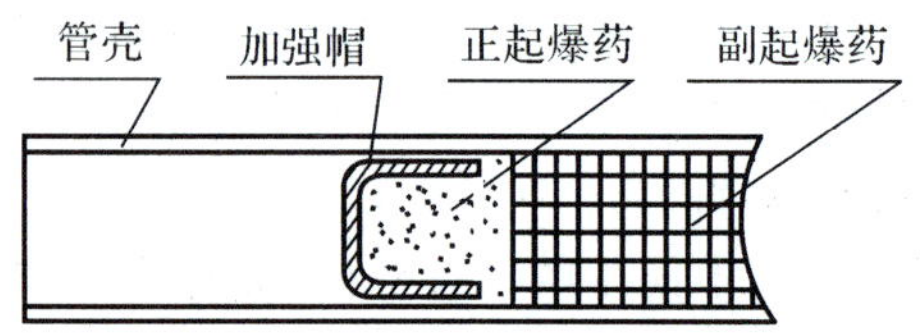

图 2.8　火雷管的构造

工业雷管按起爆药量的多少分为 10 个等级，号数越大起爆药量越多，则起爆能力越强。

(2)导火索。导火索是以具有一定密度的粉状或粒状黑火药为索芯，以棉线、塑料、纸条、沥青等材料被覆而成的圆形索状起爆器材，主要用来传递火焰、起爆火雷管和黑火药。

性能：外观为白色、外径为 5.2～5.8 mm，其燃烧速度为 100～125 m/s。整根导火索在燃烧过程中不应有断火、透火、外壳燃烧、速燃、爆燃等现象。喷火长度应不低于 40 mm，耐水时间应超过 2 h。

(3) 点火材料。点燃导火线的材料有自制导火索段、点火线、点火棒和点火筒等。一般以自制导火索段最为常用。自制导火索段是截取 0.3～2 m 长的导火索，在其上每隔 20～30 mm 横切一切口到索芯，使之露出芯药。使用时，先将这导火索段点燃，然后利用各个切口喷出的火焰分别点燃各炮眼的导火索。自制导火索段既是点火材料，也是点炮时间的报警器。

(4) 导火索长度的计算。

$$L=[(n-1)t_1+t_2+60]/V \tag{2.1}$$

式中　L—— 导火索段长度，m，一般不小于 1.2 m；

n—— 炮眼数目；

t_1—— 点燃每根导火索所需的时间，s；

t_2—— 撤离至安全地点所需的时间，s；

V—— 导火索燃烧速度，m/s。

2. 导爆索起爆法

导爆索起爆法所需要的器材有雷管、主导爆索和炮眼导爆索。它用雷管首先引爆主导爆索，然后引爆炮眼导爆索，引起炸药的爆炸。其主要用于隧道周边炮眼的爆破，有时为了加强掏槽眼的爆破，也用于掏槽爆破。

(1) 导爆索。导爆索是以黑索金或泰安作为索芯，以棉麻、纤维等为被覆材料的索状起爆材料。它经雷管起爆后，可以引爆其他炸药。

导爆索分为 2 类：普通导爆索和安全导爆索。隧道内一般使用普通导爆索，安全导爆索一般在煤矿使用。

性能：外观为红色，外径为 5.7～6.2 mm，每卷长 50±0.5 m，爆炸速度为 6 500 m/s 以上。

(2) 导爆索的起爆。导爆索的起爆，通常采用火雷管、电雷管、塑料导爆管非电雷管起爆。为保证起爆的可靠性，经常在导爆索与起爆雷管的连接处加 1～2 卷炸药卷。雷管的聚能穴应朝向传爆方向，雷管或起爆药包绑扎的位置需距离导爆索始端约 100 cm。为了安全，只准在临起爆前将起爆雷管绑扎在导爆索上。

(3) 导爆索起爆网络的连接(见图 2.9 至图 2.11)。

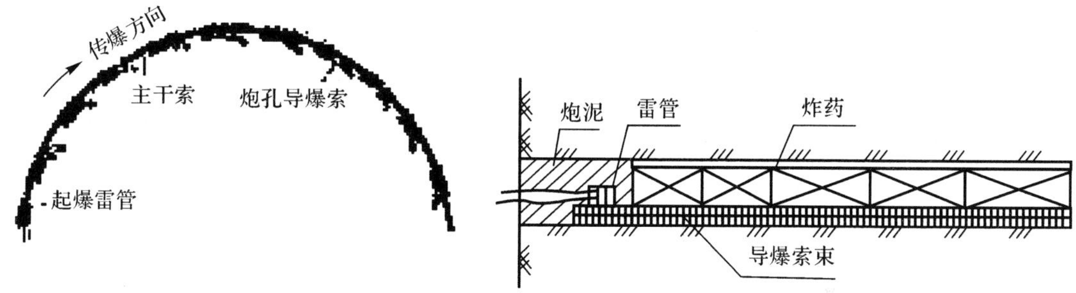

图 2.9　隧道周边导爆索网络连接图

图 2.10　掏槽眼导爆索的使用

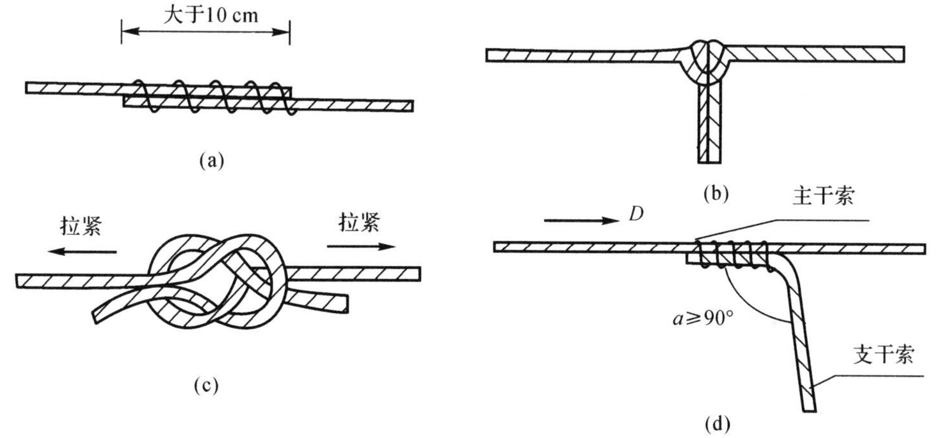

图 2.11　导爆索的连接

(a)搭头接；(b)T 形接；(c)水手接；(d)支干索与主干索的搭接

3.电雷管起爆法

电雷管起爆法是利用电能首先引起电雷管的爆炸，然后再起爆工业炸药的起爆方法。它所需用的爆破器材有起爆电源、导线、电雷管。

(1)电雷管。电雷管分为瞬发电雷管和延期电雷管，后者又分为秒延期电雷管和毫秒延期电雷管。

1) 瞬发电雷管。瞬发电雷管是通电后瞬时即爆炸的电雷管。它的装药部分与火雷管相同，不同之处在于管内装有电点火装置，由脚线、桥丝、引火药及固定脚线的塑料塞或圆垫组成。瞬发电雷管的结构有 2 种：一种为直插式；另一种为引火头式。

2) 秒延期电雷管。秒延期电雷管的组成与瞬发电雷管基本相同，不同之处是在引火头与正起爆药之间安装了延期装置(见图 2.12)。通常延期装置是用精制的导火索段制成的，由其长度控制雷管延期时间。管壳上钻有 2 个排气孔以放出延期装置燃烧时生成的气体。国产秒延期电雷管的延期时间分 7 段。

3) 毫秒延期电雷管。毫秒延期电雷管的组成基本上与秒延期电雷管相同，不同之处在于延期装置的差异(见图 2.13)。毫秒延期电雷管的延期装置是延期药，常用硅铁(还原剂)和铅丹(氧化剂)的混合物，还掺入适量的硫化锑。通过改变延期药的成分、配比、药量及压药密度来控制延期时间。目前，国产毫秒延期电雷管延期时间分 20 段。

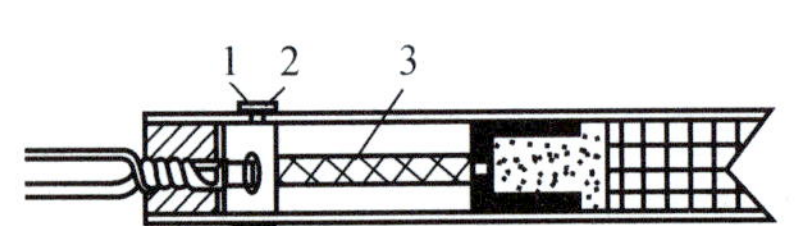

图 2.12　秒延期电雷管图

1—蜡纸；2—排气孔；3—精制导火索段

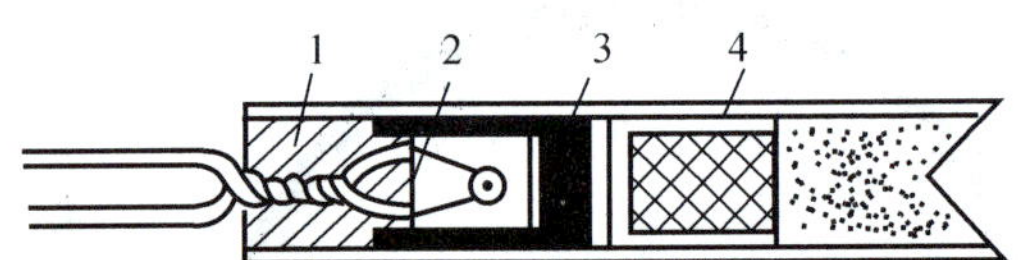

图 2.13　毫秒延期电雷管构造

1—塑料塞；2—延期内管；3—延期药；4—加强帽

4) 抗杂毫秒电雷管。它主要有无桥丝抗杂电雷管，与普通毫秒电雷管的主要区别是取消了桥丝，而在引火药中加入适量的导电物质——乙炔炭黑和石墨，做成导电引火头。当外加电压小于某一数值时，它显现出较大的电阻，通过的电流很小，就不足以点燃引火头。当电压升至一定值时，导电物质颗粒因受电压和电流热效应作用热膨胀，使质点接触面积增大，电阻下降，使引火头发火。正是由于引火头的电阻值随电压和电流而变化的这一特征，才使得抗杂毫秒雷管具有一定的抗杂散电流的能力。

其优点是具有较好的抗杂电能力，可保证在 5 V 电压下作用 5 min 不发火，又有较好的串并联起爆能力。其缺点是电阻离差值较大(50～400 Ω)，不易发现漏连雷管，普通的电爆网络计算方法不能适用。

(2) 电雷管的主要参数。

1) 点燃起始能。恰好能把引火头点燃的 $I^2 \cdot t$ (通过桥丝的电流的二次方与通电时间的乘积)称为点燃起始能。点燃起始能的数值越小，说明雷管对电能的敏感度越高。

2) 点燃时间、传导时间和反应时间。电雷管从开始通电到引火头引燃的时间称为点燃时间。电雷管从引火头引燃到发生爆炸的时间称为传导时间。传导时间对成组电雷管的齐发爆破有着重要意义，较长的传导时间才能使敏感度稍有差别的电雷管成组爆炸成为可能。点燃时间与传导时间之和称为反应时间。

3) 电雷管的全电阻。电雷管全电阻包括桥丝电阻和脚线电阻。在使用单个电雷管起爆时，电阻值在规定范围内均属合格。但在进行成组电雷管起爆时，则要求每个电雷管的电阻差不得大于0.25 Ω。

4）最低准爆电流。电雷管通过恒定的直流电，在较长时间（2 min）以内能使引火头必定引燃的最小电流，称为最低准爆电流。国产电雷管的最低准爆电流一般不大于0.7 A。

5）最高安全电流。电雷管通过恒定的直流电，在较长时间（5 min）内不致引燃引火头的最大电流，称为最高安全电流。国产电雷管的最高安全电流为：康铜桥丝0.3～0.55 A；镍铬桥丝0.125 A。为了安全，测量电爆网络爆破仪表输出的电流强度不得大于30 mA。

（3）电爆破测量仪表与电雷管主要参数测定。

1）电雷管和电爆网络电阻的测量。只准用爆破专用的线路电桥和爆破电阻表。严禁使用非专用仪表。

2）电雷管参数的测定。全电阻测定测量电雷管电阻的仪器可用205线路电桥、爆破电阻表等专用仪表。为保证测量精确，应将脚线上的氧化物、铁锈和油污擦去。测量中必须采取措施将被测电雷管隔离，以保安全。

3）最高安全电流和最低准爆电流的测定，一般工程中不作要求。通过调整可变电阻器，调整通入电雷管的电流，电流从小到大，直至雷管爆炸，即可测出电雷管的最高安全电流和最低准爆电流。

（4）电爆网络的电源和导线。

1）起爆电源。起爆电源有照明线路、动力线和起爆器等。

采用照明线路、动力线起爆，最常用的连接方式有：①电爆网络连接到一相线和零线及连接到照明线路上，起爆电压为相电压或照明电压，即220 V；②电爆网络连接到2条相线上，起爆电压为线电压，即380 V。

采用起爆器起爆，起爆器按结构原理分，有发电机式和电容式两类。发电机式起爆器实质上就是一个小型的手摇发电机。电容式起爆器通常采用三极管振荡电路将干电池的直流电变为交流电，经过变压器升压，再用晶体二极管整流变成高压直流电，并对电容器充电，当电能储存到额定数值时，即可放电起爆。

2）导线。爆破网络中的导电线多采用绝缘良好的铜或铝线。按接在网络中的位置，分为主线（也叫起爆电缆母线），通常采用断面为16～150 mm^2的铜芯塑料或橡皮线；区域线，一般用断面为6～35 mm^2的铜芯塑料或橡皮线；连接线，一般采用2.5～16 mm^2的铜芯塑料线。隧道内起爆电缆多采用2.5～4 mm^2的铜芯多股橡胶电缆；连接线多用0.2～0.4 mm^2的铜芯多股塑料软线。

（5）成组电雷管的准爆条件。因各个电雷管点燃起始能的差异，为保证成组电雷管全部准爆，点燃起始能最低的电雷管的点燃时间与其传导时间之和应大于点燃起始能最高的电雷管的点燃时间。

一般规定采用较最低准爆电流更高的值作为成组电雷管的准爆电源，当采用直流电时，准爆电流不小于2.5 A；当采用交流电时，准爆电流不小于4 A。

此外，还应尽可能使用点燃起始能差异小的电雷管进行爆破。要求同一次成组电雷管起爆时，采用同厂、同批生产的同规格的电雷管，并且要求所有的电雷管中最大电阻与最小电阻之差不大于0.25 Ω。

（6）电爆网络的连接方式。

1）电爆网络的串联方式如图 2.14、图 2.15 所示。

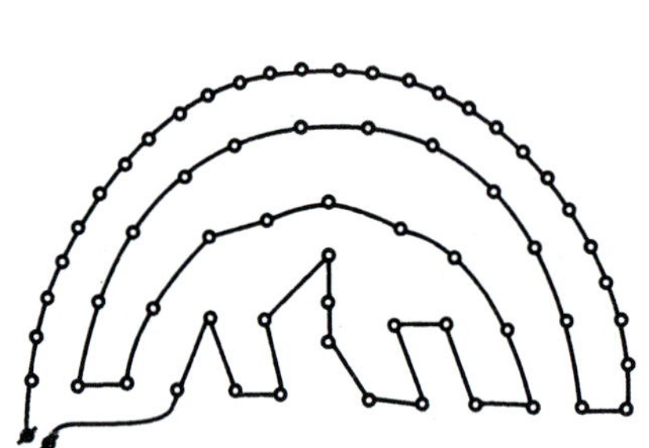

图 2.14　半断面电爆破串联网络

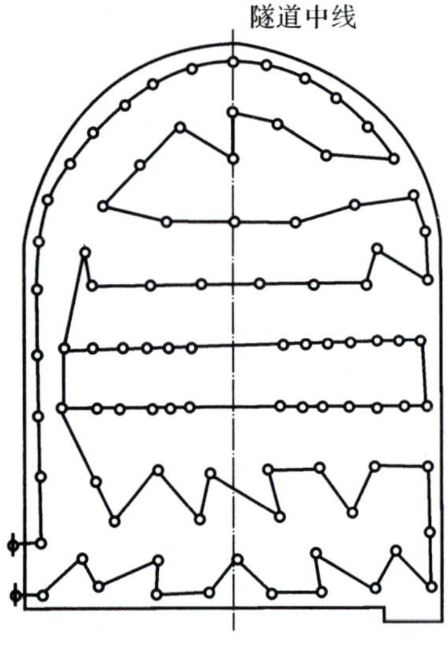

图 2.15　全断面电爆破串联网络

优点：连线简单，操作容易，所需电流小；电线消耗量小。

缺点：网络中若有一个电雷管断路，会使整个网络拒爆。为弥补这一缺点，可一圈一圈或一排一排先进行小串联，进行电阻测量导通后再串成大串联网络。

2）电爆网络的并联方式。

优点：不至于因一个雷管断路，而引起其他雷管拒爆。

缺点：电爆网络总电流大，连线消耗多，漏连雷管不易被检查发现。鉴于此，隧道内一般不采用并联连接，本书不作具体介绍。

3）电爆网络的串并联方式如图 2.16、图 2.17 所示。

图 2.16　半断面电爆破串并联网络

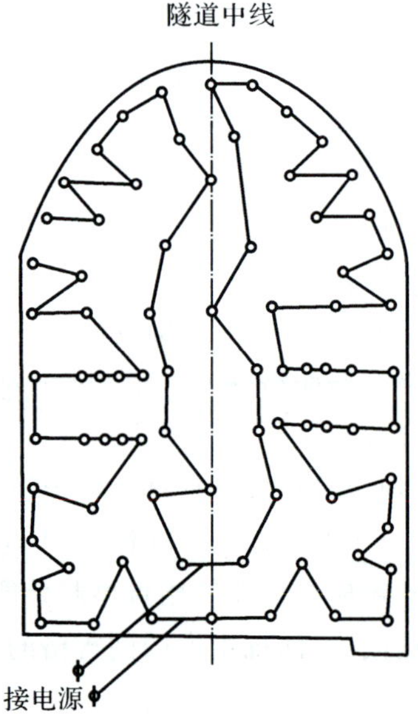

图 2.17　全断面电爆破串并联网络

隧道内往往一次起爆的电雷管数量较多，为满足起爆器起爆能力的需要，通常采用串并联的电爆网络连接法。周边眼分成 2 支串联网络，其他眼分圈串联，而后量测各支路电阻并进行配平，接上配平电阻，最后并联在一起。

(7) 电雷管起爆的优缺点。电雷管起爆的优点：操作人员可以退到安全地点后再通电起爆；可以同时起爆大量雷管，爆破规模较大；可以准确地控制起爆时间和延期时间；可以在爆破前用仪表检查电雷管和电爆网络。电雷管起爆的缺点：操作及网络计算复杂；作业时间长；需要足够的电源，消耗电线较多。

4. 塑料导爆管非电起爆法

塑料导爆管非电起爆法具有抗杂电、操作简单、使用安全可靠、成本较低以及能节省大量棉纱等优点，目前应用非常广泛，有逐渐取代导火索起爆、导爆索起爆、电雷管起爆的趋势。

(1) 塑料导爆管非电起爆系统的组成。塑料导爆管非电起爆系统包括击发元件、传爆元件、起爆元件、连接元件等。

1) 击发元件，用以击发导爆管。其主要有 2 种：一种是工业雷管，有火雷管、电雷管；另一种是击发枪和火帽及击发笔。

2) 传爆元件，其作用是将冲击波信号从击发元件传给每个起爆元件。它主要有塑料导爆管和传爆雷管(8 号火雷管和毫秒延期火雷管)。

3) 起爆元件，其作用是在导爆管传播的冲击波作用下爆炸而引爆工业炸药。它可用于 8 号火雷管和毫秒延期火雷管。

4) 连接元件，用于连接击发元件、传爆元件、起爆元件，通常有卡口塞、连接块。大多的传爆元件与起爆元件的连接用卡口塞，自加工的瞬发雷管一般现场连接用电工胶布；击发元件与传爆元件的现场连接用电工胶布、塑料条带、细绳线等捆扎代替。

5) 组合雷管。在现场一般均用成品的组合雷管，它由一定长度的导爆管、卡口塞和雷管组合而成。组合雷管的导爆管一端封口，另一端与雷管相组合。组合雷管既可用做起爆雷管，也可用做传爆雷管。

(2) 塑料导爆管。

1) 塑料导爆管的构造，如图 2.18 所示。塑料导爆管是内壁涂有混合炸药粉末的空心塑料软管。管壁材料为高压聚乙烯，外径 $\phi 1.95\pm 0.15$，内径 $\phi 1.4\pm 0.10$。所涂的混合炸药成分是 91％的奥克托金，9％的铝粉，外加 0.25％～0.5％的工艺附加物，一般为石墨粉。药量为 14～16 mg/m，导爆管内也有用黑索金等炸药。

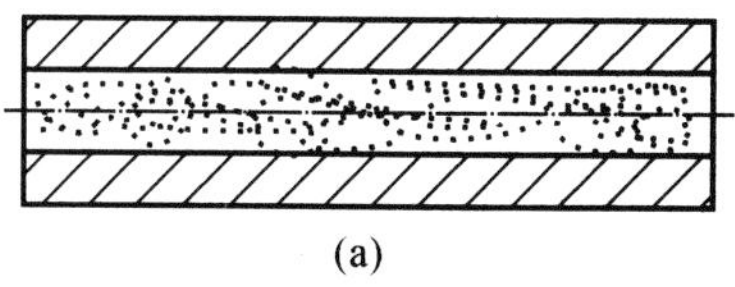
(a)

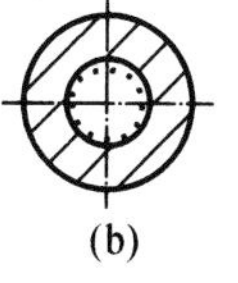
(b)

图 2.18　塑料导爆管结构

(a)纵断面；(b)横断面

2) 塑料导爆管的作用原理：当击发元件起爆枪(或雷管、导爆索)对着导爆管腔击发时，将激起冲击波，冲击波沿导爆管传播过程中，导爆管内壁上涂有的炸药受作用发生化学反应，反应释放出的热量补充了沿导爆管传播的冲击波能量。由于管壁内的炸药量很少，不能形成爆轰，其化学反应释放出的能量与冲击波传播过程中的能量损失相平衡，从而使冲击波能以一恒定的速度沿导爆管稳定传播。

3）塑料导爆管的主要性能。

击发感度：塑料导爆管可以用火帽、雷管、导爆索、引火头等一切能产生冲击波的起爆器材击发。用一个8号工业雷管可击发50根导爆管。

传爆速度：国产塑料导爆管的传爆速度为(1 950±50)m/s，最低为1 580 m/s。

传爆性能：国产导爆管传爆性能良好。一根数米至6 km的导爆管，中间不要中继雷管接力；或者一根导爆管内有不超过15 cm长的断药时，都可正常传爆。

抗火性能：火焰不能击发导爆管，用火焰点燃单根或成卷的塑料导爆管时，它只能和塑料一样缓慢地燃烧。

抗冲击性能：塑料导爆管受一般机械冲击作用不会被击发。药量超过正常药量的1～5倍的成卷导爆管，用大锤猛砸直至敲碎，不会发生爆炸现象。用54式手枪在10～15m远处射击导爆管，导爆管也不会被击发。

抗水性能：导爆管与金属雷管组合后，具有很好的抗水性，在水下80 m深处放置48 h，仍能正常起爆。如果对雷管防护好，可在水下135 m深处起爆炸药。

破坏性能：塑料导爆管传爆时，管壁完整无损，对周围环境没有破坏作用，人体无不适之感。偶然因药量不均使管壁破洞，也不致伤害人体。

4）塑料导爆管起爆网络的连接方式。隧道爆破塑料导爆管常用的起爆网络连接方式有簇联法、并联法等多种。一般局部采用簇联法，全断面采用并联法。为了准爆，常采用复式连接网络(每组组合传爆雷管均使用双雷管)，万一组合传爆雷管有一个拒爆，那么另一个还能起作用，传爆可继续下去。这种连接法使爆破网络大大地提高了传递的可靠性(见图2.19、图2.20)。

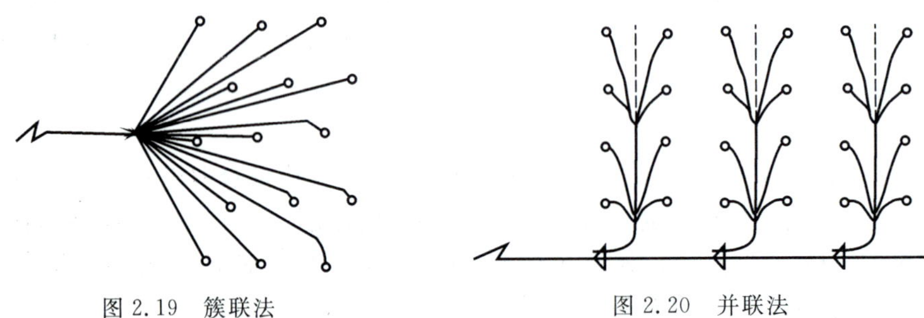

图2.19　簇联法　　　图2.20　并联法

5）塑料导爆管非电起爆系统微差起爆方法一般有孔内延期和孔外延期两种。孔内延期是将装入炮孔炸药内的组合起爆雷管配用毫秒延期火雷管，而在孔外传爆网络中各组合传爆雷管配用瞬发火雷管。孔内延期网络存在的问题：爆破作业中需用的毫秒延期火雷管数量大，爆破段数受到毫秒延期雷管的限制；由于使用了大量不同段别的毫秒延期火雷管，增加了装药连线的难度，容易装错而造成延期错误。

孔外延期是将装入炮孔炸药内的组合起爆雷管全部用瞬发火雷管或低段毫秒雷管。而在孔外传爆网络中各组合传爆雷管配用毫秒延期火雷管，可用同段号雷管或不同段号的雷管，配合使用可实现孔外延期。孔外延期爆破网络的优点：不会出现串联现象，且微差时间准确，从而保证了微差效果；组合传爆雷管所配用的毫秒延期雷管段数可根据爆破作业的需要确定，共次爆破只需一个段的毫秒延期雷管，因而可减少操作差错；可以进行任意段的微差爆破，在工业爆破中，利用该法已成功地进行了 49 段的微差爆破；大量节约了毫秒延期雷管，从而降低了爆破成本；弥补了现有毫秒延期雷管配套的不足。

孔外延期爆破在露天矿山爆破中正大力推广，特别是深孔爆破，因为炮眼间距相对比较大，在平地上网络连接操作较为方便。而在隧道爆破中，由于炮眼密度大，有时会破坏传爆网络的正常传爆，而且隧道爆破是在近似直立的工作面连接网络，操作起来比较困难，因而此法在隧道爆破中还处在试验探索阶段，有待于进一步的研究。

毫秒电雷管和秒延期电雷管的延期时间见表 2.1，表 2.2。

表 2.1　毫秒电雷管的延期时间

段别	延期时间/ms	标志(脚线颜色)	段别	延期时间/ms	标志(脚线颜色)
1	<13	灰　红	11	460(±40)	标牌区别
2	25(±10)	灰　黄	12	550(±40)	标牌区别
3	50(±10)	灰　蓝	13	650(±50)	标牌区别
4	70(±15,−10)	灰　白	14	760(±55)	标牌区别
5	110(±15)	绿　红	15	880(±60)	标牌区别
6	150(±20)	绿　黄	16	1020(±70)	标牌区别
7	200(±20,−25)	绿　白	17	1 200(±90)	标牌区别
8	250(±25)	黑　红	18	1 400(±100)	标牌区别
9	310(±20)	黑　黄	19	1 700(±130)	标牌区别
10	380(±35)	黑　白	20	2 000(±150)	标牌区别

表 2.2　秒延期电雷管的延期时间

段别	延期时间/s	标志(脚线颜色)
1	≤0.1	灰　蓝
2	1.0+0.5	灰　白
3	2.0+0.6	灰　红
4	3.1+0.7	灰　绿
5	4.3+0.8	灰　黄
6	5.6+0.9	黑　蓝
7	7.0+1.0	黑　白

2.3.3　隧道爆破设计

岩石隧道开挖前，应根据工程地质条件、开挖断面、开挖方法、掘进循环进尺、钻眼机具和爆破器材等做好钻爆设计，合理地确定炮眼位置、数目、深度和角度、装药量和装药结构、起爆方法、起爆顺序，安排好循环作业等，以正确指导钻爆施工，达到预期的效果。

一、炮眼的种类和作用

隧道开挖爆破的炮眼数目与隧道断面的大小有关，多在几十至数百范围内。炮眼按其所在位置、爆破作用、布置方式和有关参数的不同可分为如下几种：

1. 掏槽眼

针对隧道开挖爆破只有一个临空面的特点，为提高爆破效果，宜先在开挖断面的适当位置(一般在中央偏下部)布置几个装药量较多的炮眼，如图 2.21 中所示的 1 号炮眼。其作用是先在挖面上炸出一个槽腔，为后续炮眼的爆破创造新的临空面。

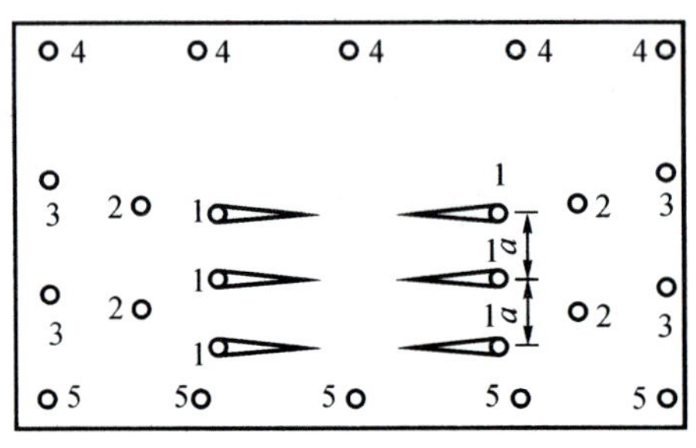

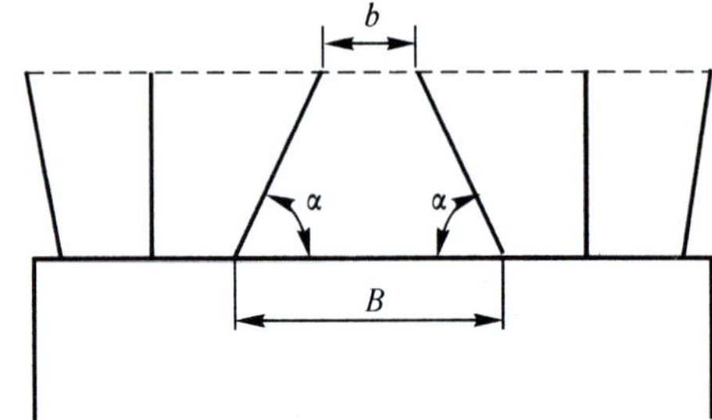

图 2.21 炮眼种类

1—掏槽眼；2—辅助眼；3—帮眼；4—顶眼；5—底眼

2. 辅助眼

辅助眼是位于掏槽眼与周边眼之间的炮眼，如图 2.21 中所示的 2 号炮眼。其作用是扩大掏槽眼炸出的箱腔，为周边眼爆破创造临空面。

3. 周边眼

沿隧道周边布置的炮眼称为周边眼。如图 2.21 中所示的 3 号、4 号、5 号炮眼，其作用是炸出较平整的隧道断面轮廓。按其所在位置的不同，又可分为帮眼(3 号眼)、顶眼(4 号眼)、底眼(5 号眼)。

爆破的关键是掏槽眼和周边眼的爆破。掏槽眼为辅助眼和周边眼的爆破创造了有利条件，直接影响循环进尺和掘进效果；周边眼关系到隧道开挖边界的超欠挖和对周围围岩的影响。

二、掏槽形式和参数

掏槽效果的好坏，直接影响整个隧道爆破的成败。根据掏槽眼与开挖面的关系、掏槽眼的布置方式、掏槽深度以及装药起爆顺序的不同，可将掏槽方式分为如下几类：

1. 斜眼掏槽

斜眼掏槽的特点是掏槽眼与开挖断面斜交，它的种类很多，如锥形掏槽、爬眼掏槽、楔形掏槽、单斜式掏槽等。隧道爆破中常用的是垂直楔形掏槽和锥形掏槽。

(1)垂直楔形掏槽。掏槽眼水平成对布置(见图 2.21)，爆破后将炸出楔形槽口。炮眼与

开挖面间的夹角 α，上、下两对炮眼的间距 a 和同一平面上一对掏槽眼眼底的距离 b，是影响此种掏槽爆破效果的重要因素，这些参数随围岩类别的不同而有所不同。表 2.3 列出一些经验数据供参考。

表 2.3　垂直楔形掏槽爆破参数

围岩级别	α/(°)	斜度比	a/cm	b/cm	炮眼数量/个
Ⅳ级及以上	70～80	1∶0.27～1∶0.18	70～80	30	4
Ⅲ级	75～80	1∶0.27～1∶0.18	60～70	30	4～5
Ⅱ级	70～75	1∶0.37～1∶0.27	50～60	25	6
Ⅰ级	55～70	1∶0.47～1∶0.37	30～50	20	6

(2)锥形掏槽。这种炮眼呈角锥形布置，各掏槽眼以相等或近似相等的角度向工作面中心轴线倾斜，眼底趋于集中，但互相并不贯通，爆破后形成锥形槽。根据掏槽炮眼数目的不同，可分为三角锥、四角锥、五角锥等。如图 2.22 所示为四角锥形掏槽，它常用于受岩层层理、节理、裂隙影响较大的围岩。其有关参数见表 2.4。

表 2.4　锥形掏槽爆破参数

围岩级别	α/(°)	a/cm	炮眼数量/个
Ⅳ级及以上	70	100	3
Ⅲ级	68	90	4
Ⅱ级	65	80	5
Ⅰ级	60	70	6

斜眼掏槽具有操作简单、精度要求较直眼掏槽低，能按岩层的实际情况选择掏槽方式和掏槽角度，易把岩石抛出，掏槽眼的数量少且炸药耗量低等优点。但是，炮眼深度易受开挖断面尺寸的限制，不易提高循环进尺，也不便于多台凿岩机同时作业。

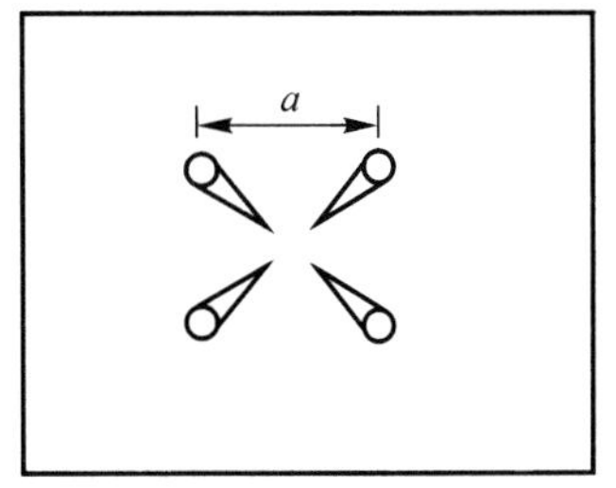

图 2.22　四角锥形掏槽

2. 直眼掏槽

直眼掏槽由若干个垂直于开挖面的炮眼所组成，掏槽深度不受围岩软硬和开挖断面大小的限制，可以实现多台钻机同时作业、深眼爆破和钻眼机械化，从而为提高掘进速度提供了有利条件。由于直眼掏槽凿岩作业较方便，不需随循环进尺的改变而变化掏槽形式，仅须改变炮眼的深度，且石渣的抛掷距离也可缩短。但直眼掏槽的炮眼数目和单位用药量较多，对眼距、装药量等有严格要求，往往由于设计或施工不当，使槽内的岩石不易抛出或重新固结而降低炮眼利用率。

(1) 直眼掏槽形式。直眼掏槽形式很多，过去常用的有龟裂掏槽、五眼梅花掏槽和螺旋掏槽。近年来，由于重型凿岩机械的使用，尤其是大直径(>100mm)炮孔的液压钻机投入施工以后，直眼掏槽的布置形式有了新发展，目前常用的形式有：

1）柱状掏槽（见图 2.23）。它是充分利用大直径空眼作为临空孔和岩石破碎后的膨胀空间，使爆破后能形成柱状槽口的掏槽爆破。作为临空孔的空眼数目，视炮眼深度而定。一般当孔眼深度小于 3.0 m 时，采用 1 个临空孔；当孔眼深度为 3.0～3.5 m 时，采用双临空孔；当孔眼深度为 3.5～5.15 m 时，采用 3 个临空孔。试验表明，第一个起爆装药孔离开临空孔的距离应不大于 1.5 倍的临空孔直径。

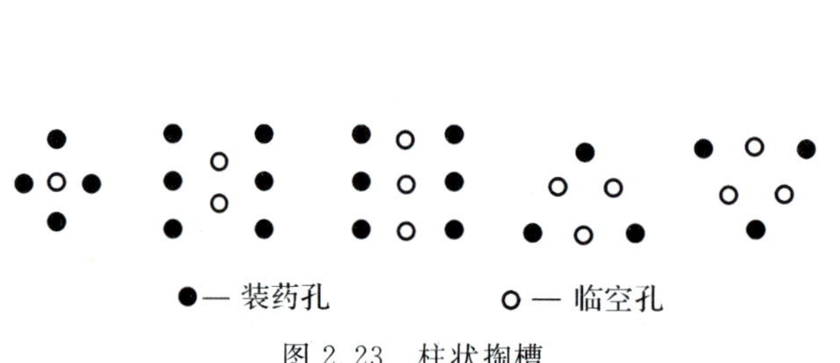

图 2.23　柱状掏槽

图 2.24　螺旋形掏槽

2）螺旋形掏槽。螺旋形掏槽由柱状掏槽发展而来，其特点是中心眼为空眼，邻近空眼的各装药眼至空眼之间的距离逐渐加大，其连线呈螺旋形状，如图 2.24 所示。装药眼与空眼之间的距离分别为 $a=(1.0\sim1.5)D$，$b=(1.2\sim2.5)D$，$c=(3.0\sim4.0)D$，$d=(4.0\sim5.0)D$。D 为一空眼直径，一般不小于 100 mm，也可用 ϕ60～70 mm 的钻头钻成 8 字形双空眼。爆破按 1，2，3，4 由近及远顺序起爆，以充分利用自由面，扩大掏槽效果。

（2）影响直眼掏槽效果的因素。直眼掏槽以空眼作为增加的临空面，利用炸药爆炸的能量将槽内岩石击碎，并借助爆炸产生气体的余能将已破碎的岩石从槽腔内抛出。在直眼掏槽中，应注意以下几点：

1）眼距。空眼与装药眼之间的距离。当用等直径炮孔时，此距离一般随岩性不同而变动，变动范围为炮眼直径的 2～4 倍；当采用大直径空眼时，眼距不宜超过空眼直径的 2 倍。由于掏槽效果对眼距变化很敏感，往往眼距稍大就会造成掏槽失败或效果降低，而眼距过小不仅钻眼困难，还容易发生槽内岩石被挤实现象。

2）空眼。空眼不仅起着自由面和破碎岩石发展的导向作用，同时为槽内岩石破碎提供一个膨胀的空间。所以增加空眼数目能获得良好的效果，一般随眼深加大空眼数也相应增多。

3）装药。直眼掏槽一般都是过量装药，装药长度占全眼长的 70%～90%，如果装药长度不够，易发生“挂门帘”和“留门坎”现象。当眼深大于 2.5 m 时，易产生沟槽效应，应采取相应措施防止爆轰中断。

4）辅助抛掷。直眼掏槽的关键是把槽内已破碎岩石抛出槽腔，当炮眼较深时仅利用爆炸产生气体的余能抛出岩石是很难达到预计的掏槽效果的，所以当眼深在 2.0 m 以上时，可采用辅助抛掷措施。一般是将空眼加深 100～200 mm，并在眼底放一卷炸药，在掏槽眼全部起爆后接着起爆。

5）钻眼质量。要保证钻眼的准确性，使各炮眼之间保持等距、平行是极为重要的。如果两眼钻穿，易造成爆炸产生的气体过早损失，降低槽内岩石抛出率或使岩石再生。如果距离过大或钻眼偏斜，易发生单个炮眼直径扩大或单个炮眼爆炸，炮眼间的岩石不易崩落。

3. 混合掏槽

混合掏槽是指两种以上掏槽方式的混合使用，一般在岩石特别坚硬或隧道开挖断面较大时使用。

(1) 复式掏槽。严格地说，复式掏槽也属于斜眼掏槽，它是在浅眼楔形掏槽的基础上发展起来的。在大断面隧道掘进中，为加大掏槽深度，可采用两层、三层或四层楔形掏槽眼，每对掏槽眼呈完全对称或近似对称，深度由浅到深，与工作面的夹角由小到大。复式掏槽也叫多重楔形掏槽或 V 形掏槽。复式掏槽的爆破角(掏槽眼与工作面的夹角)与掏槽眼深度的相互关系，应使从每个眼底所作的垂线恰好落在开挖断面两壁与开挖面相交的临空面上；最深掏槽眼眼底的垂线也必须落在隧道内，即与已爆出的工作面相交；在每一掏槽眼眼底所作的垂线必须与隧道壁面相交。复式掏槽根据开挖断面的大小及进尺常分为两级复式掏槽和三级复式掏槽，如图 2.25 所示。复式掏槽在一般情况下，上、下排距为 50～90 cm，硬岩取小值，软岩取大值。在硬岩中爆破时，最好使用高威力炸药，一般布置上、下两排即可；当岩石十分坚硬时，可用三排或四排。当炮眼深度小于 2.5 m 时，一般用两级复式掏槽。

(2)升级掏槽。升级掏槽采用逐级加深的炮眼布置，按掘进方向平行钻孔，把全部掏槽深度分阶段达到爆破的目的，如图 2.26 所示。升级掏槽将常用掏槽方法在爆破技术上的优点和直眼掏槽在钻眼技术上的优点结合起来，因此，其适应能力强，可对各种不同的条件和岩石状况采用不同的方法加以处理，掏进深度可以根据炮眼的级数来确定。实践表明，用这种方法进行爆破是很有成效的。

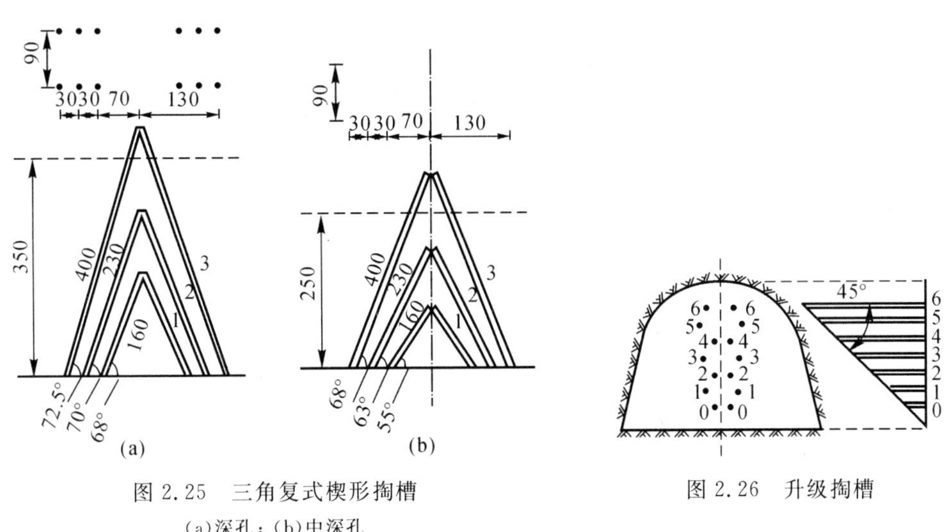

图 2.25　三角复式楔形掏槽

(a)深孔；(b)中深孔

图 2.26　升级掏槽

(3) 分段掏槽。为克服深眼爆破中装药底部仅产生挤压破碎作用和弱抛掷，可将掏槽炮眼分次起爆，这样有利于槽腔形成，提高掏槽腔的有效深度，便于机械化作业。如图 2.27 所示为南昆线米花岭隧道采用的直眼二次掏槽的示意图，炮眼利用率在 90%以上。实践表明，对于斜眼分段掏槽，循环进尺可达隧道开挖宽度的 76%，炮眼利用率可在 95%以上。除此之外，其他混合掏槽还有角锥与直眼、楔形与直眼(见图 2.28)等形式组合。这些混合掏槽形式一般用在比较坚硬的岩石中。

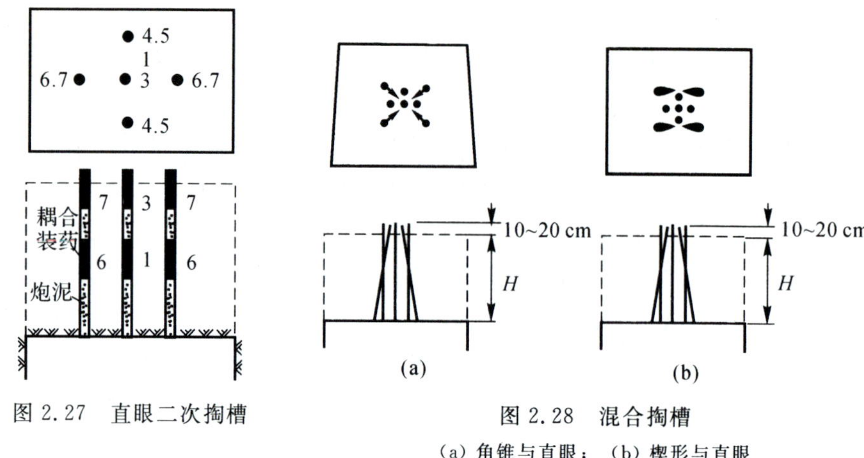

图 2.27　直眼二次掏槽

图 2.28　混合掏槽

(a) 角锥与直眼；(b) 楔形与直眼

三、隧道爆破的参数设计

1. 炮眼直径

炮眼直径对凿岩生产率、炮眼数目、单位耗药量和洞壁的平整程度均有影响。加大炮眼直径以及相应装药量可使炸药能量相对集中，爆炸效果得以改善。但炮眼直径过大将导致凿岩速度显著下降，并影响岩石破碎质量、洞壁平整程度和围岩稳定性。因此，必须根据岩石性质、凿岩设备和工具、炸药性能等进行综合分析，合理选用孔径。一般隧道的炮眼直径在 $\phi32\sim50$ mm之间，药卷与眼壁之间的间隙一般为炮眼直径的 10%～15%。

2. 炮眼数量

炮眼数量主要与开挖断面、炮眼直径、岩石性质和炸药性能有关，炮眼的多少直接影响凿岩工作量。炮眼数量应能装入设计的炸药量，通常可根据各炮眼平均分配炸药量的原则来计算。其公式为

$$N=\frac{qS}{\alpha\gamma} \tag{2.2}$$

式中　N—— 炮眼数量，不包括未装药的空眼数；

q—— 单位炸药消耗量，一般取 $q=1.1\sim2.9\ \mathrm{kg/m^3}$，见表 2.5；

S—— 开挖断面积，$\mathrm{m^2}$；

α—— 装药系数，即装药长度与炮眼全长的比值，见表 2.6；

γ—— 每米药卷的炸药质量，kg/m，2 号岩石铵梯炸药的每米质量见表 2.7。

炮眼数量常用的经验数值见表 2.8。.

3. 炮眼深度

炮眼深度是指炮眼底至开挖面的垂直距离。合适的炮眼深度有助于提高掘进速度和炮眼利用率。随着凿岩、装渣运输设备的改进，目前普遍存在加长炮眼深度以减少作业循环次数的趋势。炮眼深度一般根据下列因素确定：

(1) 围岩的稳定性，避免过大的超欠挖；

(2) 凿岩机的允许钻眼长度、操作技术条件和钻眼技术水平；

(3) 掘进循环安排，保证充分利用作业时间。

表 2.5　隧道爆破单位耗药量(2 号岩石铵梯炸药)/($kg \cdot m^{-3}$)

开挖部位和开挖面积 /m^2		围岩级别			
		Ⅳ ～ Ⅴ	Ⅲ ～ Ⅳ	Ⅱ ～ Ⅲ	Ⅰ
一个自由面	4 ～ 6	1.5	1.8	2.3	2.9
	7 ～ 9	1.3	1.6	2.0	2.5
	10 ～ 12	1.2	1.5	1.8	2.25
	13 ～ 15	1.2	1.4	1.7	2.1
	16 ～ 20	1.1	1.3	1.6	2.0
	40 ～ 43			1.1	1.4
多个自由面	扩大挖底	0.6 0.52	0.74 0.62	0.95 0.79	1.2 1.0

表 2.6　装药系数(α 值)

炮眼名称	围岩级别			
	Ⅳ，Ⅴ	Ⅲ	Ⅱ	Ⅰ
掏槽眼	0.5	0.55	0.60	0.65 ～ 0.80
辅助眼	0.4	0.45	0.50	0.55 ～ 0.70
周边眼	0.4	0.45	0.55	0.60 ～ 0.75

表 2.7　2 号岩石铵梯炸药每米质量(γ 值)

药卷直径 /mm	32	35	38	40	44	45	50
γ/($kg \cdot m^{-1}$)	0.78	0.96	1.10	1.25	1.52	1.59	1.90

表 2.8　炮眼数量参考值

围岩级别	开挖面积 /m^2				
	4 ～ 6	7 ～ 9	10 ～ 12	13 ～ 15	40 ～ 43
软岩(Ⅳ，Ⅴ)	10 ～ 13	15 ～ 15	17 ～ 19	20 ～ 24	
次坚岩(Ⅲ，Ⅳ)	11 ～ 16	16 ～ 20	18 ～ 25	23 ～ 30	
坚岩(Ⅲ，Ⅱ)	12 ～ 18	17 ～ 24	21 ～ 30	27 ～ 35	75 ～ 90
特坚岩(Ⅰ)	18 ～ 25	28 ～ 33	37 ～ 42	38 ～ 43	80 ～ 100

确定炮眼深度的常用方法有以下 3 种：

(1) 采用斜眼掏槽时，炮眼深度受开挖面大小的影响，炮眼过深，周边岩石的挟制作用较大，故炮眼深度不宜过大。一般最大炮眼深度取断面宽度(或高度)的 0.5 ～ 0.7 倍，即 $L = (0.5 \sim 0.7)B$。当围岩条件好时，采用较小值。

(2) 利用每一掘进循环的进尺数及实际的炮眼利用率来确定，即

$$L = \frac{l}{\eta} \tag{2.3}$$

式中　L—— 炮眼深度,m;

l—— 每掘进循环的计划进尺数,m;

η—— 炮眼利用率,一般要求不低于 0.85。

(3) 按每一掘进循环中所占时间确定,即

$$L = \frac{mvt}{N} \tag{2.4}$$

式中　m—— 钻机数量;

v—— 钻眼速度,m/h;

t—— 每一掘进循环中钻眼所占的时间,h;

N—— 炮眼数目。

所确定的炮眼深度还应与装渣运输能力相适应,使每个作业班能完成整数个循环,而且使掘进每米坑道消耗的时间最少,炮眼利用率最高。目前,较多采用的炮眼深度为 1.2～1.8 m,中深孔为 2.5 ～ 3.5 m,深孔为 3.5 ～ 5.15 m。

4. 装药量的计算及分配

炮眼装药量的多少是影响爆破效果的重要因素。药量不足,会出现炸不开、炮眼利用率低和石渣块过大等问题;装药量过多,则会破坏围岩稳定,崩坏支撑和机械设备,使抛渣过散,对装渣不利,且增加了洞内有害气体,相应地增加了排烟时间和供风量等。合理的药量应根据所使用的炸药的性能和质量、地质条件、开挖断面尺寸、临空面数目、炮眼直径和深度及爆破的质量要求来确定。目前多采取先用体积公式计算出一个循环的总用药量,然后按各种类型炮眼的爆破特性进行分配,再在爆破实践中加以检验和修正,直到取得良好的爆破效果的方法。计算总用药量 Q 的公式为

$$Q = qV \tag{2.5}$$

式中　Q—— 一个爆破循环的总用药量,kg;

q—— 爆破每立方米岩石所需炸药的消耗量,kg/m^3,见表 2.5;

V—— 一个循环进尺所爆落的岩石总体积,m^3,其计算公式为

$$V = lS \tag{2.6}$$

其中　l—— 计划循环进尺,m;

S—— 开挖面积,m^2。

总的炸药应分配到各个炮孔中去。由于各炮眼的作用及受到岩石挟制情况不同,装药数量亦不同,通常按装药系数 γ 进行分配,γ 值见表 2.7。

四、炮眼的布置

在隧道内布置炮眼时,必须保证获得良好的爆破效果,并考虑钻眼的效率。在开挖面上除出现土石互层、围岩类别不同、节理异常等特殊情况外,应按实际需要布置炮眼。炮眼一般按下述原则布置:

(1) 先布置掏槽眼,其次是周边眼,最后是辅助眼。掏槽眼一般应布置在开挖面中央偏下部位,其深度应比其他眼深 15 ～ 20 cm。为爆出平整的开挖面,除掏槽眼和底部炮眼外,所有掘进眼眼底应落在同一平面上。底部炮眼深度一般与掏槽眼相同。

(2) 周边眼应严格按照设计位置布置。断面拐角处应布置炮眼。为满足机械钻眼需要和减少超欠挖,周边眼设计位置应考虑 3% ～ 5% 的外插斜率,并应使前后两排炮眼的衔接台阶高度(即锯齿形的齿高) 最小。此高度一般要求为 10 cm,最大也不应大于 15 cm。

(3) 辅助眼的布置主要是解决炮眼间距和最小抵抗线的问题,这可以由施工经验决定,一般抵抗线 W 约为炮眼间距的 60% ～ 80%,并在整个断面上均匀排列。当采用 2 号岩石铵梯炸药时,W 值一般取 0.6 ～ 0.8 m。

(4) 当炮眼的深度超过 2.5 m 时,靠近周边眼的内圈辅助眼应与周边眼有相同的倾角。

(5) 当岩层层理明显时,炮眼方向应尽量垂直于层理面。如节理发育,炮眼应尽量避开节理,以防卡钻和影响爆破效果。

隧道开挖面的炮眼,在遵守上述原则的基础上,可以有以下几种布置方式:

(1) 直线形布眼。将炮眼按垂直方向或水平方向围绕掏槽开口呈直线形逐层排列,如图 2.29(a),(b) 所示。这种布眼方式,形式简单且易掌握,同排炮眼的最小抵抗线一致,间距一致,前排眼为后排眼创造临空面,爆破效果较好。

(2) 多边形布眼。这种布眼是围绕着掏槽部位由里向外将炮眼逐层布置成正方形、长方形、多边形等,如图 2.29(c) 所示。

(3) 弧形布眼。顺着拱部轮廓线逐圈布置炮眼,如图 2.29(d) 所示。此外,还可将开挖面上部布置成弧形,下部布置成直线形,以构成混合型布置。

(4) 回形布孔。当开挖面为圆形时,炮孔围绕断面中心逐层布置成圆形。这种布孔方式多用在圆形隧道、泄水洞以及圆形竖井的开挖中。

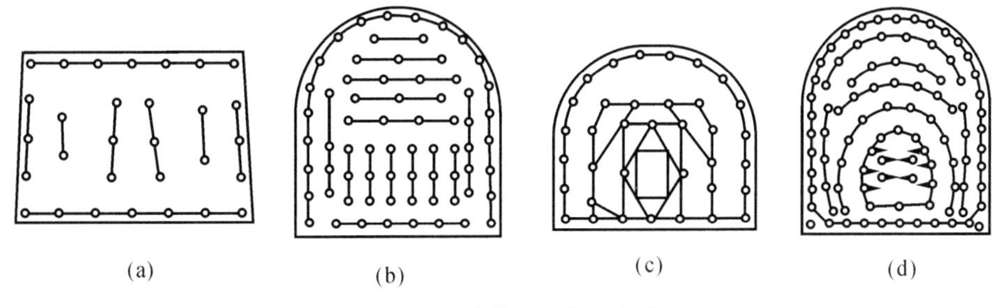

图 2.29　隧道炮眼布置方式

(a),(b) 直线形;(c) 多边形;(d) 弧形

2.3.4　周边眼的控制爆破

在隧道爆破施工中,首要的要求是开挖轮廓与尺寸准确,对围岩扰动小。所以,周边眼的爆破效果反映了整个隧道爆破的成洞质量。实践表明,采用普通爆破方法不仅对围岩扰动大,而且难以爆出理想的开挖轮廓,故目前采用控制爆破技术进行爆破。隧道控制爆破是指光面爆破和预裂爆破。

一、光面爆破

1. 光面爆破的特点与标准

光面爆破是通过正确确定爆破参数和施工方法,在设计断面内的岩体爆破崩落后才爆周边孔,使爆破后的围岩断面轮廓整齐,最大限度地减轻爆破对围岩的扰动和破坏,尽可能地保持原岩的完整性和稳定性的爆破技术。其主要标准为开挖轮廓成形规则，岩面平整；围岩壁上保存有50%以上的半面炮眼痕迹，无明显的爆破裂缝；超欠挖符合规定要求，围岩壁上无危石等。

光面爆破对围岩扰动小，又尽可能保存了围岩自身原有的承载能力，从而改善了衬砌结构的受力状况；由于围岩壁面平整，减少了应力集中和局部落石现象，增加了施工安全度，减少了超挖和回填量，若与锚喷支护相结合，能节省大量混凝土，降低工程造价，加快施工进度；光面爆破可减轻振动和保护围岩，所以它是在松软及不均质的地质岩体中较为有效的开挖爆破方法。

2. 光面爆破的主要参数

光面爆破的成功与否主要取决于爆破参数的确定。其主要参数包括周边炮眼的间距、光面爆破层的厚度、周边眼密集系数和装药集中度等。影响光面爆破参数选择的因素很多，主要有岩石的爆破性能、炸药品种、一次爆破的断面大小、断面形状、凿岩设备等，其中影响最大的是地质条件。光面爆破参数的选择，通常采取简单的计算并结合工程类比加以确定，在初步确定后，一般都要在现场爆破实践中加以修正改善。

(1) 周边炮眼间距 E。在不耦合装药的前提下，光面爆破应满足炮孔内静压力 F 小于爆破岩体的极限抗压强度，而大于岩体的极限抗拉强度的条件，如图2.30所示，即

$$[\sigma_p]EL \leqslant F \leqslant [\sigma_c]dL$$
$$E \leqslant \frac{[\sigma_c]}{[\sigma_p]} \leqslant K_i d \tag{2.7}$$

式中 $[\sigma_p]$—— 岩体的极限抗拉强度，MPa；

$[\sigma_c]$—— 岩体的极限抗压强度，MPa；

F—— 炮孔内炸药爆炸静压力合力，N；

d—— 炮眼直径，mm；

L—— 炮眼深度，cm；

K_i—— 孔距系数，$K_i=\frac{[\sigma_c]}{[\sigma_p]}$。

从式(2.7)中可以看出，周边炮眼间距与岩体的抗拉、抗压强度以及炮眼直径有关。一般取 $K_i=10\sim18$，即 $E=(10\sim18)d$；当炮眼直径为32～40 mm时，$E=320\sim700$ mm。一般情况下，软质或完整的岩石 E 宜取大值，隧道跨度小、坚硬和节理裂隙发育的岩石 E 宜取小值，装药量也需相应减少。还可以在两个炮眼间增加导向空眼，导向空眼到装药眼间的距离一般控制在400 mm以内。此外，还应注意炸药的品种对 E 值也有影响。

(2) 光面层厚度及炮眼密集系数，所谓光面层就是周边眼与最外层辅助眼之间的一圈岩石层。其厚度就是周边眼的最小抵抗线 W(见图2.30)。周边眼的间距 E 与光面层厚度 W 有着密切关系，通常以周边眼的密集系数 $K(K=E/W)$ 表示，其大小对光面爆破效果有较大影响。必须使应力波在两相邻炮眼间的传播距离小于应力波至临空面的传播距离，即 $E<W$。实践表明，取 $K=0.8$ 较为适宜，光面层厚度 W 一般取50～80 cm。

(3) 装药量。周边眼的装药量通常以线装药密度表示。恰当的装药量应是既具有破岩所需的能量，又不造成围岩的过度破坏。施工中应根据孔距、光面层厚度、石质及炸药种类等，综合考虑并确定装药量。在光面层单独爆落时，周边眼的线装药密度一般为0.15～0.25 kg/m，全断面

一次起爆时，为减少残眼，装药密度需适当增加，一般可达 0.30 ～ 0.35 kg/m。

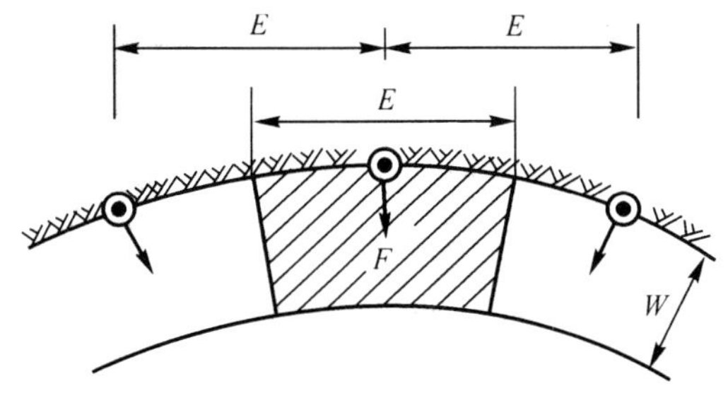

图 2.30　光面爆破参数示意

3. 隧道光面爆破的技术措施

为了获得良好的光面爆破效果，可采取以下技术措施：

(1) 使用低爆速、低猛度、低密度、传爆性能好、爆炸威力大的炸药。

(2) 采用不耦合装药结构。光面爆破的不耦合系数最好大于 2，但药卷直径不应小于该炸药的临界直径，以保证稳定传爆。当采用间隔装药时，相邻炮眼所用的药卷位置应错开，以充分利用炸药效能。

(3) 严格掌握与周边眼相邻的内圈炮眼的爆破效果，为周边眼爆破创造临空面。周边眼应尽量做到同时起爆。

(4) 严格控制装药集中度，必要时可采取间隔装药结构。为克服眼底岩石的挟制作用，通常在眼底需加强装药。

表 2.9 给出了爆破一般参考数值和国内部分隧道光面爆破设计参数(此表适用于炮眼深度 1.0 ～ 1.5 m，炮眼直径 40 ～ 50 mm，药卷直径 20 ～ 25 mm)。

表 2.9　光面爆破一般参数值

装药集中度 / ($kg \cdot m^{-1}$)	岩石类别	炮眼间距 E/cm	抵抗线 W/cm	密集系数 $K = E/W$
0.30 ～ 0.35	硬岩	55 ～ 70	60 ～ 80	0.7 ～ 1.0
0.20 ～ 0.30	中硬岩	45 ～ 65	60 ～ 80	0.7 ～ 1.0
0.07 ～ 0.12	软岩	35 ～ 50	40 ～ 60	0.5 ～ 0.8

二、预裂爆破

预裂爆破是由于先起爆周边眼，在其他炮眼未爆破之前先沿着开挖轮廓线预裂爆破出一条用以反射爆破地震应力波的裂缝而得名的。预裂爆破的目的与光面爆破相同，只是在炮眼的爆破顺序上，光面爆破是先引爆掏槽眼，再引爆辅助眼，最后引爆周边眼，而预裂爆破则是首先引爆周边眼，使沿周边眼的连心线炸出平顺的预裂面。由于这个预裂面的存在，对后爆的掏槽眼、辅助眼的爆轰波能起反射和缓冲作用，可以减轻爆轰波对围岩的破坏，保持岩体的完整性，使爆破后的开挖面整齐规则。

由于成洞过程和破岩条件不同，在减轻对围岩的扰动程度上，预裂爆破较光面爆破的效果更好，所以，预裂爆破很适用于稳定性较差而又要求控制开挖轮廓的松软围岩。但预裂爆破的周边眼距和最小抵抗线都要比光面爆破小，相应地要增多炮眼数量，钻眼工作量增大。

理想的预裂效果应保证在炮眼连线上产生贯通裂缝，形成光滑的岩壁。但预裂爆破受到只有一个临空面条件的制约，因此，其爆破技术较光面爆破更为复杂。影响预裂爆破效果的因素很多，如钻孔直径、孔距、装药量、岩石的物理力学性质、地质构造、炸药品种、装药结构及施工因素等，而这些因素又是相互影响的。目前，确定预裂爆破主要参数的方法有理论计算法、经验公式计算法和经验类比法 3 种。表 2.10 给出了隧道预裂爆破的参考数值。

表 2.10　预裂爆破参数值

装药集中度 /(kg·m^{-1})	岩石类别	炮眼间距 E/cm	至内排崩落眼间距 /cm
0.30 ～ 0.40	硬岩	40 ～ 50	40
0.20 ～ 0.25	中硬岩	40 ～ 45	40
0.07 ～ 0.12	软岩	35 ～ 40	35

2.3.5　钻爆施工程序

钻爆施工是把钻爆设计付诸实施的重要环节，包括钻孔、装药、堵塞和对爆破后可能出现的问题的处理等。隧道爆破通常都要求每一循环进尺尽可能大，但在很多情况下，往往由于过高地估计爆破效果而带来一些困难。因此，在施工设计中，不但要了解实际掘进速度的可能性，而且还要注意开挖方法。

一、钻眼

目前，在隧道开挖施工中，广泛采用的钻孔设备为凿岩机和钻孔台车全液压钻机或风动钻机。原始的办法是台架打眼，也有采用"人机套打"开挖大断面隧道的。"人机套打"，即在地质条件好的情况下，台车开挖与人工手持式风钻台架相配合，长短炮眼结合，可达到更好的光面爆破效果。

在施钻前，由专业测量人员根据设计在掌子面布孔，并标出掏槽眼和周边轮廓，严格按照炮眼的设计位置、深度、角度和孔径，分工定点、定位进行，多台钻机作业。应注意防止炮眼交叉打穿，炮眼总数不应小于设计的 90%，掏槽炮眼位置误差不得大于 5 cm。如果出现大的偏差，应废弃重钻，切实保证钻孔质量。

注意掌握周边眼的外插角，太大超挖大，太小造成欠挖或造成下一循环"作业净空"不够。"作业净空"指无论是手持式风钻，还是液压重型钻机，在作业时，打眼工具均要占得一定位置。还要注意应平行打眼，同时注意掌子面明显不平整时，应调整炮眼的孔深，使炮眼底在一个平面上。

二、装药

装药及起爆工作的好坏与爆破效果和爆破工作的安全密切相关。装药前要检查炮眼位置和长度是否符合设计要求，并进行清渣排水。装药时要严格按照炮眼的设计装药量装填，可以按设计要求连续装药或间隔装药或不耦合装药，总的装药长度不宜超过炮眼深的 2/3；靠炮眼口的剩余长度用炮泥堵塞好。装药结构可分为 3 种方式：一是起爆药卷放在靠近眼口的第二个药卷位置，雷管聚能穴朝向眼底，称为正向起爆装药；二是起爆药卷放在靠近眼底的第二个药卷位置，雷管聚能穴朝向眼口，称为反向起爆装药；三是起爆药卷放在炮眼装药中部，称为双向起爆装药。如图 2.31 所示为常用的连续装药结构。

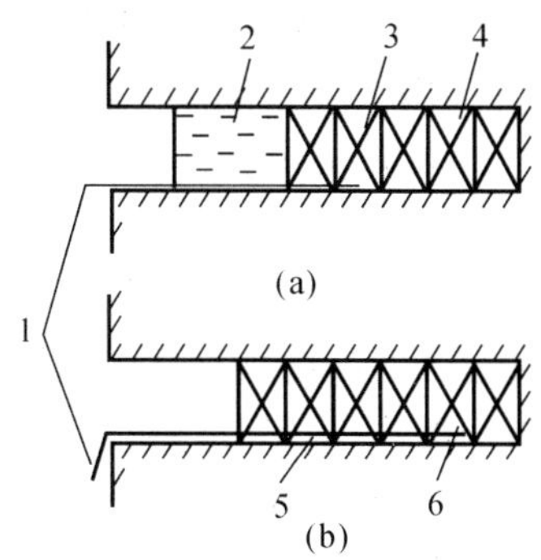

图 2.31　常用的连续装药结构

(a) 正向装药；(b) 反向装药

1— 引线；2— 炮泥；3,6— 引爆药卷；4,5— 普通药卷

过去多采用正向装药结构，但经多年来国内外实践证明，反向装药能提高炮眼利用率，减少瞎炮，减少岩石破碎块度，增大抛渣距离和降低炸药消耗量，炮眼越深，效果越好。但反向装药结构的雷管脚线长，装药麻烦；在有水的炮眼中起爆易受潮拒爆；机械化装药时，易产生静电，从而引起早爆；也不宜于炮眼较浅(小于 1.5 m)的场合。

间隔装药是在药卷之间留出一定的空隙，使药量分散以使爆力沿孔长分布均匀。药卷之间的距离由现场通过殉爆试验确定。当不耦合装药时，药卷置于炮眼孔的中央，药卷与孔壁间留有空气间隙。为了保证药卷位置准确居中定位，可采用塑料扩张套管定位。

深眼爆破有利于提高掘进速度，但在使用中可能会产生所谓的“管道效应”现象。管道效应的现象有多种，其原因错综复杂。深眼爆破中产生的中途熄爆，药卷不能全部爆炸即是其现象的一种。为了克服管道效应所造成的熄爆，可采用合理的装药结构和增大装药直径，并选用合适的不耦合系数的方法。此外，采用新型炸药(如乳胶炸药)也有利于减弱管道效应。

在装药之前应清孔，将炮眼残渣、积水清除，并检查炮眼位置、深度、角度是否满足操作要求(按设计与打眼误差一并考虑)，装药时严格按照设计装药量进行，“起爆药卷”(装有起爆雷管的药卷)按设计的起爆顺序和雷管段别安排“对号入座”。

隧道爆破中，常采用的装药结构有：

(1)掏槽炮眼。连续装药，尽可能采用接近于 1 的不耦合系数，即耦合装药。

(2)辅助炮眼。连续装药，不耦合系数采用 1.3～1.5。

(3)周边炮眼。小直径药卷连续装药，不耦合系数宜为 2；间隔装药，不耦合装药系数在 1.5～2.0 之间。当岩石很软，Ⅲ～Ⅳ级围岩需要爆破时，也可以用导爆索装药结构代替炸药药卷进行装药。

目前，一般以人工装药为主，机械装药、卷机装药正在推广。

连续装药结构按照雷管在炮孔中位置的不同，又可分为正向起爆、反向起爆和双向起爆 3 种起爆方式。实践表明，将起爆雷管装在孔底部位，反向起爆，有利于克服岩石的挟制作用，能提高炮眼利用率，减小岩石破碎块度，减小大块率。现在一般都采取这种起爆方式。

在隧道周边眼间隔装药时，往往采用正向起爆方式，即从孔口向孔底方向起爆。

三、堵塞

隧道爆破所使用的炮眼堵塞材料一般为沙子和黏土的混合物，其比例大致为沙子50%～40%，黏土50%～60%。堵塞长度视炮眼直径而定，一般不能小于20 cm，炮眼直径在45 cm以上时，堵塞长度应不小于45 cm。堵塞可采用分层人工捣实法进行，应广泛使用炮泥机。国外也有使用聚乙烯塑料块作堵塞材料的。

四、起爆

起爆网络必须保证每个药卷按设计的起爆顺序和起爆时间起爆。采用导爆管起爆法，联结必须正确，簇联每束不超过15根导爆管，为了“准爆”，可以使用双雷管起爆。所有联结雷管都必须使用即发雷段(即毫秒管0 ms)或用火雷管加装导爆管，联结必须牢靠。

起爆网络的雷管，可采用火雷管，引线(导火索)必须大于5 m，以确保点火人员有足够的时间撤离到安全地点(一般300 m以外)。如采用电雷管引爆网络，电力起爆地点必须在安全地点(一般300 m以外)。最安全的起爆方法是采用300 m长的导爆管，用击发枪起爆网络。但此种方法太费导爆管，成本较高，一般不使用，只适合露天或洞室爆破。

五、爆破质量标准

隧道爆破质量直接影响隧道施工安全、掘进进度和经济与环境效益。在爆破时，围岩的破坏范围过大，将造成塌方，威胁施工安全；石块块度过大，将影响装运速度，甚至还需二次爆破处理装运不走的巨石；眼底不平，炮眼利用率不高，会影响掘进速度；光爆效果不好，超挖过大，则是造成经济效果不好的直接原因。

六、盲炮的预防和处理

放炮时，炮眼内预期发生爆炸的炸药因故未发生爆炸的现象称为盲炮，俗称瞎炮。炸药、雷管或其他火工品不能被引爆的现象称为拒爆。

1.盲炮产生的原因

(1) 火雷管拒爆产生盲炮。

(2) 电力起爆产生盲炮。

(3) 导爆索起爆产生盲炮。

(4) 导爆管起爆系统拒爆产生盲炮。

2.盲炮的预防

(1)爆破器材要妥善保管，严格检查，禁止使用技术性能不符合要求的爆破器材。

(2)同一串联支路上使用的电雷管，其电阻差不应大于0.8 Ω，重要工程不超过0.3 Ω。

(3)不同燃速的导火索应分批使用。

(4)提高爆破设计质量。设计内容包括炮孔布置、起爆方式、延期时间、网络敷设、起爆电流、网络检查等。对于重要爆破，必要时须进行网络模拟试验。

(5)改善爆破操作技术，保证施工质量。火雷管起爆要保证导火索与雷管紧密连接，雷管与药包不能脱离；电力起爆要防止漏接、错接和折断脚线，网络接地电阻不得小于0.1 MΩ；并要经常检查开关和线路接头是否处于良好状态。

(6)在有水的工作面或水下爆破时，应采取可靠的防水措施，避免爆破器材受潮。

3.盲炮的处理

(1)经检查确认炮孔的起爆线路完好时，可重新起爆。

(2)打平行眼装药爆破。平行眼距盲炮孔口不得小于30 cm。为确定平行眼的方向，允许从盲炮口取出长度小于 20 cm 的填塞物。

(3)用木制、竹制或其他不产生火星的材料制成的工具,轻轻地将炮眼内大部分填塞物掏出,用聚能药包诱爆。

(4)若导爆管在孔外被打断,可以掏出仍在孔内的部分导爆管,长度为 25～30 cm,接上导爆管重新起爆。

(5)盲炮应在当班处理。当班不能处理或未处理完毕,应将盲炮情况(盲炮数量、炮眼方向、装药数量和起爆药包位置、处理方法和处理意见)在现场交接清楚,由下一班继续处理。

2.4　装渣和运输

为了实现隧道的快速掘进,应重点抓好两项作业,即开挖和运输。隧道内的运输工作量很大,包括在开挖面上装渣并运出洞外弃土场,即装渣、出渣与卸渣;另外,还要从洞外运进大量混凝土和拌料、钢筋网、钢拱架、模板及轨道等材料。根据统计分析,出渣作业在整个作业循环中所占的时间约为 40%～60%,因此,出渣运输能力的强弱在很大程度上影响着隧道的施工进度。

在选择出渣方式时,应对隧道或开挖坑道断面的大小、围岩的地质条件、一次开挖量、机械配套能力、经济性及工期要求等相关因素进行综合考虑。

出渣作业可以分解为装渣、运渣、卸渣 3 个环节。

2.4.1　装渣

装渣就是把开挖下来的石渣装入运输车辆。

1. 渣量计算

出渣量应为开挖后的虚渣体积,其计算式为

$$Z = R\Delta LS \tag{2.8}$$

式中　Z—— 单循环爆破后石渣量,m^3;

R—— 岩体松胀系数,见表 2.12;

Δ—— 超挖系数,视爆破质量而定,一般可取 1.15 ～ 1.25;

L—— 设计循环进尺,m;

S—— 开挖断面面积,m^2。

表 2.12　岩体松胀系数

岩体类别	Ⅵ		Ⅴ		Ⅳ	Ⅲ	Ⅱ	Ⅰ
土石名称	砂砾	黏性土	砂夹卵石	硬黏土	石质	石质	石质	石质
松胀系数	1.15	1.25	1.30	1.35	1.6	1.7	1.8	1.8

2. 装渣方式

装渣的方式可采用人力装渣或机械装渣。人力装渣的劳动强度大,速度慢,仅在短隧道缺乏机械或断面小而无法使用机械装渣时才考虑采用。机械装渣的速度快,可缩短作业时间,目前,在隧道施工中常用,但仍需少数人工辅助。

3. 装渣机械

装渣机械的类型很多，按其扒渣机构形式可分为铲斗式、蟹爪式、立爪式、挖斗式。铲斗式装渣机为间歇性非连续装渣机，有翻斗后卸、前卸和侧卸式三个卸渣方式。蟹爪式、立爪式和挖斗式装渣机是连续装渣机，均配备刮板（或链板）转载后卸机构。

(1) 挖掘装载机。它采用电力和内燃两种驱动方式及全液压控制方式，配备轨道和履带两种行走机构，扒渣机构为臂式挖掘反铲，工作范围大（挖装宽度、铲斗前伸长度），效率高。

轨道式挖掘装载机的优点是装载完毕后，很容易随电瓶车在轨道上撤出洞外，有利于检修维护。履带式挖掘装载机的优点是在工作面移动时不受轨道的限制，有的机型还配有轨行装置，也可方便地撤出洞外。挖掘装载机一般用于单线铁路隧道或断面较小的隧道，当隧道断面大到足以使用装载机时，挖掘装载机就会让步于能力更强的装载机。

(2)立爪装岩机。立爪装岩机有轨行、履带和轮胎 3 种行走方式，采用电力驱动和液压控制，装渣能力较强，一般在 120～150 m^3/h 之间。但由于立爪装岩机的工作范围较窄，现已逐步被挖掘装载机替代。

(3)耙斗式装岩机。耙斗式装岩机适用于平巷及倾角不大于 30°的斜巷掘进装渣。耙斗式装岩机实际上有较强的装载能力，但要求操作十分熟练才能发挥其功能，操作劳动强度大，牵引钢丝绳容易磨损，需经常更换。

(4)钻掘装载机。钻掘装载机实际上是集开挖和装载为一体的一种设备，钻掘装载机与隧道掘进机一样，是连续开挖和装载的设备。随着国内隧道施工实力的增强，钻掘装载机正在推广使用。

(5)侧卸式装载机。侧卸式装载设备主要以各种轮胎式、履带式装载机为主，特别是轮胎式装载机以其行走快、机动灵活、技术成熟度较高、可以适应洞内外的多种工作等特点而在隧道施工中被广泛地应用。

侧卸式装载机行走速度快，机动灵活，按行走方式的不同可分为轮胎式和履带式两种。

装载机虽然有强大的功能，但其大功率的内燃机是洞内主要的空气污染源之一，随着挖掘装载机逐步的大型化，其将会与装载机在隧道施工中一争高下。

(6) 挖掘机。斗容量 0.8～1.0 m^3 的挖掘机可用于隧道找顶、清底作业，如 PC200，PC220 等。由于挖掘机的功能、灵活性及系列产品多，近年来扩大了其在隧道内的使用范围。例如，利用挖掘机本身的推土铲举升功能，小型挖掘机可在斜井中支平机身，从而实现挖装，在很多斜井工程施工中取代了耙斗式装岩机。由于小型挖掘机的自重在 3t 以下，可以方便地提升，在竖井施工中也经常将其用于装渣，取代靠壁式或中心回转式装岩机。

目前，铁路隧道的洞内装渣设备按行走方式分有轮胎式、轮轨式、履带式 3 种，按装载方式又可分后卸式和侧卸式两种。后卸式装渣设备以各种扒渣机、挖掘装载机、耙斗机、铲斗机等为主，国产的这类设备大多生产效率在 150 m^3/h 以下，有些厂家已经开始研究开发生产能力在 200 m^3/h 以上的挖掘装载机。装载能力在 100 m^3/h 以下的，由于作业效率不高，隧道施工中一般不考虑采用。

2.4.2 运输

隧道运输方式分为有轨和无轨两种，应根据隧道长度、开挖方法、机具设备和运量大小等选用相应的运输方式。

有轨运输是铺设小型钢轨轨道，用轨道式运输车出渣进料。有轨运输大多数采用电瓶车或内燃机车牵引，有少量为人力推运，采用斗车或梭式矿车运送石渣，是一种适应性强且较为经济的运输方式。

无轨运输是采用无轨运输车出渣和进料。其优点是机动灵活，不需要铺设轨道，适用于弃渣场离洞口较远和道路纵坡坡度较大的场合。其缺点是由于大多采用内燃车辆，作业时在洞中排出的废气会污染洞内空气，故适用于大断面开挖和中等长度的隧道施工中，并应注意加强洞内通风。

一、有轨式运输

1. 有轨式运输的线路铺设标准和要求

(1)当人力推运时，采用单位长度钢轨质量不应小于 8 kg/m；当机动车牵引时，钢轨不宜小于 24 kg/m。钢轨配件、夹板、螺栓必须按标准配齐。

(2)道岔型号应与钢轨类型相配合。机动车牵引宜选用较大的型号，并安装转辙器。

(3)轨枕的间距不宜大于 70 cm，长度为轨距加 60 cm。轨枕的上下面应平整，在道岔处应设长轨枕，道床的石道渣厚度不宜小于 15 cm。

(4)平曲线半径在洞内不应小于机动车或车辆轴距的 7 倍，洞外不应小于 10 倍。

(5)双道的线间距应保持两列车的净间距大于 20 cm，错车道处应大于 40 cm。

(6)车辆距坑道壁或支撑边缘的净距应不小于 20 cm，单道一侧的人行道宽度小于 70 cm。

(7)轨道纵坡，人力推运时不宜大于 1.5%；机动车牵引时不宜大于 2.5%；皮带运输输送时不宜大于 25%。洞外卸渣线末端应设 0.5%～1.0%的上坡段，有利于重车减速停车和空车启动。

(8)线路铺设的轨距容许误差为+6 mm，−4 mm，曲线地段应按规定加宽和设超高，必要时加设轨距拉杆；直线地段应两轨平整。钢轨接头处应并排铺设两根枕木，保持平顺，连接配件应齐全牢固。

(9)当采用新型轨式机械设备时，线路铺设标准应符合机械规格、性能要求，保证运输安全。

2. 运输车辆

常用的轨道式运输车辆有斗车、梭式矿车、窄轨平板车和窄轨矿车等。

(1)斗车。斗车结构简单、使用方便、适应性强、经济性较好。按其容量大小可分为小型斗车(容量小于 3 m^3)和大型斗车(单车容量可达 20 m^3)，采用动力机车牵引。

(2)梭式矿车。它主要由整体式车厢、传动机构和转向架等部分组成。输送机为刮板式，设有装渣移动挡板，由石渣推动挡板前移，卸车将挡板带回装渣端，可在轨道正前方或侧面卸渣。梭式矿车单车容量为 6～18 m^3，可以单车使用，也可 2～4 节搭接使用，以减少调车作业次数。卸车处要求铺设岔道双线。

(3)窄轨平板车。它用于运输材料、工具和设备等。

(4)窄轨矿车。窄轨矿车分固定车厢式、翻转车厢式和侧卸式等多种形式。

3. 有轨式运输牵引机车类型

常用的有轨式运输牵引机车有电瓶机车、内燃机车，主要用于纵坡坡度不大的隧道施工运输牵引。当采用小型斗车在坡度较缓的短隧道施工时，还可以采用人力推运。

电瓶机车牵引的优点是无废气污染，但电瓶需充电，能量有限，必要时可增加电瓶车台数，以保证行车速度和运输能力等。

内燃机车牵引能力较大，但增加了洞内噪声和废气污染，需加强隧道洞内通风。

4.有轨运输作业应遵守的规定

(1)机动车牵引不得超载。

(2)车辆装渣的高度不超过斗车顶面 40cm，装载宽度不超过车宽。

(3)列车连接必须良好。利用机车进行车辆的调车、编组和停留或人力推运斗车时，必须有可靠的制动装置，严禁溜放。

(4)车辆在同方向行驶时，两组列车间的距离不得小于 60m；人力推斗车时，间距不得小于 20m。

(5)在洞内施工地段、视线不良的弯道上或通过道岔和洞口平交道等处，机动车牵引的列车运行速度不宜超过 5km/h；其他地段在采取有效的安全措施后，最大速度不应超过 15km/h。

(6)轨道旁的料堆距钢轨外缘不应小于 50cm，高度不大于 100cm。

(7)长隧道施工应有载人列车供施工人员上下班使用，并应制定保证安全的措施。

5.调车设备

常用的调车设备有临时岔线、平移调车器、水平移车器、浮放道岔和浮放调车盘等。当采用大型斗车时，用装渣机能使斗车装渣均匀而满载。目前，机械装渣中的主要问题是调车作业，因为在装渣时间上，装渣机每装满一个车斗后，要等待一次推出重换入空车的调车时间而停机。实际上装渣机等待调车的时间往往要比装车作业时间长得多。现介绍常见的四种调车设备。

(1) 平移调车器(见图 2.32)。平移调车器由底架、车架和车轮组成，调车器离开挖面 10～20 m为宜。这种调车器一般在单线轨道上使用，方法是轨道上吊起多辆空斗车移向一侧，待重车过后，将空斗车移回轨道上放下，送到工作面装渣。双道亦可使用。

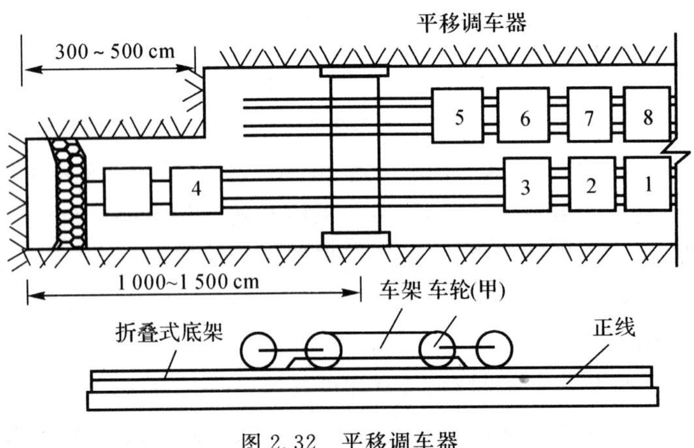

图 2.32 平移调车器

(2)水平移车器(见图 2.33)。水平移车器由导轮轨、导轮和导链组成，每横移 1 车次约需

15 min。另有一种气动水平移车器，提升时可不用导链，而用一种气动装置，移车较快，但是故障较多，应注意安全。

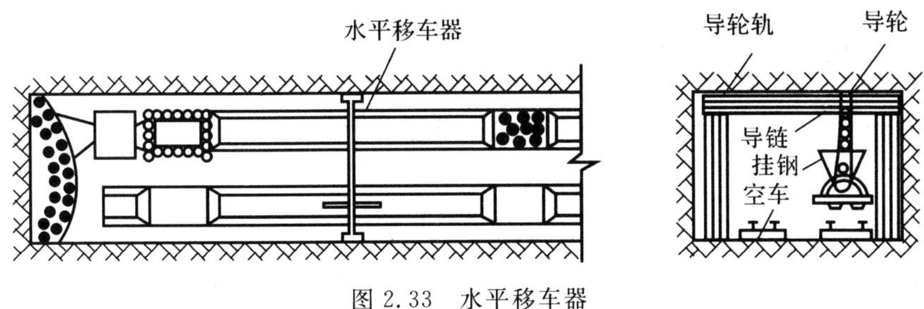

图 2.33　水平移车器

(3)浮放道岔(见图 2.34)。浮放道岔每调动 1 次斗车仅约需 1 min。浮放道岔上直线段长度应大于斗车 2 倍轴距，不小于 2 m。其种类有扣道式浮放道岔、拼板式单向浮放道岔、转盘式双向浮放道岔和菱形浮放道岔等。

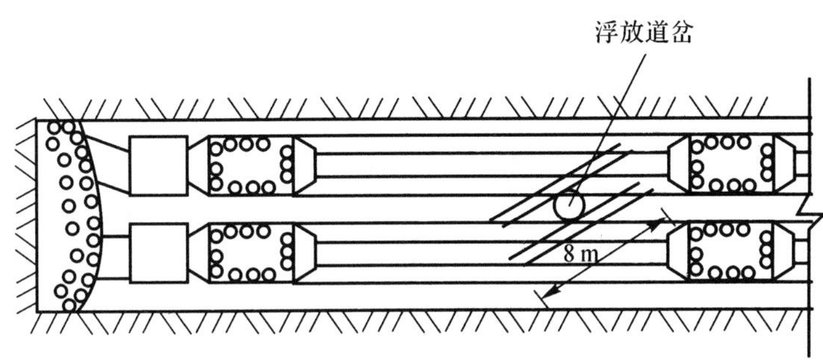

图 2.34　浮放道岔

(4)浮放调车盘(见图 2.35)。在导坑内铺设双股道，轨距 750mm，两根内轨之间的距离为 770mm。装渣机在其上行走，调车盘采用 10mm 厚的钢板，在钢板上安设轨道而成。为使制造及运输方便，其可分成三部分，用铰链连接。调车盘前后段均有两个牵引孔，以便用装渣机牵引。调盘上的岔尖由弹簧调节，空车推过后即自动弹回原位置，重车通过时不需要扳道岔，因此调车很快。但使用前必须组织好空车线和重车线。

6. 运输轨道和运输组织

在隧道施工中出渣和进料有轨式运输能力的提高，也有赖于洞内与洞外轨道的合理布置，并保持轨道的良好质量，以及周密的运输管理和运输组织等。

(1)洞内轨道的布置形式。

单线运输。其运输能力较低，常用于地质条件较差或小断面开挖的隧道中。为调车方便和提高运输能力，在整个单线线路上根据隧道的长短，合理地布设错车道、调车设备、加岔线和岔道等。会让车道的距离应根据装渣作业时间和行车速度计算确定(见图 2.36)。

双线轨道运输。其进出车分道行驶，不需要避让等待，运输能力比单线轨道运输大。为了调车方便，应在两线间合理布设渡线。渡线距离应根据工序安排及运输、调车需要来确定，一般间距为 100～200m，或更长一些，并每隔 2～3 组渡线，设置 1 组反向渡线(见图 2.37)。

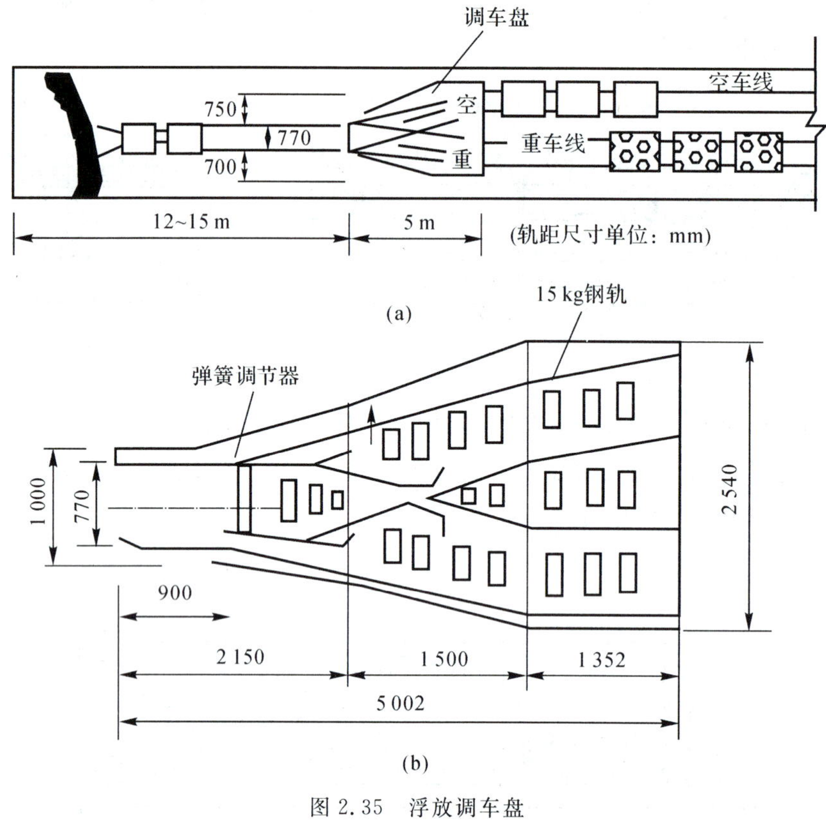

(a)

(b)

图 2.35　浮放调车盘

(a)总平面；(b)详图

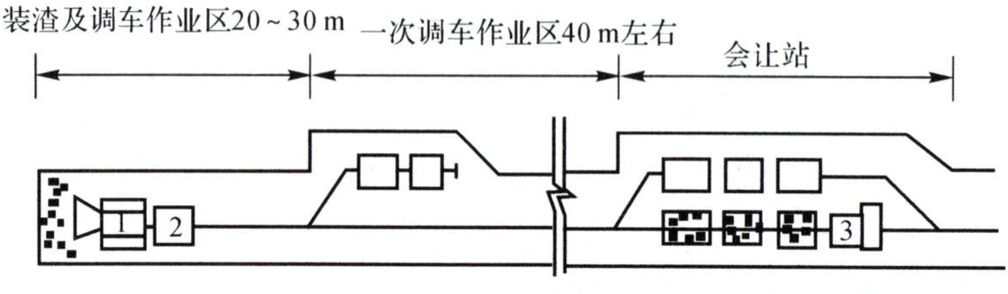

图 2.36　单线运输轨道布置

(2)洞口外轨道布置。洞口外轨道布置，包括卸车线、错车线、上料线、修理线和机车整备线等专用线及调车线等。卸车线应搭设卸渣码头，其重车方向应设置一段0.5%～1.0%的上坡道，并在轨道端加设车挡，以保证卸渣列车安全等。其他各线均应满足施工使用要求(见图2.38)。

(3)运输组织管理。隧道施工洞内各个工序都需要出渣与进料。若洞外、洞内运输工作组织管理不好，就必然会造成车辆积压、堵塞轨道等现象，致使石渣运不出洞、材料运不进洞，直接影响各工序的正常施工。运输组织管理重点要抓好两个主要环节：一是要编制和优化列车运行图，以减少避让等待时间和提高运输能力；二是要建立健全行之有效的运输调度管理制度，同时加强安全运输，并设专人养护运输线路。

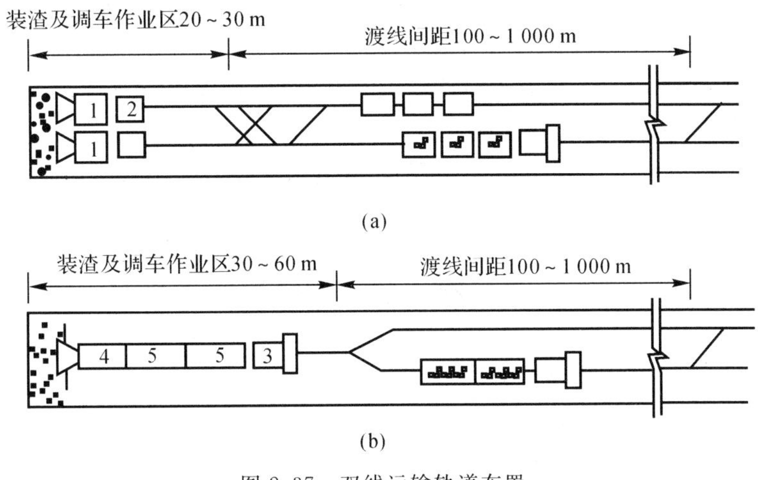

图 2.37　双线运输轨道布置

(a)双机装渣；(b)单机装渣

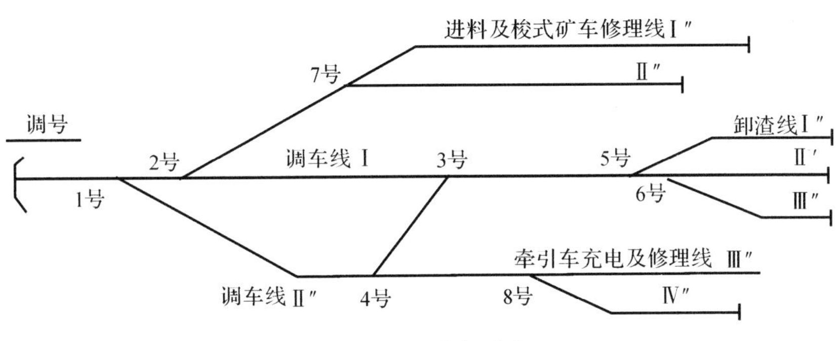

图 2.38　洞口外轨道布置

二、无轨运输

无轨运输主要是指汽车运输。随着大型装载机械及重载自卸汽车的研制和生产，近年来，无轨运输在隧道掘进中得到了越来越广泛的应用。无轨运输不需要铺设复杂的运输轨道，具有运输速度快、管理工作简单、配套设备少等特点。但由于内燃机排放大量废气，对洞内空气污染较为严重，尤其长期在长隧道中使用，需要有强大的通风设施。

1. 自卸汽车

自卸汽车又称翻斗车。在隧道施工中，应选用车身较短、车斗容量大、转弯半径小、车体坚固、轮胎耐磨、配有废气净化装置、并能双向驾驶的自卸汽车，以增加运行中的灵活性，避免洞内回车和减轻对洞内空气的污染。

2. 调车作业

由于无轨运输采用的装渣、运渣设备都是自配动力，属自行式，其调车作业主要是解决回车、错车和装渣场地问题。根据不同的隧道开挖断面和洞内运输距离，常用的调车方式有：

(1)有条件构成循环通路时，最好制定单向行驶的循环方案，以减少回车、错车需用场地及待避时间。

(2)当开挖断面较小，只能设置单车通道而装渣点距洞口又较近时，可考虑汽车倒行进洞至装渣点装渣，正向开行出洞，不设置错车、回车场地。当洞内运行距离较长时，可在适当位置将导洞向侧壁加宽构成错车、回车场地，以加快调车作业。

(3)当隧道开挖断面较大，足够并行两辆汽车时，应布置成双车通道，在装渣点附近回车，空车、重车各行其道，可以提高出渣速度。

(4)在采用装渣机装渣、汽车运输的情况下，要充分利用双方都有机动能力的特点，合理安排装运作业线。

思 考 题

1.简述隧道爆破设计方法及内容。

2.钻爆法隧道开挖方法有哪些?

3.瞎炮的产生原因是什么？如何预防和处理?

4.光面爆破和预裂爆破的概念以及区别是什么?

5.炮眼的种类和作用各是什么?

6.如何选择隧道的装渣和运输方式?

第3章 土质隧道施工技术

土质隧道常见的施工方法有明挖法、盖挖法、浅埋暗挖法及盾构法等。本章重点介绍浅埋暗挖法及盖挖法的施工要点及施工程序。盾构法施工在第4章介绍，明挖法在第7章中介绍。

3.1 浅埋暗挖法

浅埋暗挖法是在距离地表较近的地下进行各种类型地下洞室暗挖施工的一种方法。随着施工信息化技术的发展，浅埋暗挖技术已形成一套完整的施工法，在土质隧道施工中得到广泛应用。

3.1.1 浅埋暗挖法的施工技术特点

一、围岩变形波及地表

浅埋隧道施工中开挖的影响将波及地表。为了避免对地面建筑物及地层内埋设的线路管网等的破坏，保护地面自然景观，克服对地上交通的影响，更好地适应周围环境的要求，必须严格控制地中及地表的沉陷变形。

在变形量方面，不仅由于开挖直接引起围岩的沉降变形，还应计入由于围岩的作用引起支护体系的柔性变形及施工各阶段中基础下沉变位而引起的结构整体位移。与变形量相对应而存在的地层塑性区的发展，除了对周围环境的影响外，还削弱了围岩的稳定性，使施工更加困难。

二、地质条件差

浅埋暗挖法是在软弱围岩浅埋地层中修建山岭隧道洞口段、城区地下铁道及其他适于浅埋地下工程的施工方法。它主要适用于不宜明挖施工的土质或软弱无胶结的砂、卵石等第四纪地层。对于水位高的地层，需采取堵水或降水、排水等措施。当前，该施工方法在北京、上海、广州、杭州、天津、沈阳、南京和西安等大中城市修建地下工程时得到广泛应用。总结各地地质条件，得出该施工方法适用于以下地质条件：

1. 工程地质条件

工程地质条件基本属于Ⅴ－Ⅵ级围岩，岩性软弱，大多为土质地层。开挖之前要采取超前支护措施来改良加固地层，满足开挖的需要。超前支护的时机和强度视地层的岩体质量好坏而定，同时必须考虑其他因素的影响，如地下水情况、周边环境、市政管线等，而且，若开挖后稳定性差，需要及时设置具有足够强度的支撑体系，才能满足结构的稳定。

2. 水文地质条件

采用浅埋暗挖法修建隧道，特别是地铁，其地下水非常丰富，地下水位也很高，隧道通常位于地下水位以下，如果对地下水不采取措施，就无法进行开挖施工，而且容易引起地下水突涌、隧道塌方等重大事故。因此，开挖时必须采取降水措施，来降低地下水位。通过降水，达到以下两个目的：一是增加地层自身的稳定性；二是使隧道的施工在无水干燥条件下进行。但是，降水也会产生不利影响，如长时间降水将产生地表沉降，因此，应对降水方法进行优化。

三、周边环境复杂

浅埋地下工程，特别是地铁施工具有结构埋置浅，地面建筑物密集，交通运输繁忙，地下管线密布，地表沉陷要求严格，周边环境复杂，交通疏解、拆迁改移费用高等特点。与其他方法相比，浅埋暗挖法在这些方面具有显著的优点。以地铁为例，浅埋暗挖法与明挖法（盖挖法）相比，具有拆迁占地少、不扰民、不干扰交通、节省大量拆迁投资等优点。同时，在对周边环境变形控制方面，浅埋暗挖法也具有明显优势。

四、辅助工法多样

由于浅埋暗挖法适用于松软地层中，预先加固改良地层是一项必不可少的技术措施。地层预加固的主要目的是为开挖支护顺利实施，即保证在一定时间段内开挖面的稳定，同时考虑减小地表沉降，降低施工对周边环境的影响。这些地层预加固方法统称为辅助工法。浅埋暗挖隧道施工时提倡使用的辅助工法，包括注浆法、降水法、超前小导管法、长管棚法、水平旋喷法和注浆-冷冻法等。

1. 注浆法

注浆法是浅埋暗挖施工中使用最多的一种辅助工法。浆液在土体中固结并在注浆压力作用下扩散并挤密土体，起到加固地层、止水的作用，通常配合小导管、大管棚使用。注浆方式主要有小导管注浆、大管棚注浆、帷幕注浆和全断面注浆等，注浆材料有普通水泥、超细水泥、水泥水玻璃、改性水玻璃和化学浆液等。

2. 降水法

采用降低地下水位的方法，为浅埋暗挖施工提供干燥的施工作业条件，尤其在北京、上海、深圳等地，地下水位较高，必须采取降水措施，才能实现暗挖法施工。降水法主要有井点降水、管井降水、真空降水和电渗降水等。北京等北方地区多采用地面深井降水法，也有采用洞内轻型井点降水法；上海等南方地区则多采用基坑内管井降水法，也有采用真空或电渗降水法。建议在砂卵石地层施工时，采用直接降水法；在砂土地层施工时，采用注浆-降水法。

3. 超前小导管法

超前小导管支护是在松软地层浅埋暗挖法施工时，优先采用的一种地层预加固方法。通过超前小导管注浆，使地层得到固结改良，保证土方开挖时开挖面稳定，阻止过大沉降发生。浅埋暗挖法超前小导管长度为3～5m，直径为30～50mm，环向间距为20～30cm，沿开挖轮廓线120°范围内向掌子面前方土层以一定外插角（10°～15°）打入带孔小导管，并注浆液。

4. 长管棚法

该法用于暗挖隧道的超前加固，长管棚布置在隧道的拱部周边。管棚一般都要进行注浆，以获得更好的地层加固效果。地铁多用于邻近施工，如下穿既有线等，多采用直径为300mm左右的长管棚，利用定向钻或夯管锤施作。

需要指出的是，管棚直径超过一定限度之后，并不能显著提高其防坍、控沉效果；相反，管棚直径越大，则施作时对地层的扰动就越大，可能引起更大的地层沉降。因此，仅在邻近既有线等特殊场合采用该法施工，一般情况下建议采用小导管注浆法。

5. 水平旋喷法

该法主要用于地层加固，如局部地层特别松软需加固，或有重要建（构）筑物需要特殊保护时。在粉细沙层地层，低压渗透注浆难以形成连续致密的注浆体，不能有效地起到超前支护和防沉作用。为此采用水平旋喷方式加固地层。水平旋喷具有刚度较大、止水防沉、有效减少土体位移等特点。在地表建筑物和管线密集地层施工中应用该法比其他方法经济。

6. 注浆-冷冻法

由于冷冻法易引起融沉，冷冻质量不易控制，故不适用于地下水流速度过大的地层。在南方地区建议采用注浆-冷冻法。通过注浆，在地层中形成骨架，降低水流速度，在冷冻地层可保证冷冻效果，减小解冻引起的地表沉降。

五、开挖方法多

采用浅埋暗挖法施工时，常见的开挖方法有全断面法、正台阶法以及适用于特殊地层条件的其他施工方法，如单侧壁导坑超前正台阶法、双侧壁导坑正台阶法（又叫眼镜工法）和中隔墙法等。详见 3.1.3 节的叙述。

六、风险管理难度大

浅埋暗挖工程通常具有工期长、规模大、技术复杂、地质条件不确定、不良地质多、施工中的意外事故和施工造成的环境影响对工程的进展产生的影响很大等特点。因此，有必要以科学的方法和手段研究风险发生和变化的规律，使之尽可能接近并反映实际的变化情况，防患于未然，把风险造成的损失降低到最低。建立合理的工程风险辨识、分析、处理、评估和监控系统，在国际上已成为惯例。我国目前在重大工程中也开展了安全风险管理的工作。

七、施工影响小

浅埋暗挖法与明挖法相比，具有灵活多变，对地面建筑、道路和地下管网影响小，拆迁占地少，不扰民，不干扰交通，不污染城市环境等优点；与盾构法相比，它具有简单易行，不需太多专用设备，灵活方便，适用于不同地层、不同跨度、多种断面形式，可以多使用劳动力，解决就业，是适合我国国情的好方法，尤其对区间隧道是不控制工期的，其速度完全能满足总工期要求。

3.1.2　浅埋暗挖法的施工方针

在浅埋暗挖法施工中必须坚持“管超前、严注浆、短开挖、强支护、快封闭、勤量测”的“18字方针”。其内容如下：

(1)“管超前”：利用钢拱架为支点，使用超前小导管注浆防护。先用风钻或高压风吹孔、扩孔、引孔。小导管间距为 20～30cm，仰角为 5°～10°。为避免管下土体松落，以较小仰角为宜。在开挖支护的过程中，要留出钢管在土体内作为支点的长度。

(2)“严注浆”：在小导管超前支护后，立即压注水泥或水泥水玻璃浆液，填充沙层孔隙，凝固后将砂砾胶结成为具有一定强度的“结石体”，使周围形成一个壳体，增强围岩自稳能力。每次注浆前必须对工作面喷射混凝土进行封闭，以防浆液在压力作用下溢出。严注浆的概念是广义的，既包含进行严格的拱部导管预注浆，也包含开挖下部及边墙支护前按规定预埋管注浆，还包括初期支护背后填充注浆。背后注浆是在低压力下（0.3～0.5MPa）对喷混凝土背后进行加固填充，使下沉值明显减少。

(3)“短开挖”：一次注浆多次开挖。当导管长 3.5m 时，每次开挖进尺 0.75m，每次环状开挖，预留核心土。这种非爆破作业，减少了对围岩的扰动，及时喷射 5～8cm 厚混凝土层，再架设网构拱架进行挂网喷射混凝土。

(4)“强支护”：在松软地层和浅埋条件下进行地下大跨度结构施工，初期支护必须十分牢固，以确保万无一失。按照喷混凝土→网构拱架→钢筋网→喷混凝土的工序进行支护。浅埋暗挖法的网喷支护承载系数取较大值，一般不考虑二次衬砌承载力。

(5)“快封闭”：正台阶开挖时，通过量测，当上台阶过长，变形增加较快时，必须考虑临时支撑，仰拱方能稳定。因此，要求台阶的长度为双线不得大于1倍洞径，单线不得大于1.5倍洞径。下半断面紧跟，土体挖出一环、封闭一环，并及时封闭仰拱，使初期支护形成一个环状结构，此时变形曲线逐步趋于稳定。

(6)“勤量测”：量测是对施工过程中围岩及结构变化情况进行动态跟踪的主要手段，量测信息及时而准确地反馈给设计施工，以便及时修改设计或采取特殊的施工措施。

3.1.3 开挖方法

采用浅埋暗挖法施工时，常见的开挖方法见表3.1。

表3.1 浅埋暗挖法的主要施工方法

施工方法	示意图	重要指标比较					
		适用条件	沉降	工期	防水	初期支护拆除情况	造价
全断面法	1	地层好 跨度≤8m	一般	最短	好	没有拆除	低
正台阶法	1 2	地层较差 跨度≤12m	一般	短	好	没有拆除	低
上半断面临时封闭正台阶法	1 2	地层差， 跨度≤12m	一般	短	好	少量拆除	低
正台阶环形开挖法	1 2 3	地层差， 跨度≤12m	一般	短	好	没有拆除	低
单侧壁导坑正台阶法	1 2 3	地层差， 跨度≤14m	较大	较短	好	拆除少	低
中隔墙法（CD法）	1 3 2 4	地层差， 跨度≤18m	较大	较短	好	拆除少	偏高
交叉中隔墙法（CRD法）	1 3 2 4 5 6	地层差， 跨度≤20m	较小	长	好	拆除多	高
双侧壁导坑法（眼镜法）		小跨度，可扩成大跨度	大	长	效果差	拆除多	高
中洞法		小跨度，可扩成大跨度	小	长	效果差	拆除多	高

续 表

施工方法	示意图	重要指标比较					
		适用条件	沉降	工期	防水	初期支护拆除情况	造价
侧洞法	1 3 2	小跨度，可扩成大跨度	大	长	效果差	拆除多	高
柱洞法		多层多跨	大	长	效果差	拆除多	高

浅埋隧道开挖方法的选择，应以地质条件为主要依据，结合工期、隧道长度、断面大小、施工单位的机械设备能力和施工技术水平等因素综合考虑。同时，应尽量采用新技术、新工艺、新设备，以提高施工速度，保证施工质量，提高施工效率，改善劳动条件。还应考虑到围岩条件发生变化时，开挖方法的适应性和变更的可能性。所选的开挖方法应既能满足工程要求，又能降低成本。开挖方法比选原则如下：

1. 安全性

由于提供的地质资料的精度不高、不全面，隧道工程在施工过程中若遇到地质条件变化较大的情况，难免发生由于地质条件突变等因素造成的安全事故。所以，在选择开挖方法时，必须从施工安全可靠的角度出发，减少地质灾害。

2. 可行性

隧道工程开挖方法是根据设计资料和设计文件要求确定的，或在施工过程中，有可能地质条件发生变化，随之开挖方法需要改变，无论哪一种情况，都必须考虑施工单位的现场具体施工条件、施工能力和资源状况、施工水平、技术人员及作业人员的综合素质、资金供应和周转状况。经全面考虑、选择的开挖方法才是切实可行的。

3. 经济性

隧道开挖方法的经济性表现在不同开挖方法的施工成本上。施工单位承包隧道工程的目的是盈利，而不是亏损，隧道工程的经济性是决定选择开挖方法的重要条件和原则，是不可缺少的。

4. 工期可控性

采用先进的隧道开挖方法，可以加快隧道工程修建的速度，从而缩短工程的工期，降低成本。

浅埋隧道开挖方法是由安全性、可行性、经济性和工期可控性四个子系统构成的。从系统工程理论出发，应统筹兼顾，全面考虑，选择最优的开挖方法。

3.1.4　塌方发生的规律及防塌原则

对隧道发生塌方的可能性与规律进行分析判断，是防止隧道塌方，保证施工安全的重要措施。

一、塌方的一般规律

1. 掌子面及其附近现象

(1)开挖后顶部未支护部位围岩掉块不停。

(2)使用喷混凝土支护围岩后,仍有掉块。

(3)掌子面可见出水点频繁变化位置。

(4)掌子面突然涌水,或涌水压力增大。

(5)掌子面正面坍塌并向里发展。

(6)岩层张开裂隙明显增大(肉眼可见明显增大)。

(7)岩层层间充填物被水冲掉,并且水量增大;松散地层开挖后不停地掉渣、掉砂。

(8)涌水由清变混浊。

(9)肉眼可见岩石出现岩粉。

(10)掌子面及其附近无故出现尘土飞扬。

(11)流沙地段塌方预兆。

(12)拱脚下沉显著增大,承载力不足,预兆可能塌方。

2. 支护变形或破坏

(1)喷层大面积开裂、脱离甚至塌落,随之有"噼啪"声响。

(2)锚杆垫板松脱。

(3)钢支撑扭曲变形,边墙支撑中间鼓出,连接节点明显变形。

(4)钢支撑之间的喷混凝土或土岩剥落。

(5)网格支撑中的喷混凝土明显开裂、剥裂,钢筋露筋并变形弯曲。

(6)拱顶喷混凝土对称开裂,并有被剪切下滑的现象;边墙喷混凝土开裂并有被剪切下滑的现象。

(7)钢支撑受压力大,发出响声。

(8)钢支撑之间的连接板错位,连接螺栓被剪断。

(9)钢支撑之间的沙土、岩层挤出,掉土块、岩块。

3. 洞口地段和浅埋地段塌方预兆

(1)洞口地段多处地表开裂不停,并且裂口数目逐步增加,裂口增大、加深。

(2)地表陡岩有崩塌现象发生。

(3)地表明显沉陷,由水平观测点判断,掌子面通过后,其上地表仍然下沉不停,且累计值超过 300mm 以上。

4. 使用仪器、仪表监测到的变形值显示塌方预兆

(1)变形量测表明变形长期不收敛且变形速率仍然较大。

(2)变形收敛量测曲线表明已收敛,但又出现变形值突然增大的现象。

(3)变形量测所表明的大的变形值,也是塌方预兆。

1)大数值的拱顶下沉量:硬岩 50mm,软岩 100mm。

2)大数值的拱脚下沉量:硬岩 100mm,软岩 200mm。

3)大数值的墙中挤入变形量:硬岩 50mm,软岩 100mm。

(4)初期支护应力状态,控制支护的最大应力。

二、防坍基本原则

1. 防坍首先应从设计抓起

设计阶段在详细地质勘察的基础上,结合断面形式、规范、工程类比和必要的结构计算,提出结构设计;在采用 CD,CRD 和双侧壁导坑法等分块开挖大断面和特殊断面时,检算各施工

步骤的初期支护强度和变形；提出施工注意事项和要点；使设计尽可能符合实际并对施工真正起到指导作用。在施工阶段应根据实际开挖的地质条件和量测结果，实事求是地修正设计，使设计更完善。

2. 工程地质与水文地质预测预报

做到“先知”“深知”“细知”。尽量采用各种现场最直观的预测预报手段、仪器仪表，进行从地表地貌、地质到隧道可能坍塌地段地质的调查分析，并作出评估。

3. 预防塌方

做到提早防，提前防，未进入可能塌方地层之前就开始防。不是到了塌方临界状态时，才去防，更不是塌方之后才去“治坍”“防坍”。

4. 早喷描、强支护，尽快封闭成环

尽快进行喷锚，合理控制开挖速度，提高初期支护的刚度和承载力，在喷混凝土未形成强度前提供抗力；在 1～1.5 倍洞径内封闭成环。特别指出的是，采用钢架可加强初期支护，为小导管注浆、长管棚提供支点，对增加抗形变能力起着相当大的作用，是防坍的重要手段。

5. 重视开挖手段和开挖方法的选择

尽量选取减少扰动围岩、减小围岩松动范围的机械开挖、风镐开挖以及手工开挖方式。采用钻爆法开挖时，必须实施光面爆破或预裂爆破，做到不破坏开挖面的稳定性。

台阶法、CD 法和双侧壁导坑法等开挖方法采用的上下分层和竖向分块，有利于保证开挖掌子面和顶、帮的稳定性。为配合上述开挖方法，分别采用环形开挖，控制台阶长度，掌子面喷混凝土封闭，锁脚锚杆、拱墙脚加固注浆等辅助施工措施，能使上述开挖方法更加安全可靠。

6. 开挖控制时空效应

循环开挖进尺要短；关键工序间距要控制；有特别要求闭合成环时间的仰拱与开挖面距离要严格按规定控制，只能短，不能长。力争稳妥快速地进行施工，如断面小，分块开挖，快速支护和封闭反而有利。

7. 量测制度

建立结合实际的、有目的的量测制度，通过监控量测，及时发现问题，正确判断量测结果和支护体系与围岩的受力和变形状态。采用量测成果检测防坍措施的效果，实现施工信息化。根据量测结果指导超前地质预报、设计和施工工作。

8. 地下水处理

采用降、堵、泄等方法处理地下水，可以提高围岩的自稳能力，提高喷混凝土质量，起到防止流沙、突水、突泥和防坍的作用。一般采用以堵为主、以降为辅的处理原则，其在任何地层和环境下均是可行的。

9. 地层预加固与改良

预加固地层与改良地层的技术方案是稳定掌子面，提供开挖与开挖后支护条件的最合适的技术方案。注意技术方案的适用范围，才能做到施工可行、可靠、有效。

适用范围：松散、无胶结的岩层，低强度的岩层，开挖后会发生大变形的岩层；开挖后可能引起超过 200mm 下沉的岩层；有可能发生突泥、突水的岩层。

10. 应急资源准备

除普通机械、机具、材料之外，现场要有应急资源准备，如配备一套地质钻探和防坍专用机械设备、仪器和仪表；要按计划准备一定数量的专用支护材料、注浆材料及其他专用器材，随时做到拿来就用，尤其对水下隧道及城市房屋密集之处，应及早准备，以防不测。

11. 辅助工法的掌握与应用

工程师必须熟练掌握与应用适用于应对各类可能塌方围岩的施工方法与辅助工法。重点工程，应配备地质工程师来处理工程地质问题。特殊地层应采取特殊措施，综合使用辅助工法。

12. 特殊工程处理

对于特殊工程，浅埋、偏压、扁平断面、大跨断面和超大断面等，结合实际，专门研究，采取特殊方案与技术进行处理。

13. 施工管理与工程质量

(1)把防坍列为隧道施工的重要内容。

(2)对防坍的施工方案和措施作出正确决策，宁强勿弱、稳扎稳打、步步为营、科学决策，不冒险施工。

(3)提高施工人员素质，严格按设计、规范和防坍措施施工，严格管理、严格工艺、严格纪律，保证施工质量符合要求。

(4)不要轻易改变已做了充分准备的防坍技术方案与方法，否则会增加防坍实施的难度或导致防坍的失误。

14. 加固措施

对应力、应变超限的初期支护和其他塌方预兆，应及时采取加固措施。根据情况，需要加固初期支护的，可采用以下加固措施：嵌钢架、加网喷(如果开挖净空有富余)、加锚、壁后注浆、提前施工模筑混凝土(必须时加钢筋)。必要时，先采用临时对口撑、顶柱、扇形支撑，再采取以上加固措施。

对于有可能塌方的地段，掌子面情况不清，掌子面不前进。变形量测显示有突变或大变形，变形原因未找出，掌子面不前进；变形原因已找出，加固措施未制订，掌子面不前进。加固措施未实施，掌子面不前进，加固措施实施后，再做量测信息反馈，以判断措施的可靠性。

15. 支护原理与计算图表

以防坍支护原理与计算图表为基础，制订防坍技术方案。一切防坍技术方案与方法，都要做到“可靠”“有效”和“可行”。优先选取实施快的方案和方法。

16. 总结与创新

不断实践，不断总结，不断提高，不断创新，开发出更实用、更有效、更先进、更经济的防坍技术与防坍机械设备、防坍器材，真正做到隧道施工不塌方。

3.2 盖挖法

3.2.1 盖挖法的特点及施工类型

一、盖挖法主要特点

盖挖法的主要优点：

(1)结构的水平位移小,安全系数高。

(2)对地面影响小,只在短时间内封锁地面交通,采取措施,甚至可做到基本上不影响交通,对居民生活干扰小。

(3)施工受外界气候影响小。

盖挖法的缺点:

(1)盖板上不允许留下过多的竖井,所以后继开挖的土方,需要采取水平运输,出土不方便。

(2)施工作业空间较小,施工速度较明挖法低,工期较长。

(3)和基坑开挖、支挡开挖相比,费用较高。

二、盖挖法施工类型

盖挖法有逆作与顺作两种施工方法。所谓逆作法是指按土方开挖顺序从上层开始往下进行结构施工;而顺作法则正好相反,是在土方全部开挖完成后,从底板开始做结构的施工方法。

两种盖挖法的不同点如下:

(1) 施工顺序不同。顺作法是在挡墙施工完毕后,对挡墙作必要的支撑,再着手开挖至设计标高,并开始浇筑基础底板,接着依次由下而上,一边浇筑地下结构主体,一边拆除临时支撑;而逆作法是由上而下地进行施工。

(2) 所采用的支撑不同。在顺作法中常见的支撑有钢管支撑、钢筋混凝土支撑、型钢支撑以及土锚杆等,如图3.1所示。而逆作法中建筑物本体的梁和板,也就是逆作结构本身,就可以作为支撑。

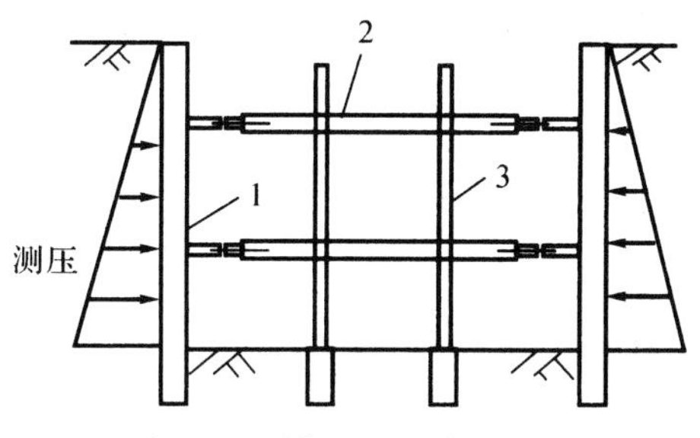

图3.1　顺作法施工中的支撑

1—挡墙;2—支撑;3—立柱

3.2.2　盖挖顺作法

工程中较早采用的盖挖施工法就是顺作法。该法先在支护基坑的钢桩上架设钢梁、铺设临时路面维持地面交通,开挖到预定深度后,浇筑底板—侧墙(中柱或中墙)—顶板。

盖挖顺作法是在现有的道路上,按所需的宽度,由地表面完成挡土结构后,以定型的预制标准覆盖结构(包括纵、横梁和路面板)置于挡土结构上维持交通,往下反复进行开挖和加设横撑,直至设计标高。依序由下而上建筑主体结构和防水措施,回填土并恢复管线路或埋设新的管线路。最后,根据需要拆除挡土结构的外露部分及恢复交通。盖挖顺作法的施工程序如图3.2所示。

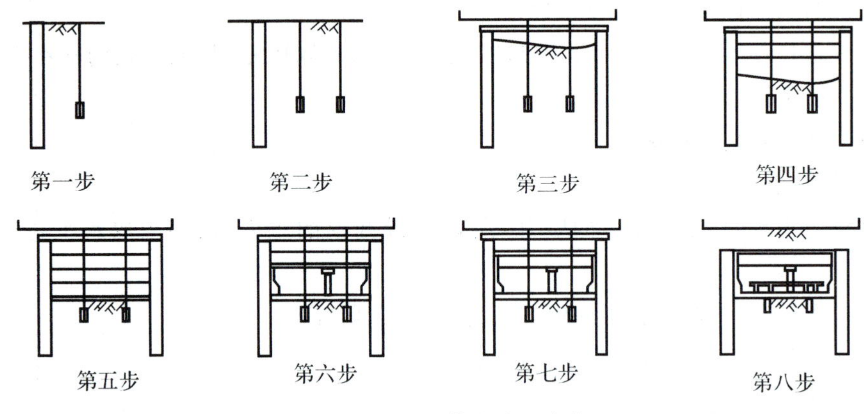

图 3.2　盖挖顺作法施工步骤

第一步：构筑连续墙、中间支撑桩及覆盖板；

第二步：构筑中间支撑桩及覆盖板；

第三步：构筑连续墙及覆盖板；

第四步：开挖及支撑安装；

第五步：开挖及构筑底板；

第六步：构筑侧墙、柱及楼板；

第七步：构筑侧墙及顶板；

第八步：构筑内部结构及道路复原。

盖挖顺作法中的挡土结构是非常重要的，要求具有较高的强度、刚度和较好的止水性。根据现场实际条件、地下水位高低、开挖深度及周围建筑物的临近程度，挡土结构可选择钢筋混凝土钻(挖)孔灌注桩或地下连续墙。刚度大、变形小、防水性好的地下连续墙是饱和松软地层的首选。随着施工技术的不断进步，工程质量和精度更易于掌握，所以现在在盖挖顺作法中的挡土结构常用来作为主体结构边墙体的一部分，甚至全部。

若开挖的宽度很大，为了缩短横撑的自由长度，防止横撑失稳，并承受横撑倾斜时产生的垂直分力以及行使于覆盖结构上的车辆载荷和吊挂于覆盖结构下的管线重量，经常需要在建造挡土结构的同时建造中间桩柱以支撑横撑。中间桩柱可以是钢筋混凝土的钻(挖)孔灌注桩，也可以是采用预制的打入桩(钢或钢筋混凝土的)。中间桩柱一般为临时性结构，在主体结构完成时将其拆除。为了增加中间桩柱的承载力或减少其入土深度，可以采用底部扩孔桩或挤扩桩。例如北京某大厦底部扩孔桩钻孔直径 1m，扩底直径 2.6m 的灌注桩，在相同的入土深度，其竖向承载力比直径 1m 的桩高 1 倍。

定型的预制覆盖结构一般由型钢纵、横梁和钢-混凝土复合路面板组成。路面板通常厚 200mm、宽 300～500mm、长 1 500～2 000mm。为了便于安装和拆卸，路面板上均设有吊装孔。

3.2.3　盖挖逆作法

盖挖逆作法多用在深层开挖、松软地层开挖、靠近建筑物施工等情况下。该法在地下建筑结构施工时以结构本身既作挡墙又作内支撑，不架设临时支撑。施工顺序与顺作法相反，从上往下依次开挖和构筑结构本体。逆作法又可分为全逆作法和半逆作法。所谓全逆作法就是从地面开始，地上和地下同时进行立体交叉施工的方法；半逆作法是将地下结构自地面往下逐层施工，地面以上结构在地下结构完成后再进行施工。隧道施工中一般所指的就是全逆作法，在开挖过程中，结构物的顶板(或中层板)利用刚性的支挡结构先行修筑，为了使其稳定，要使用挡土支撑，而后进行开挖，并在开挖到指定深度后修筑主体。在下部开挖前，对顶板上面的埋设物和地面进行恢复。因此，在急于恢复地面的情况下更能显示此法的优越性。

一、逆作法的特点

1. 逆作法的优点

(1)结构本身用来作为支撑，具有相当高的刚度，使挡墙的应力、变形减小，提高了工程的安全性，能有效地控制周围土体的变形和地表的沉降，减小了对周边环境的影响。

(2)适用于任何不规则形状的平面或大平面的地下工程。

(3)可以早期展开地上结构的施工。同时进行地上和地下结构的施工，缩短了工程的施工总工期。

(4)一层结构平面可作为工作台，不必另外架设开挖工作台，大大减少了支撑和工作平台等大型临时设施，减少总施工费用。

(5)由于开挖和施工的交错进行，逆作结构的自身载荷由立柱直接承担并传递至地基，减少了大开挖时卸载对持力层的影响，减小了基坑内地基回弹量。

2. 逆作法的缺点

(1)设置的中间支撑立柱和立柱桩要承受地下结构及同步施工的上部结构的全部载荷，而且土方开挖引起的土体隆起易产生立柱的不均匀沉降，对结构影响不利。

(2)所设立柱内钢骨和原设计中的梁主筋、基础梁主筋冲突，致使节点构造复杂，加大施工难度。

(3)为搬运开挖出的土方和施工材料，需在顶板多处设置临时施工孔，必须对顶板加强防护措施。

(4)地下工程在楼板的覆盖下进行施工，闭锁的空间使大型机械设备难于进场，带来施工作业上的不便。

(5)混凝土的浇筑在各阶段都分先浇和后浇两种，产生交接缝，不仅给施工带来不便，而且带来结构上防水的问题，对施工计划和质量管理提出很高的要求。

3.2.4 逆作法的施工顺序

如图3.3所示为以一个地下4层SRC(型钢-钢筋混凝土)结构的施工为例说明逆作法的施工顺序。

第一步：进行围护结构——挡墙——的施工，多采用地下连续墙；

第二步：立柱桩的施工，可按照现浇灌注桩进行设计施工，插入钢立柱；

第三步：±0.00层结构施工；

第四步：第一次开挖，地下一层梁板浇筑混凝土；

第五步：第二次开挖，地下二层钢梁架设及梁板浇筑混凝土；

第六步：第三次开挖，地下三层钢梁架设及梁板浇筑混凝土；

第七步：最终开挖，基础及地下四层梁板施工。

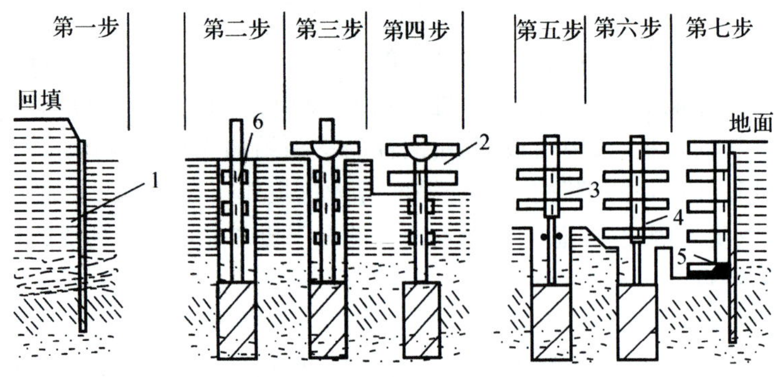

图 3.3 逆作法的施工步骤

1—地下连续墙；2—地下一层；3—地下二层；4—地下三层；5—地下四层；6—立柱

思 考 题

1. 什么是浅埋暗挖法？该法的技术特点是什么？
2. 浅埋暗挖法的开挖方式有哪些？
3. 如何选择浅埋暗挖法的开挖方式？
4. 盖挖法的优、缺点是什么？

第4章　盾构法施工技术

盾构法施工是一种先进的隧道机械化施工技术。本章主要介绍盾构法施工的技术要点和适用范围、盾构类型的选择和盾构施工方法等内容。

4.1　盾构法施工技术要点和其适用范围

4.1.1　盾构法施工的定义

盾构(shield),在土木工程领域中原指遮盖物、保护物。在隧道施工中把外形与隧道截面相同,但尺寸比隧道外形稍大的钢筒或框架压入地中构成保护切削机的外壳,该外壳及壳内各种作业机械、作业空间的组合体称为盾构机(以下简称盾构)。实际上,盾构是一种既能支撑地层的压力,又能在地层中掘进的施工工具。以盾构为核心的一整套完整的建造隧道的施工方法称为盾构施工法,它是隧道暗挖施工法的一种。与其他暗挖法施工相比,盾构施工引起的地表沉降较小。

4.1.2　盾构法施工的技术要点

盾构法施工的示意图如图4.1所示。其主要施工过程有:

(1)在盾构法隧道的起始端和终端各建一个工作井。

(2)盾构在起始端工作井内安装就位。

(3)依靠盾构千斤顶推力(作用在已拼装好的衬砌环和工作井后壁上)将盾构从起始工作井的墙壁开孔处推出。

(4)盾构在地层中沿着设计轴线推进,在推进的同时不断出土和安装衬砌管片。

(5)及时地向衬砌背后的空隙注浆,防止地层移动和固定衬砌环位置。

(6)盾构进入终端工作井并被拆除,如施工需要,也可穿越工作井再向前推进。

在上述施工过程中,保证掘进面稳定的措施、盾构机沿设计路线的高精度推进(即盾构的方向、姿态控制)、衬砌作业的顺利进行等三项工作最为关键,这三项工作是保证盾构施工成功的重要因素。

盾构机是这种施工法中的主要施工机械,它是一个既能承受围岩压力又能在地层中自动前进的圆筒形隧道工程机器,但也有少数为矩形、马蹄形和多圆形断面的。

从纵向可将盾构分为切口环、支撑环和盾尾三部分。切口环是盾构的前导部分,在其内部和前方可以设置各种类型的开挖和支撑地层的装置;支撑环是盾构的主要承载结构,沿其内周边均匀地装有推进盾构前进的千斤顶,以及开挖机械的驱动装置和排土装置;盾尾主要是进行衬砌作业的场所,其内部设置衬砌拼装机,尾部有盾尾密封刷、同步压浆管和盾尾密封刷油膏注入管等。切口环和支撑环都是用厚钢板焊成的或铸钢的肋形结构,而盾尾则是用厚钢板焊成的光壁筒形结构，如图 4.2 所示。

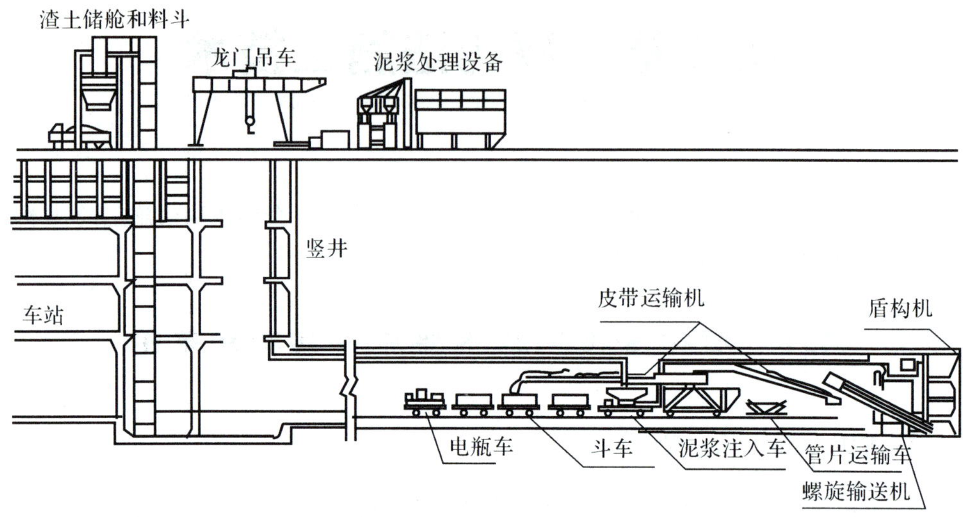

图 4.1　盾构法施工示意图

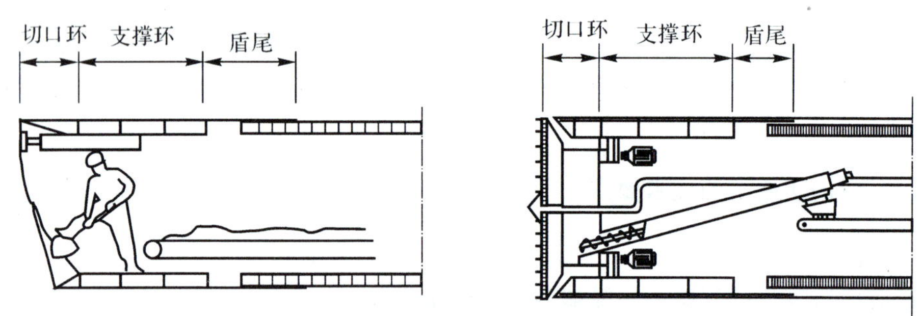

图 4.2　盾构主要结构构造图

所谓铰接式盾构，就是在普通盾构的支撑环与盾尾之间装有铰链，将盾构分为前壳和后壳两部分，用方向控制千斤顶联结，前壳和后壳之间可以作相对转动（转动角度在 1°～5° 之间），如图 4.3 所示。

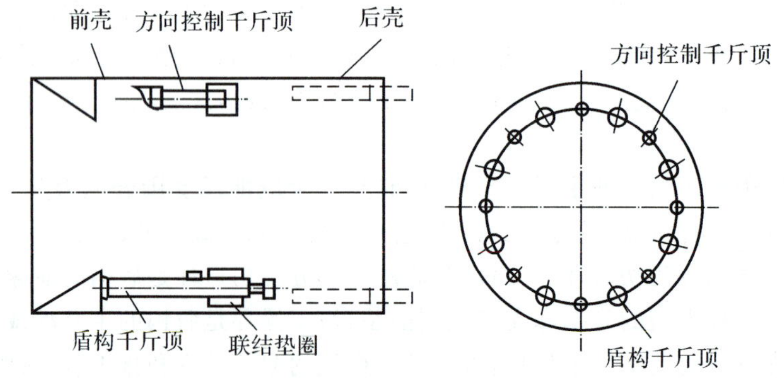

图 4.3　铰接式盾构结构构造图

为推进盾构所需的动力、控制设备以及注浆设备等，根据盾构断面大小和构造，将这些设备的一部分或全部放在后续车架上。为了预测开挖面前方的地质情况和障碍物，或对围岩进行加固，现代化盾构在其端部装有地质勘探仪器，如超前钻机、地质雷达、声波探测仪、地质声纳以及注浆设备等。

盾构外径取决于管片衬砌外径、保证管片拼装方便的裕量、曲线施工以及修正盾构蛇形时的间隙量和盾尾壳体的厚度等因素，一般的计算公式为

$$D = D_0 + 2(x + t) \tag{4.1}$$

式中　D—— 盾构外径，mm；

D_0—— 管片衬砌外径，mm；

t—— 盾尾壳体的厚度，一般取 $t = 30 \sim 40$ mm；

x—— 盾尾间隙，mm，$x = x_1 + x_2$，其中 x_1 为拼装管片方便的裕量，当 $6\ \text{m} \leqslant D < 8\ \text{m}$ 时，$x_1 = 30$ mm；x_2 为曲线施工和修正盾构蛇形所需的间隙，可参照图 4.4 确定。

$$x_2 = \frac{1}{2}R_1(1 - \cos\beta) = \frac{L^2}{4\left(R - \dfrac{D_0}{2}\right)} \tag{4.2}$$

式中　L—— 盾尾覆盖的衬砌长度；

R—— 曲线半径。

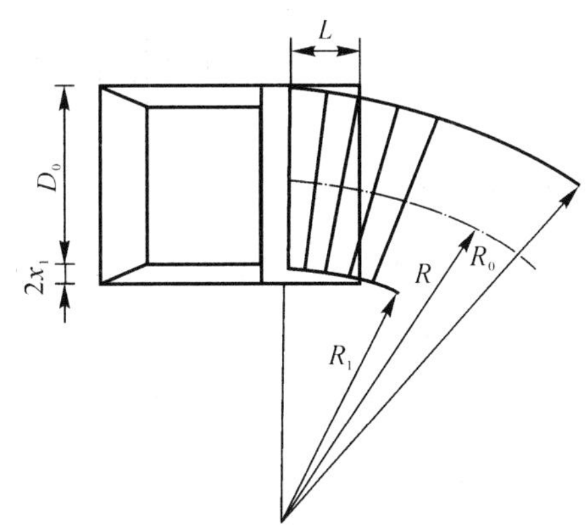

图 4.4　曲线施工机修正盾构蛇形所需间隙参照图

盾构长度 l 应根据围岩条件、隧道平面形状、开挖方法、运转操作和衬砌形式等条件确定，一般的计算公式为

$$l = l_H + l_C + l_r \tag{4.3}$$

式中　l_H—— 切口环长度，取决于刀盘和刀盘支撑形式；

l_C—— 支撑环长度，取决于盾构千斤顶的冲程长，即每环管片的宽度；

l_r—— 盾尾长度，取决于盾尾需要覆盖几环管片，一般为 1.5 ～ 2.5 环。

切口环的长度 l_H 对全(半) 敞开式盾构而言，应根据切口贯入切削地层的深度、挡土千斤顶的最大伸缩量、切削作业空间的长度等因素确定。对封闭式盾构而言，应根据刀盘厚度、刀盘后面搅拌装置的纵向长度、土舱的容量(长度) 等条件确定。

支撑环长度 l_C 取决于盾构推进千斤顶、排土装置等设备的规格大小，其长度不应小于千斤顶最大伸长状态的长度。

对于铰接盾构，盾构的长度可以表示为

$$l = l_H + l_C + l_P + l_r \tag{4.4}$$

式中 $l_H + l_C$—— 前壳部分长度；

l_P—— 方向控制千斤顶的行程为零时的前壳和后壳间的空隙；

l_r—— 盾尾长度。

盾构长度与盾构外径的比值(l/D)记作盾构机的灵敏度(ξ)，它直接影响盾构操纵的灵活性。ξ越小，操作越方便。大直径盾构($D \geqslant 6$ m)，$\xi = 0.7 \sim 0.8$(多取0.75)；中直径盾构($3.5\text{m} \leqslant D \leqslant 6\text{m}$)，$\xi = 0.8 \sim 1.2$(多取1.0)；小直径盾构($D \leqslant 3.5\text{m}$)，$\xi = 1.2 \sim 1.5$(多取1.5)；对于非铰接盾构，其比值应在图4.5所示的曲线附近。

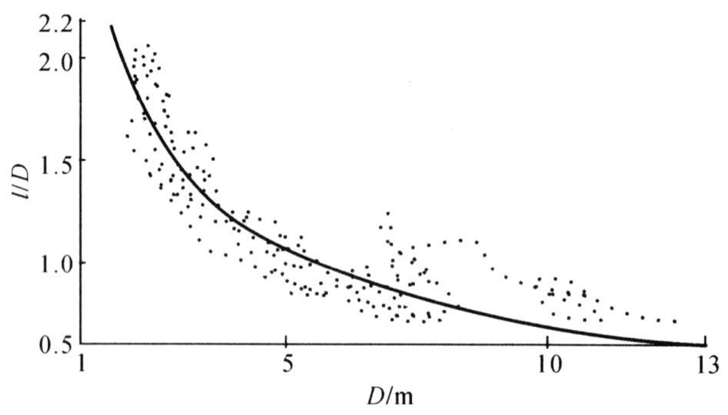

图4.5 盾构长度与盾构外径比值曲线

4.1.3 盾构法施工优点及其适用范围

盾构能适用于各种复杂的工程地质和水文地质条件。从流动性很大的第四纪淤泥质土层到中风化和微风化岩层，它既可用来修建小断面的区间隧道，也可用来修建大断面的车站隧道，而且施工速度快(5 ~ 40 m/d)，能有效地控制地面沉降。盾构法的优点有：

(1) 对环境影响小。

1) 出土量少，故周围地层的沉降小，对周围建筑物的影响小；

2) 不影响地表交通；不影响商店营业，无经济损失；无需切断、搬迁地下管线等各种地下设施，故可节省搬迁费用；

3) 对周围居民生活、出行影响小；

4) 无空气、噪声、振动污染问题。

(2) 施工不受地形、地貌和江河水域等地表环境条件的限制。

(3) 地表占地面积小，故征地费用少。

(4) 适于大深度、大地下水压施工，相对而言施工成本低。

(5) 施工不受天气(风、雨等)条件限制。

(6) 挖土、出土量少，利于降低成本。

(7) 盾构法构筑的隧道抗震性好。

(8) 适用于地层范围宽，软土、砂卵土、软岩直到岩层均适用。

但应指出，盾构法施工需要较多的时间和资金用于盾构与附属设备的设计和制造，以及建造端头工作井等工程设施。同时，盾构法的施工技术方案和施工细节对围岩条件的依赖性，较之其他方法尤甚。这就要求事先对沿线的工程地质和水文地质条件做细致的勘探工作，并要根据围岩的复杂程度做好各种应变的准备。因此，只有在地面交通繁忙，地面建筑物和地下管线密布，对地面沉降要求严格的城区，且地下水发育，围岩稳定性差，或隧道很长而工期要求紧迫，不能采用较为经济的矿山法时，采用盾构法施工才是经济合理的。

4.2　盾构类型及选择

4.2.1　盾构类型

根据开挖、工作面支护和防护方式，一般可以将盾构分为全面开放型、部分开放型、密封型以及全断面隧道掘进机(Tunnel Boring Machine，TBM)4大类。严格来说，各种类型的盾构都可称为隧道掘进机，只是盾构和TBM的适用范围不同，现分述如下。

1. 全面开放型盾构

全面开放型盾构按其开挖的方法可分为手掘式、半机械和机械式3种。

(1) 手掘式盾构是最老式的盾构，但目前世界上仍有工程采用。根据不同的地质条件，工作面可全部敞开人工开挖，也可用安装在切口环内的开挖面支撑系统(包括开挖面支撑千斤顶和伸缩工作平台)，分层开挖，边开挖边支撑。必要时，可在切口环顶部设置活动前檐作为顶部支撑。这种盾构便于观察地层和消除障碍，易于纠偏，简易价廉。但劳动强度大，效率低，如遇正面塌方，易危及人身及工程安全。在含水地层中需辅以降水、气压或土壤加固。手掘式盾构结构如图4.6所示。

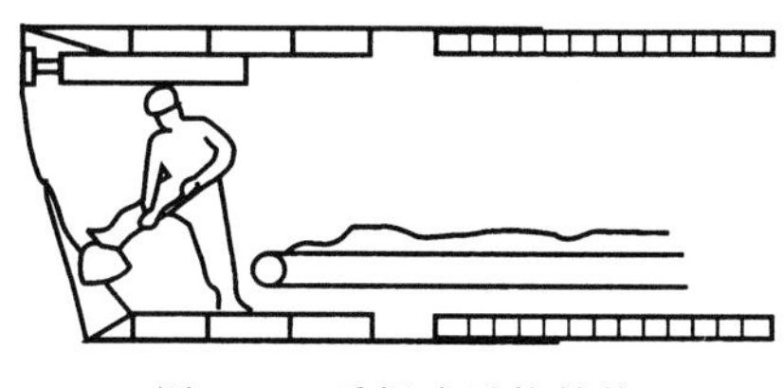

图4.6　手掘式盾构结构

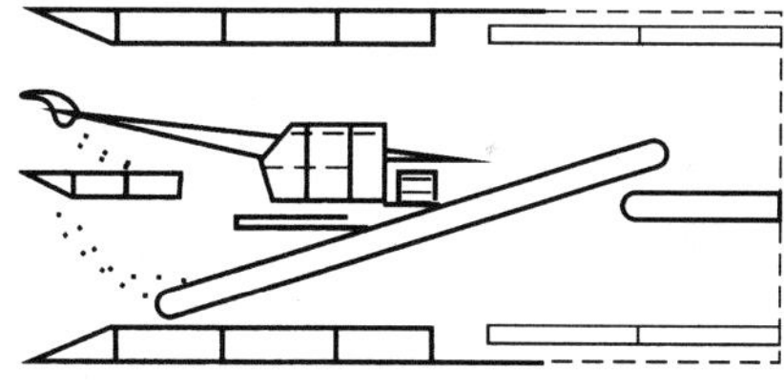

图4.7　半机械式盾构结构

(2) 半机械式盾构是在手工式盾构正面装上悬臂式挖土机而成的，如图4.7所示。

(3) 机械式盾构是在手掘式盾构的切口环部分装上与盾构直径相适应的大刀盘，以进行全断面开胸机械切削开挖，切削下的土石靠刀盘上的料斗装载，并卸到皮带输送机上，用矿车运出洞外，如图4.8所示。

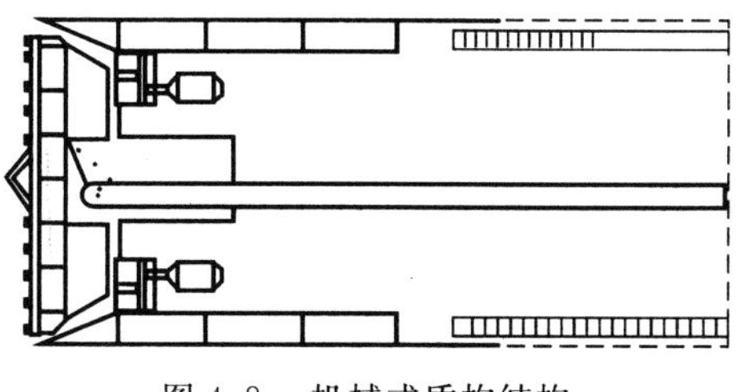

图4.8　机械式盾构结构

半机械式和机械式盾构适用于能够自稳，或采用其他辅助措施能够自稳的围岩。

2. 部分开放型盾构

部分开放型盾构又称挤压式盾构。它是在开放型盾构的切口环与支撑环之间设置胸板，以支挡正面土体，但在胸板上有一些开口，当盾构向前推进时，需要排除的土体将从开口处挤入盾构内，然后装车外运。这种盾构适用于松软黏土层，且在推进过程中会引起较大的地面变形，如图 4.9 所示。

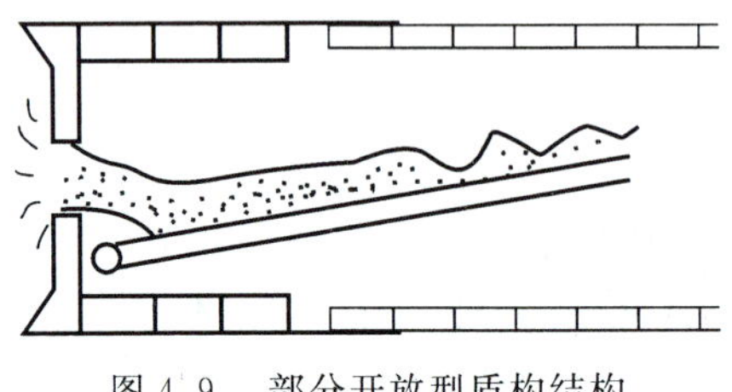

图 4.9　部分开放型盾构结构

3. 密封型盾构

根据支护工作面的原理和方法可将密封型盾构分为局部气压式、土压平衡式、泥水加压式和混合式等几种。

(1) 局部气压式盾构。在机械式盾构支撑环的前边装上隔板，使切口环成为一个密封舱，其中充满压缩空气，达到疏干和稳定开挖面的作用，如图 4.10 所示。压缩空气的压力值可根据工作面下 1/3 点的地下静水压力确定。由于这种盾构是靠压缩空气对开挖面进行密封，故要求地层透水性小，渗透系数 K 小于10^{-5} m/s，静水压力不大于 0.1 MPa。另外，这种盾构在密封舱、盾尾及管片接缝处易产生漏气，引起工作面土体坍塌，造成地面降陷。

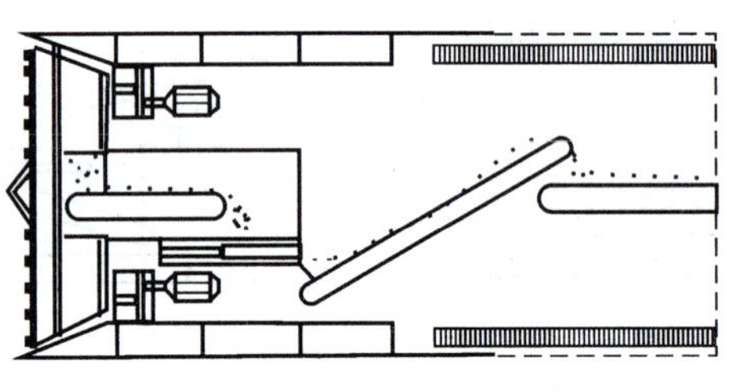

图 4.10　局部气压式盾构结构

(2) 土压平衡式盾构。土压平衡式盾构又称削土密封式或泥土加压式盾构。它的前端有一个全断面切削刀盘，在它后面有一个储留切削土体的密封舱，在其中心处或下方装有长筒型的螺旋输送机。在密封舱和螺旋输送机，以及在盾壳四周装有土压传感装置，根据需要还可以装设改善切削土体流动性的塑流化材料的注入设备，如图 4.11 所示。各装置的主要功能如下：

1) 切削刀盘用于切削土体，同时将切削下来的土体搅拌混合，以改善切削土体的流动性。因此，在刀盘的正面装有切削刀具，其中齿形刀适用于松软地层，盘形刀适用于坚硬地层。刀盘背面装有搅拌翼片。为了在曲线上施工，刀盘周边还装有齿形的超挖刀。根据围岩条件，切削刀盘可以是花板型、辐条型和砾石破碎型的，如图 4.12 所示。是否需要采用花板型刀盘，应根据工作面的稳定性以及在切削刀盘腔内进行维修和更换刀具时的安全性而定。当采用花板型刀盘时，其面板上开口槽的宽度和数目应根据围岩条件(黏结力、障碍物)，以不妨碍土体的排出为原则而确定，一般可用面板开口率 ω 来表示：

$$\omega=\frac{A_s}{A}$$

式中　A_s—— 面板开口部分的总面积(不包括刀头的投影面积)；

A—— 盾构开挖断面积。

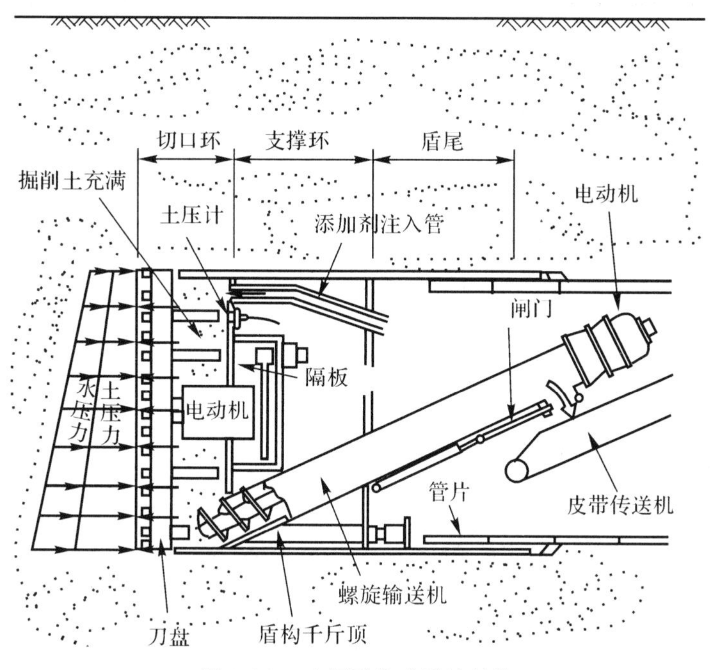

图 4.11　土压平衡式盾构结构

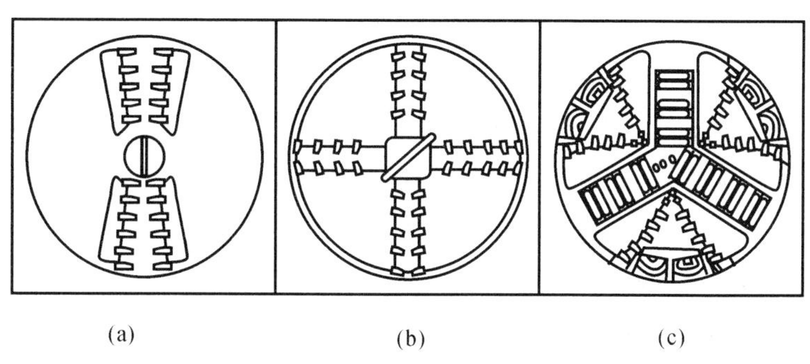

图 4.12　切削刀盘形式

(a) 花板型；(b) 辐条型；(c) 砾石破碎型

面板开口率通常在 20% ～ 65% 之间，对于不稳定地层，开口率应小些，对于稳定地层开口率应尽可能大，在黏性土土层甚至应选用辐条式刀盘。目前，开口率的设置方法有两种：固定式和可变式。后者即在槽口处装设控制闸门，根据围岩条件可随时调整面板开口率。

根据盾构直径的大小，刀盘的主轴可以采用中空轴式、中间支撑式和周边支撑式，如图 4.13 所示。其中中空轴式构造简单，搅拌效果好，适用于中小直径盾构；中间支撑型的强度和搅拌效果好，适用于大直径盾构；周边支撑式强度高，容易消除砾石。

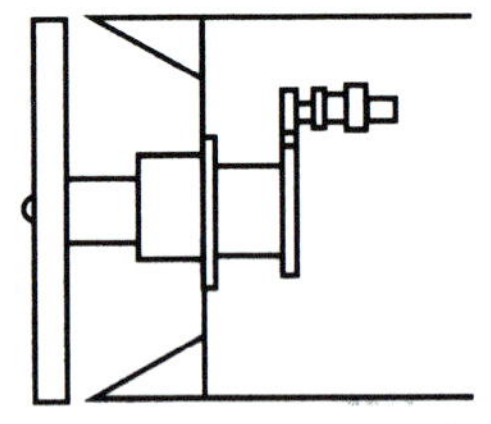
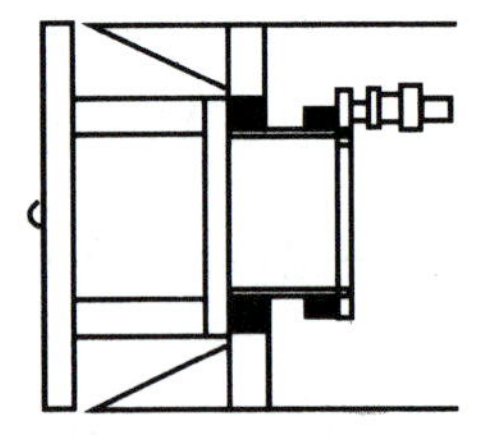
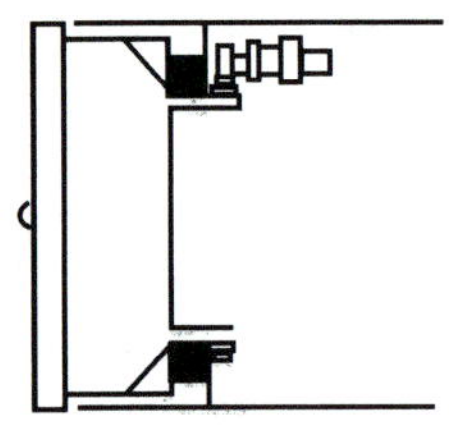

图 4.13　刀盘主轴形式

2）密封舱用于存储被刀盘切削下来的土体，并加以搅拌使其成为不透水的，具有适当流动性的塑流体，使其能及时充满密封舱和螺旋输送机的全部空间，对开挖面实行密封，以维持开挖面的稳定性，同时也便于将其排出。

3）螺旋输送机用来将密封舱内的塑流状土体排出盾构外，并在排土过程中，利用螺旋叶片与土体间的摩擦和土体阻塞所产生的压力损失，使螺旋输送机排土口的泥土压力降至一个大气压力，而不致发生喷漏现象。螺旋输送机按构造差异可分为有轴式和无轴式（带式）两种，其构造示意图如图 4.14 所示。前者的驱动方式是直接驱动叶片中心轴，后者的驱动方式是直接驱动装有叶片的外筒。前者的优点是止水性能好，缺点是可排出的砾石的粒径小；后者的优点是可排出的粒径大（相对而言），缺点是止水性差。

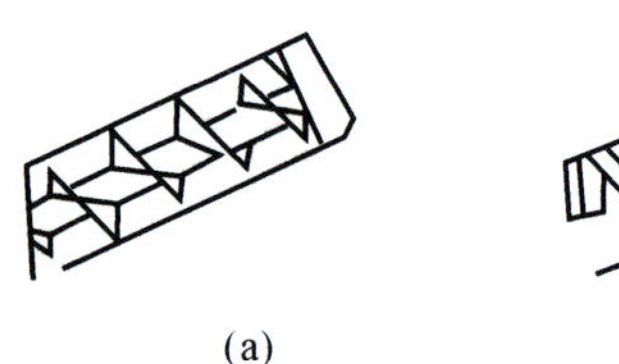

(a)　　　　(b)

图 4.14　螺旋机种类

(a) 有轴螺旋机；(b) 带式螺旋机

4）塑流化材料注入器用来向密封舱、刀盘和螺旋输送机内注入添加剂。因为当土体中的含砂（砾）量超过一定限度时，由于其内摩擦角度大，流动性差，单靠刀盘的旋转搅动很难使这种土体达到足够的塑流性，一旦在密封舱内储留，极易产生压密固结，无法对开挖面实行有效的密封和排土。此时，就需要向切削土体内注入一种促使其塑流化的添加剂，经刀盘混合和搅拌后能使固结土成为流动性好、不透水的塑流体。

关于塑流化添加剂的种类，以及注入口位置、直径、数目均需按围岩特性、机器构造、盾构直径等条件进行选择。目前，常用的添加剂有两类：一类为泥浆材料，其适用规格见表 4.1；另一类为化学发泡剂，这种材料可以在土体内形成大量泡沫，使土壤颗粒分开，从而降低了土体的内摩擦角和渗透性。又因其比重小，搅拌负荷轻，容易将土体搅拌均匀，从而提高土体的流动性和不透水性，而且泡沫会随时间自然消失，渣土即可还原到初始状态，不会对环境造成污染。因此，近年来已逐渐取代了泥浆材料，并已制定出确定泡沫量、发泡度（空气、溶液混合率），以及是否需要采用渣土消泡剂等的技术规则，研制了化学发泡剂自动注入系统，以便按盾构的掘进速度控制发泡剂的注入量，如图 4.15 所示。

表 4.1　泥浆材料适用规格

土　　质	浓度(质量比)/(%)	使用量 /(L·m^{-3})	成　　分
砂	15 ～ 30	≤ 300	水、黏土、膨润土
砂砾	30 ～ 50	≤ 300	
白色砂质沉积层	20 ～ 30	≤ 200	
砂质粉土	5 ～ 15	≤ 100	

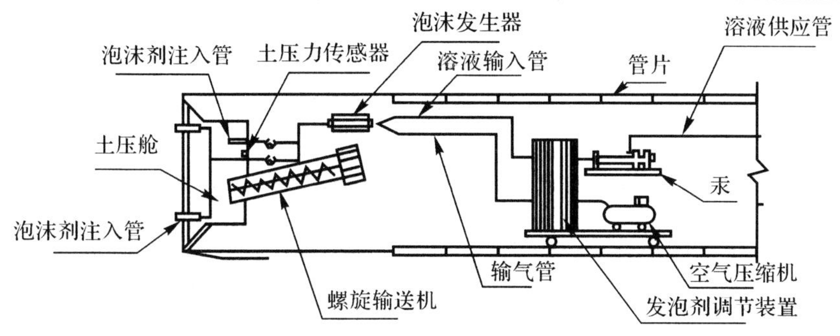

图 4.15　发泡剂自动注入系统

在实际施工中常用螺旋输送机的排土率 K 来定量地判定渣土的塑流性，排土率 K 定义为

$$K=\frac{\text{由螺旋输送机转速决定的单位时间理论排土量}}{\text{由推进速度决定的单位时间理论排土量}}=\frac{V_s N}{AV} \tag{4.5}$$

式中　V_s—— 螺旋输送机每旋转一周的排土体积；

N —— 螺旋输送机的转速；

A —— 切削断面积；

V —— 推进速度。

当渣土处于良好的塑流状态时，K 为 1.0 左右。若渣土处于干硬状态时，摩擦阻力增大并产生拱效应，螺旋输送机的效率将会明显下降，必须提高输送机的转速来维持密封舱的土压，K 值将大大地超过 1.0。对于松软而富有流动性的渣土，只要用较低转速排土，甚至在排土口还会产生喷涌现象，K 值可以接近于零。

5）土压传感器用于测量密封舱和螺旋输送机内的土压力，前者是判定开挖面是否稳定的依据，后者用来判断螺旋输送机的排土状态：喷涌、固结、阻塞等。

土压平衡式盾构维持开挖面稳定的原理是依靠密封舱内塑流状土体作用在开挖面上的压力(P)(它包括泥土自重产生的压力与盾构推进过程中盾构千斤顶的推力）和盾构前方地层的静止土压力与地下水压力(F) 相平衡的方法，如图 4.16 所示。

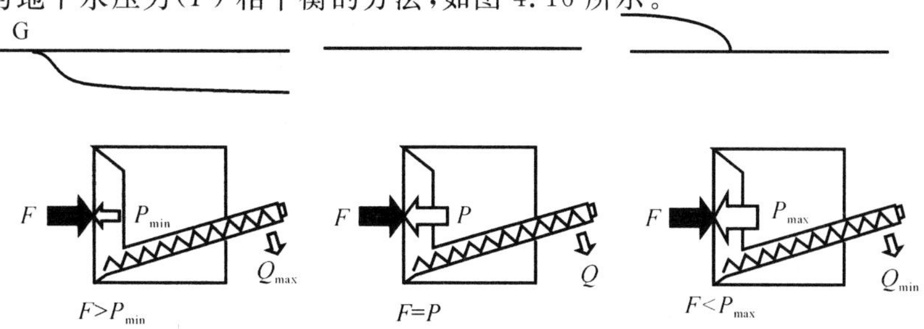

图 4.16　土压平衡式盾构维持开挖面稳定示意图

由图 4.16 可看出，当螺旋输送机排土量大时，密封舱内土压力 P 就减小，当 $F > P_{min}$ 时，开挖面可能塌方而引起地面沉降；相反，当排土量小时，P 值就增大，一旦 $F < P_{max}$ 地面将会隆起。因此，要控制土压平衡式盾构在推进过程中开挖面的稳定，可以用两种方法来实现。其一是控制螺旋输送机排土量（调节其转速），但研究表明，对于黏性土来说，开挖面不破坏的排土量波动值必须控制在理论掘进体积的 2.8% 左右，这就需要量测精度在 1% 以内的切削土体积的检测系统。目前使用的检测系统精度都达不到要求，如图 4.17 所示的系统是比较满意的一种。其二是用调节盾构千斤顶的推进速度和螺旋输送机转速，直接控制密封舱内的土压力 P，一般情况下，不使开挖面产生影响的渣土压力 P 的波动范围如下：

$$\text{主动土压力} + \text{地下水压力} < P < \text{被动土压力} + \text{地下水压力} \tag{4.6}$$

对于花板型刀盘，若刀盘面板开口率为 x，刀盘上和密封舱内的渣土压力分别为 P_1 和 P_2，则式(4.6) 可改写为

$$\text{主动土压力} + \text{地下水压力} < P_1(1-x) + P_2 x < \text{被动土压力} + \text{地下水压力} \tag{4.7}$$

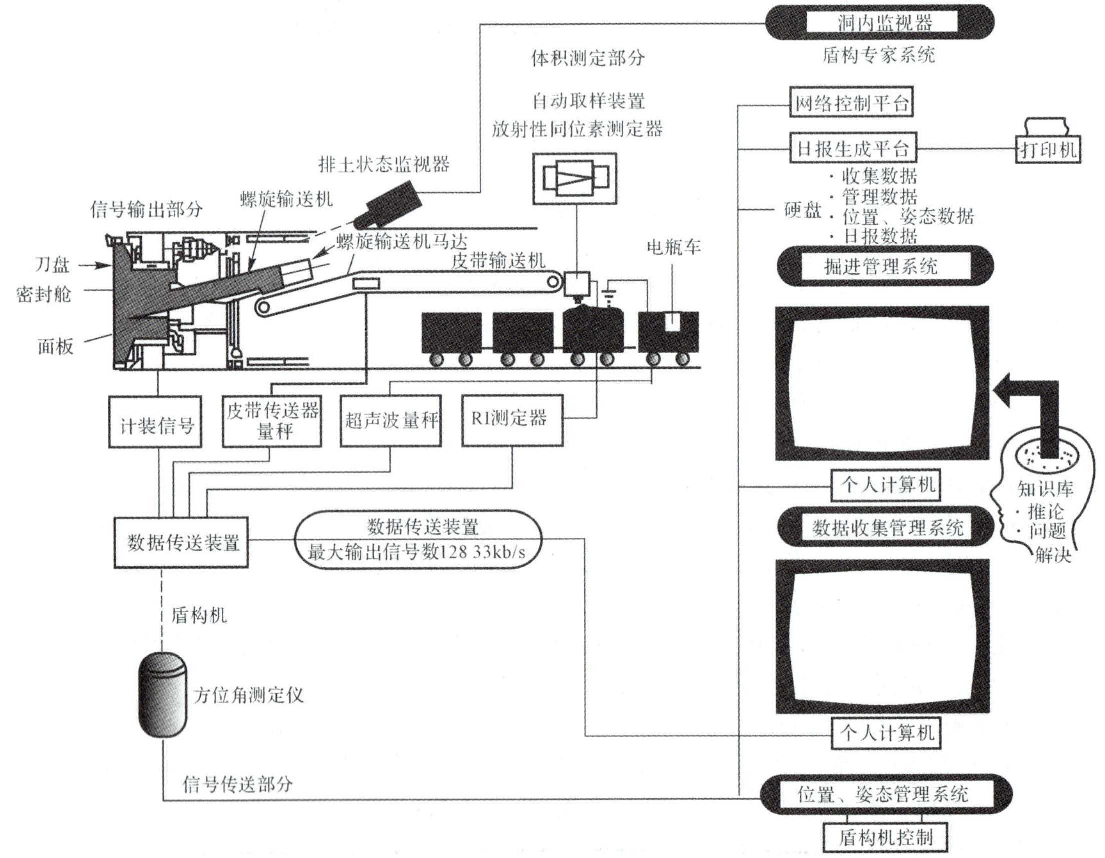

图 4.17 土压平衡式盾构出土体积自动化量测系统

应该认为，直接控制土压的方法比较容易实现。从理论上讲，通过注入塑流化添加剂和强力搅拌能将各种土质改良成土压平衡式盾构工作所需的塑流体，故这种盾构能适用于各种围岩条件。但在含水的砂层或砾砂层，尤其在高水压的条件下，土压平衡式盾构在稳定开挖面土体、防止和减少地面沉降、避免土体移动和土体流失等方面都较难达到理想的控制效果。

(3) 泥水加压式盾构。泥水加压式盾构的总体构造与土压平衡式盾构相似，仅支护开挖面方法和排渣方式有所不同。在泥水加压式盾构的密封舱内充满特殊配制的压力泥浆，刀盘(花板型)浸没在泥浆中工作。对开挖面支护，通常是由泥浆压力和刀盘面板共同承担的，前者主要是在掘进中起支护作用，后者主要是在停止掘进时起支护作用。对于不透水的黏性土，泥浆压力应保持大于围岩主动土压力。对透水性大的砂性土，泥浆会渗入到土层内一定深度，并在很短的时间内于土层表面形成一层泥膜，有助于改善围岩的支撑能力，并使泥浆压力能在全开挖面上发挥有效的支护作用。此时，泥浆压力一般以保持高于地下水压 0.2 MPa 为宜。而刀盘切削下的渣土在密封舱内与泥浆混合后，用排泥泵及管道输送至地面处理，处理后的泥浆再由供泥泵和管道送回盾构重复使用。所以，在采用泥水加压式盾构时，还需配备一套泥浆处理系统。

泥水加压式盾构按泥浆系统压力控制方式可分为直接控制型(日本型)和间接控制型(德国型)两种基本类型。

1) 直接控制型(日本型)泥水加压式盾构的泥浆压力控制由一套自动控制泥浆平衡的装置来实现，如图 4.18 所示。P_1 为供泥泵，从泥浆处理厂的泥水调整槽将泥浆压入盾构密封舱，供入泥浆比重在 1.05 ～ 1.25 之间，在密封舱内与开挖面土混合后的重泥浆由排泥泵 P_2，P_3，P_4 排至泥浆处理厂，排出泥浆比重在 1.1 ～ 1.4 之间。密封舱的泥浆压力是通过调节供浆泵 P_1 的转速或节流阀的开口比值来实现控制的。

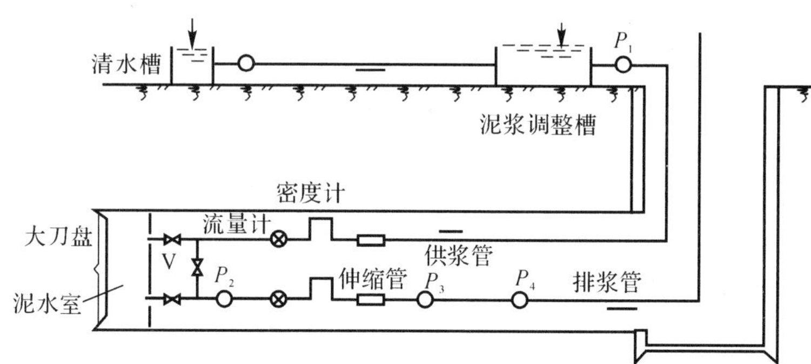

图 4.18　直接控制型泥水加压盾构泥浆自动控制输入系统

泥浆管中的泥浆流速必须保持在临界值以上，否则，泥浆中的颗粒会产生沉淀而堵塞管路，尤其是在排泥管中，堵塞将更为严重。按管道流理论，临界流速可按 Durand 公式计算：

$$V_L = F_L\left[2gd\left(\frac{p}{p_0}-1\right)\right]^{\frac{1}{2}} \tag{4.8}$$

式中　F_L—— 流速系数，按颗粒直径和泥浆浓度而定，当颗粒直径大于 1 mm 时，$F_L = 1.34$；

g—— 重力加速度，$g = 9.8\ \mathrm{m/s^2}$；

p_0—— 泥浆母液比重，一般 $p_0 = 1.05 \sim 1.25$；

p—— 渣土比重；

d—— 管子直径，m。

在盾构推进时，进、排泥管需不断延长，管阻亦随之增大。为了保证管内的流速恒大于临界流速，排泥浆泵 P_2 的转速应随时调整，故排泥浆泵 P_2 必须是自动调速的。当 P_2 泵达到最大扬程时，再加 P_3，P_4 接力泵。

为了保证盾构推进质量、减少地面沉降量，需要严格控制排土量，故应在进、排泥浆管路上分别装设流量计和密度计，根据检测数据即可计算实际排土量。

2）间接控制型（德国型）泥水加压式盾构的泥浆压力控制由空气和泥水双重系统实现，如图4.19所示。在盾构的密封舱内，装有半道隔板，将密封舱分割成两部分。在隔板的前面充满压力浆，隔板后面盾构轴线以上部分充满压缩空气，形成气压缓冲层。因此，在隔板后面的泥浆上表面作用有空气压力。由于在两者的接触面上气压和液压相等，故仅须调节空气压力，就可确定全开挖面上的支护压力。在盾构推进时，由于泥浆流失或盾构推进速度变化，进、出泥浆量将会失去平衡，空气和泥浆接触面的位置就会发生上下波动现象。通过液位传感器，即可根据液位变化来控制泥浆泵的转速和流量，使液位恢复到设定位置，以保持开挖面支护压力的稳定。当液位达到最高极限位置时，供泥浆泵自动停止；当液位达到最低极限位置时，排泥浆泵则自动停止。

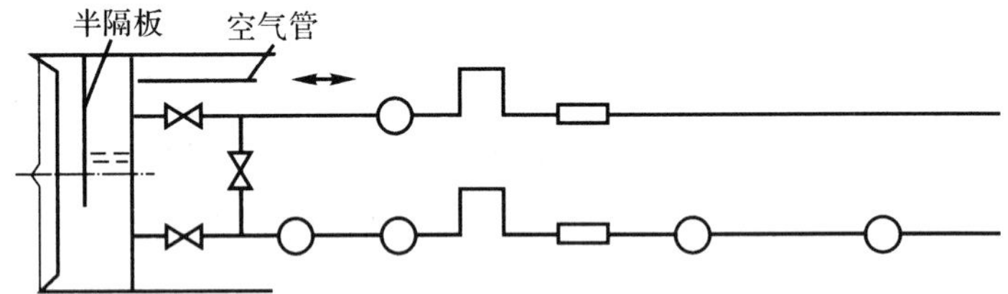

图4.19　间接控制型泥水加压盾构泥浆压力控制系统

密封舱空气室的空气压力是根据开挖面需要的支护泥浆压力而确定的。不论盾构是否掘进或液面位置是否产生波动，空气压力终究可以通过空气调节阀使压力保持恒定。由于空气缓冲层有弹性作用，所以在液位波动时，也不会影响开挖面的支护液压。因此，和直接控制型泥水加压式盾构相比，这种盾构的控制系统更为简化，对开挖面地层的支护更为稳定，即使在盾构推进时，支护压力也不会产生脉动变化，对地面沉降的控制更为有利。

泥水加压式盾构排出的泥浆通常要进行振动筛、旋流器和压滤机或离心机等三级分理处理，如图4.20所示，才能将渣土从泥浆中分离出来以便排除。清泥水回到调整槽重复循环使用。

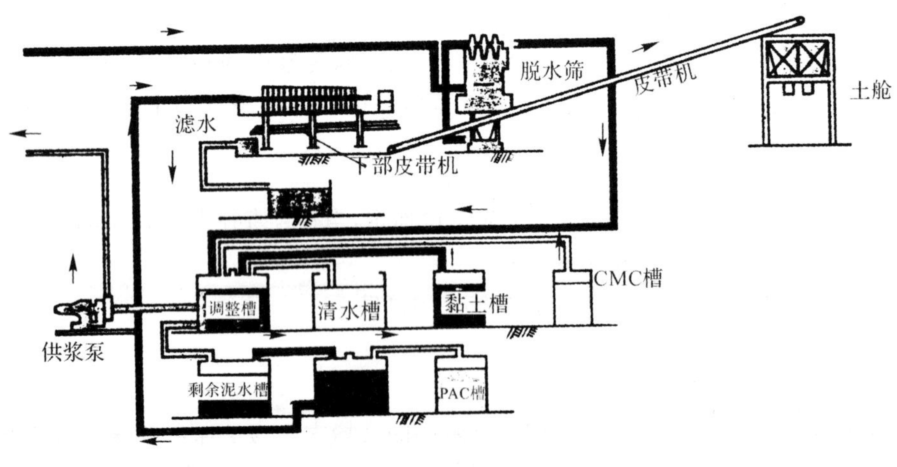

图4.20　泥浆处理系统

泥水加压式盾构中所使用的泥浆为膨润土泥浆，在黏性土层中掘进时，还可用原土造浆以减少成本。膨润土泥浆的主要成分和地下连续墙施工中使用的相同,其物理力学特性(比重、黏性、沉降性和含砂率等)应根据地层特性(粒度、硬度和渗透性等)以及地下水状况(水位、所含离子种类与浓度等)而定。

为了增加排土效率和防止排泥口堵塞,在密封舱内可以设置螺旋搅拌器和砾石破碎装置,以及供工作人员进入开挖面(在泥浆排空情况下)排除障碍物的气闸。

(4) 混合盾构。混合盾构是近几年在欧洲发展起来的一种新型盾构。混合盾构就是装配了混合刀盘的盾构。这种盾构本身可以构成一台泥水加压式盾构、气压式盾构或土压平衡式盾构,当地层条件变化时,可根据地层性质更换刀盘上的刀具类型和调整面板的开口率。由于它既适用于土层又能适用于风化岩层,所以称为混合盾构。

(5) 多圆盾构。多圆盾构是近年来日本开发的新型盾构。其中的双圆盾构可以用来修建区间隧道,一次开挖完成双线区间隧道,可以比两个单独的圆形隧道降低工程成本 10%,减少开挖面积 15%,如图 4.21 所示。三圆盾构既可用来修建地铁车站隧道,拆下中间盾构后又成为两个单独盾构,可以修建区间隧道,如图 4.22 所示。

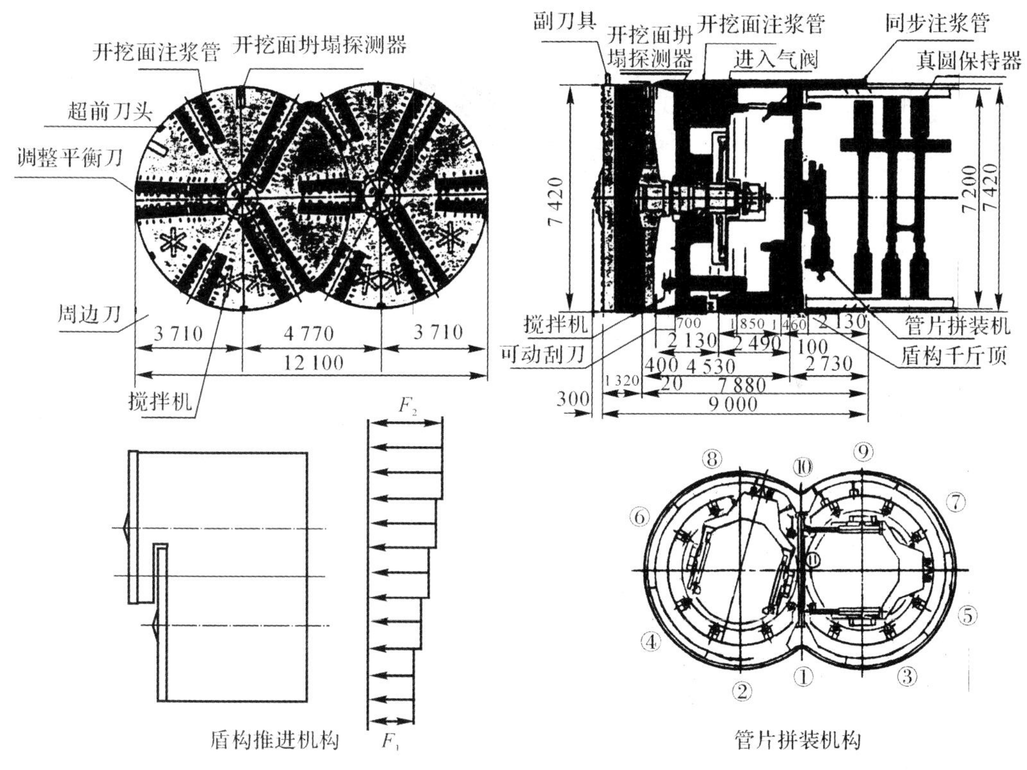

图 4.21　双圆盾构图

4. 隧道掘进机

以上所述的几种类型的盾构主要适用于土层或土石混合地层,当岩层或盾构与围岩之间的摩擦力不足以平衡盾构切削刀盘的扭矩时,就需有关隧道掘进机施工的知识,详见第 5 章。

4.2.2　盾构选型的根据

根据不同的工程地质、水文地质条件和施工环境与工期的要求,合理地选择盾构类型,对保证施工质量,保护地面与地下建筑物安全和加快施工进度是至关重要的。因为只有在施工中才能发现所选用的盾构是否适用,一般不适用的盾构将对工期和造价产生严重影响,但此时想更换已经不可能了。

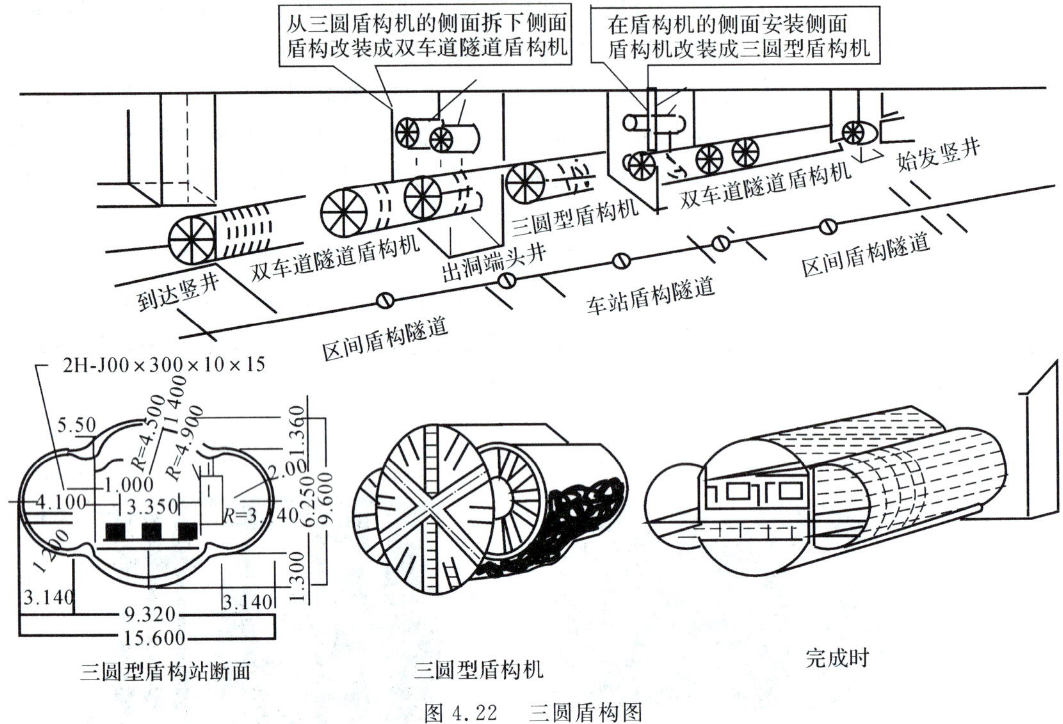

图 4.22　三圆盾构图

盾构选型的根据,按其重要性排列如下:

(1) 工程地质与水文地质条件。

1) 隧道沿线地层围岩分类、各类围岩的工程特性、不良地质现象和地层中含沼气状况。

2) 地下水位,穿越透水层和含水砂砾透镜体的水压力、围岩的渗透系数以及地层在动水压力作用下的流动性。

(2) 地层的参数。

1) 表示地层固有特性的参数:颗粒级配、最大土粒粒径、液限 W_L、塑限 W_P、塑性指数 $I_P(I_P=W_L-W_P)$。

2) 表示地层状态的参数:含水量 W、饱和度 S_r、液性指数 $I_L(I_L=\dfrac{W-W_P}{I_P})$、孔隙比 e、渗透系数 K、饱和重度 γ_e。

3) 表示地层强度和变形特性的参数:不排水抗剪强度 S_μ、黏结力 C、内摩擦角 φ、标准贯入度 N、压缩系数 α、压缩模量 E_s;对于岩层则有无侧限抗压强度 σ_c,RQD 等。

(3) 地面环境、地面和地下建筑物对地面沉降的敏感度。

(4) 隧道尺寸:长度、直径、永久衬砌的厚度。

(5) 工期。

(6) 造价。

(7) 经验:承包商的经验、有无同类工程经验。

4.2.3　盾构选型的方法

根据工程需求(隧道尺寸、长度、覆盖土厚度、地层状况和环境条件需求等) 选定盾构类型(具体构造、稳定切削面的方式和施工方式等) 的工作,简称为盾构选型。

选择盾构机时,必须综合考虑下列因素:① 满足设计要求;② 安全可靠;③ 造价低;④ 工期短;⑤ 对环境影响小。盾构机机型的选择正确与否是盾构隧道工程施工成败的关键。因盾构选型欠妥或者不恰当,致使隧道施工过程中出现事故的情况很多。如选型不恰当,切削面喷水,掘进被迫停止;切削面坍塌致使周围建筑物基础受损;地层变形、地表沉降,致使地下水管道设施受损,引起管道破裂,造成喷水、喷气、通信中断和停电等事故。严重时整条隧道报废的事例屡见不鲜。由此可见盾构选型的重要性。

盾构选型必须严格遵守以下几项原则:

(1) 选用与工程地质匹配的盾构机型,确保施工安全;

(2) 辅以合理的辅助工法;

(3) 盾构的性能应能满足工程推进的施工长度和线性的要求;

(4) 选定的盾构机的掘进能力可与后续设备、始发基地等施工设备匹配;

(5) 选择对周围环境影响小的机型。

首先,以上原则中以能够保证切削面稳定,确保施工安全的机型最为重要;其次,从盾构选型的根据来看,项目很多且相互联系,因此很难找到一个简单的选型程序,只能在综合分析比较的基础上,从技术角度来探讨最适宜的盾构型式,最终的选择仍取决于经济情况和企业的施工能力。

表 4.2 总结了各类盾构适用范围;图 4.23 给出了日本在进行盾构选型时所考虑的土壤颗粒级配和各类盾构的关系示意图;表 4.3 给出了控制地面沉降的不同要求和不同地质条件对盾构选型的大致参考意见。由于隧道掘进机主要用于岩层,故表 4.2、表 4.3 中未论及。

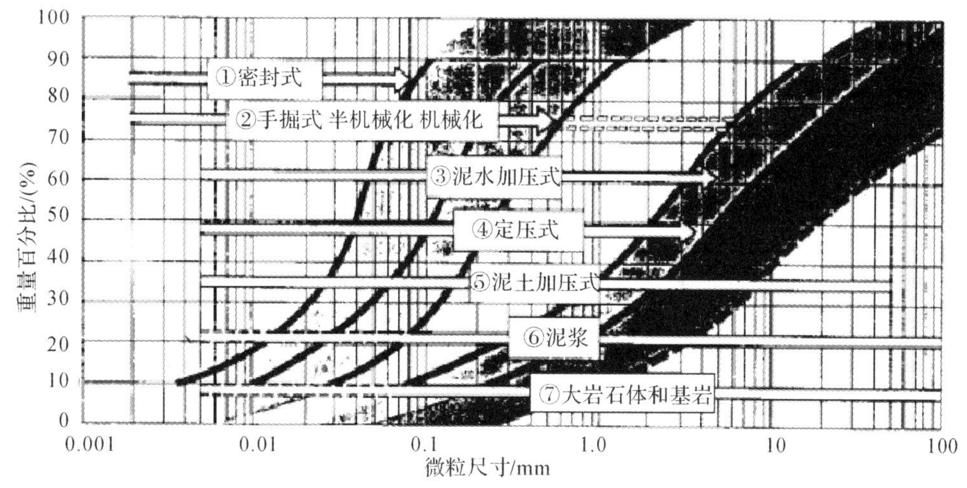

图 4.23　盾构适用范围图

表 4.2　各种盾构工法比较一览表

机型 相关特性	全面开放型			部分开放型	封闭型		
	人工挖掘式	半机械挖掘式	机械挖掘式	闭胸式	土压式		泥水加压式
					削土加压式	泥土加压式	
工法概要	靠人工开挖土砂，以皮带运输机等设备出渣，根据地层性质的不同安装有突檐或千斤顶挡土机构，以稳定开挖面	采用机械进行大部分土砂的开挖和装运，以千斤顶挡土支撑等机构稳定开挖面，与人工挖掘式相比，对地层的稳定性要求高	盾构前部安装有切削刀头，用机械连续开挖土砂，切削刀面板亦起支撑开挖面的作用	开挖面密闭，在其上设有可调的出土口，开挖时盾构的前部贯入土砂之中，土砂呈塑性流动并从开口中排出	在切削密闭舱内充满开挖下来的土砂，以盾构的推进力对整个工作面加压，来抗衡开挖面上的压力，在保持开挖面稳定的同时，用螺旋输送机出渣	在切削密闭舱内注入混合添加材料、制泥原料土等，使其与切削土搅拌混合形成泥状土并将其填满密闭舱，用盾构推进力对整个工作面加压，来抗衡开挖面上的压力，在保持开挖面稳定的同时，用螺旋输送机出渣	在切削密闭舱内循环填充泥浆，用于抵抗开挖面的土压、水压，保持开挖面稳定，开挖下来的土砂以泥浆的形式通过流体输送方式运出
开挖方式	人工	机械＋人工	全断面切削刀盘	盾构挤压贯入	全断面切削刀盘	全断面切削刀盘	全断面切削刀盘
开挖面管理	设置挡土支撑机构稳定开挖面	部分靠支撑机构稳定开挖面	未设置挡土支撑机构	调节排土阻力速度及开口大小保持开挖面稳定	调节土舱内土压及排土量，控制开挖面的稳定	调节土舱内泥土压力及排土量，控制开挖面稳定	调节泥水的压力控制开挖面稳定

续 表

机型 相关特性	全面开放型			部分开放型	封闭型		
	人工挖掘式	半机械挖掘式	机械挖掘式	闭胸式	土压式		泥水加压式
					削土加压式	泥土加压式	
地层变化的适应性	可适应土质变化地层	土质变化时有可能不适应	不适应土质变化地层	一般只适用于砂、黏土未分选的冲积层	松砂、砂砾层较难适应	通过调节添加材料的浓度和用量适应不同的地层	松砂、砂砾层较难适应
障碍物的处理	能目视开挖面，处理容易	能目视开挖面，处理容易	能目视开挖面，但处理稍难	能目视开挖面，但处理稍难	看不到开挖面，处理困难	看不到开挖面，处理困难	看不到开挖面，处理困难
盾构机的故障处理	故障少且容易处理	故障少且容易处理	发生故障时影响大	故障少且容易处理	发生故障时影响大	发生故障时影响大	发生故障时影响大
施工场地	一般	一般	一般	一般	一般	一般	大
作业环境	人工开挖，作业环境差	作业环境稍差	作业环境稍差	无人工开挖，比较安全	人工作业少，环境良好	人工作业少，环境良好	人工作业少，环境良好
对周围环境的影响	空压机噪声及渣土运输影响	空压机噪声及渣土运输影响	空压机噪声及渣土运输影响	空压机噪声及渣土运输影响	渣土运输影响	渣土运输影响	泥浆处理设备噪声及振动、渣土运输、占地多
辅助措施	为保证开挖面稳定需降水、压气及地层改良等措施	为保证开挖面稳定需降水、压气及地层改良等措施	为保证开挖面稳定需降水、压气及地层改良等措施	为防止地表下沉需进行地层改良	为改善开挖性能，需对砂层进行改良	不需要辅助措施	易坍塌的细砂及沙砾层需进行改良
施工进度	进度慢且变化幅度小	介于手掘式与封闭型之间	如果土质适合，不变化，与封闭型接近	如果土质适合，不变化，与封闭型接近	快	快	后方设备能力强则进度快，但设备故障影响大

注：本表选自《中法盾构及地下工程研讨会论文集》中杨秀仁、沈景炎的《北京地区地下工程盾构法施工初探》一文，1995 年.

表 4.3　盾构选型地质参数表

盾构类型 \ 地质条件	土类别	黏性土					粉性土		砂性土			
	土名称	硬塑性黏土	可塑性黏土	软塑性黏土	流塑性黏土	淤泥	黏质粉土	砂质粉土	粉砂	细砂	中粗砂	砾石
主要土壤参数	N	18～35	4～7	2～4	0～2	0	0～5	5～10	5～15	15～30	40～60	40～60
	K	$<10^{-7}$	$<10^{-7}$	$<10^{-6}$	$<10^{-6}$	$<10^{-7}$	$<10^{-5}$	$<10^{-4}$	$<10^{-4}$	$<10^{-3}$	$<10^{-3}$	$<10^{-2}$
	W	20～30	30～35	35～40	40～45	>50	<50	<50	<50	<50	<50	<50
手掘式盾构	辅助工法		A	A	A	A	A	A	A	BC	BC	BC
	沉降程度	S	$S\sim M$	M	$M\sim L$	L	M	M	M	M	M	M
网格盾构	辅助工法		A	A	A	A	A					
	沉降程度		$S\sim M$	$S\sim M$	$M\sim L$ (M)	L	M					
机械化盾构	辅助工法		A	A	A	AB	A	A	AB	BC	BC	BC
	沉降程度	S	$S\sim M$	M	L	L	M	M	$M\sim L$	$L(M)$	$L(M)$	M
土压平衡盾构	辅助工法							D	D	D	D	D
	沉降程度		S	S	S	$S\sim M$	$S\sim M$	$S\sim M$	$M\sim L$	M	M	M
泥水盾构	辅助工法									B	B	B
	沉降程度		S	S	S	$S\sim M$ (S)	$S\sim M$ (S)	S	S	S	S	S

注：① 还有一种闭胸式盾构只适用于淤泥地质；② 沉降程度空白的方格表示不适用，如网格盾构不适用于粉砂地质；③ 括号表示有地下水情况下的沉降程度；④ 辅助工法：A 气压法；B 化学喷浆法；C 降低地下水位法；D 加泥法；⑤ 沉降程度（盾构直径 6 m，覆土厚 6 m 的情况下最大沉降量）：$L>15$ cm；3 cm$<M<15$ cm；$S<3$ cm；⑥ N 为标贯数；K 为渗透系数，m/s；W 为含水量，(%)。

4.2.4　盾构千斤顶总推力和刀盘扭矩的计算

由于土压平衡式盾构和泥水加压式盾构的开挖、支护方式不同，因此，两者所需的千斤顶推力和刀盘扭矩的计算方法也不同。

1. 土压平衡式盾构

(1) 盾构千斤顶总推力。

1) 盾构与地层之间的摩擦阻力：

$$F_1 = \frac{\pi}{4}\mu DL(P_0 + P'_0 + P_1 + P_2) \tag{4.9}$$

式中　μ—— 地层与钢板的摩擦因数；

D,L—— 盾构的直径和长度；

P_0—— 盾构拱顶处的均布围岩竖向压力，一般按全土柱计算，埋深情况下也可按泰沙基公式计算；

P'_0—— 盾构底部的均布反力，$P'_0 = P_0 + \dfrac{W}{DL}$，$W$ 为盾构质量；

P_1—— 盾构拱顶处的侧向水、土压力；

P_1—— 盾构底部的侧向水、土压力。

2) 刀盘正面的侧向土压力：

$$F_2 = \frac{\pi}{4}D^2 P_d \tag{4.10}$$

式中　P_d—— 刀盘中心处的侧向土压力，计算式为

$$P_d = K_0(P_0 + \gamma' R) \tag{4.11}$$

K_0—— 侧压力系数；

γ'—— 底层的浮重度；

R—— 盾构的外半径。

3) 刀盘正面的地下水压力：

$$F_3 = \frac{\pi}{4}D^2 P_w \tag{4.12}$$

式中　P_w—— 刀盘中心处的地下水压力。

对于黏性土来说，刀盘中心处水、土侧向压力可以合并计算，即采用地层的饱和重度计算土的侧向压力，不再单独计算水压力。

4) 盾尾内部与管片衬砌之间的摩擦阻力：

$$F_4 = \mu_c W_s \tag{4.13}$$

式中　μ_c—— 管片与钢板之间的摩擦因数，一般取 $\mu_c = 0.30$；

W_s—— 压在盾尾上的管片衬砌重量，最大可取 2 ～ 3 环管片的自重。

5) 切土所需的推力：

$$F_5 = \frac{\pi}{4}D^2 C \tag{4.14}$$

式中　C—— 地层的黏结力。

总的阻力 F 为

$$F = F_1 + F_2 + F_3 + F_4 + F_5 \tag{4.15}$$

则盾构千斤顶所需的总推力 T 为

$$T = K_c F \tag{4.16}$$

式中 K_c—— 安全系数，一般取 $K_c = 1.5$。

(2) 刀盘扭矩。

1) 刀具切削土体所需的扭矩：

$$T_1 = \int_0^{r_0} q_u hr \mathrm{d}r = \frac{1}{2} q_u hr_0^2 \tag{4.17}$$

式中 h—— 刀盘每钻的最大切削深度，$h = \frac{v}{N}$；

v—— 开挖深度；

N—— 刀盘转速；

q_u—— 地层抗剪强度；

r_0—— 最外圈刀具的半径。

2) 由于刀盘自重所产生的抵抗旋转的扭矩：

$$T_2 = GR_1 \mu_2 \tag{4.18}$$

式中 G—— 刀盘自重；

R_1—— 轴承的接触半径；

μ_2—— 滚动摩擦因数。

3) 刀盘正面推力所产生的抵抗旋转的扭矩：

$$T_3 = W_r R_2 \mu_2 \tag{4.19}$$

式中 W_r—— 刀盘正面的推力，可按下式计算：

$$W_r = x\pi r_0^2 P_d + \frac{\pi}{4}(d_2^2 - d_1^2) P_w \tag{4.20}$$

x—— 刀盘的开口率；

P_d—— 刀盘中心处的土侧向压力；

d_1—— 刀盘上设置刀具的内环直径；

d_2—— 刀盘上设置刀具的外环直径；

P_w—— 刀盘中心处的地下水压力；

R_2—— 正面推力抵抗旋转的半径。

4) 刀盘密封装置抵抗旋转的扭矩：

$$T_4 = 2\pi\mu_3 F(n_1 R_{S1}^2 + n_2 R_{S2}^2) \tag{4.21}$$

式中 μ_3—— 密封材料与钢的摩擦因数；

F—— 密封压力；

n_1, n_2—— 第 1,2 道的密封条数；

R_{S1}, R_{S2}—— 相应的密封装置的平均回转半径。

5) 刀盘正面的摩擦扭矩：

$$T_5 = \frac{2}{3} x \pi \mu r_0^3 P_d \tag{4.22}$$

式中　μ—— 地层与刀盘的摩擦因数，由于刀盘与底层之间充满含水的渣土，所以，此时的摩擦因数较低，一般取 $\mu = 0.15$。

6）刀盘周边的摩擦扭矩：

$$T_6 = \mu 2\pi r_0^2 l_k P_r \tag{4.23}$$

式中　l_k—— 刀盘厚度；

P_r—— 作用在刀盘周边上的平均压力，一般取 $P_r = (P_0 + P'_0 + P_2 + P_3)/4$，其中 P_0，P'_0，P_2，P_3 见公式(4.9)。

7）刀盘背面的摩擦扭矩，假定密封舱内渣土压力值为刀盘正面侧向土压力值的 80%，则上述扭矩为

$$T_7 = \frac{2}{3} x \pi \mu r_0^3 (0.8 P_d) \tag{4.24}$$

8）刀盘开口处切削渣土所需的扭矩：

$$T_8 = \frac{2}{3} \tau \pi r_0^3 (1 - x) \tag{4.25}$$

式中　τ—— 渣土的抗剪强度，$\tau = C + P_d \tan\varphi$，因渣土饱和含水，故抗剪强度较低，可近似取 $C = 0.01$ MPa，$\varphi = 5°$。

9）刀盘在密封舱内搅拌渣土所需的扭矩：

$$T_9 = 2\pi (r_1^2 - r_2^2) l \tau \tag{4.26}$$

式中　r_1，r_2—— 刀盘支撑梁的内、外半径；

l—— 刀盘支撑梁的长度。

r_1，r_2 和 l 可参见图 4.24。驱动切削刀盘所需的总扭矩为

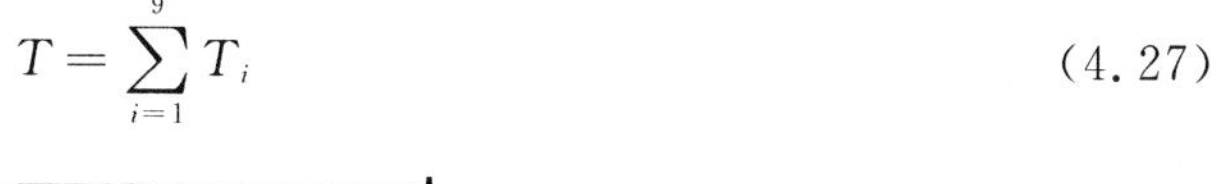

$$T = \sum_{i=1}^{9} T_i \tag{4.27}$$

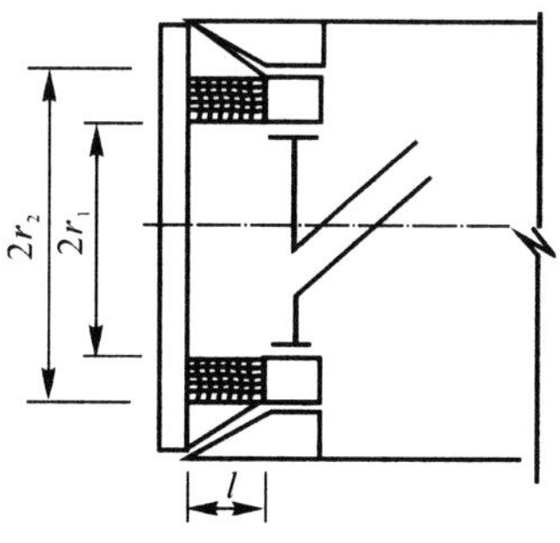

图 4.24　符号意义

2. 泥水加压式盾构

(1) 千斤顶总推力。泥水加压式盾构千斤顶总推力的计算方法与前述的相同，只是在计算刀盘正面侧向土压力时，要增加泥浆充填压力 $Q_3 = 0.001\ 5$ MPa，即

$$F_2 = \frac{\pi}{4} D^2 (P_d + Q_3) \tag{4.28}$$

以及根据具体情况，可能还要增加一项后方台车的牵引阻力 F_5：

$$F_5 = \mu_b W_b \tag{4.29}$$

式中 μ_b—— 滚动阻力系数，一般取 0.1；

W_b—— 后方台车的重量。

(2) 刀盘扭矩。泥水加压式盾构刀盘扭矩比土压平衡式盾构小，只需克服刀具切削土体的抵抗阻矩 T_1、刀盘正面推力所产生的抵抗旋转的扭矩 T_3、刀盘密封装置与衬砌之间的旋转摩擦阻力扭矩 T_4 以及刀盘旋转时所产生的摩擦阻力扭矩 T_5，T_6。

《日本隧道标准规范》根据大量工程实践的统计资料，推荐下列经验值为设计密封型盾构推力和扭矩的控制标准。

千斤顶总推力：

$$F = 1\ 000 \sim 1\ 300\ \text{kN/m}^2 \tag{4.30}$$

刀盘扭矩：

$$T = \alpha D^3 (\text{kN} \cdot \text{m}) \tag{4.31}$$

式中 α—— 刀盘扭矩系数，随盾构类型、土质条件而变，但其平均值的范围为土压平衡式盾构：$\alpha = 14 \sim 23$，泥水加压式盾构：$\alpha = 9 \sim 15$；

D—— 盾构直径，m。

4.3 盾构法施工

4.3.1 施工准备工作

采用盾构法施工，除了进行一般的施工准备工作外，还必须修建盾构始发井和到达井、拼装盾构、附属设备和后续车架，盾构地层加固等。

1. 修建盾构始发井和到达井

和矿山法施工不同，在盾构掘进前，必须先在地下开辟一个空间，以便在其中拼装（拆卸）盾构、附属设备和后续车架，以及出渣、运料等。同时，拼装好的盾构也是从此开始掘进，故在此空间内尚需设置临时支撑结构，为盾构的推进提供必要的反力。

开辟地下空间最常用的方法，就是在盾构决定的始、终点的线路中线上方，由地面向下开凿一座直达未来区间隧道底面以下的竖井，其底端即可用作盾构拼装室。当盾构正式掘进时，此竖井即用作出渣、进料和人员进出的孔道；运营时则可用作通风井。根据不同的地质条件，竖井可采用地下连续墙、沉井法、冻结法或普通矿山法修建。盾构始发井的平面形状多数为矩形的，平面净空尺寸要根据盾构直径、长度、需要同时拼装的盾构数目，以及运营时的功能而定，一般在盾构外侧留 0.75 ～ 0.80 m 的空间，容许一个拼装工人工作即可。

如果地铁车站采用明挖法施工，则区间隧道的盾构拼装室常设在车站两端，成为车站结构的一部分，并与车站结构一起施工，但这部分结构暂不封顶和覆土，留作盾构施工时的运输井。如图 4.25 所示为这种拼装室的布置图。若到达的盾构在此不拆卸，而是调头，则拆卸室的平面尺寸将根据盾构掉头的要求而定，如图 4.26 所示。

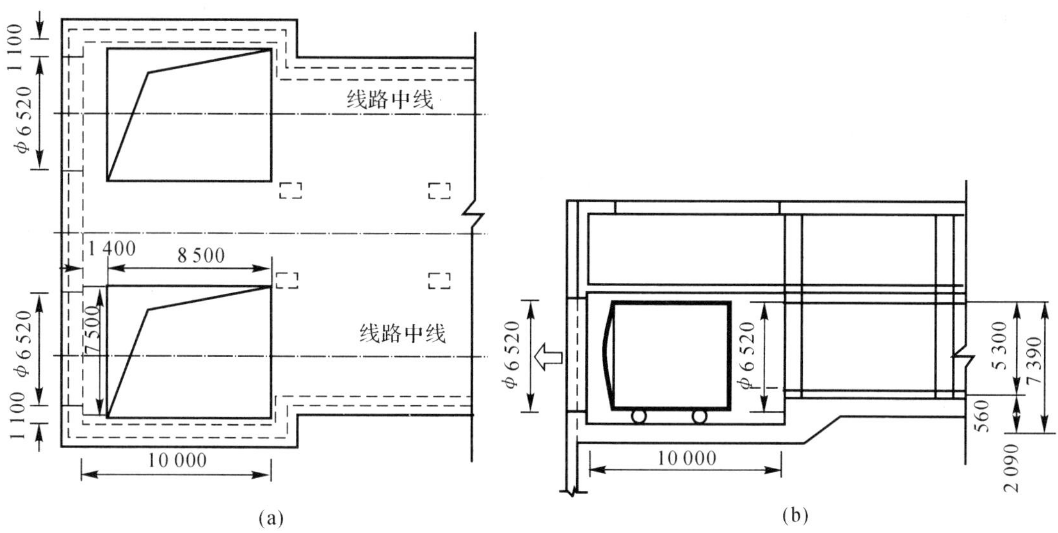

图 4.25　盾构始发井结构图(单位:mm)

(a) 盾构始发井平面；(b) 盾构始发井纵剖面

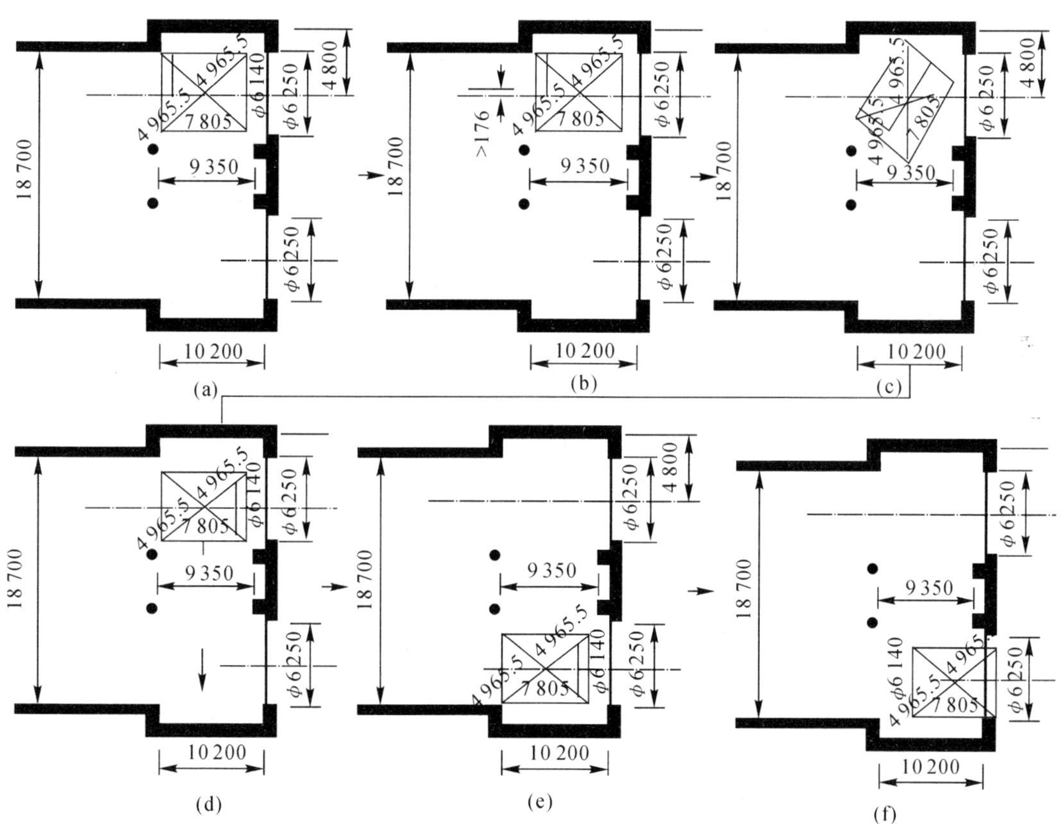

图 4.26　盾构调头井结构图

(a) 盾构到达；(b) 盾构平移 > 176 mm；(c) 盾构旋围 180°；

(d) 盾构向右平移；(e) 平移推出；(f) 重新推出盾构

在盾构拼装(拆卸)室的端墙上应预留出盾构通过的开口,又称为封门。这些封门最初起挡土和防止渗漏的作用,一旦盾构安装调试结束,盾构刀盘抵住端墙,要求封门能尽快拆除或打开。根据拼装室周围的地质条件,可以采用不同的封门制作方案。

(1) 浇钢筋混凝土封门。一般按盾构外径尺寸在井壁(或连续墙钢筋笼)上预留环形钢板,板厚 8 ~ 10 mm,宽度同井壁厚。环向钢板切断了连续墙或沉井壁的竖向受力钢筋,故封门周边要作构造处理。环向钢板内的井壁可按周边弹性固定的钢筋混凝土圆板进行内力分析和截面配筋设计,如图 4.27(a) 所示。这种封门制作和施工简单,结构安全。但拆除时要用大量人力铲凿,费工费时。如能将静态爆破技术引入封门拆除作业,可加快施工速度,降低劳动强度。

(2) 钢板桩封门。这种封门结构较适宜于用沉井修建的盾构工作井。在沉井制作时,按设计要求在井壁上预留圆形孔洞,沉井下沉前,在井壁外侧密排钢板桩,封闭预留的孔洞,以挡住侧向水、土压力。当沉井较深时,钢板桩可接长。盾构刀盘切入洞口靠近钢板桩时,用起重机将其连根拔起,如图 4.27(b) 所示。用过的钢板桩经修理后可以重复使用。钢板桩通常按简支梁计算。钢板桩封门受埋深、地层特性和环境要求等的影响较大。

(3) 预埋 H 型钢封门。将位于预留孔洞范围内的连续墙或沉井壁的竖向钢筋用塑料管套住,以免其与混凝土黏结,同时,在连续墙或沉井壁外侧预埋 H 型钢,封闭孔洞,抵抗侧向水、土压力。当盾构刀盘抵住墙壁时,凿除混凝土,切断钢筋,连根拔起 H 型钢,如图 4.27(c) 所示。

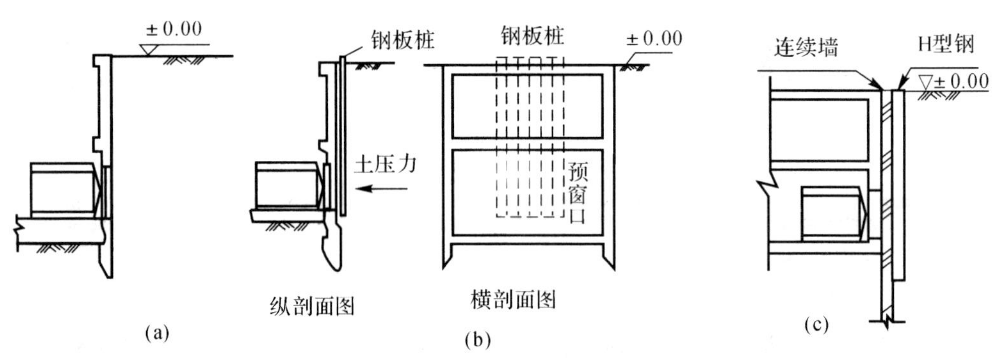

图 4.27 盾构井封门结构形式

2. 盾构拼装

在盾构拼装前,先在拼装室底部铺设 50 cm 厚的混凝土垫层,其表面与盾构外表面相适应,在垫层内埋设钢轨,轨顶伸出垫层约 5 cm,可作为盾构推进时的导向轨,并能防止盾构旋转。若拼装室将来要作他用,则垫层将凿除,费工费时。此时可改用由型钢板拼成的盾构支撑平台,其上亦需有导向和防止旋转的装置。

由于起重设备和运输条件的限制,通常盾构都拆成切口环、支撑环和盾尾三节运到工地,然后用起重机将其逐一放入井下的垫层或支撑平台上。切口环与支撑环用螺栓联成整体,并在螺栓连接面外圈加薄层电焊,以保持其密封性。盾尾与支撑环之间则采用对接焊连接。

在拼装好的盾构后面,尚需设置由型钢拼成的、刚度很大的反力支架和传力管片。根据推出盾构需要开动的千斤顶数目和总推力,进行反力支架的设计和传力管片的排列。一般来说,这种传力管片都不封闭成环，故两侧都要将其支撑住，如图 4.28 所示。

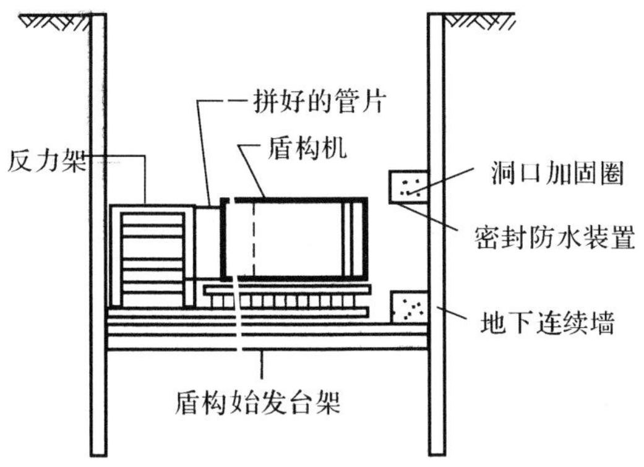

图 4.28　盾构始发工艺结构图

3. 洞口地层加固

当盾构工作井周围地层为自稳能力差、透水性强的松散沙土或饱和含水黏土时，若不对其进行加固处理，则在凿除封门后，必将会有大量的土体和地下水向工作井内坍塌，导致洞周大面积地表下沉，危及地下管线和附近建筑物。目前，常用的加固方法有注浆、旋喷、深层搅拌、井点降水和冻结法等，可根据土体种类（黏性土、砂性土、砂砾土和腐殖土）、渗透系数和标贯值、加固深度和范围、加固的主要目的（防水或提高强度）、工程规模和工期和环境要求等条件进行选择。加固后的土体应有一定的自立性、防水性和强度，一般以单轴无侧限抗压强度 $q_u = 0.3 \sim 1.0$ MPa 为宜，数值太高则刀盘切土困难，易引发机器故障。加固土体的范围和需要达到的强度，可参照下列方法计算确定。

（1）强度验算。将加固土体视为厚度为 t 的周边自由支撑的弹性圆板，如图 4.29 所示，在外侧水、土压力作用下，板中心处的最大弯曲应力按弹性力学原理求得，并可写出强度验算公式：

$$\sigma_{max} = \pm \beta \frac{Wr^2}{t^2} \leqslant \frac{\sigma_t}{K_1}$$
$$\beta = \frac{3}{8}(3 + \mu) \tag{4.32}$$

式中　r—— 工作井端墙开洞的半径，$r = \frac{D}{2}$；

t—— 加固土体的厚度；

σ_t—— 加固土体的极限抗拉强度，一般可取其极限抗压强度的 10%；

K_1—— 安全系数 一般取 $K_1 = 1.5$；

W—— 作用于开动中心处的侧向水土压力，对于砂性土，水压力和土压力分别计算，对于黏性土，水、土压力合并计算，土压力按静止土压力计算，计算参数按加固前的选用；

μ—— 加固后土体的泊松比，一般取 $\mu = 0.2$。

周边自由支撑的圆板，其支座处的最大剪力亦可按弹性力学原理求得，其抗剪强度的验算公式为

$$\tau_{max} = \frac{3Wr}{4t} \leqslant \frac{\tau_c}{K_2} \tag{4.33}$$

式中　τ_c—— 加固后土体的极限抗剪强度，根据经验，$\tau_c=\frac{q_u}{6}$；

K_2—— 抗剪安全系数，一般亦取 $K_2=1.5$。

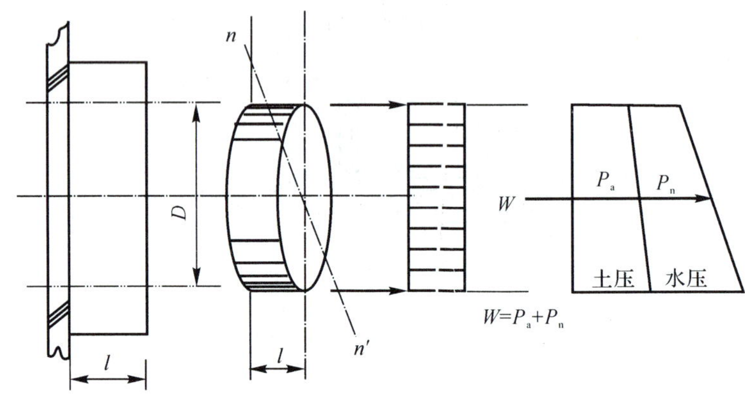

图 4.29　强度验算示意图

(2) 整体稳定计算。洞外加固土体在上部土体和地面堆载 P 等作用下，可能沿某滑动面向洞内整体滑动，假定滑动面是以端墙开洞外定点 O 为圆心，开洞直径 D 为半径的圆弧面，如图 4.30 所示，此时，引起下滑的力矩为

$$M=M_1+M_2+M_3 \tag{4.34}$$

式中　M_1—— 地面堆载 P 引起的下滑力矩，$M_1=\frac{PD^2}{2}$；

M_2—— 上部土体自重 $Q_上$ 引起的下滑力矩，$M_2=\frac{Q_上 D}{2}$；

M_3—— 滑移圆弧线内土体的下滑力矩，$M_3=\frac{r_t D^3}{3}$，此处的 r_t 为加固后土体的重度。

抵抗下滑的力矩为

$$\overline{M}=\overline{M_1}+\overline{M_2}+\overline{M_3} \tag{4.35}$$

式中　$\overline{M_1}$—— 滑移圆弧线 AB 段的抗滑力矩，$\overline{M_1}=C_u HD$；

$\overline{M_2}$—— 滑移圆弧线 BC 段的抗滑力矩：

$$\overline{M_2}=\int_0^{\frac{\pi}{2}-\theta} C_u D\mathrm{d}\theta \cdot D=C_u D^2\left(\frac{\pi}{2}-\theta\right) \tag{4.36}$$

$\overline{M_3}$—— 滑移圆弧线 CD 段的抗滑力矩

$$\overline{M_3}=\int_0^{\theta} C_{ut} D\mathrm{d}\theta \cdot D=C_{ut}\theta D^2 \tag{4.37}$$

式中　C_u—— 加固前土体的黏结力；

C_{ut}—— 加固后土体的黏结力；

H—— 上部土体的高度；

$\theta=\sin^{-1}\frac{t}{D}$。

抗滑移的安全系数为

$$K_2 = \frac{\overline{M}}{M} \geqslant 1.5 \tag{4.38}$$

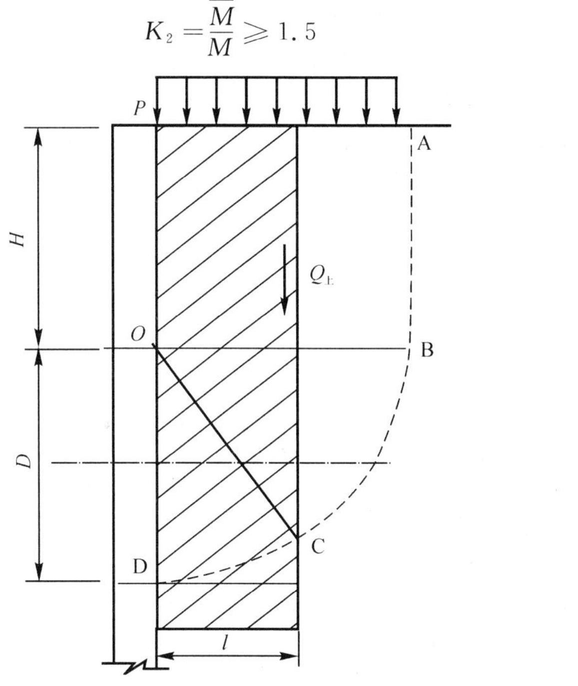

图 4.30　整体稳定验算示意图

由于影响加固土体强度的因素很多，加固土体的受力情况又十分复杂，上述的计算方法仅是一种简化处理，实践中尚需根据类似的工程经验予以核定。例如，有文献指出对于埋深、高水头、易于液化的砂型土，应取 $t=l+a$，此处，l 为盾构长度，a 为安全储备，通常取 $a=1$m 等。

根据理论分析和工程实践经验，孔洞口周围土体的最小加固宽度和高度见表 4.4。

表 4.4　土体加固最小尺寸表

直径 /m 范围 /m	$D<1.0$	$1.0<D<3.0$	$3.0<D<5.0$	$5.0<D<8.0$	简图
B	1.0	1.0	1.5	2.0	H_2, D, H_1; B, D, B
H_1	1.0	1.5	2.0	2.5	
H_2	1.0	1.0	1.0	1.0	

为了确保加固质量，必须对加固土体钻孔取样，以检查其强度、透水性，以及均匀性，钻孔数目视地层种类、加固方法以及施工技术水平而定，一般不小于 1 个 /m^2。必要时也可采用标准贯入度和静力触探等方式进行检测。

4.3.2　盾构掘进

盾构掘进中所产生的问题，因所采用的盾构类型而异，下面仅讨论密封型盾构掘进的问题。

1. 洞口密封装置和盾构出洞顺序

为了增加开挖面的稳定性，在盾构未进入加固土体前，就需要适当地向开挖面注水或注入泥浆，因此洞口要有妥善的密封止水装置，以防止开挖面泥浆流失。目前常用的密封止水装置如图 4.31 所示，其中图 4.31(a) 为滑板式结构，它是由橡胶密封板和防倒钢滑板组成，盾构通过密封装置前，将滑板滑下，盾构通过后，将滑板滑上去顶住管片，防止橡胶垫板倒退；图 4.31(b) 为铰接式结构，防倒钢板是铰链的，始终压在橡胶垫板上，盾构通过密封止水装置前后，无需人工调整。

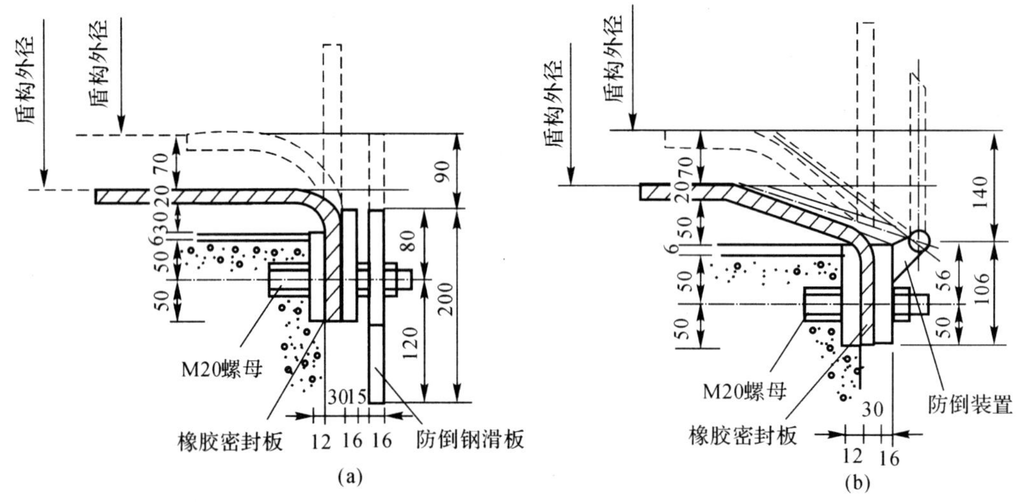

图 4.31　出洞口密封装置图

(a) 滑板式；(b) 铰接式

盾构拼装出洞的顺序，可由图 4.32 所示的流程图表示。

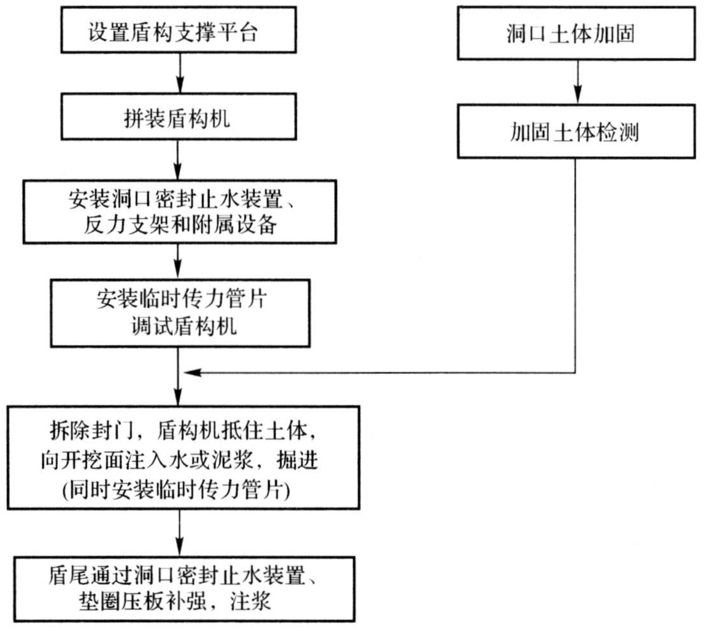

图 4.32　盾构拼装出洞顺序流程图

2. 盾构掘进施工管理

施工管理的目的就是使盾构在推进中对地层和地面影响最小，表现为地层的强度下降小，受到的扰动小，超孔隙水压力小，地面隆沉小以及衬砌脱开盾尾时的突然沉降小。盾构掘进的施工管理包括挖掘管理、线性管理、注浆管理、管片拼装管理等。详细内容见表 4.5。

表 4.5　盾构掘进施工管理构成

项　目	内　容	
挖掘管理	开挖面稳定 泥水加压式 土压平衡式 切削、排土 盾构机	开挖面泥水压力保持 开挖面土压力保持，密封舱内砂土性态 开挖土量、排土性态 总推力、推进速度、切削扭矩 千斤顶推力、搅拌扭矩
线形管理	盾构机 位置、形态	俯仰、旋转、偏移 铰接的相对转角，超挖量、蛇形量
注浆管理	注入状况 诸如材料	注入量，注入压力 稠度、离析性 胶凝时间、强度、配比
管片拼装管理	拼装 防水 位置	真圆度、凝螺栓的扭矩 漏水、管片缺损、接缝张开 蛇形量、垂直度

(1) 施工管理中的挖掘管理。对泥水加压式盾构来说，就是要通过开挖面管理(泥浆压力和泥浆质量)、切削土量管理、盾构机管理(推进速度、千斤顶总压力、切削扭矩和搅拌扭矩)使密封舱内的泥浆稳定在设定值。对土压平衡式盾构来说，则通过开挖面管理(刀盘和密封舱内的渣土压力)、添加剂注入管理、切削土量管理和盾构机管理，使开挖面土压稳定在设定值。目前，挖掘管理已经实施自动化控制，用智能化系统来频繁调整开挖速度以控制开挖面孔隙水压力，维持在天然地层孔隙水压力的上下(泥水盾构)，或维护天然地层不受扰动，优化选择密封舱渣土压力(土压盾构)，保证开挖面稳定。

(2) 施工管理中的线形管理。就是通过一套测量系统随时掌握正在掘进中的盾构的位置和姿态，并通过计算机将盾构的位置和姿态与隧道设计轴线相比较，找出偏差数值和原因，下达调整盾构姿态应启动的千斤顶的模式，从最佳角度位置移动盾构，使其蛇形前进的曲线与隧道轴线尽可能接近。

目前，盾构自动导向测量系统有以下三种类型：激光导向系统、陀螺仪加千斤顶冲程计数器导向系统、普通测量系统。这三种系统的功能比较见表 4.6。日本大部分的中、小断面盾构采用陀螺仪加千斤顶冲程计数器系统，德国盾构则以采用激光导向系统为主。

表 4.6 盾构使用的几种导向系统导向功能的比较表

项目	SLS－T激光导向系统	陀螺仪加千斤顶冲程计数器	人工测量导向	备注
能实现的导向功能	显示盾构机的行进曲线（相对DTA）；实时显示盾构机的位置坐标和相对偏差；实时显示盾构机的俯仰和旋转姿态；可实现远程控制	可由陀螺仪得出方位和相对简单的行进曲线；可由设置在盾构机上的千斤顶冲程计数器等测出俯仰和旋转姿态，但不能实时显示	在盾构掘进过程中没有导向的功能	SLS－T激光导向系统可以方便地升级，从技术上可以实现所有的自动导向功能，但价格昂贵
测量复核频率的要求	一般直线地段100m，曲线地段视曲线半径而定	一般每天复核一次	每环	
需要的人员及工作量	除了控制测量和复核测量需专业测量人员外，施工过程中的导向测量只需1名工程师，工作量小	很多工作需要多个专业的测量人员完成，而其内外作业的工作量较大	几乎所遇的导向数据均需专业测量人员提供，工作量极大	
施工控制	施工控制方便，精度高	施工控制不方便	施工控制很不方便，精度难以掌握，需要非常有经验的操作人员	
其他方面的应用	结合导向功能，实现在管片的拼装和管片环测量方面的应用			

(3) 施工管理中的注浆管理。盾构施工中的注浆作业根据注入时间，大致可分为三种方式：

1) 同步注浆，即一边推进盾构，一边注浆。同步注浆一般是通过盾尾注浆装置（见图4.33）来进行，它是在盾尾的外表面设置了若干块凸版，每一凸板内装置一根注浆管，一根备用或冲洗管，一根盾尾密封刷油脂注入管。在岩层或卵砾石层中，盾尾注浆装置则应设在盾尾内部，以防盾构推进中将其损坏。

2) 即时注浆，即在盾构推进终了后，通过管片上的注浆孔，迅速对口径脱离盾尾的管片环背后间隙注浆。这种注浆方式设备简单、操作方便、但防止地层移动的效果不如同步注浆。

3) 后方注浆，即在盾构后方一定距离处，从管片上的注浆孔向衬砌背后注浆，在时间上与盾构掘进无直接联系。

盾构施工管理中的注浆管理即时通过对浆液、注浆方式、注浆压力和注浆量的优化选择，达到能即时填满衬砌和周围地层之间的环形间隙，防止地层移动，增加行车的稳定性，提高结构的抗震性。

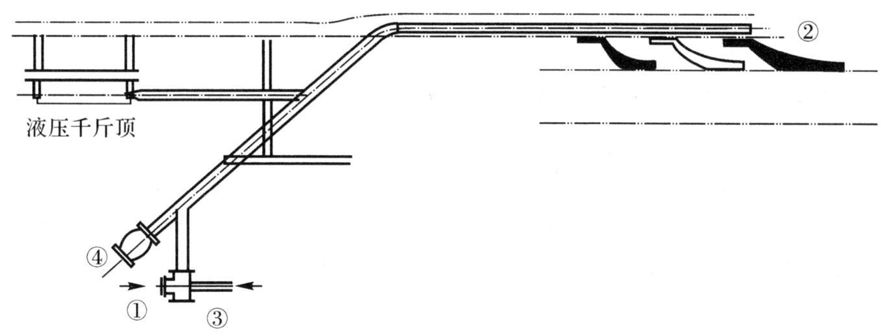

图 4.33　盾尾注浆装置图

对浆液的要求：应具有充分填满间隙的流动性，注入后必须在规定时间内硬化，必须具有超过周围地层的静强度，保证衬砌与周围地层的共同作用，减少地层移动；具有一定的动强度，以满足抗震要求，产生的体积收缩小，受到地下水稀释不引起材料的离析等。浆体材料的使用因围岩条件而异。表 4.7 给出了其中浆体的配比。

表 4.7　同步注浆材料配比表　　（单位：kg）

材料 \ 适用地层	粉质黏土 黏土	粉质黏土	粉质黏土	砂、砾石层	砾石层	火山灰层	
						A 液	B 液
水泥	200	163		200	320		210
砂	200	1 118	1 132	680	560		
黏土	200						膨润土 25
水泥、粉煤灰			440				
水	375	352	420	536	400	400	422
发泡剂	1.25l				1.5l		
缓凝剂				1.3l			
锯末					15		
水玻璃						400l	

采用同步注浆时，要求在注入口的注浆压力大于该点的静水压力和土压力之和，做到尽量填充而不是劈裂。注浆压力过大，对地层扰动大，将会造成较大的地层后期沉降和隧道本身沉降，还易跑浆。注浆压力过小，则浆液填充速度慢，填充不充分。一般来说，注浆压力可取 1.1 ～ 1.2 倍的静止土压力。通过管片上注浆孔的注浆压力一般为 0.1 ～ 0.3 MPa，以能填满空隙为原则。

理论上每环衬砌背后的注浆量为

$$V = \frac{\pi}{4}(D_1^2 - D_2^2) \cdot l \tag{4.39}$$

式中　l—— 衬砌环的宽度；

D_1—— 盾构外径；

D_2—— 管片外径。

考虑到盾构推进过程中纠偏、跑浆和浆体的收缩等因素，实际注浆量一般为理论值的120％～180％。

必须注意的是，为了防止地层中泥水和注浆的浆液从盾尾间隙中漏入盾构，同步注浆和即时注浆时盾构密封装置必须完好。目前，盾尾密封装置都是由2～3道弹簧钢丝刷组成。盾构起步时密封装置必须涂足密封油膏，推进中还应按要求压注油膏，以提高密封效果，减少密封刷与衬砌外表面的摩擦，延长密封刷寿命。

(4) 施工管理中的管片拼装管理。它是要严格控制管片拼装的垂直度、真圆度、拧紧螺栓的扭矩、曲线地段和修正蛇形时楔形管片或垫块的拼装位置等，防止接缝张开漏水。

刚拼好的管片环在自重和土压力作用下都将产生变形，因此，在盾构中可考虑设置真圆保持器用以支撑刚拼好的管片环，同时采用同步注浆及时固定管片环的形状和位置。

4.3.3 盾构法施工地面沉降机理、预测和防治

工程实践表明，盾构施工多少都会扰动地层引起地面沉降，即使采用目前先进的盾构技术，要完全消除地面沉降也是不太可能的。地面沉降量达到某种程度就会危及周围的地下管线和建筑物。因此，必须研究盾构施工时引起的地层移动造成地面沉降的机理，要清楚地掌握沿线的地下管线和建筑物的构造、形式等，对地面沉降量和影响范围进行预测，在设计和施工中通过现场反馈资料，采取相应的防治对策和措施。

一、地面沉降机理和预测

地面沉降的主要内容包括盾构掘进时所引起的地层损失和隧道周围地层受到扰动和剪切破坏的再固结。地层损失引起的地面沉降，大都在施工期间呈现出来。而再固结引起的地面沉降，在砂型土中呈现较快，但在黏性土中则要延续较长时间。

地层损失是指在盾构施工中实际开挖的土体体积与竣工隧道体积之差。竣工隧道体积包括衬砌外围包裹的注入浆体体积。地层损失率以占理论排土体积的百分比表示，即

$$V_1 = \frac{V_L}{V} \times 100\% \tag{4.40}$$

式中 V_L—— 盾构隧道单位长度的地层损失量，m^3/m，取决于地层条件、隧道埋深、施工技术水平、盾构类型等诸多因素，目前尚难给出确定的解析式，根据统计，在采用适当技术和良好操作的条件下，$V_L = (-1.1\% \sim 11.0\%)V$，对于黏性土尚可根据其稳定系数 N 进行估算：

$$V_L = 2VC_u \frac{1+\mu}{E_u} \exp(N-1) \tag{4.41}$$

式中 V—— 盾构隧道单位长度的理论体积；

C_u—— 黏土的不排水抗剪强度；

E_u—— 黏土的弹性模量；

μ—— 黏土的泊松比。

周围土体为弥补地层损失，就要向隧道移动，因而引起地面沉降。引起地层损失的施工及其他因素是开挖面土体移动，当盾构掘进时，若开挖面受到的支护力小于地层的原始应力，则开挖面土体向盾构内移动，引起地层损失和地面沉降。反之，当支护力大于原始应力时，则开

挖面土体向上、向前移动，引起负地层损失和地面隆起；当盾构暂停推进时，千斤顶可能漏油回缩引起盾构后退，而使开挖面坍塌，引起地层损失；盾尾后面的建筑间隙未能及时、有效地进行充填，从而使周围土体挤入建筑间隙，引起地层损失（在含水的不稳定地层中，这往往是引起地层损失的主要因素）；盾构在曲线推进和修正蛇形时的超挖和扰动所引起的地层损失，在土压力作用下，隧道变形或沉降也会引起地层损失；施工中盾构操作失误，而引起开挖面坍塌，或前方地质条件骤变，而使开挖面土体急剧流动或崩塌而造成不正常的地层损失等。

隧道周围地层受到盾构掘进的扰动后，便在隧道周围形成超孔隙水压力（正值或负值）区，随着盾构的推出，土体表面应力释放，超孔隙水压力逐渐消失，引起地层固结变形而带来地面沉降。超孔隙水压力消失后，土体骨架还会因流变而引起次固结变形（沉降），在孔隙比和灵敏度较大的软塑和流塑性黏土中，次固结沉降往往要延续几年以上，所占总沉降量比例达35％以上。地面沉降量及影响范围的预测方法有经验公式法、有限方法、有限差分法（FLAC）等方法，这里介绍经验公式法中的派克公式和一系列修正的派克公式。其中派克横向地面沉降分布公式为

$$S(x)=S_{\max}\exp\left(-\frac{x^2}{2i^2}\right) \tag{4.42}$$

式中　S_x—— 距离隧道中心轴线为 x 处地表沉降值，m；

$S_{\max}$—— 隧道中心线处（即 $x=0$）地表最大沉降值 m；

x—— 距隧道中线的距离，m；

i—— 沉降槽宽度系数，即沉陷曲线反弯点的横坐标，m，并假定横向沉陷曲线为正态分布曲线。

在利用式(4.42)确定 x 点的地面沉降值时候，必须知道 $S_{\max}$ 和 i 两个参数。当横向沉陷曲线为正态分布曲线时，$S_{\max}$ 和沉降槽体积 $V_{(s)}$ 有下列关系：

$$S_{\max}=\frac{V_{(s)}}{\sqrt{2\pi}\,i}\approx\frac{V_{(s)}}{2.5i} \tag{4.43}$$

根据 Cording 和 Handmire(1970) 对紧密砂层做的统计分析，可以认为横向沉降槽体积等于地层损失，即 $V_{(s)}=V_L=V_lV$。

横向沉降槽宽度系数 i 取决于接近地表的地层的强度、隧道埋深和隧道半径。根据在均匀介质中的试验，可以从几何关系中近似地得出：

$$i=K\left(\frac{Z}{2R}\right)^n \tag{4.44}$$

式中　Z—— 隧道开挖面中心至地面的距离；

R—— 盾构外半径；

K,n—— 试验系数，$K=0.63\sim0.82$，$n=0.36\sim0.97$。

Oreilly 和 New(1982) 根据英国盾构隧道的现场实测数据进行多元线性回归分析，发现沉降槽宽度系数 i 和隧道外半径无关，他们给出的关系式为

$$\left.\begin{aligned}&\text{黏性土：}i=0.43Z+1.1\\&\text{非黏性土：}i=0.38Z-0.1\end{aligned}\right\} \tag{4.45}$$

派克纵向沉降分布（根据上海软土隧道情况修正）公式为

$$S(y)=\frac{V_{l_1}}{\sqrt{2\pi}\,i}\left[\Phi\left(\frac{y-y_i}{i}\right)-\Phi\left(\frac{y-y_l}{i}\right)\right]+\frac{V_{l_{21}}}{\sqrt{2\pi}\,i}\left[\Phi\left(\frac{y-y'_i}{i}\right)-\Phi\left(\frac{y-y'_l}{i}\right)\right] \tag{4.46}$$

式中　$S(y)$—— 地面沉降量，m；

y—— 沉降点至坐标原点的距离，m；

y_i—— 盾构推进起点处盾构开挖面至坐标原点的距离，m；

y_l—— 盾构开挖面至坐标距离，m，$y'_i = y_i - l$，$y'_l = y_l - l$；

l—— 盾构长度；

Φ—— 正态分布函数。

式(4.42) ~ 式(4.46) 的几何意义，如图 4.34 所示。

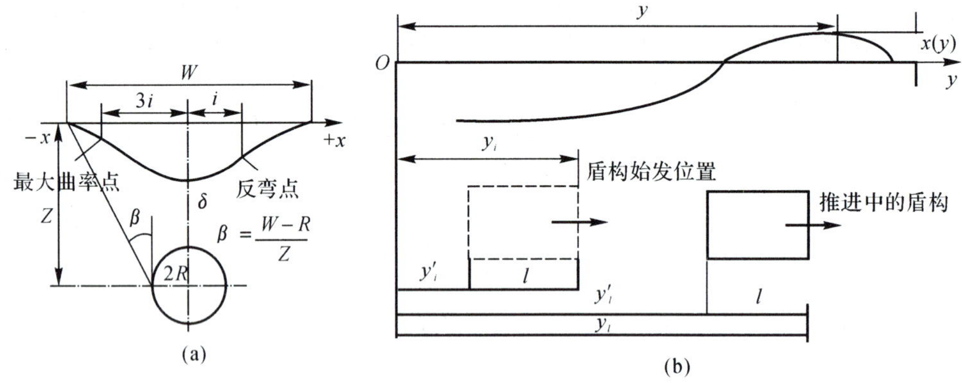

图 4.34　地面沉降及范围预测图

(a) 横向分布；(b) 纵向分布

周文波(1993) 在潘杰梁(1989) 工作的基础上根据 120 余座已竣工的实测数据，用统计方法整理出横向最大沉降量的估算公式：

$$\left.\begin{aligned} &\text{在砂砾土中：} S_{\max} = 140.6242\left(\frac{Z}{2R}\right)^{-2.2574} \\ &\text{在砂性土中：} S_{\max} = 1.032\exp\left(\frac{7.8655^{*}}{Z/2R}\right) \\ &\text{在黏性土中：} S_{\max} = 29.0806 - \frac{12.173}{\ln\left(\frac{Z}{2R}\right)} + 7.4223(OFS)^{1.1556} \end{aligned}\right\} \tag{4.47}$$

沉降影响范围估算式为

$$W = 1.5RK\left(\frac{Z}{2R}\right)^{n} \tag{4.48}$$

式中　Z—— 地面至开挖面中心距离，m；

R—— 隧道半外径，m；

OFS—— 简单超载系数；

K，n—— 系数，见表 4.8。

(2) 施工阶段的地面沉降大致发生在 5 个阶段：盾构到达前、盾构到达时、盾构通过后、管片脱出盾尾时及长期变形。关于各个阶段地面沉降的预测，一般可结合前一施工阶段地面沉降的实测资料，进行反馈推求。

表 4.8　系数 K,n 值

盾构类型＼土质	砂砾土		砂性土		黏性土	
	K	n	K	n	K	n
气压式盾构	0.90	0.55	0.60	1.15	1.25	0.65
土压平衡式盾构	0.95	0.60	0.65	1.20	1.30	0.70
泥水加压式盾构	1.00	0.65	0.70	1.25	1.35	0.75

二、地面沉降的防治措施

做好盾构掘进的施工管理，即对盾构施工参数优化是防治地面沉降的基本措施。具体来说就是：

(1) 保持开挖面的稳定性。开挖面的稳定性可用稳定系数 N 来定量描述，N 值定义为

$$N = \frac{\gamma H - P}{C_u} n \tag{4.49}$$

式中　H—— 地面至开挖面中心的距离，m；

γ—— 地层重度，kg/m^3；

P—— 开挖面支护压力，kg/m^2；

C_u—— 地层的不排水抗剪强度，kg/m^2；

$n = 0.7 \sim 0.8$。

当 $N = 1 \sim 2$ 时，地层损失率可控制在 1% 以下；当 $N = 2 \sim 4$ 时，地层损失率可控制在 0.5% ～ 11.0%；当 $N = 4 \sim 6$ 时，地层损失率较大。

(2) 及时、有效、足量地充填衬砌背后的建筑间隙，必要时还可通过在管片上的注浆孔进行二次加固注浆，以充填第一次注浆收缩后留下的空隙。浆液材料要严格控制其稠度、含水率和浆液中的黏粒含量，要根据盾构注入和拌浆设备的具体条件，优选浆液的材料和配比。同时要严格控制注浆压力，防止开裂、渗水影响到管片衬砌环的正常使用。

(3)严格控制盾构施工中的偏差量，盾构施工偏差增大，不但影响地下铁道线路、限界等使用要求，还会过多扰动地层而导致地面沉降量的增加。

思　考　题

1. 常见的盾构类型有哪些？在盾构选型时应考虑哪些因素？
2. 盾构法施工时，需要做哪些施工准备工作？
3. 简述盾构法施工引起的地面沉降的机理及其防治措施。

第5章 隧道掘进机施工技术

本章主要介绍隧道掘进机的基本原理与构造、采用掘进机法的基本条件、掘进机法的支护技术、施工组织和辅助工法等内容。

5.1 隧道掘进机法基本原理及其分类和优缺点

5.1.1 基本原理

隧道掘进机法是指利用隧道掘进机(Tunnel Boring Machine,简称 TBM)在岩石地层中进行隧道开挖的方法。它是岩石地层中暗挖隧道的一种常见的施工方法。该方法利用掘进机上的回转刀盘和推进装置的推进力使刀盘上的滚刀切割(或破碎)岩面,以达到破岩开挖隧道(洞)的目的。

按岩石的破碎方式,其大致分为挤压破碎式与切削破碎式两种。前者是将较大的推力给刀具,通过刀具的楔子作用将岩石挤压破碎;后者是利用旋转扭矩在刀具的切线及垂直方向上切削破碎岩石。如果按刀具切削头的旋转方式,可将其分为单轴旋转式与多轴旋转式两种。作为构造来讲,掘进机是由切削破碎装置、行走推进装置、出渣运输装置、驱动装置、机器方位调整机构、机架和机尾,以及液压、电气、润滑和除尘系统等组成的。

5.1.2 隧道掘进机分类

隧道掘进机法与钻爆法不同,它不使用火药,而是利用掘进机在开挖面上连续切削或将岩石先行破碎后再掘进。它的特点是全断面机械破碎、联合作业和连续掘进。与常规施工方法相比,掘进速度快、洞壁光滑平整、超挖量小、操作安全,可以大大地降低工人的劳动强度和改善作业条件。隧道掘进机是目前隧道开挖施工中一种较为理想的专用机械设备。

由于当前隧道的用途和施工方法种类很多,机器构造形式多种多样,现场条件又各不相同,对应于这些不同条件下的隧道掘进机的施工工法均有各自的特色,因此,对隧道掘进机进行分类是困难的。最常用的分类方法是根据使用目的、工程地点、开挖对象、围岩和施工方法等对隧道掘进机进行分类。

一、按切削方式分类

当前世界上使用的隧道掘进机,可大致分为全断面切削方式和部分断面切削方式两类。部分断面切削方式是挖掘煤炭用的机械在隧道掘进施工中的应用,全断面切削方式掘进机开挖的断面一般是圆形的。

二、按开挖地层分类

(1)土质隧道掘进机。目前通用的土质隧道掘进机有以下几种:

1)根据开挖面上的挖掘方式,可以分为人工挖掘(手掘)式、半机械挖掘式和机械挖掘式。

2)根据切削面上的挡土方式,可以分为开放型和封闭型(土体能自稳时采用开放型,土体松软而不能自稳时则用封闭型)。

3)根据向开挖面施加压力的方式,可分为气压式、泥水压力式、削土加压式和加泥式。

(2)岩石隧道掘进机。掘进机的构造形式多种多样,从世界范围内使用的掘进机来看,它是制造商根据生产的掘进机在各自范围自行分类。如罗宾斯将隧道掘进机分为三大类:

1)桁架式掘进机,该类掘进机常用于软岩开挖。

2)撑板式掘进机,用于不易塌落或密实的岩石。

3)盾构式掘进机,能用于混合型地层(部分硬的黏土或坚实的沙土中)。

5.1.3　隧道掘进机法的优缺点

1. 隧道掘进机法的优点

(1)掘进效率高。在开挖时,可以实现连续作业,从而可以保证破岩、出渣和支护一条龙作业。特别是在稳定的围岩中长距离施工时,此特征尤其明显。与此对比,在钻爆法施工中,钻眼、放炮、通风和出渣等作业是间断性的,因而开挖速度慢、效率低。掘进效率高是掘进机发展快的主要原因。

(2)掘进机开挖施工质量好,且超挖量少。掘进机开挖的隧道(洞)内壁光滑,不存在凹凸现象,从而可以减少支护工程量,降低工程费用。而钻爆法开挖的隧道内壁粗糙不平,且超挖量大、衬砌厚、支护费用高。

(3)对岩石的扰动小。掘进机开挖施工可以大大改善开挖面的施工条件,而且周围岩层稳定性较好,从而保证了施工人员的健康和安全。

(4)施工安全。近期的隧道掘进机可在防护棚内进行刀具的更换,密闭式操纵室和高性能的集尘机的使用,使安全性和作业环境有了较大的改善。

2. 隧道掘进机法的缺点

(1)掘进机对多变的地质条件(断层、破碎带、挤压带、涌水及坚硬岩石等)的适应性较差。但近年来随着技术的进步,采用了盾构外壳保护型的掘进机,施工既可以在松软和多变的地层中掘进,又能在中硬岩层中开挖施工。

(2)掘进机的经济性问题。由于掘进机结构复杂,对材料、零部件的耐久性要求高,因而制造的价格较高。在施工之前就需要花大量资金购买部件和制造机器,因此工程建设投资高,难用于短隧道。

(3)施工途中不能改变开挖直径。如用同一种机型开挖不同直径的断面,在硬岩的情况下更换附属部件,在数十厘米范围内,还是可能的。

(4)开挖断面的大小、形状改变难,在应用上受到一定的制约。

5.2　隧道掘进机的基本构成和性能

5.2.1　隧道掘进机工法的基本构成

隧道掘进机工法的基本构成要素大体上可分为开挖部、反力支撑靴部、推进部和排土部等几部分。

一、开挖部

1. 开挖机制

开挖岩层所使用的掘进机刀具，不是用于开挖松软土层的锯齿形刀具，而是所谓的滚刀（回转式刀具）。该滚刀以一定的间距安设在刀盘上，在掘进时，滚刀向岩层挤压，把岩层压碎，进行开挖。

具体来说，施工时用刀具的刀刃接触部，把岩层破碎成粉末，并从该区域龟裂向岩层深处传播，沿着在刀头间产生的裂隙，形成岩片而剥离。上述龟裂发生处模式视围岩的岩类、岩性而异。为进行有效开挖，使刀头极力剥离出较大的岩片，刀头承受的载荷、安装间距等机械要素是实现高效率开挖的重要参数（见图 5.1）。

2. 滚刀

滚刀是由回转的刀体和装备有刀具的刀头环构成（见图 5.2）。刀头环具有能够更换的结构。最新的刀头环采用了算盘状的刀圈，材质也改为镍铬钼合金钢系列。

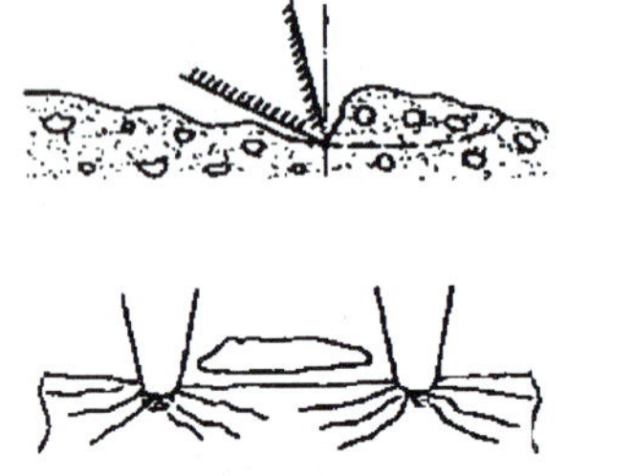

图 5.1　刀头开挖岩石的作用机理

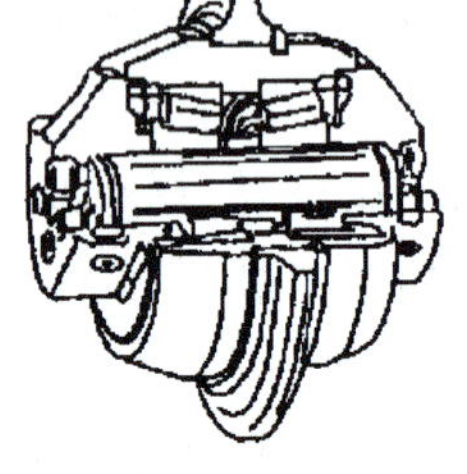

图 5.2　滚刀的结构

掘进机的掘进性能，与刀具的性能密切相关。在高速施工的要求下，开发长寿命、大型化的刀具极为必要。一般小口径掘进机使用 $\phi290 \sim \phi350$mm 的刀具，中大口径、超大口径分别使用 $\phi394 \sim \phi432$mm 和 $\phi483 \sim \phi559$mm 的刀具。

3. 刀盘构造

掘进机与在软土中掘进的盾构不同，是以围岩的自稳为前提的。因此掘进机的设计相对来说是比较自由的，可以有各种各样的构造，但其最主要的是刀盘和支撑靴。

（1）球面刀盘和平面刀盘。在刀盘的前面以一定的间隔配置滚刀。滚刀一般有中心滚刀、正滚刀（开挖面滚刀）和边滚刀之分。滚刀的配置间隔决定于滚刀的负荷容量、岩石强度和日掘进进度要求等。在外周部分，为防止滚刀的刀体从刀头上飞出，设置一定的角度，并使刀头的切削断面形状呈圆弧形。

为了不在边缘处安设特殊的边滚刀，可采用平面滚刀。目前发展趋势是重视滚刀的互换性，因而球面刀盘采用的较多。另外，中心滚刀在各种情况下都是设置在有限的空间内，因此正滚刀多采用形状各异的滚刀（见图 5.3）。

（2）周边支持型和中央主轴型刀盘。周边支持型刀盘是由圆筒状的筒体和主机架构成的，它采用大口径轴承。其后背部设有开口很大的周边支持结构。开挖石渣由设在刀盘前面和外周面的缝隙处理。在施工时，通过把主机架作为料斗提升，将石渣送到排土装置中。该种刀盘与在松软围岩中使用的盾构掘进机的刀盘是一样的，它在崩塌性的地质条件下是很有效的。滚刀的突出量可以设置的比较小，同时也允许在机内进行更换。

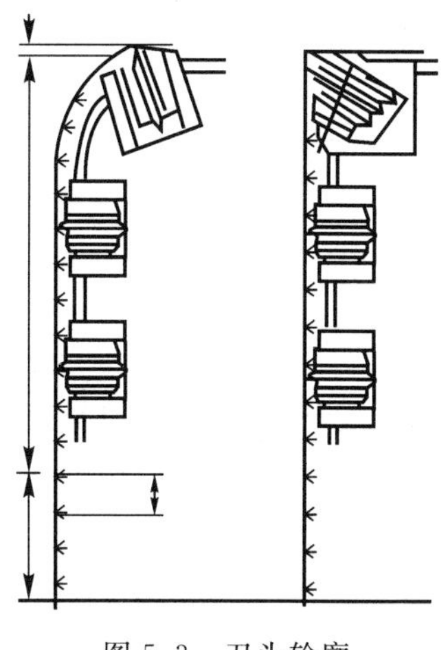

图 5.3　刀头轮廓

中央主轴型刀盘是一个圆板构造体，在其中心处设主轴，用小口径的轴承来支持。滚刀配置在圆板上。出渣是利用设在刀盘外周部的刮板从下部收集，而后用外周部的料斗由上部送到排土装置中。滚刀安设在圆板的前面，不受主轴等的限制，其设置方式比较自由。

该种构造在敞开式掘进机中采用的较多，但出渣口受到限制，故视地质情况，有时不能有效的排土。

二、反力支撑靴部

支撑靴的作用是提供掘进机推进时所需的反力(推进力、刀盘转矩)。为提供充分的反力和不损伤隧道壁面，应该加大其接触面积，以减小接地压力。通常接地压力取为 3.0～5.0 MPa。如把上述支撑靴称为主支撑靴，则还有所谓的以控制振动、控制方向等为目的的各种支撑靴。

1. 盾构型掘进机支撑靴

在盾构型掘进机中，设有提供推进反力的主支撑靴(尾部)和掌子面支撑靴(前部)。主支撑靴一般是水平的在左、右设置一对，但对大口径的掘进机，有时在周边上要设置 4～5 个支撑靴，如图 5.4 所示。

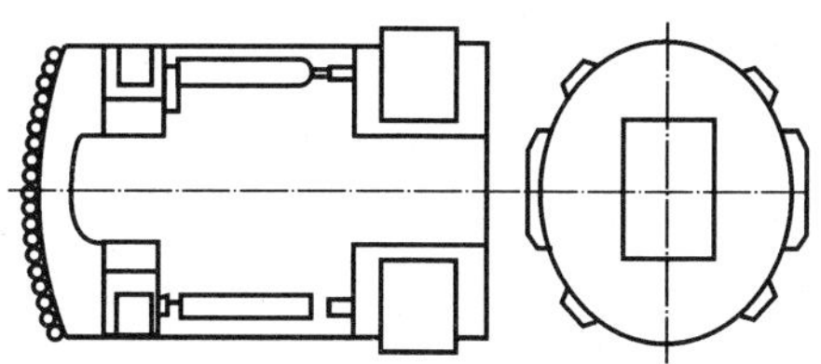

图 5.4　盾构型掘进机支撑靴

2. 敞开式掘进机支撑靴

敞开式掘进机支撑靴有单支撑靴方式和双支撑靴方式两种。单支撑靴方式是在主梁上左、右设一对支撑靴。支撑靴对应推进时主梁的方位变化。

双支撑靴方式是前、后各有一对支撑靴，前面的支撑靴有 4 个 X 形、2 个 I 形、3 个 T 形的布置形式。

不管哪种支撑靴，方向修正应在设置支撑靴前进行。但单支撑靴方式在开挖过程中也能改变方向。而双支撑靴方式在开挖进程中不能改变方向，受地质变化的影响小，直进性能好，如图 5.5 所示。

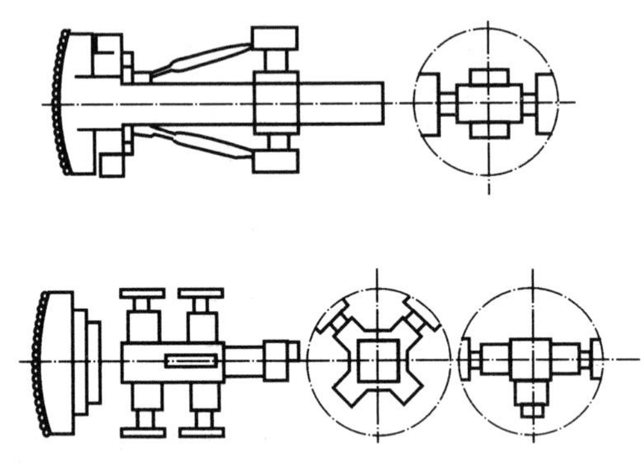

图 5.5　敞开式掘进机支撑靴

常用的各类支撑靴的构造特点介绍如下：

(1)单支撑靴敞开式掘进机方式。掘进机的刀盘是周边支持型的，驱动马达设在刀盘的后面。为减小伸缩千斤顶时对支撑靴产生的弯矩，可把主梁和支撑靴座相连接。皮带运输机设置在通过刀盘中央的主梁上面或下面。

此类机型的特征是采用球面刀盘，适用的地质条件范围大；在掘进前、掘进中都可以控制方向；重心在机械前部，上、下方向的控制易受地质条件的影响。

(2)双支撑靴梁型掘进机方式。此种类型掘进机的刀盘通常是平面型的，但也有环面型的。多把驱动装置设在最后端，用主梁内的驱动装置驱动，千斤顶与支撑靴的主梁连接，皮带运输机设置在主梁上部。

此类机型的特征是支撑靴把机体牢固地固定在壁面上，方向控制性能好；重量平衡好，上、下方向控制容易；方向控制只能在掘进前进行；因刀盘是板型的，不适合于黏性土的开挖。

代表性的掘进机有支撑靴 X 形布置的掘进机和支撑靴 T 形布置的掘进机。

(3)盾构型掘进机。开放型盾构型掘进机的刀盘都是筒形的，分前、后筒体间可伸缩的两筒式结构和前、中筒间及中、后筒间用可活动铰结合的筒式结构两种。在前筒设掌子面支撑靴。开挖反力分为两种：把刀盘的回转转矩传达到主支撑靴的方式和液压传递方式。

此类机型的特征是采用球面刀盘，因采用盾壳保护，其地质适应范围很广；在开挖过程中可控制方向；因有盾壳，掘进机在隧道内的后退受到限制；千斤顶要具备两倍以上的推力；因使用管片，可改变为密闭型。

(4)斜井用掘进机。在水工隧洞中常常需掘进斜井，其斜度通常为 30°～50°。斜井使用的掘进机基本上与在水平坑道中使用的掘进机一样，仅仅是在后续设备上要下些工夫。两者之间的最大区别是，防止后退的方法和石渣的排出方法。

防止后退的方法，在敞开式掘进机中，要在掘进机的后方设置与掘进机支撑靴连动的能够锚引的支撑靴装置。在盾构型掘进机中，使用管片或支撑来防止滑落。石渣的排出通常采用自然流下的方法。

(5)导坑和扩挖型掘进机。开挖大口径隧道的方法，首先是用导坑掘进机开挖小断面的导坑，以此为前导，用扩挖型掘进机扩挖隧道。此种方式与全断面掘进时相比，刀盘的外周部和内周部的周速差小。该类掘进机多采用两机为双支撑靴方式的梁型掘进机。

此类机型的特征是扩挖时，因可借助先行导坑判明地质情况，所以可对不良地质情况先行加以处理；刀盘的后方空间大，支护作业容易；工期和施工成本与全断面方式相比处于劣势。

三、推进部

掘进机的推进部主要使用推进千斤顶，推进按下述动作循环进行，如图5.6所示。

(1)扩张支撑靴，固定机体在隧道壁上；

(2)回转刀盘，开动千斤顶前进；

(3)推进一个行程后，缩回支撑靴，把支撑靴移置到前方，返回(1)的状态。

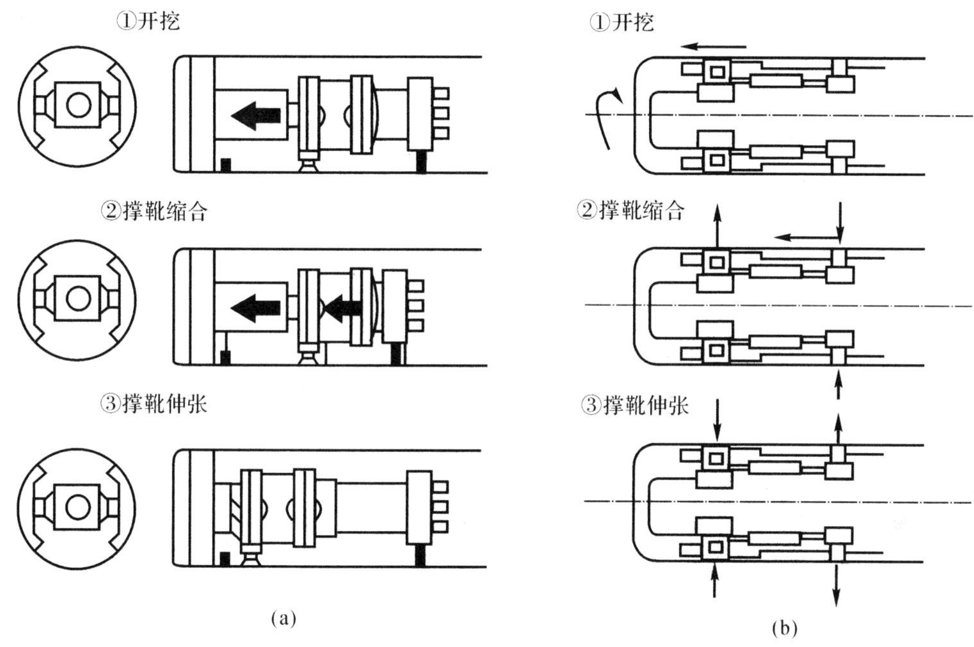

图5.6　掘进机的开挖循环

(a)敞开式掘进机；(b)盾构式掘进机

四、排土部

掘进机的排土设备一般有皮带运输机、喷射泵、螺旋式输送机和泥土加压方式液体输送等，分别介绍如下：

(1)皮带运输机。在所有的梁型掘进机和敞开式盾构掘进机中使用，该方式运量大，可实现高速化，但有涌水时排土困难。

(2)喷射泵。适用于敞开式盾构掘进机，喷射泵将土渣输出后，由液体继续进行输送。因为在该方式中，喷射泵是开路的，所以掌子面可以开放。同时，有涌水时，该方法也极为有效。但排土效率低，只用于小口径的掘进机中。

(3)螺旋式输送机。用于密闭式盾构掘进机，也可以在土压式掘进机中使用。使用该方法时，掌子面自稳性高，在无涌水时，掌子面可开放。

(4)泥土加压方式液体输送。适用于密闭式盾构掘进机中，该法对掌子面的稳定效果很好。

5.2.2 掘进机的掘进速度

滚刀掘进速度计算公式有多种，但一般的计算公式为

$$R = Pn \tag{5.1}$$

式中 R—— 掘进速度，cm/min；

P—— 切入深度，cm/r；

n—— 滚刀回转数，r/min。

一次切入深度 P 与岩石强度（单轴抗压强度 σ）、刀头间隔（S）、刀头载荷（W）有关，计算式为

$$P = \frac{1}{\sigma} \cdot \frac{W}{S} \tag{5.2}$$

因此，为提高掘进速度，可采用加大切入深度，或增加刀盘回转数的措施。刀盘的回转数，根据滚刀密封部的周转速度或轴的密封轴速度而定，它有一上限值，通常为 100 ～ 120 m/min。为增大切入深度，可采用两种方法：一种是采用刀头载荷大的大口径刀头；另一种是增加小口径刀头的数量。但不管采用哪种方法，如掘进机的总推力相同，则其掘进速度也是相同的。

刀头采用大口径的优点表现在：可减少刀头的数量，相应的需维护、更换的刀头数量也减少了；与小口径相比，可提高刀头环的磨耗寿命。但采用大口径刀头会使交换作业变得困难，因此究竟是采用大口径刀头还是小口径刀头，需要综合考虑。就机械施工而言，人们期望的目标是能够“快速施工”，这在实质上降低了工程费用。决定施工速度的最重要的因素有：

(1) 机械本身的开挖能力。

(2) 出渣、支护等后续作业的效率。

因此，在编制施工计划时，考虑如何提高后续作业的效率，即如何增加循环作业中机械的纯工作时间是很重要的。

一般情况下，机械工作时间占开挖循环的比例，对于自由断面掘进机来说，都在 30% ～ 50%。

掘进机的掘进速度计算式为

$$L = \frac{\text{工作效率}}{\text{纯掘进时间} + \text{刀头更换时间} + \text{辅助作业时间}} = \frac{T_{sh} - t_{sh}}{\dfrac{1.67}{n \cdot p_e} + 2\dfrac{t_c}{\lambda \cdot p_e} D^{1.75} + t_1} \tag{5.3}$$

式中 T_{sh}—— 掘进机移动的作业时间，h；

t_{sh}—— 掘进机移动中的损失时间，h；

n —— 刀盘转数，r/min；

p_e—— 刀盘转动一次的切入深度，cm/r；

t_c—— 更换一个刀具的时间，h；

λ—— 刀具的转送距离，km；

D—— 开挖直径，m；

t_1—— 每米的辅助作业时间，h。

可见，提高刀具的耐久性，缩短刀具的更换时间，提高刀盘的转数和切入深度能够提高掘进速度。

5.3　采用隧道掘进机法的基本条件

岩石掘进机和辅助施工技术日益完善以及现代高科技成果的应用，大大提高了岩石掘进机对各种困难条件的适应性。全断面岩石掘进机的适用范围，必须根据隧道围岩的抗压强度、裂缝状态和涌水状态等地层岩性条件的实际状况、隧道的断面、长度、位置状况和选址条件等进行综合判断。

5.3.1　工程地质条件

在隧道掘进机工法中，掘进机和掌子面是分离的，故有松软层和破碎带时，采用辅助工法很困难。所以不良地质的调查，不仅对掘进机的选择和施工速度有很大的影响，也是能否采用隧道掘进机法的决定性因素。此外，能否充分发挥掘进机的能力，也是调查研究的一个重点。

掘进机施工的地质调查主要是调查影响掘进机使用的地质条件，如围岩的硬软，破碎带的位置、规模，地下水的涌出，膨胀性地质等，对掘进机工法是否适合，以及影响掘进机开挖效率的地质因素等。调查的地质因素大体上可分为以下两类。

1. 影响是否选用掘进机工法的地质因素

(1) 隧道地压。是否存在塑性地压是决定掘进机适用性的重要因素。在最近的掘进机施工中，采用护盾式的掘进机时，多使用超挖刀具使断面有些富余，而利用管片的反力来推进。

在使用敞开式掘进机时，要从初期的喷混凝土支护中脱出，也要采用相应的措施，因此地压的作用是避免不了的。在这种情况下，事先正确地掌握该区间的位置，就易于采取合适的措施。对此，最好采用掌子面超前探测和钻孔探测的方法进行地质判定。

发生塑性地压的围岩的评价：在软岩情况下，主要采用围岩强度比的方法；在近似土砂的软岩情况下，应采用围岩抗剪强度比的方法。

比较方便的方法是采用下式表示的围岩强度比的大小进行评价：

$$\alpha = \frac{q}{\gamma h} \tag{5.4}$$

式中　γ—— 围岩单位体积重度，N/m^3；

q—— 试件单轴抗压强度，Pa；

h—— 埋深，m；

α—— 围岩强度比，其中，当 $\alpha < 2$ 时，挤出性至膨胀性围岩；当 $2 \leqslant \alpha < 4$ 时，轻微挤出性至地压大的围岩；当 $4 \leqslant \alpha < 10$ 时，地压大至有地压的围岩；当 $\alpha \geqslant 10$ 时，几乎无地压的围岩。

从目前的技术水平看，在断层破碎带和松软泥岩等地质条件，以及蛇纹岩等膨胀性地质条件下，会有很大的地压作用，掌子面难于自稳，掘进是极为困难的。

(2) 涌水状态。在松软岩层和断层破碎带中，涌水的范围、大小和压力等，是造成掌子面崩塌和承载力低下的主要问题。在极端的情况下，机体会产生下沉，此时必须用护盾式掘进机。在涌水地段，掘进机的优点会丧失殆尽。在选择时，这是必须注意的。

2. 影响掘进机效率的地质因素

影响掘进机效率的因素主要有岩石强度、岩石硬度及岩层裂隙等。这些因素对掘进机切削岩石的能力影响极大。

(1) 岩石强度。岩石的抗拉强度和抗剪强度比抗压强度小得多，一般抗拉强度是抗压强度的 1/10 ～ 1/20 左右。开挖的难易与抗拉强度、抗剪强度和抗压强度有关，一般都用抗压强度来判定。对开挖的经济性有很大影响的刀具消耗，只用抗压强度判断是不合适的，还应根据岩石中含有的石英颗粒的范围、大小和岩石的抗拉强度等进行判断。目前，对局部抗压强度超过 300 MPa 的超硬岩，也可以采用掘进机施工，但刀具和刀盘的消耗过大，是不经济的。从机种及裂隙的程度看，较适合抗压强度约在 200MPa 以下的岩石。

(2) 岩层裂隙。岩层裂隙(节理、层理和片理) 对开挖效率影响极大。裂隙适度发育的岩层，即使抗压强度大，也能进行比较有效的开挖。例如，在裂隙发育的条件下，裂隙间距 30 ～ 40cm 就可以认为是很发育了；当 $q = 150$MPa 时，也能有效地开挖。

(3) 岩石硬度。在进行机械开挖时，刀具的磨耗问题是永远存在的。因此，要进行硬度试验和矿物成分分析，主要是了解矿物中的石英等硬物质的含量及其粒径等。一般地，在 $q <$ 100MPa 的地质条件下，石英等坚硬的矿物含量很多、粒径很大，此时刀具的消耗很大，在经济上常常不太有利。

(4)破碎带等恶劣条件。在破碎带、风化带等难以自稳的困难条件下进行机械开挖，都需要采取辅助方法配合施工。特别是在有涌水的条件下，施工更为困难，拱顶崩塌、机体下沉、支撑反力降低等问题时有发生。为了克服这一缺点，已开发出盾构混合型的掘进机，但还不能完全满足复杂地质条件的要求。

表 5.1 列出了对掘进机的设计施工有影响的围岩条件。

表 5.1　影响掘进机设计的主要地质条件

掘进机设计项目 / 地质调查项目	掘进机的形式				纯掘进速度	刀头消耗量	刀头转动系数	支护施工装置的位置和种类	排水设备	电气设备	使用材料
	基本形式	支撑靴面压	刀头安装	外防护棚架的形式							
岩石种类					★	★					
单轴抗压强度	★	★			☆	★	★				
劈裂抗拉强度					★						
RQD	★							★			
岩芯采取率	★							★			
弹性波速度	★	★			☆						
裂隙间距和方向	★	★	★	★	☆						
石英含有率						☆					
岩脉及断层破碎带情况	☆	★	☆	★	★		☆	★			
涌水量、地下水及水压	★									☆	

续 表

掘进机设计项目 / 地质调查项目	掘进机的形式				纯掘进速度	刀头消耗量	刀头转动系数	支护施工装置的位置和种类	排水设备	电气设备	使用材料
	基本形式	支撑靴面压	刀头安装	外防护棚架的形式							
水质	★							★			☆
有无瓦斯喷出及种类	★									★	★
硬度					☆	☆					
脆性值					★	★					

注:★代表重要的地质条件;☆代表一般性地质条件。

因此,从地层岩性条件确定适用范围,掘进机一般只适用于圆形断面隧道,只有铣削滚筒式掘进机在软岩层中可掘削成非圆形隧道(自由断面隧道)。开挖隧道直径在 1.8～12 m 之间,以 3～6 m 直径为最成熟。一次性连续开挖隧道长度不宜短于 1 km,也不宜长于 10 km,以 3～8 km 最佳。隧道施工太短,掘进机的制造费用和待机准备时间占工程的总费用和时间的比例必然增加。如果一次性连续开挖施工的隧道太长,超出掘进机大修期限(一般 8～10 km),自然要增加费用和延长施工时间。掘进机适用于中硬岩层,岩石单轴抗压强度介于 20～250 MPa,尤以 50～100 MPa 为最佳。

开挖岩层的地质情况对掘进机进尺影响很大。在良好岩层中月进尺可达 500～600 m,而在破碎岩层中只有 100 m 左右,在塌陷、涌水和暗河地段甚至要停机处理。鉴于掘进机对不良地质十分敏感,选用掘进机开挖施工隧道时应尽量避开复杂地层。

5.3.2　机械条件

掘进机不仅受到地质条件的约束,还受到开挖直径、开挖机结构的约束。

一般在硬岩中,大直径的开挖是很困难的。日本的实例是最大直径 5 m 左右。其理由是:目前的掘进机大都是单轴回转式的,开挖直径越大,刀头的内周和外周的周速差越大,对刀头产生种种不良影响。此外,随着开挖直径的增大,要增大推力,支撑靴也要增大,会出现运送上的困难和承载力问题。

此外,挖掘机械是采用压碎方式还是切削方式,对实际应用的适用范围也有影响。

5.3.3　开挖长度

掘进机进入现场后,一般要经过运输、组装的过程。根据掘进机的直径和形式、运输途径、组装基地的状况等,要准备 1～2 个月。其次,掘进机的后续设备长 100～200 m,为正规地进行掘进,也要先修筑一段长 200 m 左右的隧道。所以,当隧道长度较短时,包括机械购置费在内的成本是很高的,是不经济的。

当隧道长度在 1 000 m 以下时,固定费的成本急剧增大;在 3 000 m 左右时,成本大致是一定的。因此，掘进机适宜的长度最好是 3 000 m 以上。

由于掘进机在技术上较成熟，已在施工速度、安全等方面越来越占优势，以致目前国外在开挖 10～30 m^2 断面、长度在 1 000 m 以上的隧道，一般都优先考虑选用全断面掘进机法施工。

5.3.4 工程所在地的设施条件

在隧道掘进机法中，因要进行机械的运输、组装等，故要对隧道所处地点的状况进行调查。掘进机的搬运计划，要考虑道路的宽度、高度和重量的限制，根据组装的条件要确定运输时的分割方法(最小分割尺寸和重量)。

掘进机是在工厂试组装、试运输后进行分割的。分割后，再运入现场。通常，分割重量受道路条件的限制，在 35 t 左右，断面尺寸在 3.5 m×3.5 m 左右。

与同样规模，但使用其他施工方法的隧道比，采用隧道掘进机工法要消耗较多的电力，例如，开挖直径 3 m 的隧道，消耗的电力约为双车道隧道的 1.5 倍，在规划时，要充分注意这一点。

综上所述，探讨掘进机在各类隧道开挖中的技术可行性、经济合理性是隧道工程中的一项十分重要的课题。正确选择隧道的开挖方法是一件复杂而又细致的工作，主要取决于：

(1)工程规模。如隧道形状、长度、直径、埋深、走向以及围岩条件等。

(2)地质情况。如岩石类型及强度，地质的节理分布及发育程度，有无断层、暗河、溶洞，地下水的分布，隧道正上方有无建筑物、河流等。

(3)作业场地。交通运输能力(由于掘进机的机械部件多、重量大，现场搬运、解体等工作需要起重设备等配合)、水电来源、进出洞口场地等。

(4)施工进度要求。由总控制工期的时间推算出平均月进尺指标。

(5)企业自身的实际能力。如制造维修能力、经济能力，施工队伍的技术、管理水平以及传统的施工习惯等。

5.4 隧道掘进机的附属设施

隧道掘进机的附属设施，包括与掘进机本体接续的在洞内配置的后续设备和在整个洞内布设的设备以及洞外的设备。在这些设备中，通常多与钻爆法中采用的设备是一致的，掘进机的附属设备首先是洞内的后续设备。在设计掘进机施工速度时，当然要研究掘进机纯掘进速度，但与其能力配套的后续设备效率也是要考虑的重要因素。后续设备除了有把石渣从掌子面输送到后方的运输设备外，还有超前钻孔机、集尘机、压缩机、喷射机和电力电缆等。

5.4.1 掘进机附属设备设置原则

掘进机附属设备的设置原则是根据掘进机施工流程，选定与之配套的必要设备。因此，要充分研究其作业计划和必要的功能，再来选择有效率的各项设备。特别是在隧道施工中，各作业的循环性和作业空间的限制等特点。因此，在配置设备时，要考虑前一作业与下一作业的关联，以提高作业性。在后续设备中，因限界有一定的容纳度，因此要考虑设备的必要空间，并最后决定整个机组的长度。

掘进机的掘进作业，除掌子面的出渣外，还有与掘进有关的附属作业，如支护作业、轨道的延长、刀头的检查、损耗品的更换、高压电缆的更换和超前钻孔等作业。后续设备通常搭载在台车上，该台车为确保通道通畅，在小断面中多设在一侧，在大断面中可设在两侧。其次，在布置时，要注意使确定掘进机掘进方向、位置的激光光线能无阻碍通过。

5.4.2　附属设备的种类

运输对象的核心是掌子面开挖排出的大量石渣，其他还有隧道的支护材料、隧道延伸的各种器材以及刀头类的掘进机维修器材等。前者通过掘进机开挖施工过程中的连续出渣来解决，后者则主要是充分利用返空车辆和后续作业来进行安排。其中，出渣方式的选择对掘进机的施工性能影响很大。目前，在隧道施工中采用的运输方式为有轨道方式、无轨方式、连续皮带运输方式和泥浆运输方式等几种。各种方式的比较见表 5.2。

表 5.2　不同运输方式的比较

研究项目	有轨道方式	无轨道方式	连续皮带运输方式	泥浆运输方式
运输能力	车辆的编组灵活，无问题	隧道断面小时，很难采用（6m 左右）；断面无富余时，不能高速运送	取决与隧道断面相协调的皮带宽度和输送速度	如采用 1～2 倍隧道宽度的管路可以适应
坡度	1.5％无问题；超过 3％后，要增设机车；1.5％以上时，要采用齿轮或斜坡道	10％也能适应，有 17％的施工实践	15％也能适应	缩短升压泵距离可以适应
设备	斗车、侧卸式斗车、梭车、装渣设备、轨道、枕木	洞内专用汽车、排废气装置、储渣设备	皮带延伸装置、装渣设备、皮带连续装置	碎石机、送排泥泵、泥水处理装置、升压泵等

在选择输送方式时，要考虑掘进机开挖的石渣量，使出渣能力与开挖能力相配套，并使设备具有一定的富余能力，避免因出渣能力不足，而降低隧道施工效率。为此，应根据掘进机开挖能力，求出最大输送石渣量，来选择相应的输送方式和设备。

1. 有轨道方式

（1）车辆。轨道方式的石渣输送是用斗车、底卸式斗车和侧卸式斗车或梭车等运输设备进行的。此外，还有与这些斗车相配合的装渣设备、弃渣设备和弃渣场等。斗车的功能单一，故障也少，而且即使发生故障，也只要更换斗车就可以了，对整个施工循环影响不大。器材的运输多采用专用车辆。出渣运输车的能力，要与掘进机一个循环的掘进长度排出的石渣量协调，以决定斗车的容量、机车的能力以及车辆的编组。

（2）装渣设备。要配备满足运输要求的装载机，充分满足掘进机连续出渣的要求，使进入的车辆编组的斗车全部进行装渣。出渣用的皮带机通常是设在台车的后方，作为后续台车的一部分。在大断面隧道中，不可能用一辆车将该循环的石渣排出，要进行车辆的交换，这将使掘进中断。也可采用装渣地点专用的出渣系统进行连续出渣，但构造复杂，使用较少。

(3)轨道设备。虽然与隧道断面大小有关，但在装渣区间，因净空关系，多采用单线。而在洞内其他区间则以复线为主，用Y形道岔与装渣区间的单线接续。如全线用单线，则隔一定距离(例如500 m)应设置待避线。同时，此待避区间可设置配电盘和通风机等设施。

(4)弃渣设备。轨道方式的弃渣，弃渣场的高度应比轨道低些，使碎渣自然落下。在使用梭车输送石渣时，石渣可自行排出，其他都要有辅助装置，如翻车机、专用的导轨和固定式转车装置等。因这些装置的位置是固定的，故弃渣场和轨道的高度差要大些。为提高储渣能力，要配备移动石渣的推土机等。为此，也有采用可使车辆分散排土的自行式转倒装置和多连式转倒装置，也有采用垂直式皮带运输系统的。

2. 无轨方式

在掘进机施工过程中，无轨方式采用的比轨道方式少，是因为无轨运输空间要求大；掘进机隧道一般都较长，需要较强的通风设备，为此，使用能耗大、排放大量有害气体的内燃机车的无轨方式有很多不利之处；在掘进机掘进过程中，开挖和出渣是连续的，当采用大型装载车运输时，如不使掘进中断，就要设置大型的储渣设施，这受工作空间限制有时是不可能实现的。

无轨方式的最大特点是运输设施简便。在大断面隧道中，还是有采用的。掘进机后方设有几个与汽车容量相配合的斗仓，将汽车置于斗仓下方，即可直接将石渣排入。开挖中的石渣用皮带运输机连续地送到空斗仓中，走行路面是在掘进机正后方用石渣填筑而成的。

3. 皮带运输机方式

此方式与后述的泥浆输送方式都是能发挥掘进机特点的连续输送方式。但是输送石渣的条件比轨道方式和无轨方式都严格。皮带机的输送容量是由装载断面、皮带速度及装载率决定的，并要考虑坡度、输送距离等条件。

$$Q = AV_B\gamma_2 \tag{5.5}$$

式中　A—— 装载断面，m^2；

Q—— 皮带机的输送容量，m^3/min；

V_B—— 皮带速度，m/min；

γ_2—— 皮带机装载率，取0.6。

4. 泥浆输送方式

本系统由泥浆输送和土砂分离两个系统构成。

(1)泥浆输送系统。泥浆输送流程：从出发基地设置的调整槽用泵及驱动水泵将水送到射流泵，用射流泵把隔墙内的开挖石渣送到碎石机台车上，石渣通过此碎石机破碎成可输送的粒径大小(2～3 cm)，用排泥泵将石渣送到洞外的土砂分离设备中。

(2)土砂分离系统。用排泥泵将石渣排出到洞外设置的土砂分离设备中，把泥水和土砂分离，泥水则在隧道内循环，土砂则运到弃渣场处理。

5.4.3　集尘及通风设备

一、集尘设备

在掘进机施工过程中，因切削岩石而产生大量粉尘。同时，为冷却切削岩石的刀头，需采用压力水喷雾。掘进机开挖岩石产生的粉尘被冷却水吸收一部分，但因水压、水量和岩石状况等不同，粉尘抑制效果也各不相同。如喷洒水不充分时，粉尘和水的粒子在空气中浮游，妨碍视线，影响环境。因此，为有效抑制粉尘，设置集尘设备收集粉尘并进行处理是必要的。最新的掘进机，从刀盘室内用专用的管道直接和集尘机连接，进行粉尘的直接处理，这种方法是十分有效的。

二、通风设备

掘进机工法的通风目的是驱散作业人员呼出和内燃机等产生的有害气体、掘进机主机动力产生的热量、岩石破碎时产生的粉尘等。除无轨方式外，洞内的温热，可用水冷却，粉尘可用前述的集尘装置处理，作业人员呼出的气体，通常都用通风设备处理。其通风量通常比集尘机的能力大些，而且，通风管的位置要设在集尘机排气部的里面（掌子面侧），此时的通风对象是CO。所需风量一人最小为 3 m^3/min。风管管径通常为 400～600 mm（隧道直径为 3～5 m）。掘进机使用的通风机与一般隧道的相比，多是小风量、送风距离长的涡轮式风机。

5.4.4　洞内超前钻孔设备

在隧道掘进过程中，遇到断层和涌水是不可避免的。在施工前，应进行充分的现场调查，把由此造成的事故控制在最小的限度内。主要调查方法是在掘进机掌子面进行地质钻孔调查，钻孔也可同时作为排水孔使用。钻孔设备要在掘进机有限的空间内，而且要随施工的进展随时可以作业，故应是小型和易于移动的。

5.5　隧道掘进机法的支护技术

在掘进机以外的山岭隧道施工方法中，除极小断面的隧道外，喷锚（网）和混凝土衬砌支护被广泛采用。公路和铁路隧道是基于围岩分类进行支护方法选取的，适应各种围岩类别的支护形式已基本确定。在隧道掘进机法施工情况下，支护形式也多采用喷混凝土、锚杆、钢支撑和混凝土衬砌支护等，有的还采用管片。

表 5.3 是不同隧道类型的支护方式选择参照表。

表 5.3　不同支护形式选择参照表

隧道类型或形式		支护方式
隧道完成断面	掘进机开挖断面	在公路隧道中有采用 RC 管片作为永久衬砌的；在水工隧道中采用喷混凝土、锚杆和钢支撑等组合支护
掘进机导坑	爆破扩大	事前要拆除管片支护
	掘进机扩大	使用可拆除和可切削的材料
隧道直径	2～5 m	多采用无支护钢支撑管片
	＞5 m	多采用无支护、喷混凝土、锚杆、钢支撑等组合支护
掘进机形式	敞开式	不使用管片支护
	盾构式	围岩不良处，采用仰拱管片，全闭合管片
隧道坡度	水平斜井	导坑时，可采用纤维喷浆等特殊配比的材料

下面介绍不同情况时的支护形式选择原则。

(1)从隧道直径看,2～3 m的小直径的掘进机采用钢支撑和管片较多。在3 m以上的工程中,采用喷混凝土、锚杆和钢支撑的组合形式较多。

(2)在上下水道中,钢支撑和管片占大多数,也有很多是无支护的,在发电站的水工隧道中,多采用喷混凝土,因断面大,从洞内环境条件看,可减少粉尘的影响,对确保围岩稳定是有利的。

(3)在用掘进机开挖导坑时,支护多是暂时的,扩大时要拆除,因此,要尽量采用轻型的材料,易于拆除。当扩大也采用掘进机时,导坑的支护要采用可切削的材料。二次衬砌多在隧道开挖完成后施工。

(4)在掘进机掘进和二次衬砌平行作业有困难时,为缩短工期,可采用兼有支护和衬砌作用的管片,此时管片和盾构法中的功能一样,起支护围岩的作用,同时在支撑靴无效时起提供推进反力的作用。

(5)在敞开式掘进机中,围岩条件差时,在刀盘和主支撑靴间施设支护是可行的。

(6)在盾构式掘进机中,后筒中或后筒后面可直接构筑支护,敞开式掘进机不能采用管片,但在盾构式掘进机中多采用管片,其理由是采用管片多是在围岩差的条件下,但在敞开式掘进机中,支撑靴无效时,可以通过喷混凝土加强支撑靴处,但在盾构式掘进机中,是不可能进行这种加强的,此时可在盾构式掘进机中装备盾构千斤顶,以管片为反力进行掘进。

(7)支护形式与掘进机的掘进坡度是相关的。在斜井中采用掘进机时,导坑掘进机可向上掘进,为防止出现掉块、崩塌和落石等重大事故,要设置所需的护壁;导坑直径小,要采用能保持良好作业环境的工法;要能早期产生支护效果;当采用扩大掘进机时,要采用可切削的材料。

5.6 掘进机开挖隧道的经济分析与施工管理

5.6.1 经济分析

掘进机开挖隧道的经济分析主要相对于钻爆法开挖进行比较。比较的主要内容包括:两种方法的主体和附属工程量,完成各项工程量的单项费用,完成全部工程量和总费用,敏感性分析。

1. 工作量对比

以钻爆法为基础,则采用掘进机法往往可使工程量有如下变化:

(1)施工准备工程。施工准备工程量减少,施工人员减少,工期缩短,临建费用大为降低。

(2)施工支洞工程。由于提高了施工速度,减少了施工支洞工程量。

(3)衬砌工程。可有效地减少衬砌工程量及衬砌工程施工环节。它包括因使用掘进机提高了围岩稳定性而降低了的支护强度,以及因超挖量减少而减少衬砌量等。

2. 隧道掘进机开挖成本分析

隧道掘进机开挖的单价一般高于钻爆法开挖的单价。尤其在我国,掘进机尚在试用阶段,设备性能和管理水平较低。欲降低开挖成本,应注意下列几点:

(1)选择适当的配套出渣方式,及时完成后配套系统。

(2)选择技术成熟、质量过关的设备,减少非正常性损坏,减少维修、再置费用。

(3)针对围岩地质条件,选择适当的刀具,控制耗刀量在经济范围内。

3. 隧道掘进机开挖的综合经济效益

虽然洞内掘进机开挖单价远高于钻爆法,但考虑掘进机法带来的工程量减少、安全性增加、速度快、效率高等优点,在条件合适时掘进机施工的隧道造价反而较钻爆法施工低,显示出掘进机施工的优势。

5.6.2 隧道掘进机法的施工管理

掘进机开挖隧道的高效率源于隧道施工的工厂化,但要发挥最佳效益,还必须加强管理。

1. 主要施工方法的选择

施工方法的选择要根据可能取得的设备、隧道的地质条件,对通风的要求及施工队伍的条件进行。当隧道开挖直径为2～5 m时,一般采用全断面一次成洞的方法;当隧道直径为6～15 m时,可采用分级扩孔法施工,即采用小机组一次贯通导洞,然后扩大,或超前开挖导洞,后面紧跟扩大。

2. 施工前的准备工作

掘进机法开挖隧道必须在严格的施工组织设计指导下进行。掘进机法施工组织设计要根据工程具体情况和设备条件,优选合适的施工、弃渣及运输方式,制定施工进度计划;并根据地质条件制定各段掘进时的安全措施、备用配件及其他材料设备的储备、供应计划和劳动力组织等。

3. 掘进机运输与组装

因掘进机自重较大,一般要拆开运输;掘进机组装应力求靠近工作面。

4. 掘进作业

(1)洞口开挖。通常用钻爆法开挖洞口。

(2)准备掘进机工作面。开挖洞口后,向前开挖一段隧洞。开挖出的隧洞长度要大于掘进机刀盘到支撑板后缘距离。修平工作面,并将隧洞边墙和底板衬砌好,以支撑掘进机的支撑板。在洞口有条件浇筑相同长度混凝土导墙时,亦可不开挖隧洞。

(3)掘进作业。将掘进机置于工作面前工作位置,开始掘进作业。

(4)供水。设备冷却用水一般要求水压为0.147～0.196 MPa,耗水量根据设备性能确定;刀盘要求高压喷水,一般压力为0.588～0.981 MPa,耗水量按机械性能或按单位时间最大破岩体积的10%～20%估算。

(5)供电。掘进机本身附有变压器,供应主机、出渣带式输送机、排水泵和除尘等辅助设备动力,以及作业区照明用电。主机的供电电压一般为6 kV,其他供电与一般隧洞施工方法相同。

通风、供排水管道和高低压电缆在隧道断面上的布置,应根据具体情况确定,与一般隧洞施工布置类似。

(6)监测围岩地质情况。测绘隧洞沿线的详细地质图,标明各段的岩石分类,注明岩体的构造状况、节理方向和频度;采用岩石点载荷仪测取岩石的抗拉和抗压强度,注明各段岩石强度。每段岩样的代表强度选其中值,不计平均值。

(7)测定岩石的可钻性与磨蚀性。磨蚀性指标与可钻性指标共同反映岩石抵抗破碎的坚固程度和对刀具的磨蚀能力。

5. 出渣作业

掘进机出渣为连续出渣，运输强度高，除向洞外出渣外，还要向洞内运输支护材料、刀具及管材等。有以下几种出渣方案：

(1)轨道运输。它适用于坡度小于2%的平洞，配大型梭车和移动调车平台。

(2)汽车运输。它适用于坡度较大的平洞，洞径一般要大于7.5m，需要较好的通风条件。

(3)带式输送机运输。它适用于坡度14%～28%的斜井。

(4)自动溜渣。它适用于坡度大于40°的斜井，可自下向上开挖导井，自上向下扩大时利用导井溜渣，必要时辅以水力冲渣。

除用汽车运渣方式外，其余方式宜在洞口附近设弃渣场，以加快洞内循环，保证连续出渣，洞口弃渣场的岩渣必要时经过技术经济论证后，可进行二次倒运到较远的弃渣地点。

6. 通风除尘

通风可采用抽出式、压力式或混合式。

7. 施工人员安排

掘进机可安排两班作业。根据经验，每台机应配的人员为：司机1名/班；钳工1名/班；刀具维修工1名/班；现场机器负责人1名/班。排渣，风、水、电管线安装，铺设轨道等应有专人负责，人数根据现场情况安排；配套出渣辅助人员，根据出渣方式而定。

总之，在采用掘进机时要综合考虑以上因素，但将整个有效的作业时间作为净掘进时间是不可能的。在一般地质条件下，掘进机净掘进时间在50%左右是较为理想的。

5.7 隧道掘进机法的辅助工法

通常在山岭隧道中，辅助工法的一般定义是在隧道开挖时，为稳定掌子面所采用的各种措施的总称，是以防止掌子面的事故为重点的。

在隧道掘进机法中，有根据掌子面直接观察的事故预测、开挖前的周边加固及开挖地点的直接加固等辅助工法。

在掘进机法中，因掘进机主体堵塞了掌子面，后退困难，可能采用的辅助工法是有限的。此外，对小规模的崩塌或掉块，如果不能掘进，事前处理也不一定是有利的。如无安全上的问题，对小事故，在掘进机后部处理，对掘进进度也是没有太大影响的，所以隧道掘进机法的辅助工法应包含对事故对策的研究。

5.7.1 采用辅助工法的地质条件

掘进机法一般是在良好的地质条件下采用的，因此需要采用多种辅助工法的围岩条件，应尽量避免使用掘进机法。

但是，采用掘进机法的隧道长度是较长的，复杂的地质条件常常是难以避免的，如通过几条断层破碎带，因此完全不采用辅助工法进行掘进的情况很少。

采用辅助工法的地质条件见表5.4。

表 5.4　需采用辅助工法的地质条件

围岩条件	项　目	现　象
地形条件	埋深小	崩塌、偏压、地表下沉
	埋深大	岩爆
地质条件	围岩强度	掉块、崩落、膨胀、流砂
	地热	高温围岩
	地下水	大量涌水、高压涌水、高温涌水
	有害气体	有毒瓦斯、缺氧空气、可燃性瓦斯

从地质条件和事故的关系看，在敞开式掘进机中，掉块、崩落事故占大多数，在黏土化和砂化的松软围岩中，与涌水有关的事故是多数。

在盾构式掘进机中，掉块、崩落事故比前者少。

5.7.2　事故类型

在掘进机法中，事故的事前预测和对策是限定的，大多数是小型的事故，采用较轻的处理方法即可收到效果。表 5.5 列出了围岩状况和事故现象的关系。

表 5.5　掘进机法中的事故现象与围岩状况关系

围岩状况	现 象	位 置	事 故
小埋深	拱顶掉块 地表下沉 土压增大	刀 盘 地 表 盾 构	掌子面崩塌 结构物变异破损 不能掘进
强度不足	掉块崩落	盾 构 盾构后部 刀头后 皮带运输机 刀 盘 支撑靴	盾构和壁面间被岩石卡住，不能前进 后筒部脱出时，盾构上部岩块落下 落石损伤机械 石渣堵塞 掌子面崩塌，刀盘不能转动 支撑靴不能到达壁面 、壁面受挤压处崩塌
膨胀性围岩	围岩挤出	盾 构 支撑靴 刀 盘 支撑靴 全 体	被箍住不能掘进 被箍住不能更替 不能回转 掌子面挤出不能掘进 附着黏土不能开挖 刀头磨耗异常 挤压力不足 被挤压的洞壁崩塌 承载力不足，掘进机下沉

续表

围岩状况	现 象	位 置	事 故
高温围岩	洞内温度上升	全体	洞内作业环境恶化 机械系统故障
高透水性 高地下水位	大量涌水 高压涌水	刀盘 全体	掘进机被淹没 因流砂,掌子面崩塌 因水压,掌子面崩塌 机械系统故障
有害气体	有毒瓦斯 缺氧空气	全 体	作业人员退避,不能进行开挖

其中造成不能掘进的重大事故是:

(1) 掌子面大规模崩落,埋没掘进机。

(2) 洞壁挤出使机体卡住。

(3) 突发的大量涌水,淹没机体。

(4) 掌子面挤出使机体后退。

遇到不能掘进的事故,恢复施工不仅需要时间和劳力,而且危险。因此事前采取对策是必要的。为此,预测其位置、规模和性质是非常重要的。例如,如图 5.7 所示是在机体前方采取压浆加固的措施。

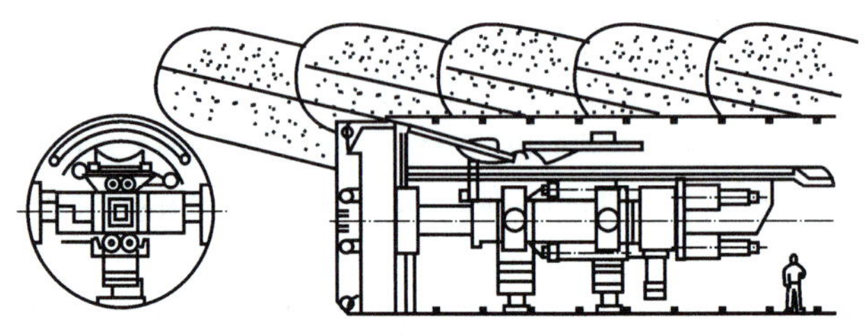

图 5.7 掘进机机体前方压浆加固

5.7.3 辅助工法的类型

在选择辅助工法时,要注意以下几点:

(1)预计有无可能出现掘进的重大事故。

(2)采用辅助工法施工的位置。

(3)掘进机的形式。

对事故的主要对策见表 5.6。

表 5.6　对事故的代表性对策

事故现象	敞开式	盾构式
掉块崩落	喷混凝土、钢支撑、锚杆、压浆	压浆、人力开挖、改变工法
支撑压力不足	设置反力器材	盾构千斤顶推进、设置反力器材
机体被卡住	设置反力器材、变更机械构造	扩宽掘进机、外周盾构千斤顶推进、变更机械构造、盾构背面注入润滑剂
涌水	排水钻孔、涌水处理	排水钻孔、涌水处理
机体下沉	改良地层、变更机械构造	改良地层、变更机械构造

思　考　题

1. 隧道掘进机法基本原理是什么?
2. 隧道掘进机如何分类?
3. 隧道掘进机法施工的优缺点是什么?
4. 采用隧道掘进机法的基本条件有哪些?
5. 针对隧道掘进机法常见的事故现象,应采取哪些对策?

第6章　井巷工程施工技术

本章主要介绍井巷工程施工技术，内容涵盖斜井施工技术、立井施工技术和平巷施工技术。

6.1　斜井施工技术

斜井开拓具有工期短、投资省、速度快和效率高的优点，在我国矿山开拓中占有较大比例。随着矿井装备的不断改进和施工技术的提高，特别是近年来长距离钢丝绳胶带输送机的出现，使斜井开拓的优越性更加突出，适用范围进一步扩大。因此只要煤层埋深不太大，表土层不太厚，水文地质情况较简单的缓倾斜和倾斜煤层均可优先考虑采用斜井开拓。

6.1.1　斜井井筒设计

根据斜井井筒内采用的提升方式不同，分矿车串车提升斜井、箕斗提升斜井和胶带输送机斜井。在设计时要根据斜井的不同用途来确定断面大小和设施布置。

一、斜井断面布置原则

斜井井筒是矿井的主要通道，服务年限长，一般断面形式多为拱形，采用料石砌筑、锚喷支护或浇注混凝土支护。为保证有效合理地使用断面所有空间，减少井筒工程量，有利于井筒的维护与设备的检修等，斜井断面布置时必须遵守如下原则：

(1)井筒内提升设备与管路、电缆之间，设备与支护体之间的间隙，不但要考虑提升运输的需要，而且要考虑到生产期间升降最大设备的可能性。

(2)有利于生产期间井筒的维护和设备检修，保证人员通行。井筒内设置人行道，其宽度不应小于 700 mm。一般考虑人行道一侧布置有电缆及巷道变形的影响，实际宽度按 760～900mm 设计，高度不应小于 1.8m。

(3)当矿车或提升容器发生掉道或跑车事故时，对井内的各种管线和其他设备的破坏程度最小。

(4)兼作通风之用的斜井井筒，其有效断面必须满足通风要求。

二、斜井断面布置

1. 矿车串车提升斜井断面布置

矿车串车斜井分为单钩提升和双钩提升，其断面布置基本相同。它主要包括轨道、人行道、排水沟与管线等。根据各部分的相对位置不同，布置形式也不尽相同(见图 6.1)。

(1)水沟和管路重叠布置。可在人行道一侧或另一侧布设，其优点是布置紧凑，管路架设在水沟上，能充分利用断面，检修也较方便。其缺点是当布设在人行道一侧时，躲避硐会被管路挡住，出入时不够方便；当布设在非人行道一侧时，一旦发生矿车掉道跑车事故，因管路靠近轨道而容易被撞坏或砸毁。

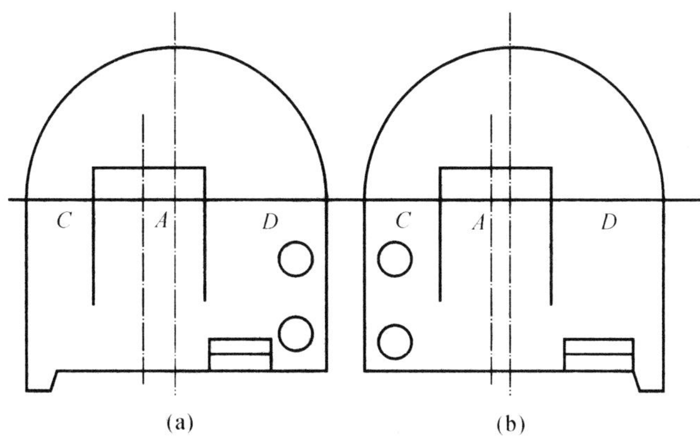

图 6.1　矿车串车提升斜井断面布置

(a)水沟和管路重叠布置；(b)水沟和管路分开布置

A—矿车宽度；C—非人行道一侧宽度；D—人行道一侧宽度

(2)水沟和管路分开布置。水沟在人行道一侧，管路在另一侧或相反。这样布置，井筒要适当加宽。在实际工程设计中，考虑到矿井扩大生产和井筒内运输大型设备的可能性，一般都略将井筒断面尺寸扩大些。因此，采用该种布置形式较为适宜。

2. 箕斗提升斜井断面布置

箕斗斜井为主井，主要运输生产的矿物。箕斗容量大，提升速度快，目前我国大、中型矿井采用较多，而且都为双箕斗双钩提升。一般井筒内不设管路和电缆，也不兼作通风用，仅有水沟和检修道且一般布置在同一侧。所以箕斗斜井的断面尺寸主要决定于箕斗大小及其合理的布置，典型布置如图 6.2 所示。

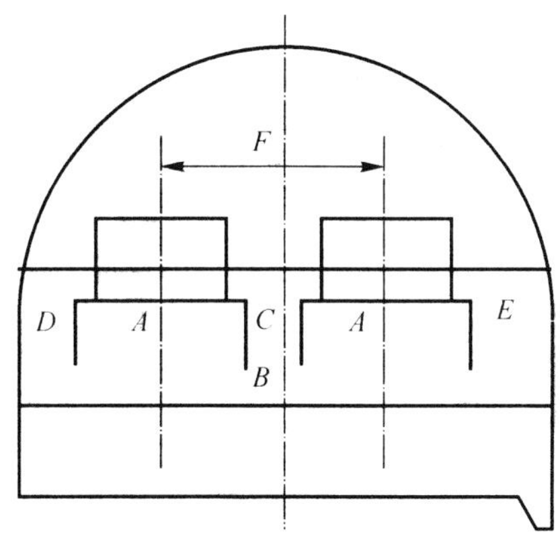

图 6.2　箕斗提升斜井断面布置

A—箕斗宽度；D—非人行道侧宽度；E—人行道侧宽度

3. 胶带提升斜井断面布置

斜井采用胶带运输机运送矿物，具有运输连续，运量大、可靠等优点。为便于检修，胶带斜井内除安设运输机外，还应铺设检修道和人行道，其断面布置应根据它们之间的相对位置确定，一般人行道设在胶带运输机和检修道之间。典型布置如图 6.3 所示。

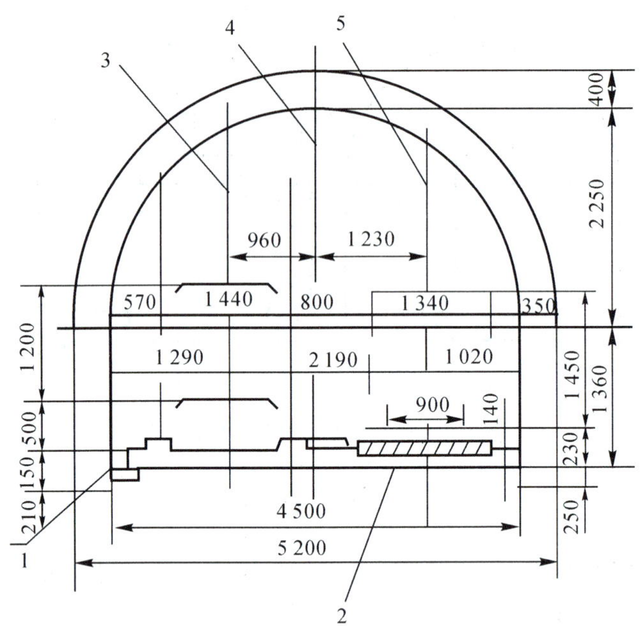

图 6.3　胶带提升斜井断面布置

1—水沟；2—人行台阶；3—胶带机中心线；4—井筒中心线；5—检修道中心线

三、斜井井筒内设施

井内设施一般包括水沟、人行台阶和扶手、躲避硐、管路、轨道和电缆等。

1. 水沟

井筒内的涌水要通过水沟排走，水沟坡度与斜井倾角相同。由于流水坡度较大，水流速度较快，斜井的服务年限又较长，故水沟均应采用混凝土浇注。除沿井筒轴向设置主水沟外，还应在含水层下方，井筒与井底车场连接处附近设置横向水沟，将井筒内流水截至水沟内。

在设计胶带提升斜井和箕斗提升斜井时，为了减少井底的排水量和井底水窝污泥的清理工作，应使上、下开采水平的水沟自成系统，互不连通。斜井涌水须经过水沟和专门的联络巷引至各水平车场的水仓内。

2. 行人台阶及扶手

为了检修和行人方便，应根据斜井倾角大小和需要，设置行人台阶和扶手，规定标准如下：

(1)斜井坡度 7°～15°时需设置扶手。

(2)斜井坡度 15°～30°时需设置台阶和扶手。

(3)斜井坡度大于 45°时需设置梯子间。

台阶可用料石或混凝土预制块砌筑，也可用混凝土整体浇注而成。如条件许可，应尽量利用水沟盖板作行人台阶，这样不仅断面布置紧凑，又节省材料。

3. 井内躲避硐

按《煤矿安全规程》要求，凡在矿车串车提升或箕斗提升的斜井中，提升时一律不准行人。但实际生产中，总会遇到管路和其他设施检修，为了保证检修人员的安全，斜井井筒内每隔 30～50m设置一个宽 1.0 m、高 1.6～1.8 m、深度为 1.0～1.2 m 的躲避峒室。

4. 管路和电缆

为防止井内管路和电缆因提升容器掉道或跑车被撞坏，在设计斜井井筒时最好不将管路及电缆设在运输繁忙的主斜井内，一般布置在提升不太频繁的副斜井中。

5. 轨道铺设

应根据提升容器的类型、提升速度、每次提升量及井筒的服务年限等选择不同的斜井井筒轨道型号。

斜井井筒内轨道受力的特点是需考虑箕斗或矿车运行时，使轨道沿井筒倾斜方向产生的下滑力。在下滑力的频繁作用下，将使上部轨道的缝隙增大，下部轨道缝隙缩小。下滑力的大小取决于斜井倾角、提升速度、提升量、道床结构、线路铺设质量及底板岩石的性质和井内涌水情况等，可用力学方法进行估算。当下滑力较大时，还可能导致轨道连接螺栓被剪断、局部线路和道岔严重变形等，如不及时检修，会严重影响运行 。

目前，采用减小轨道下滑力的主要方法是采用固定钢轨法和固定枕木法，前者即在斜井井筒底板上每隔 30～50 m 设一混凝土防滑底梁和其他固定装置，将钢轨固定其上，达到防止钢轨下滑的目的，效果好、应用广泛。

四、斜井井口布置

斜井井筒在接近地表出口段都需要特殊的井颈结构设计，一般为加厚的一段井筒，由筒壁和壁座组成，如图 6.4 所示。

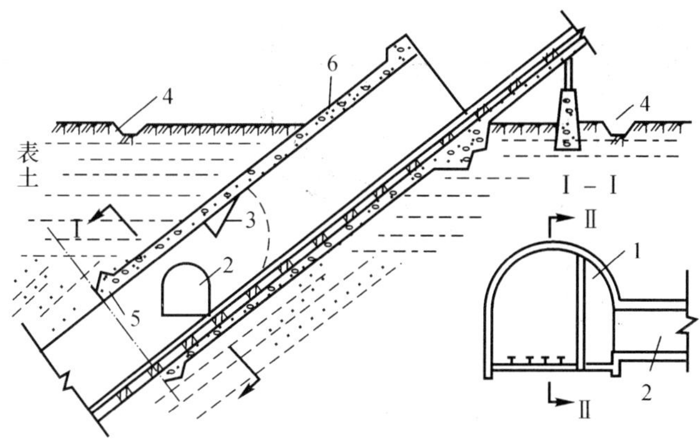

图 6.4　井颈结构示意图

1—人行间；2—通道；3—防火门；4—排水沟；5—壁座；6—井筒壁

在冲击层中的斜井井颈，从井口至坚硬岩层间必须砌碹，并应延伸至岩层内至少 5m。井颈支护应露出地表以上，直到井口标高，并应高出当地最高洪水位 1.0m 以上。为了防止井架或井楼可能的火灾蔓延，在井颈内还应建造坚固的金属防火门。人员安全出口、通风道、压气管、排水管和电缆沟，均应设于防火门下方并与井口接通。

斜风井井口因其特殊性也需专门设计，一般由井筒、风硐、人行道及防爆门等组成。按采用的通风机类型不同，布置方式有所不同。如图 6.5 所示为轴流式风机斜井井口布置。如图 6.6 所示为离心式风机斜井井口布置。为了减少通风阻力，风硐与井筒的夹角不宜过大，施工又要求不宜过小，一般 30°～45°为宜。为了避免风流短路，在人行道内需设置两道风墙，分别装有向相反方向打开的风门。按照规程，在风硐入口处要设置铁栅栏，确保人员上下。防爆门应正对井筒风流方向，以利于保护通风机。

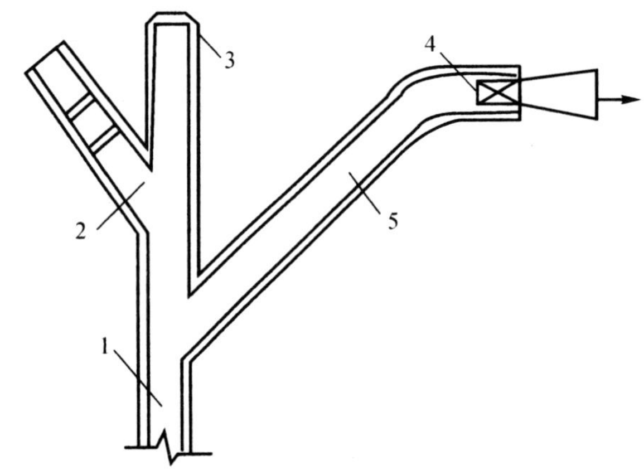

图 6.5 轴流式风机斜井井口布置

1—风井井筒；2—人行道；3—防火门；4—风机；5—风硐

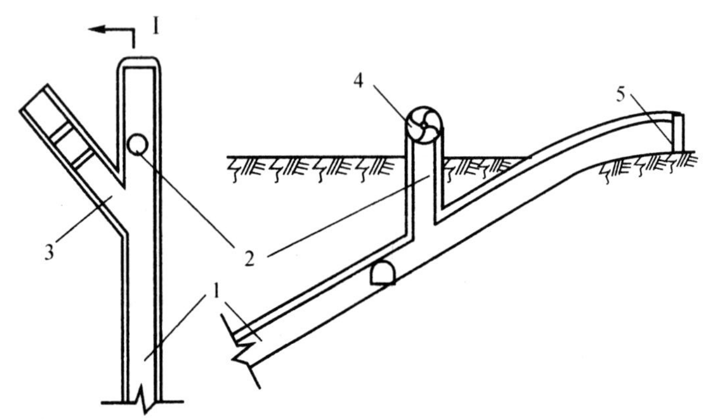

图 6.6 离心式风机斜井井口布置

1—斜风井井筒；2—风硐；3—人行道；4—风机；5—防爆门

6.1.2 斜井硐室及串车斜井车场设计

斜井硐室和串车车场是斜井工程的重要组成部分，设计合理与否，直接关系到斜井矿山的生产能力。

一、斜井硐室工程

箕斗斜井和胶带机斜井，在每一开采水平都要设置翻车机硐室、矿仓与装载硐室，通过这些硐室使各水平的井底运输车场和斜井井筒相连。

1. 矿仓与装载硐室的布置

矿仓有倾斜型和直立型两种。我国的矿山在箕斗斜井中过去多采用斜矿仓，如图 6.7 所示；目前新设计的大型煤仓均为直立型，与井筒连接形式如图 6.8 所示。对于胶带斜井与装载硐室的布置与箕斗斜井大致相同，不同的是在煤仓下设有输送机，可连续不断地向胶带机上运送矿物。

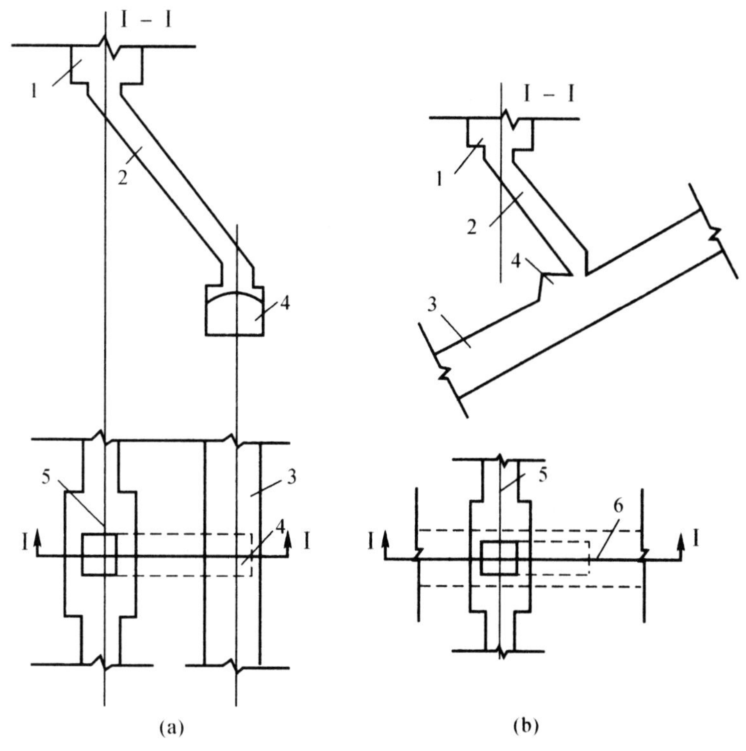

图 6.7　斜矿仓与斜井井筒布置方式

(a)主井车线与斜井平行　(b)主井车线与斜井垂直

1—翻车机硐室；2—斜矿仓；3—斜井井筒；4—装载硐室；5—车场主井车线；6—斜井提升中心线

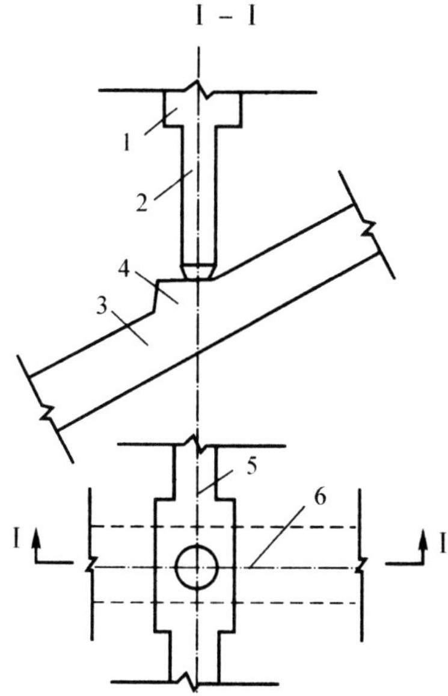

图 6.8　直立仓与斜井联接方式

1—翻车机硐室；2—直立仓；3—斜井井筒；4—装载硐室；5—车场主井车线；6—斜井提升中心线

2. 矿仓与装载硐室的结构尺寸

矿仓的作用在于储存一定数量的矿物，用以调节井下生产、运输与井筒提升的不均衡性。其容量大小取决于井下运输串车的容量和井筒的提升能力。目前生产上都要求井下矿仓的设计向大容量发展。一般采用斜井箕斗或胶带机运输时，矿仓的有效容量对于中型矿井应按不小于提升设备 0.5～1 h 的提升能力计算；对于大型矿井为不小于 1～2 h 的提升能力计算。

矿仓位置一般都在运输水平下部，以方便卸矿。结构形式多为圆筒仓或方形筒仓，应保证矿物能沿矿仓自由下滑，不致堵塞。一般垂直高度为 10～20 m，大型矿仓还可加大。

装载硐室的结构形式比较简单，硐室本身就是井筒的一部分，其宽度与井筒相同。为了装载设备的安装和操作方便，在矿仓下口处略加高一些，一般为平顶。具体尺寸要根据运输设备规格来确定。

二、串车斜井车场设计

采用矿车提升的斜井，要使矿车从斜井井筒顺利地过渡到各水平的井底车场，必须在井筒与车场水平之间设置一组完整的轨道线路系统，这就是串车斜井车场。根据串车斜井井筒与井底车场巷道的连接形式不同，主要分平甩车场、斜甩车场和斜井吊桥三种类型。通常不需要延深的斜井与井底车场的连接部采用平甩车场；中间提升水平或需要延深的斜井与车场连接部则采用斜甩车场或斜井吊桥。

1. 平甩车场连接

斜井平甩车场连接有如下 4 种形式，如图 6.9 所示。

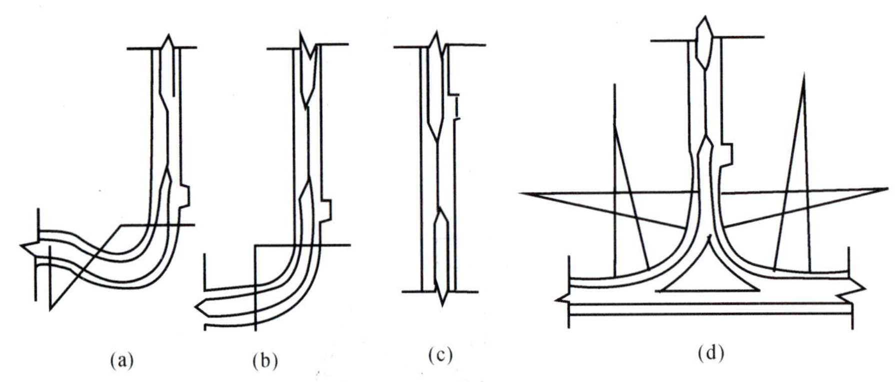

图 6.9　平甩车场连接形式

(a)形式一；(b)形式二；(c)形式三；(d)形式四

(1)在煤矿，井筒和运输大巷均在煤层中，井筒内的轨道线路变平后，经绕道与大巷的轨道相连。一般在煤矿井筒倾角较大时采用。

(2)当井筒倾角较小时，井筒快到井底水平将倾角变大，转向矿层底板掘进，与运输大巷连通；运输大巷布置在矿层中。

(3)井筒沿矿层底板或穿过岩层开凿至井底后，直接过渡到车场巷道。当线路变平后，在一定距离处最好设弯道或阻车装置，以免斜井跑车时矿车直接冲入车场过远而造成事故。这种形式在井筒距大巷较远时方可采用。

(4)井筒到井底水平后，空、重车分两侧和大巷轨道连通。这种形式在运输量较大的大型矿井中采用。

当多水平开拓或需要延深的斜井，在某一水平从井筒的旁侧引出线路，过渡到井底车场内的轨道线路上，即可形成斜甩车场，如图 6.10 所示。施工时要将井筒向下多开出一段，以便于井筒延深。

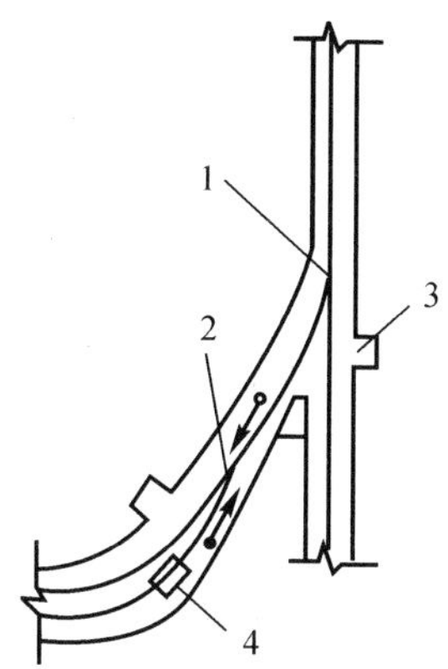

图 6.10　斜甩车场连接形式

1—甩车道岔；2—分车道岔；3—把钩房；4—把钩点

2. 斜甩车场连接

斜甩车场是矿山广泛采用的车场形式，特别是在采区上部车场、中部车场及上、下山巷道出入口等都会用到。斜甩车场实质上是一组三度空间线路，由斜井井筒中的一号道岔，即甩车道岔开始，经二号分车道岔、竖曲线、平面上的存车线，到三号存车道岔为止。斜甩车场的常用形式如图 6.11 所示。

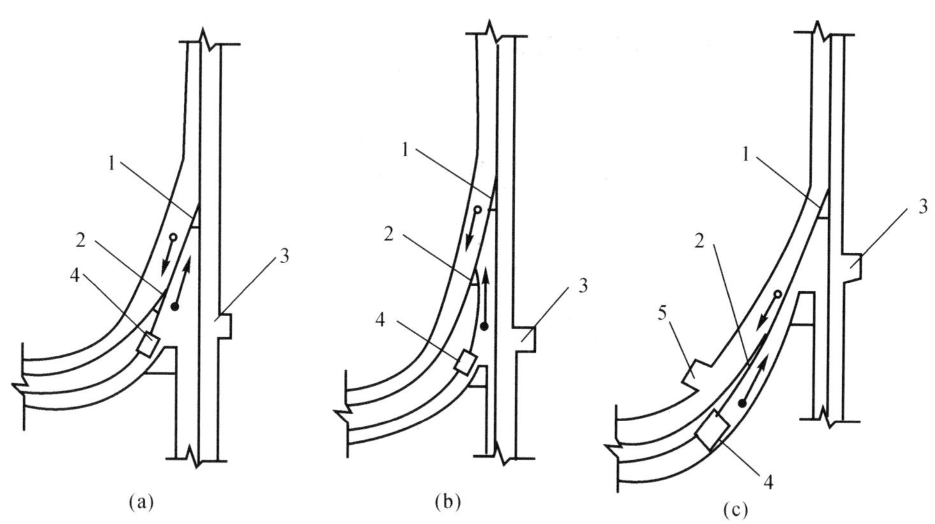

图 6.11　常用斜甩车场形式

(a)形式一；(b)形式二；(c)形式三

1—1 号道岔；2—2 号道岔；3—把钩房；4—起钩点；5—躲避硐

(1)如图 6.11(a)所示甩车场的特点是二号道岔向远离斜井井筒(或上、下山)轨道的外侧分岔，从内侧提重车，向外侧甩空车。通常提重车时，提升钢丝绳牵引力将产生一个横向分力，容易使重车掉道或倾倒，但该种甩车方式重车从起钩点到一号道岔，基本上是直线运行，对重车运行较为有利。甩空车时，经一号道岔到二号道岔要改变两次运行方向，但当钩头车到二号道岔时，串车中部分矿车已进入平道，提升钢丝绳开始松弛，基本上不产生横向倾斜力。因此现场多采用该种形式。

(2)如图 6.11(b)所示甩车场的特点是二号道岔向斜井井筒方向分岔。此时空车基本是直线运行，甚为平稳；但重车上提过程中要改变两次行车方向，由于牵引力作用将产生较大的使重车倾倒的横向力，故重车起步时不平稳。一般应采用岔角小的道岔，慢速起步，也可保证运行。

若改为内侧甩空车，外侧提重车，则因重车摘、挂钩地点标高最低，又在交叉点外侧，积水不易排泄，所以该形式的斜甩车场应用有限。

(3)如图 6.11(c)所示甩车场的特点是在两个道岔之间增加一段斜面曲线或使插入段加长，将摘、挂钩地点移至交叉点之外的井底车场巷道内，造成把钩工人走动距离加长。这种方式摘、挂钩地点较狭窄，可靠性差，但交叉点巷道的长度和宽度可适当减小，有利于交叉点的维护。当交叉点岩层稳定性较差时可考虑采用。

3. 斜井吊桥连接

采用多水平开拓、串车提升的小型金属矿山使用较多。该形式是借助于吊桥起吊与下放，使矿车进入某一水平或沿井筒轨道通过该水平至下一水平的连接形式，如图 6.12 所示。

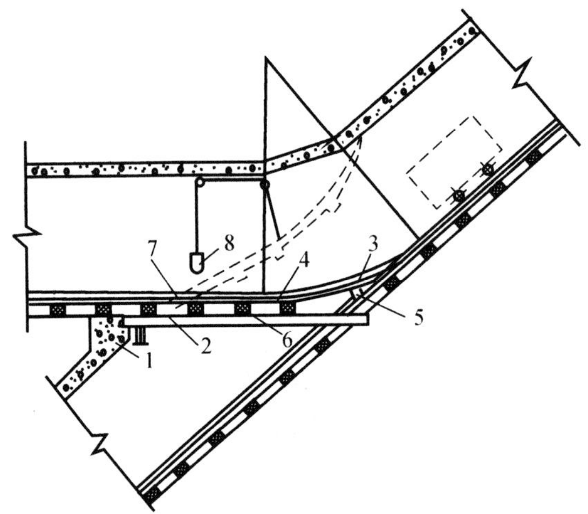

图 6.12　斜井吊桥连接形式

1—三角岩柱；2—托梁；3—吊桥尖轨；4—吊桥正轨；5—定位卡；6—吊桥轨枕；7—吊桥连接点；8—重锤

6.1.3　斜井施工技术

一、斜井开拓

井田开拓方式可分为平硐开拓、立井开拓和综合开拓三种。开拓方式选择的正确与否将影响矿井的建设速度，并与全矿的总投资、劳动生产率及生产成本有着极大的关系。在确定井田开拓方式时，应按先平硐、次斜井、再次立井和综合开拓的顺序进行选择。

平硐开拓在技术和经济上要比斜井、立井等开拓方式有利得多，具有投资少、建设速度快、投产早和成本低等优点。但真正适合平硐开拓方式的井田很少，其应用范围有限。

与此相比，立井开拓方式的范围很广泛，一般情况都可采用。但其施工复杂，投资大，井筒内和井口设备多，建设周期长，在地质、地形等条件限定必须采用立井开拓时方可采用。

斜井开拓介于上述两者之间，具有投资省、投产快、效率高、成本低等一系列优点。国内外大、中、小型矿井都有采用。

二、斜井施工特点

斜井施工既不同于立井，又不同于平巷，施工方法与施工设备介于立井与平巷之间，各国对其研究较少。

斜井井筒，由于其有10°～25°甚至更大的坡度，故在施工方法及工艺、施工机械及配套等方面各有其特色。与平巷施工相比，斜井施工有许多具体困难，其中以装岩、排矸和排水最为突出。

我国斜井施工形成了具有自己特色的机械化作业线及设备配套。其中有激光指向、光面爆破、耙斗机装岩、箕斗提升、斗形矸石仓排矸，即"两光三斗"的成熟经验。随着矿井开拓向深部发展和施工装备、施工方法和工艺的不断改进，大断面斜井快速施工得到发展。近年来，由于山区地形和煤层赋存条件的限制，加之大倾角强力皮带输送机的推广应用，常出现斜井倾角25°以上，甚至35°的大倾角斜井，这给斜井施工带来了许多新困难，提出了新的研究课题。

能否缩短建井周期，关键在于缩短井筒开凿工期。据统计，斜井筒工程量在煤矿建设井巷总工程量中仅占3%～13%，而其施工期一般约占矿井建设总工期的35%左右。所以，总结并发展斜井施工技术，提高斜井施工速度，对加快矿井建设速度，缩短矿井建设周期具有重要的现实意义。

三、斜井施工方法

在煤矿建设工程中，斜井或斜巷施工也占有相当大的比例，如我国西北地区现有生产矿井中，用斜井开拓的约占50%，皖南、苏南等矿区斜井开拓比重更大，另外，井下不同水平的生产也需要斜巷来实现材料和人员运送，通常在煤矿将该类斜巷称为上山或下山巷道。斜巷的施工可由上往下，也可由下往上，其倾角一般小于30°，个别在30°～50°之间，其施工工艺与平巷基本相似，但在装岩、运输、支护和排水等方面有其自身的特点。

1. 斜井表土施工

当斜井井口位于地形平坦地区时，一般采用明槽施工。由于表土层较厚，稳定性较差，顶板不易维护，为了施工和保证掘砌质量，通常将井颈段一定深度的表土挖出(即大揭盖)，形成明槽，待永久支护砌筑完成后，再回填夯实。

明槽多用人工或机械进行挖掘，其边坡支护是确保施工的关键。目前多采用支撑加固法，即明槽两侧做成直立槽壁，再用横向支撑将两侧壁顶紧；台阶木桩法，即按台阶式开挖，采用侧壁打短木桩插板维护，当表土层不够稳定或夹有流砂层时，可用45°台阶式开挖，如图6.13所示。

为了做好斜井口的破土开口工作，必须保证明槽正面斜坡的稳定，以防发生顶帮坍塌现象。明槽正面的支撑通常有两种，一是当井口土质较坚硬、稳定时，可用挡板将井口上部边坡护住，并用斜撑将挡板支撑牢固，以免片帮或滑坡；另一种方法是当土质松软，正面拐角部分容易冒落时，应以抬棚及木垛支护，木垛与土帮之间用草袋填满。明槽的深度应使井筒掘进断面顶部距耕作层或堆积层不小于 2 m，以便使井筒顺利穿入表土层。

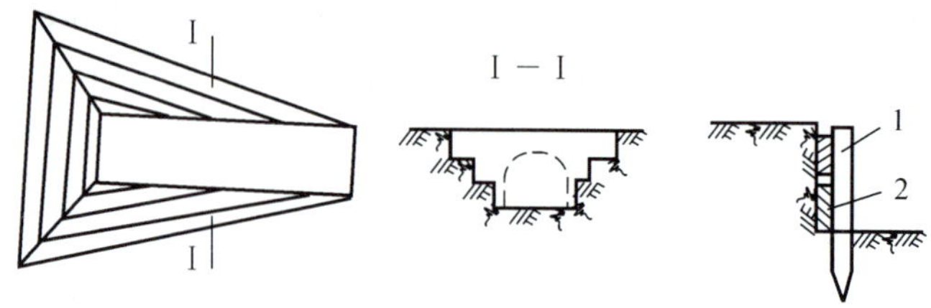

图 6.13　台阶木桩法施工示意图

1—木桩；2—插板

斜井井筒在表土中一般均需砌碹，采用短段掘砌法施工。当井筒从明槽向表土层掘进5～10 m后，即由里向外进行永久支护，直至地表，并将明槽用土分层夯实。

为顺利地进行斜井表土施工，应注意如下几点：

(1)明槽应尽量避免在当地雨季破土开工，以免边坡支护困难。

(2)在明槽施工前，应在井口四周修筑排水沟，将水引至场外，在渗透性较大的土壤中需用砖砌筑水沟，砂浆抹面，山区还要加防洪沟。

(3)在冬季施工时，为防止所需开挖的土壤冻结，需采取保温措施，可将土壤翻耕耙松，其深度不小于 0.3 m。

(4)土方和材料应堆放在明槽边坡上缘 0.8 m 以外，弃土堆置高度不应超过 1.5 m。

2. 斜井基岩施工

斜井掘进一般都是由上往下进行，目前多采用中深孔光面爆破技术破岩，耙斗装岩机装岩，矿车或箕斗排矸，工作面直接排水和锚喷支护为主的施工工序。斜井掘进方法与平巷基本相同，施工中应注意的事项除爆破外，还应特别注意装岩机的操作使用和防跑车事故。

(1)凿岩爆破。

1)多台风钻打眼。在斜井掘进中多台风钻打眼，是目前国内斜井施工作业中普遍应用的机械化配套方式之一。它可靠实用、效益好、打眼的时间一般占循环时间的 40%左右，采用多台风钻打眼，可缩短打眼时间，提高掘进循环率，加快施工速度。但风钻的合理布置、严密组织非常重要，否则，会互相干扰，不能发挥其优势。

①风钻造型。使用导轨式凿岩机有助于推广深孔光爆，但在斜井施工中使用凿岩台车无法调车。若使用钻装机，又不能使钻眼、装岩平行作业。液压支腿式凿岩机效率高，但其后部配备的工作车影响装岩工作。故在国内斜井快速施工中，多使用风动气腿式凿岩机。多台同时作业，在工作面使用灵活，能与装岩等工序平行作业，风动气腿式凿岩机一般选用中频，如 YT—28 型等。在中硬以上的岩石中使用高频凿岩机能够取得较高钻眼生产率。

②风钻台数的确定。掘进工作面同时作业的风钻台数，主要根据井筒断面大小、岩性、支护形式、炮眼数量和作业人员的技术素质、施工管理水平来确定。

2)中深孔光面爆破。实践证明，钻眼爆破工序是加快掘进速度的关键环节。目前井巷工程中的爆破主要指普通光面爆破，按照一次爆破的深度分为浅眼(眼深 1.9 m 以下)、中深孔(眼深 2.0～2.9 m)和深孔(眼深 3 m 以上)；按掏槽方法又分为中空直眼掏槽与斜眼掏槽两大类;按爆破联线方式可分为大串联、全并联、并串联三种形式;按起爆方法分为全断面一次爆破和分次爆破。

斜井中深孔光面爆破技术应合理地选择和确定爆破参数,主要包括掏槽方式、不耦合系数、密集系数、装药系数和起爆技术等几方面。斜井中深孔爆破炮眼深度,已达到3～4 m。炮眼深度可按巷道断面的大小增减,掘进断面大于15 m^2取1.8～2.5 m较适宜,断面为12～15 m^2取眼深2 m左右较为理想。这样易操作、效果好。深孔爆破不宜在斜井使用,这是由目前所使用钻眼机具所决定的,随着钻孔深度增加,气腿式凿岩机钻进效率降低,不能发挥多台的优越性。斜井中深孔爆破孔深不宜超过3 m,最好在2.5 m左右,各项指标最优。

(2)装岩。斜井由上往下施工,多数都采用耙斗装岩机,其在工作面的布置情况如图6.14所示。耙斗装岩机适用于倾角小于30°的斜井,倾角在17°以上的斜井,耙斗装岩机到工作面的距离以5～15 m为宜。耙斗装岩机在工作面的固定方法随斜井倾角大小而定,当倾角小于25°时,尽管耙斗装岩机自身配有4个卡轨器,还应在机身后加设两个卡轨器;当倾角大于25°时,则需另设防滑装置。可在巷道底板上钻两个1 m左右的深眼,楔入两根圆钢或铁道橛子,用钢绳拴住耙斗装岩机,在工作过程中,要注意防止耙头钢绳摆动和翻斗伤人。

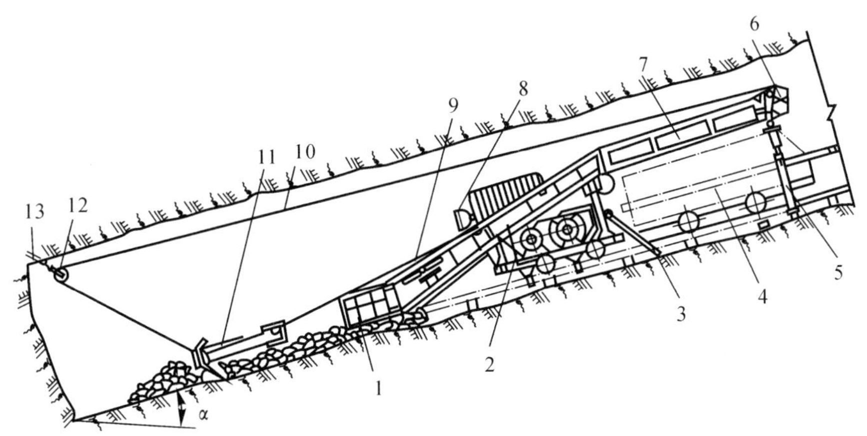

图6.14　耙斗装岩机在斜井工作面的布置示意图

1—挡板;2—操纵杆;3—大卡轨器;4—箕斗;5—支撑;6—导绳轮;7—卸料槽;8—照明灯;9—主绳;10—尾绳;11—耙斗;12—尾绳轮;13—固定楔

在斜巷施工使用耙斗装岩机时,应注意以下事项:

(1)耙斗机上必须装有金属挡绳栏杆和防止耙斗出槽的护栏,耙斗绞车的刹车装置必须运行可靠。

(2)固定钢丝绳滑轮的锚桩必须装设牢固,应根据实际岩性条件确定安装方法,当耙斗机无照明时,必须在工作面作业区前方设有良好的防爆照明。

(3)在装岩前,必须将机身固定可靠,检查耙装机各部件是否连接牢固。

(4)严禁在耙斗运行范围内进行其他工作和行人,当斜井倾角大于20°时,在司机前方必须设护身柱或挡板。

(5)在用耙斗装岩机时,严禁手扶或碰撞运行中的钢丝绳,如若需要利用耙斗装岩机自拉自移,必须编制专门措施。

3. 斜井排水

斜井由上往下施工，井筒涌水都是流向掘进工作面，为保证施工质量，改善作业条件，应根据涌水大小确定防治措施。当单层涌水量超过 10 m^3/h 时，就应采取工作面预注浆封堵措施。若工作面涌水量小，可采用工作面直排措施。当工作面涌水量小于 5 m^3/h 时，可选用潜水泵排水；当工作面涌水量小于 30 m^3/h 时，可选用喷射泵排水，当工作面涌水量超过 30 m^3/h时，则需设置离心泵，根据斜井的长度和倾角决定采用单段或双段排水措施。

在斜井掘进中，井筒通过涌水量较大的含水层、断面或裂隙涌水等地段时，可采用分段截水和排水措施，防止上段水流入工作面，影响施工。截水方法是在涌水段下部轨道中央掘一临时水窝，在水窝上部靠非人行道一侧，根据涌水量大小安设 1～2 台喷射泵排水，亦可在涌水段下方靠井帮一侧掘一水窝，安设卧泵将水排出。

4. 斜井支护

近年来，斜井快速施工经验表明，锚喷支护已成为斜井支护的主要形式。与平巷不同的是，喷射混凝土施工设备常常采取集中固定式布置，通常都集中固定在井口，采用远距离管路输料方式，因此，要解决好喷射站的工作风压、管路堵塞和输料管的磨损问题。

随着工作面的延长，应该相应增加喷射机的风压，才能保证向工作面正常输料。一般喷射机的最大工作风压力为 0.6MPa，当工作风压不足时，可在管路中途增加辅助风管。管路堵塞多发生在出料弯管、输料管和喷枪口。在施工时，除提高管路质量外，喷射机司机要集中精力，观察压力表变化情况，发现异常（压力突升），应立即停止供料、供风，以免堵管事故扩大，增加排除的困难。输料管的磨损主要集中在弯头处和管路联结质量较差处。因此，在管路的敷设质量上一定要保持平直、坡度一致，尽量使用法兰盘连接。

5. 斜井施工防跑车技术措施

防跑车是确保斜井施工的重要措施之一。斜井由上往下掘进，因不慎矿车冲入井底伤人是最易发生的事故。为此，《煤矿建设规定》指出，在开凿或延深斜井时，必须做到“一坡三挡”，即在其上口平坡处，设置阻车器，上口坡点下方 20 m 处设挡车器或挡车栏，掘进工作面上方必须设置坚固的遮挡。

井口挡车器是为防止因摘钩不慎而使刚提上来的矿车或提升容器滑入井内而设置在井口的装置，现场常用的有井口逆止阻车器和挡车板。需经常摘、挂钩的井口，应安设挡车板，如图 6.15 所示。

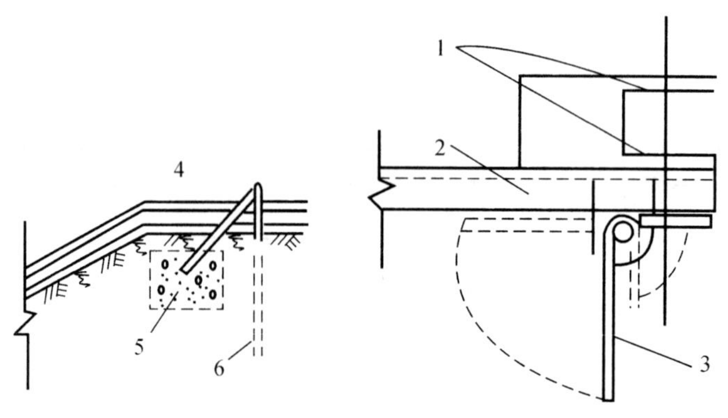

图 6.15　井口挡车板示意图

1—挂钩销孔；2—矿车底盘；3—活动闸；4—斜撑；5—钢板；6—基础

井内挡车器是为防止矿车或提升容器因断绳、掉钩而突然下滑伤人而设的装置，如图 6.16 所示为常用的井下钢丝绳挡车器示意图；目前应用较多的钢丝绳挡车帘，如图 6.17 所示。

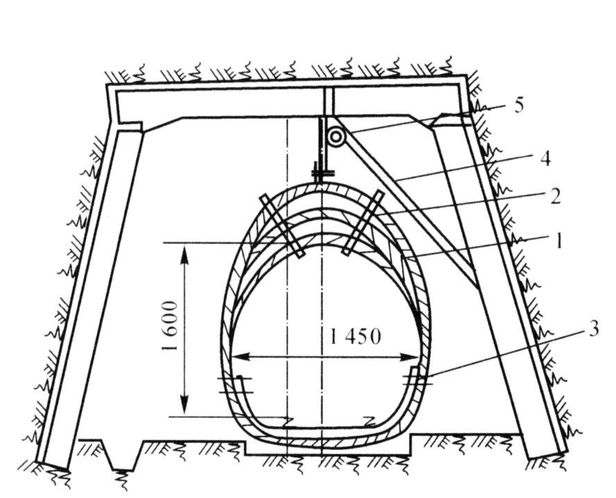

图 6.16　井下钢丝绳挡车器示意图

1—悬吊绳；2—立柱；3—吊环；4—钢丝绳编网；5—圆钢

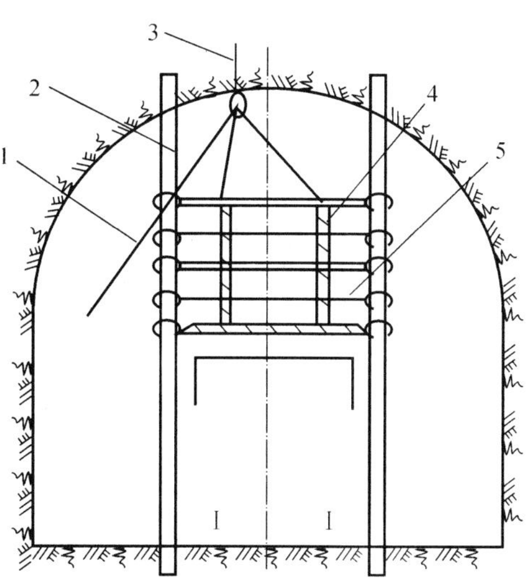

图 6.17　井下钢丝绳挡车帘示意图

1—钢丝绳；2—扁钢；3—绳卡子；4—牵引绳；5—圆钢

6.2　立井施工技术

立井开拓是矿山建设工程设计的主要形式之一。当矿层埋藏深、倾斜大、表土层厚或水文地质情况复杂时，一般均采用立井开拓。我国现有的大、中型矿井中立井开拓所占的比例较大，特别是近年在表土层厚、水文地质条件复杂的新矿区，如山东兖州、巨野及陕西彬县煤矿等，几乎都采用立井开拓。

6.2.1　立井井筒工程

1. 井筒名称

立井井筒是矿井通达地面的主要进出口，其设计是否合理，直接影响矿井的生产能力和矿井建设的速度。采用立井开拓的矿山一般有两个或两个以上的井筒，根据用途的不同，一般可分为三种：

(1)主井。专门用于提升矿物的井筒称为主井。在大、中型煤矿，主井内设有箕斗，故又称箕斗井，井内一般设有梯子间。箕斗主井断面布置如图 6.18 所示。

(2)副井。用于升降人员、设备、材料及提升废矸石的井筒称为副井。井筒内通常设有罐笼，故又称为罐笼井，一般还设有梯子间和管路间。罐笼副井断面布置如图 6.19 所示。副井通常都兼作全矿的进风井。

(3)风井。主要作为通风用的井筒称为风井。一般作为出风用，又可作为全矿的安全出口。因此，井内一般设有梯子间。

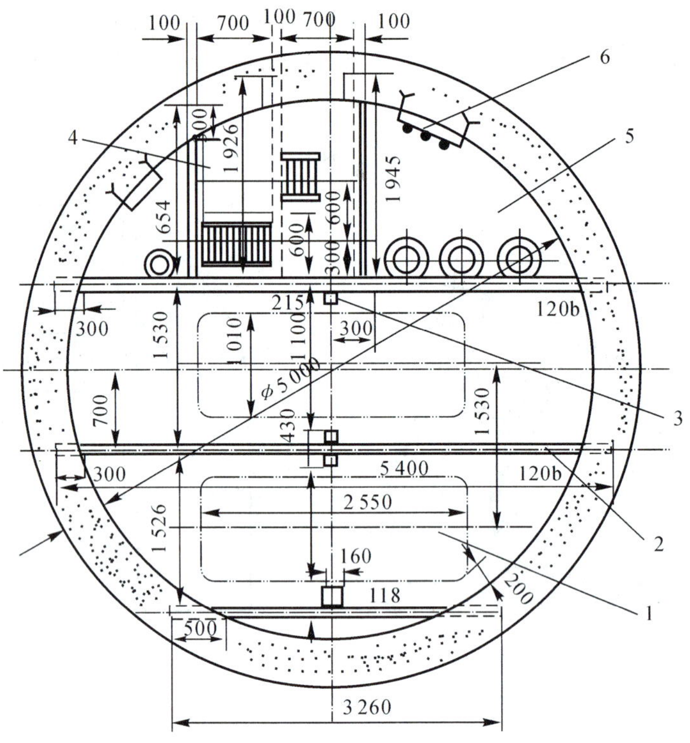

图 6.18　箕斗主井断面图

1—罐笼；2—金属罐梁；3—罐道；4—梯子间；5—管路间；6—电缆架

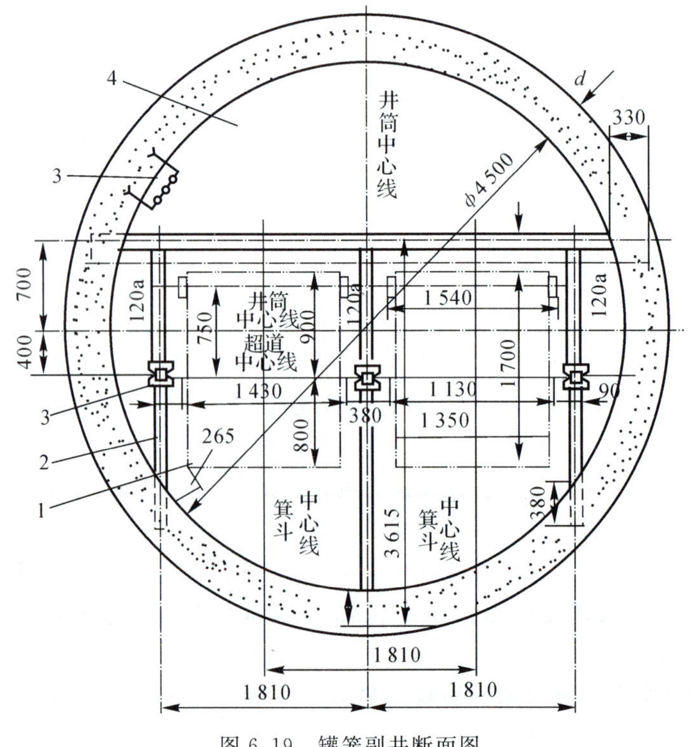

图 6.19　罐笼副井断面图

1—箕斗；2—金属罐梁；3—金属罐道；4—梯子间或延深间

2. 井筒结构形式

立井井筒从上到下是由井颈、井身和井窝三部分组成，如图 6.20 所示，对于特殊地层，有时在井筒适当部位还筑有壁座。

(1)井颈。井筒最上端直接通达地表，井筒需要加厚的部分称为井颈。根据实际地层情况，其深度可以等于表土层的全厚或风化岩部分，也可为表土层的一部分，一般为 8～15 m。与井筒其他部分相比，井颈具有以下特点：

1)井颈大多处于松散含水的表土层或破碎风化的岩层内，承受的地压和地表载荷较大。

2)生产井架或井塔的基础在井颈附近，井壁厚度设计需考虑井架或井塔的自重和所提升最大载荷的影响。

3)井口附近构筑物的基础和运输设备重量等都波及井颈，使其受力复杂，设计时需适当考虑增强系数，在井颈内加放钢筋。

4)不同用途的立井，井颈部分往往留有各种孔洞，削弱了井颈的强度。

因此，井颈的支护必须加强，一般最上端的厚度达到 1.2～1.5 m，向下呈倒台阶式逐渐减小。

(2)井身。从井底车场罐笼进出车水平(或箕斗井装载水平)以上至井颈以下的井筒称为井身。它是井筒的主干部分，所占井深的比例最大。

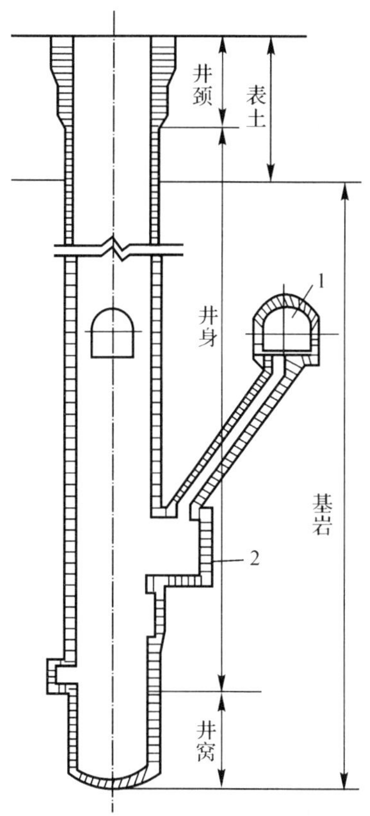

图 6.20　主井井筒结构示意图

1—翻笼硐室；2—装载硐室

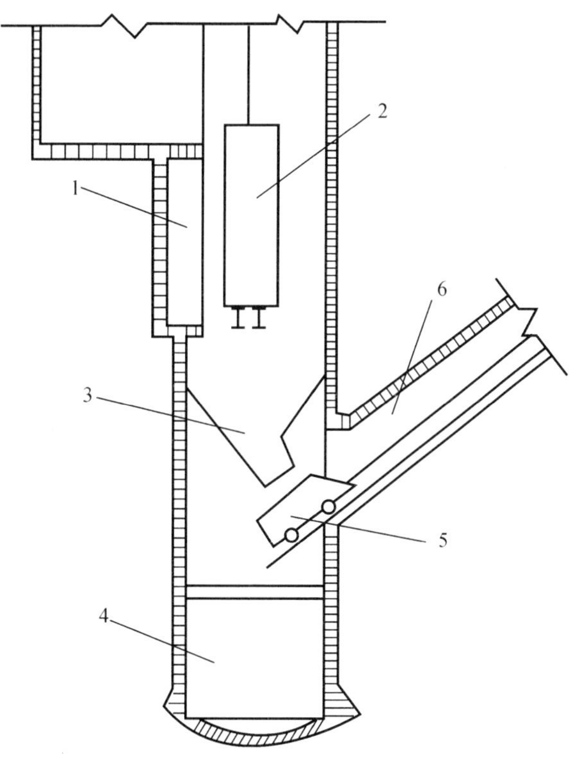

图 6.21　箕斗井井窝示意图

1—装载硐室；2—箕斗；3—井底接受仓；4—水窝；5—清运车；6—清理斜巷

(3)井窝。井底车场进出车水平(或箕斗装载水平)以下的井筒部分称为井窝。箕斗井井窝深度应根据清理撒煤方式确定,典型结构形式如图 6.21 所示。对于不提升人员的罐笼井,井窝深度不小于 2 m 即可。对于提升人员的罐笼井,应在井底车场水平以下,与过卷高度距离相等的位置设托罐梁,托罐梁下留 2～5 m 深的水窝。

(4)壁座。立井施工通常要分段进行,国内外的传统办法,都是在立井每个分段的底部向井帮四周超挖一部分,然后用混凝土或钢筋混凝土修筑起来,称为壁座,其意图是以它作为本分段井壁的基础。壁座设计通常是假设井壁与围岩之间完全不存在结合力,井壁重量全部由壁座底面传给围岩,这种假设与实际出入较大,如何合理设计壁座仍是需要探讨的问题。壁座是施工的产物,却有它多方面的综合作用:如作为正在向上砌筑的施工段井壁的支撑点、悬挂下向掘进段的临时支架、封截砌筑段的涌水、防止下部井壁围岩片帮和垮落时向上扩展等。因此,在井颈下部和厚表土层上、下部基岩处多设置壁座。在马头门的上部、需要延深井筒的井底及井身的其他部分,可以根据岩石性质、地压情况和需要设置壁座。

目前,我国广泛采用双锥形壁座,如图 6.22 所示。通常壁座尺寸可按经验选取:高度不小于壁厚 2.5 倍,一般可取 1.5～2.0 m。宽度不小于壁厚的 1.5 倍,坚固岩层内取 0.6～0.7 m,普通岩层内取 1.0～1.2 m;岩石坚固性较差的特殊情况,也不应大于 1.5 m,否则不便于施工。

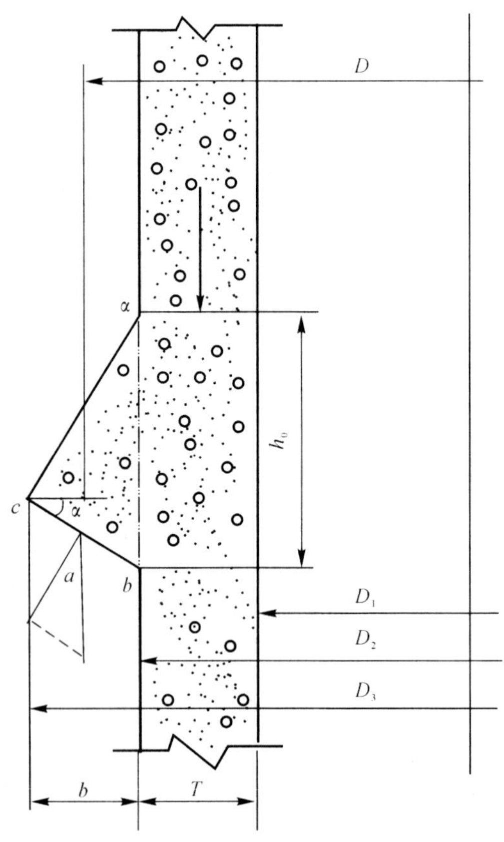

图 6.22　井筒壁座示意图

3. 相关硐室

主立井的硐室主要包括箕斗装载硐室和清理斜巷。副立井的硐室主要有马头门、井底水窝、管子道等。

6.2.2　立井井筒装备

立井井筒装备是指安设在整个井深范围内的空间结构物。它主要包括罐道、罐梁、各水平和井底金属支撑结构，以及过卷装置、托罐梁、梯子间和管路等。这些结构物在井筒内的相互位置关系需要精心设计。根据井筒装备的需要，井筒断面一般可分为提升间、管路间和梯子间。在我国当前的设备装备和开采技术条件下，圆形井筒断面的常用布置形式如图 6.23 所示。

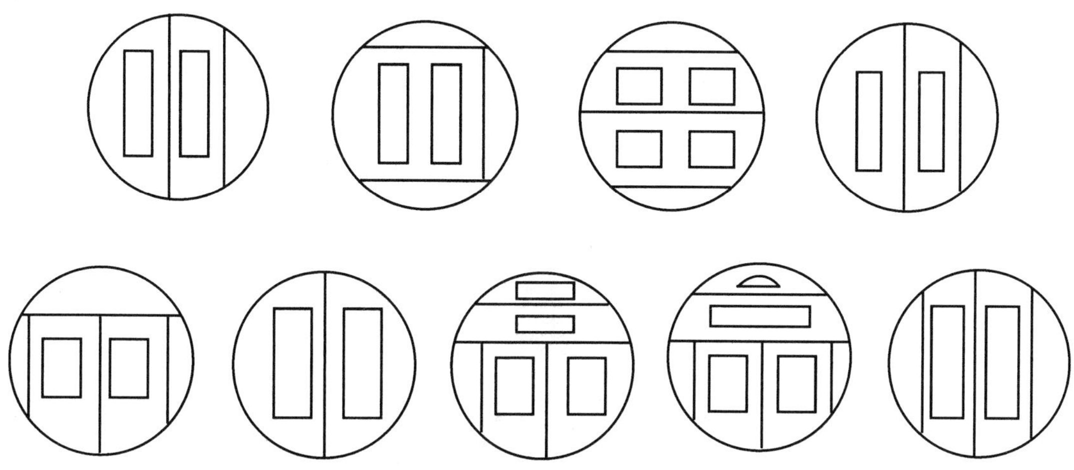

图 6.23　井筒断面布置形式示意图

一、提升间

一般主井和副井内均设有提升间。为了控制罐笼或箕斗的上下垂直运行，减少横向摆动，沿井筒纵向需要装设罐道作为提升容器的导向装置。为了固定罐道或固定管路和梯子，沿井筒纵向每隔一定距离要安设罐道梁或井梁。

1. 罐道梁

罐道梁沿井筒纵向每隔一定距离设置一层，构成水平梁格。矿山常用金属罐道梁，个别矿井也采用木罐道梁或钢筋混凝土罐道梁。

(1)木罐梁。由于强度低、易腐朽、使用年限短，现已很少采用。但在小型煤矿和金属矿山的矩形断面井筒中，仍然使用木罐梁。

(2)钢罐梁。在我国矿山中使用比较广泛，其优点是强度高，占井筒断面小，使用期限长，施工安装方便，但要消耗大量钢材，并需特殊防腐措施。

钢罐梁多采用工字钢，也有用槽钢的。罐梁型号一般根据提升终端载荷的不同，按经验选取，在煤矿中箕斗井多采用 20 号工字钢作罐道梁；罐笼井根据罐笼类型按要求选取。

从受力性能来看，最好采用整段型钢的罐梁，但考虑到安装方便，长度较大的罐梁可由两段组合而成。

(3)钢筋混凝土罐梁。在井深不超过 300m 的中、小型矿井井筒，或在有侵蚀性淋水的井筒中，可考虑使用钢筋混凝土罐梁。

2. 罐道

过去多用木罐道和金属罐道，称为刚性罐道；近年来，大量使用钢丝绳罐道，称为柔性罐道。

(1)木罐道。我国立井井筒标准设计中，升降人员的罐笼井筒，过去多采用木质罐道，它既可作导向用，又可作为断绳时防止罐笼下坠的支撑构件。1 t 矿车的普通罐笼采用断面为 180 mm×160 mm 的木罐道，3 t 矿车的普通罐笼采用 200 mm×180 mm 的木罐道。安装前木罐道都要进行防腐处理。

近年来，金属罐道采用 FS 型钢丝绳防坠器已有成熟经验，而木罐道由于使用寿命短，已逐渐被金属罐道所取代。但在中、小型矿井或浅井，以及采用 1 t 及 1 t 以下矿车罐笼井中，还可以采用木罐道。

(2)钢轨罐道。我国矿山多采用 38kg/m 钢轨作罐道。钢轨罐道和工字钢罐梁之间采用特制的罐道卡子和螺栓联结，如图 6.24 所示。只有一侧有罐道的罐梁，为了便于使用罐道卡子，在联结处另一侧设置一段伪罐道，其每段长度一般为 540～600 mm，上下各焊一段 4 号角钢。

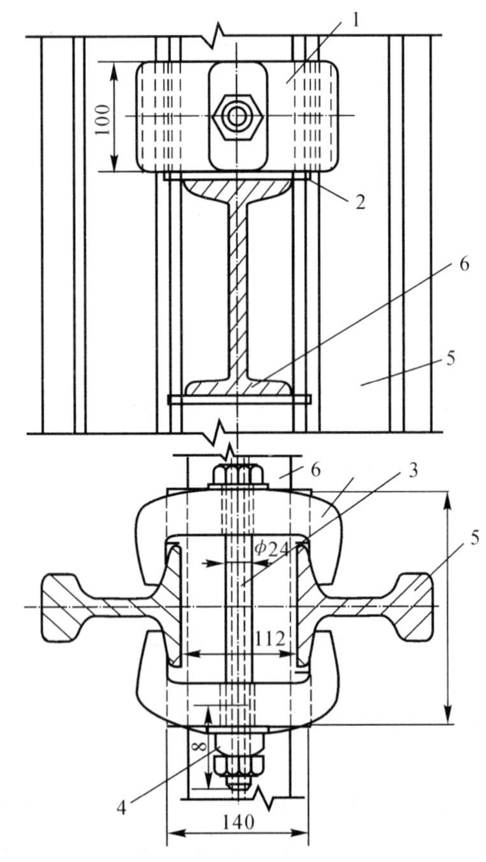

图 6.24 钢轨罐道与工字钢罐梁联结

1—罐道卡子；2—金属垫板；3—螺栓；4—螺母；5—钢轨罐道；6—工字钢罐梁

(3)型钢组合罐道。它是由槽钢或角钢加扁钢焊接而成的矩形空心组合罐道,故又称为矩形空心金属罐道。其主要优点是抗侧向弯曲和扭转的能力大,罐道刚性强,截面系数大,虽在加工制作时较为费工,但配合使用摩擦因数小的胶轮滚动罐耳后,如图 6.25 所示,提升容器的运行十分平稳,为加大提升速度和提升生产能力创造了有利条件。因此,这是一种有广泛用途的刚性罐道。在大、中型矿井或深井以及采用 3 t 及 3 t 以上矿车的罐笼井中应用较多。

(4)钢丝绳罐道(柔性罐道)。作为提升容器导向装置的钢丝绳罐道,上端固定在井架上,下端在井底拉紧,井内不需要设置罐道梁。

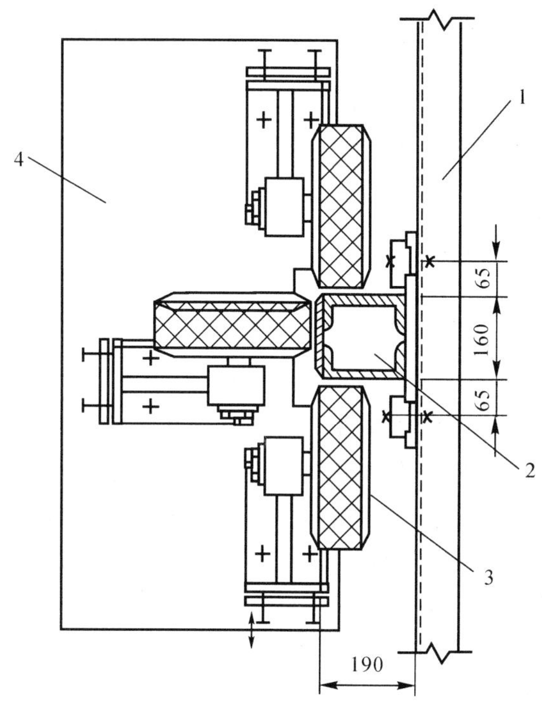

图 6.25　槽钢组合罐道与胶轮罐耳

1—槽钢罐梁;2—槽钢组合罐道;3—胶轮罐耳;4—罐笼

钢丝绳罐道的装置主要包括:罐道钢丝绳、罐道绳的固定和拉紧装置、提升容器上的导向装置、井口及井底进出车处的刚性罐道等。钢丝绳罐道结构简单、安装方便,由于不需要罐梁,井筒的通风阻力大为减小,同时改善了井壁的整体性和防水性。

钢丝绳罐道具有一定柔性,提升容器运行平稳,没有冲击,改善了提升系统的受力情况,因而允许采用较高的提升速度。随着矿井开采深度的增加,提出了采用大容器和高速度提升的要求,在这种情况下,采用钢丝绳罐道是合适的。在采用钢丝绳罐道时,其布置形式有对角、三角、四角和单侧等几种,如图 6.26 所示。

对于井深和提升终端载荷不大的小型矿井,多采用二根或三根罐道绳对角或三角布置,对于提升终端载荷较大的深井或大、中型矿井,皆采用四根罐道绳四角或单侧布置。

在各类型的矿井中,除了提升终端载荷过大的深井以及井筒偏斜度较大者外,应考虑采用钢丝绳罐道。不论选用何种罐道,提升容器之间以及提升容器最突出部分和井壁、罐道梁、井梁之间的最小间隙，都应当符合《煤矿安全规程》中的有关规定。

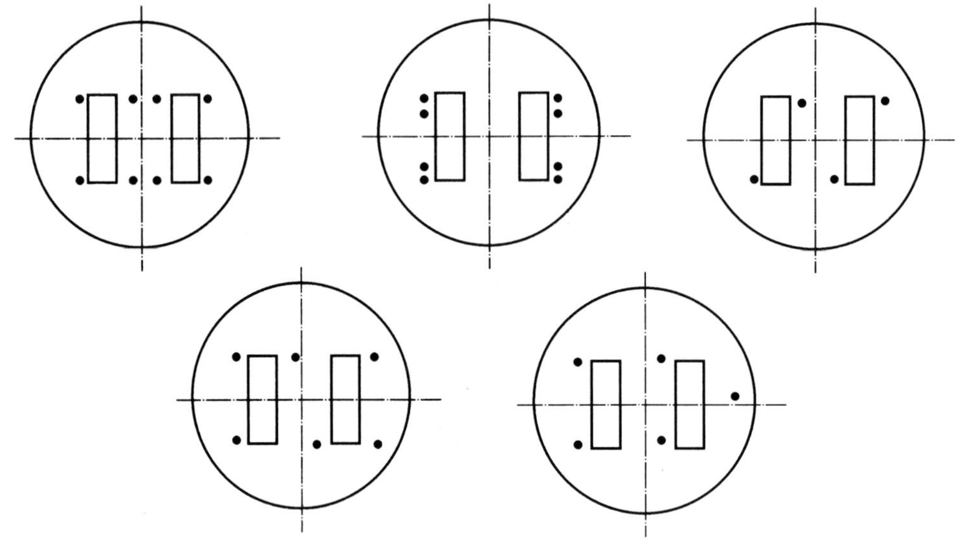

图 6.26 钢丝绳罐道布置方式示意图

二、梯子间

矿山安全规程规定，坡度大于45°或作为矿井安全出口的井筒，必须设有梯子间。梯子间由梯子、梯子梁和梯子平台组成。为了安全起见，通常用壁板将梯子间与提升间和管路间隔开。梯子间在井筒的位置应与管路、电缆一同考虑，并应尽量靠近，以便管路和电缆检修。

梯子的斜度不得大于80°，梯子间相邻两个平台的上下距离不得大于8 m，梯子孔的大小应便于人员通过，从人员通过方向看，孔口左右宽不应小于0.6 m，前后宽不应小于0.7 m，上下层的孔口应错开，每架梯子间上端必须伸出平台1.0 m。

梯子间按材料分为金属梯子间和木梯子间两种。金属梯子间的梯子一般用扁钢作梯子架，角钢作踏脚，梯子平台采用花纹钢板，梯子间隔板采用网孔为45 mm×50 mm的金属网。木梯子间由于寿命较短，维修工作量和材料消耗量大，目前已很少采用。

三、管路间

管路间主要用于布置各种管路，如排水管、压风管、供水管，有时还有充填管和煤水管等。为了便于检修，管路间大都布置在副井中，并与梯子间靠近。

井内的动力和通讯、信号电缆卡挂在电缆支架上，支架固定在靠近梯子间的井壁上。

6.2.3 立井施工技术

立井井筒是矿井的咽喉，它的服务年限一般为几十年以至百年以上。因此，立井施工一定要把好质量关。立井施工是矿建工程的重中之重，虽然井筒仅占全矿井总工程量的10%左右，施工期却占建井总工期的30%～50%，而且由于立井施工条件的复杂性，立井施工安全也是矿建工程能否顺利进行的关键。

一、立井施工设施及布置

立井是垂直向下掘进的，井下施工人员只能在断面有限的工作面上进行作业，为掘进工作服务的大量设备、管路等都要吊挂在井筒断面内，且需随工作面的不断推进而下放或接长。为了满足掘进、提升、卸矸、砌壁和悬吊各种施工设备以及安全的需要，立井施工需要的主要设施及布置情况如图6.27所示。

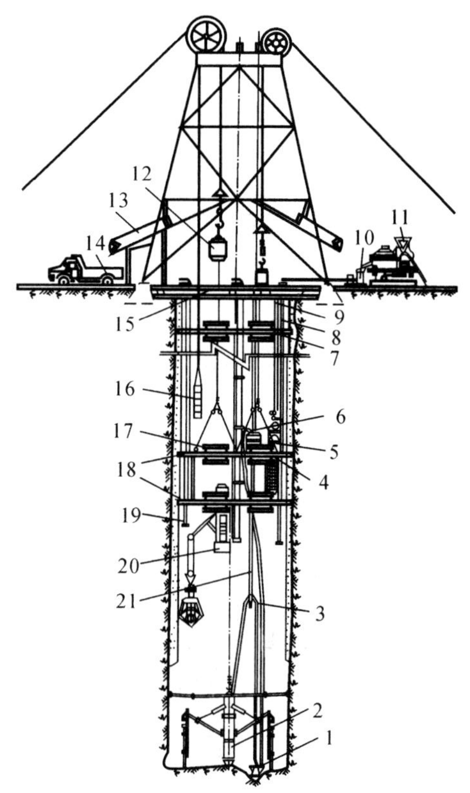

图6.27　立井施工设施示意图

1—风动潜水泵；2—伞形钻架；3—分风器；4—水箱；5—吊泵；6—风筒；7—固定盘；8—喷射混凝土溜灰管；9—排水管；10—喷浆机；11—混凝土搅拌机；12—吊桶；13—翻矸溜槽；14—排矸汽车；15—井盖门；16—安全梯；17—喇叭口；18—吊盘；19—注浆管；20—抓岩机；21—压风管

1. 凿井井架

凿井井架是立井和井内悬吊设备及管路的承载体，需安全承担施工中的全部载荷，应根据井筒深度和井径大小来选择井架型号。

目前，我国已普遍采用装配式金属凿井井架，如图6.28所示，定型设计和应用的已有5个型号，可满足井筒直径8 m、井深1 100 m的立井施工。但由于井筒深度、提升载荷和悬吊设施的不同，井架的细部结构形式仍需要专门设计。一般选择凿井井架的原则是能够安全地承担施工载荷，保证足够的过卷高度，角柱跨距和天轮平台尺寸应满足井口材料、设备运输及天轮布置的需要。

如果实际悬吊荷重超过相应井架的安全荷重时，则要对井架的天轮平台、主体架及基础等主要构件进行安全验算，即强度、稳定性和刚度的验算，并应采取补强措施。井架安装竣工后还必须测量井架中心实际位置，要求与设计位置相差不得超过±5 mm，否则，需进行处理和采取预防措施。

2. 天轮平台

天轮平台在井架上部，主要布置提升天轮和各种悬吊天轮，是凿井井架的重要组成部分，直接承受天轮传来的载荷。井内悬吊装备的钢丝绳通过天轮缠绕在井口周围的稳车(凿井绞车)上。提升天轮、悬吊天轮强度应大于实际选用的钢丝绳钢丝破断力总和，悬吊前要对天轮平台的副梁及有关连接部分进行强度验算，受力超过规定时要采取措施。

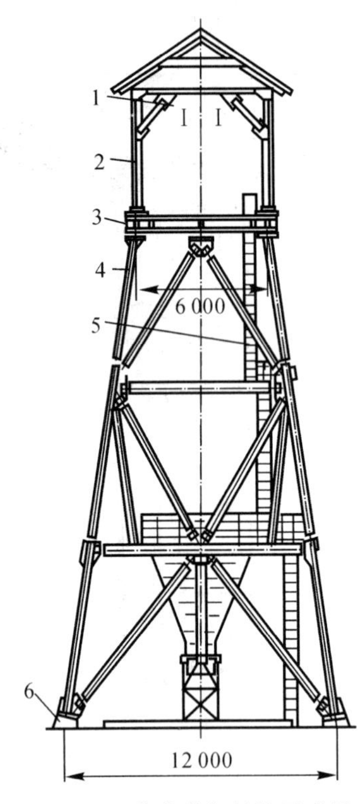

图 6.28　凿井井架结构示意图

1—起重梁；2—天轮房；3—天轮平台；4—主体架；5—扶梯；6—基础

天轮平台一般是由四根边梁和一根中梁组成的正方形框架，其上设置若干根天轮梁，有时还设置有支撑梁，天轮梁和支撑梁也称为副梁。由于边梁和中梁所受的垂直和水平载荷都很大，一般采用由钢板焊接组成的工字型截面组合梁。

天轮平台的典型布置如图 6.29 所示，天轮平台中心线也就是井架的中心线，在布置时中间主梁轴线必须与凿井提升中心线垂直，应离开与之平行的井筒中心线一段距离，向提升吊桶反向一侧错动，最大错动距离应不超过 450 mm，以吊盘悬吊天轮不碰撞平台主梁、改为临时罐笼提升时钢丝绳不摩擦平台主梁为限。提升天轮应尽量布置在同一水平，稳绳天轮应布置在提升天轮一侧，出绳方向与提升钢丝绳一致，以免稳绳跨越天轮平台主梁。

天轮和平台各构件间的距离应不小于 60 mm，悬吊钢丝绳与平台构件的间隙不应小于 50 mm，若不满足，可变换天轮位置或增设垫梁以抬高天轮的轴承座。

3. 卸矸平台

卸矸平台是一个独立的结构，通常在井架中部与井架组装在一起，由操作平台、盖门、溜槽和卸矸装置组成，如图 6.30 所示。

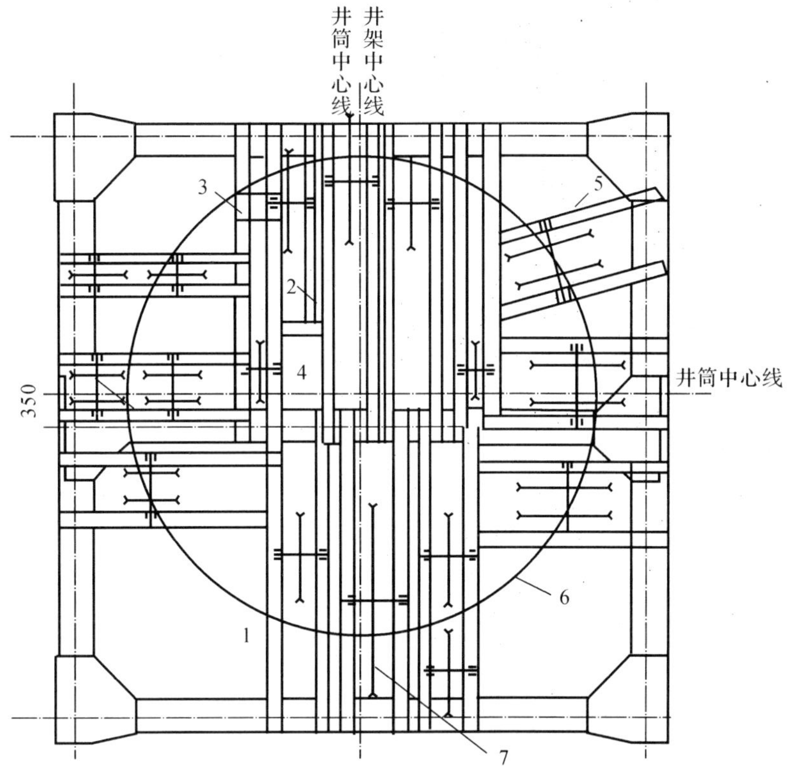

图 6.29　天轮平台布置示意图

1—通梁；2—短梁；3—垫梁；4—切头错接；5—斜梁；6—井筒；7—提升天轮

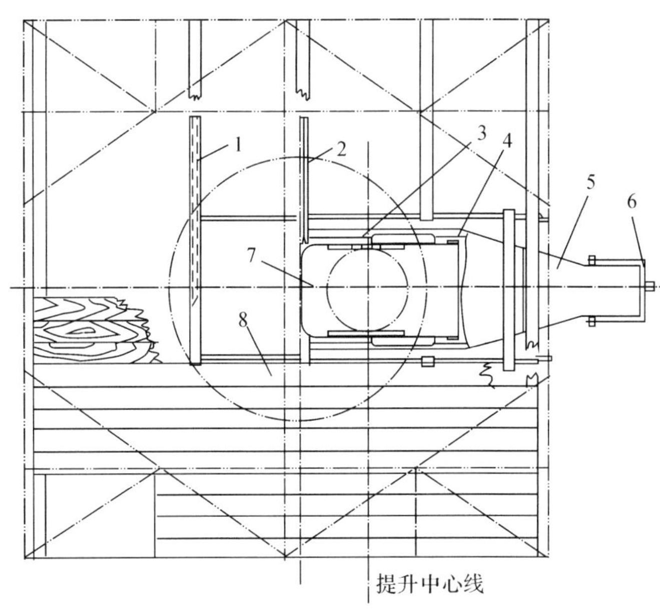

图 6.30　卸矸平台示意图

1，2—卸矸台横梁；3—溜槽梁；4—卸矸门轴承支架；5—溜矸闸门；6—溜矸槽；7—卸矸门；8—平台板提升吊桶将井下开挖的矸石提升到卸矸台上方，由翻矸装置将矸石卸入溜矸槽，再装入矿车运走。卸矸平台的高度除满足溜矸槽倾角为 36°～45°外，溜矸槽下缘与排矸矿车或汽车通过部分的距离应大于 500 mm。翻矸台上除吊桶、管路、电缆等通过的孔外，应使用不低于 75 mm厚的木板铺满，吊桶通过口的四周设安全栏杆，吊桶与通过口的安全间隙应不小于 200 mm。使用伞形钻架的井筒，注意考虑卸矸台以下的高度是否能满足提吊伞钻的需要。

4. 封口盘和固定盘

封口盘主要是封盖井口，防止从井口向下掉落工具或杂物，保护井内安全作业，同时也作为施工过程中升降人员、设备、物料和装拆管路的工作平台。封口盘的结构布置如图 6.31 所示，一般采用钢木结构，在吊桶通过口要设有井盖门，除吊桶通过时，井盖都应保持关闭。封口盘应根据施工中所承受的载荷及自重对其主梁、副梁等进行验算，保证有足够的强度。

安全规程规定，在封口盘和井盖门周围必须安设栏杆，并有便于开、关的栅栏门，井盖门应转动灵活，位置准确，关闭严密。

固定盘设在封口盘下 4～8 m 处，用于接长井下悬吊管路、设置激光定向仪和保证井下施工安全。固定盘面除管线通过孔外，其余应用钢(木)板铺严。固定盘设置在井筒内呈圆形结构，与地面用梯子连接，无井盖门与盖板，吊桶通过的喇叭口周围应设围栏。

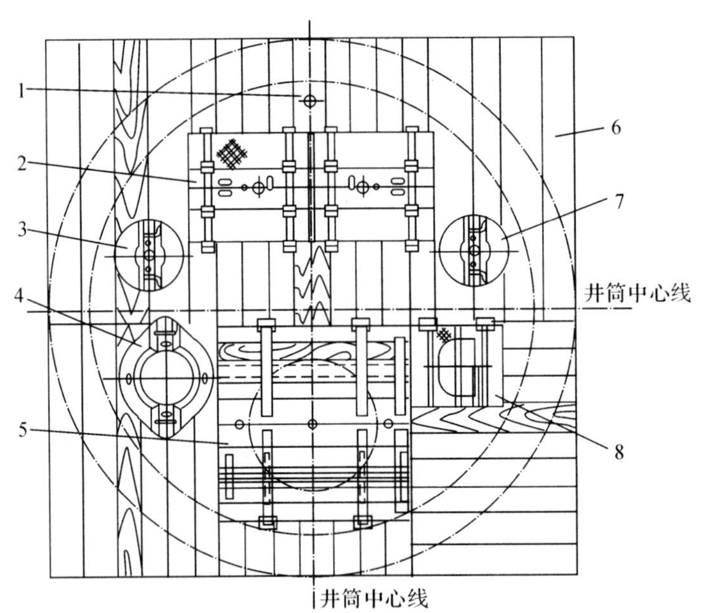

图 6.31 立井封口盘示意图

1—电缆孔；2—吊泵孔；3—压风管；4—风筒；5—井盖门；6—盘面板；7—混凝土输送管；8—安全梯口

5. 吊盘

悬吊在井筒中的活动工作平台称为吊盘，它是立井施工中井内最重要的结构物。吊盘既可用来砌筑井壁，又可用来拉紧提升稳绳，并可在掘进时悬挂抓岩机和保护掘进工人的安全。立井掘砌完毕后，还可用做井筒装备安装的工作盘。

吊盘由梁格、盘面、喇叭口、盖板、立柱、固定与悬吊装置等组成，通常多为双层钢制结构物，国内也有多层结构的吊盘，如图 6.32 所示。吊盘主梁必须为一根完整的钢梁，圈梁一般为闭合圆弧梁。具体布置应按吊桶、吊泵、安全梯和井内管线的位置及其通过口的大小来确定。

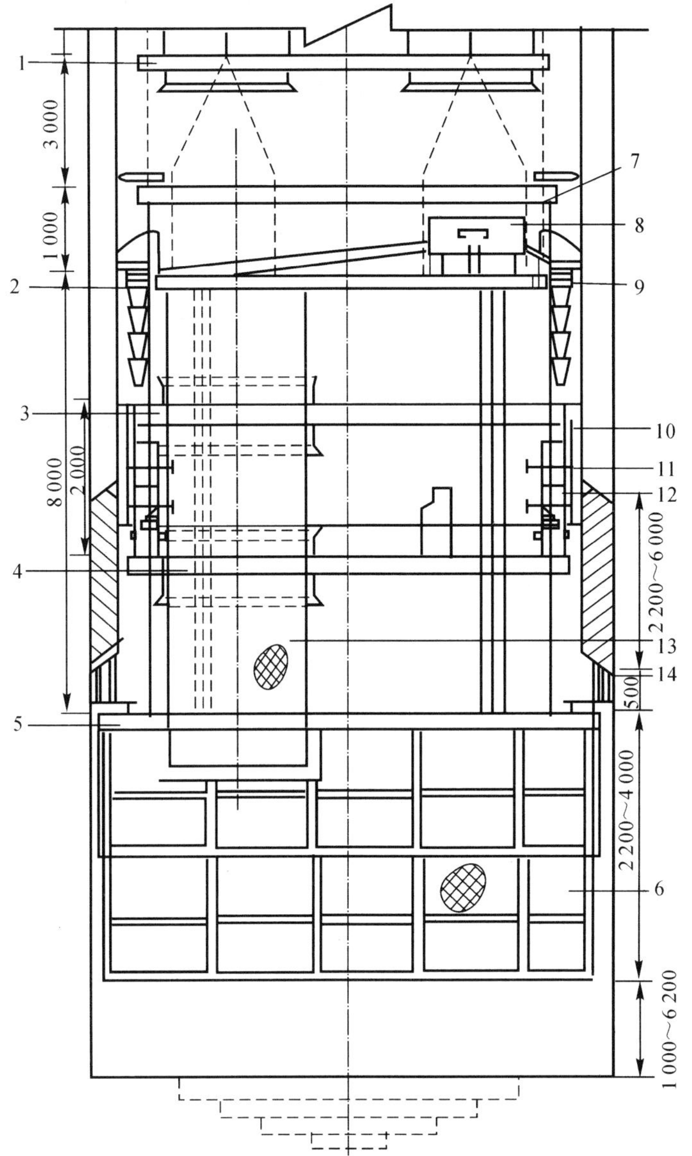

图 6.32　某矿多功能 5 层吊盘示意图

1—保护盘；2—砌壁工作盘；3—滑模工作盘；4—滑模辅助盘；5—掘进工作盘；6—掩护网；7—爬杆固定圈；8—分灰器；9—溜灰管；10—滑模；11—收缩装置；12—顶架；13—保护网；14—刃角模板

吊盘绳的悬吊点一般布置在通过井筒中心线的连线上，盘上安置的各种施工设施应均匀布置，尽量使两根吊盘绳承受载荷大致相等，以保持吊盘升降平稳。吊盘的突出部分与永久井壁或混凝土模板间的间隙不大于 100 mm；吊盘的喇叭口与吊桶最突出部分之间的间隙不得小于 200 mm，与滑架的间隙不得小于 100 mm。吊盘下层盘底喇叭口外缘与中心回转抓岩机臂杆之间应留有 100～200 mm 的安全间隙，以免影响抓岩机的正常工作。在各层吊盘周围应安设不少于4个可伸缩的固定插销或液压装置，用以固定吊盘，严禁用木楔固定吊盘。

双层(或多层)吊盘应根据施工中承受的载荷分别对各层盘的钢梁和立柱及其连接部分进行强度验算。设计计算时，首先根据井筒内凿井设备布置确定梁格结构的布置方式，然后估算结构自重和施工载荷，确定吊盘的载荷值；再根据结构的实际受力情况进行结构计算简化，确定计算简图；最后进行结构的内力计算和截面安全校核。

二、立井施工技术

当井筒所穿过的岩土层地质水文条件较好，未有松软、涌水量大的不稳定厚表土层和流砂层，一般都采用普通法施工。按井筒所穿过的岩土层性质，可分为表土施工和基岩施工两大部分，主要包括井筒掘进、井壁砌筑和井筒装备施工。目前，基岩施工以钻眼爆破法为主。

1. 立井施工方案

在立井施工时，一般将井筒全深划分若干段，逐段进行。掘进和砌壁两大工序若按先后顺序在同一井段内独立进行时，称为单行作业；若分别在上下相邻两个井段内同时进行时，则称为平行作业，掘进与砌壁两大工序在同一井段内组合在一起，则称为混合作业。具体采用哪种方案，需从井筒地质条件、施工设备和施工安全等多方面综合考虑来确定。

(1)单行作业。单行作业施工时，先自上而下掘凿井筒，并用井圈、背板或锚喷作临时支护，待掘够预定的井段高度，即由下往上砌筑井壁。这种作业方式的优点是工序单一，管理方便，井内设备简单。在稳定岩层并无富含水层时，施工段高多数为30～40 m。该种作业方式适用于稳定并涌水很小的岩层。其缺点是井帮暴露时间长，工序交替时间长，月成井速度慢，目前已很少采用。

(2)平行作业。平行作业分为长段平行作业和短段平行作业。长段平行作业的砌壁和掘进在两个相邻井段内反向同时进行，其临时支护都是以挂圈背板方式，而且需增设稳绳盘。砌壁以稳绳盘所在高度为界，自下而上进行。与此同时，掘进工作则在稳绳盘下15～20 m处，自上而下进行，施工段高一般为30～60 m。平行作业时，井内需为砌壁、掘进分别设置作业盘和独立的提升系统，不但增加了施工设备和施工管理的复杂性，而且使井下安全作业条件变差，施工速度优势也不大。近年来，我国已很少采用。

短段平行作业的掘进工作在金属掩护筒或锚喷临时支护的保护下进行，掘砌共用一个多层吊盘，砌壁工作在距掘进工作面30～40 m的吊盘上随着掘进同时向下进行，段高一般为2～4 m。该种方式的缺点是井壁接茬多，井帮需掩护筒或临时支护，暴露时间长。

(3)混合作业。立井混合作业是一种短段掘砌施工方式。在井筒工作面规定的段高内(一般3～5 m)，把掘进和砌壁两个独立的工艺组合在一个成井循环中，施工工序重新组合，既有单行作业，又有少量平行作业，其一般施工工艺如图6.33所示。

近十几年来，随着立井施工机械化水平、施工技术及施工组织管理水平的不断提高，立井施工已广泛采用混合作业方式，多次创出了全国立井施工的高速度。混合作业的特点是工序简单，辅助时间少，工作面采用金属活动模板砌壁，一次成井，省去大段高的临时支护和高空作业，施工安全且便于施工管理。同时，混合作业方式适用性广，不受井架、断面及地质条件的限制，施工成本低，能充分发挥机械化作业的优越性。其缺点是井壁接茬多，接茬处易漏水，需在施工中加以改进。

2. 立井表土施工

立井施工首先要通过表土层。由于表土层土质松软，稳定性差，且一般均有涌水，在接近地表部分，还得直接承受井口结构物的载荷，因此施工比较复杂，从施工安全上要特别注意。要安全和快速地通过表土层，必须合理确定施工方法以及相应的施工设施，多数情况下需采取特殊施工方法。这里主要介绍一般浅部表土层的施工技术。

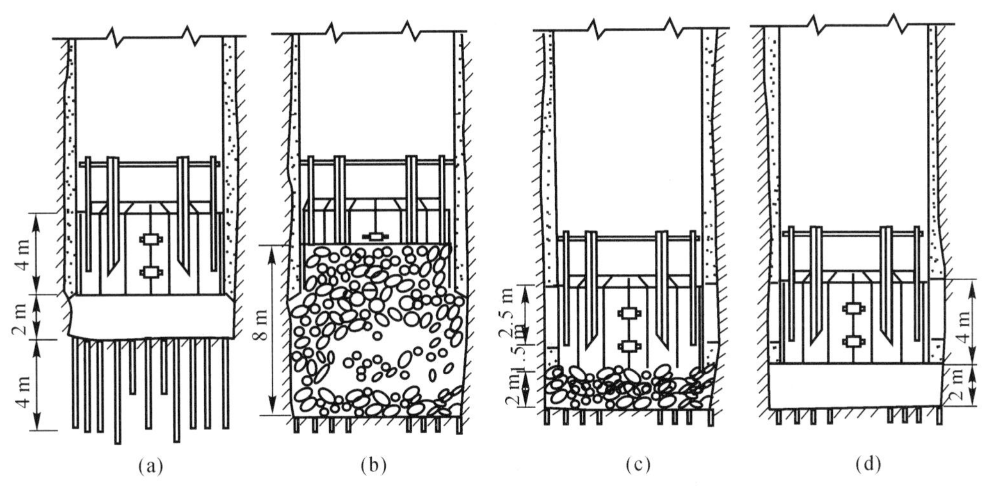

图 6.33　立井混合作业施工工艺示意图

(a)打眼装药；(b)放炮后矸石堆积情况；(c)部分出矸，下放模板立模；(d)浇注完毕，清底

表土施工的基本程序是先砌筑锁口，而后安装提升设备，然后开始表土段井筒掘砌。为确保表土段井壁安全稳定，一般在表土与基岩交接处的适当位置按设计刷砌井筒壁座。

(1)临时锁口施工。在进入正常施工之前，无论采用哪种施工技术，都应先砌筑锁口。其主要作用是固定井位，封闭井口，安装井盖和吊挂掘进设施。根据锁口的使用期限，分临时锁口和永久锁口两类。永久锁口是由井颈上部的永久井壁和井口临时锁口框架组成；临时锁口是由井颈上部临时井壁和临时锁口框架组成。临时锁口在井筒向下开挖 2～3 m 后开始安设；而在后期砌筑永久井壁时拆除，故临时锁口圈常用砖石或混凝土砌块砌筑。

临时锁口的结构形式、构件材料和断面，应根据井口大小、形状、表土特性等因素来确定，但必须确保井口稳定、封闭严密和井下作业安全。

临时锁口的标高应根据永久锁口设计，结合防洪要求来确定，要防止洪水进入井内。锁口应尽量避开雨季施工，为防止地表水进入井内，除要求锁口圈能防水封闭外，可在井口周围砌筑排水沟或挡水墙。

(2)提升方式选择。在表土施工中，一般应采用标准凿井井架及有关设备构成提升系统。但有时因为表土的抗压强度低，考虑到施工中可能出现地面沉陷，以及凿井井架等设备一时运不到现场，而又要争取时间，可先采用简易提升方式，如汽车起重机提升、三角架与凿井绞车提升等，然后再改用标准井架提升方式。

在采用简易临时提升方式时，一定要进行提升能力的安全校核。一般临时提升设备的提升能力小、施工速度慢、安全性也差，应制定严格的施工管理措施。

(3)表土段施工技术。一般要根据表土的性质和地质水文条件来确定具体施工技术。对于稳定表土层，一般采用井圈背板普通施工法；当土层稳定性较差或局部不稳定时，可选择采用吊挂井壁法、扳桩法或降低水位法。

1)井圈背板普通施工法。用人工或抓斗出土，下掘一小段后，立即进行井圈背板临时支护。如图 6.34 所示为表土施工常用的挖土方式，一般空帮距不超过 1.2 m。当掘进一长段后，再由下向上边拆除井圈背板边砌筑永久井壁。

2)吊挂井壁施工法。如图 6.35 所示为吊挂井壁施工法示意图，其特点是随掘随砌，段高为 1.2～2.0 m，在井壁内设有竖向钢筋，各分段井壁的自重主要靠上部井壁通过吊挂钢筋来承担。

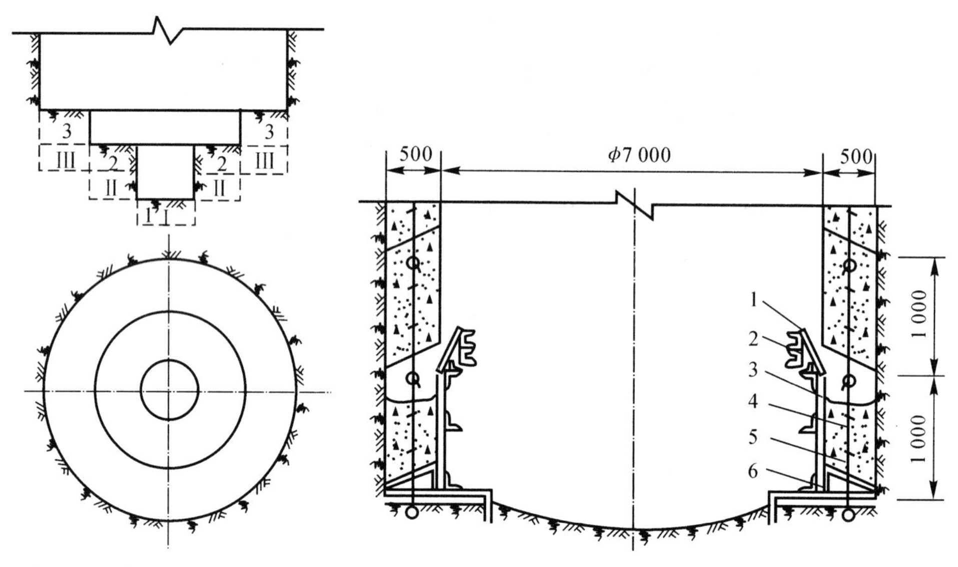

图 6.34　表土施工的挖土方式
1—水窝；2—开挖台阶；3—阶梯环挖

图 6.35　吊挂井壁施工法示意图
1—接茬板；2—井圈；3—金属模板；4—钢筋；5—吊挂筋；6—底圈

该方法适用于通过稳定性较差的表土层和岩石破碎带，也可在流动性小、水压不大的砂层或透水性强的卵石层中使用。当土层中含有薄层流砂或淤泥等不稳定层时，可采用板桩法强行通过。

3)板桩施工法。对于厚度不大的不稳定表土层，在开挖前，先用人工或打桩机在工作面或地面沿井筒荒径依次打入一圈板桩，形成一个四周密封的圆筒，用以支撑井壁，并在它的保护下进行井筒掘砌。

根据板桩插入土层的方向不同，板桩法分直板桩和斜板桩两种。直板桩常采用厚 50～120 mm、宽 150～200 mm、长 3～6 m 的矩形木板；采用金属板桩时长度可达 12～15 m。施工时先挖环形地槽放入特制的导向圈，并撑紧固定，然后将板桩沿导向圈依次打入即可。

如图 6.36 所示为斜板桩法施工示意图，它是在土层开挖前，预先将板桩按照 70°左右的倾角沿井筒周边外缘密集地打入土中，然后局部出土下挖井筒。板桩常用木材制作，端部削成刃峰，长度为 1.2～1.5 m。板桩法适用于表土层中含有厚度不大于 2 m、埋藏深度不超过 20 m、且水头小于 2 m 的流砂层或淤泥等。

4)降低水位法。在含水的不稳定浅土层中进行立井井筒施工，常采用工作面超前小井和钻孔两种方法来降低水位，确保施工安全。降低水位法的实质是在小井（或钻孔）中用泵抽水，使井筒周围形成降水漏斗，成为水位下降的疏干区，以增加施工土层的稳定性。

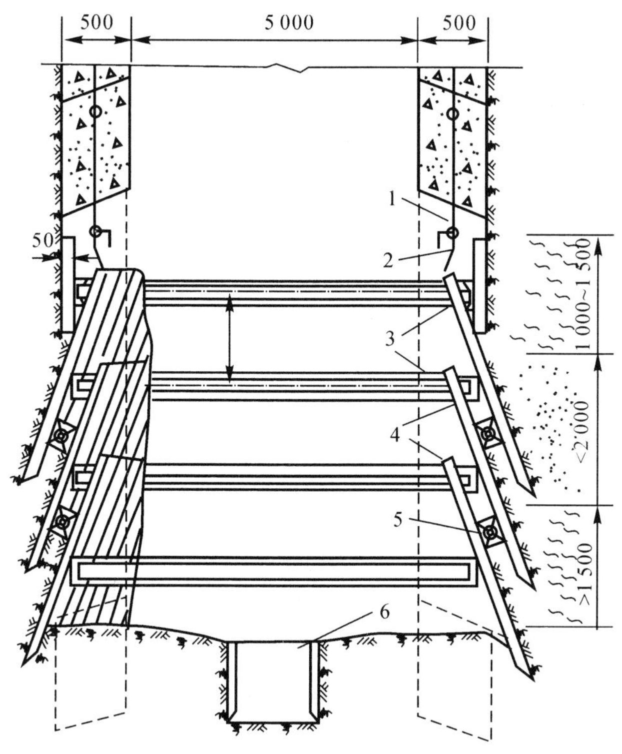

图 6.36　表土段板桩法施工示意图

1—预留钩子；2—挂钩；3—导向圈；4—板桩；5—垫木；6—超前小井

3. 立井基岩施工

立井基岩施工主要分钻眼爆破、装岩排矸和井壁支护三道工序。施工中应根据岩层条件和施工设备及人力情况组织正规循环作业。我国立井施工的实践证明，采用正规循环作业是立井井筒实现快速安全、优质高效施工的最重要措施之一。正规循环作业是指在规定的时间内，根据作业规程中工作任务的规定，以一定的人力、设备，按规定的各施工工序的顺序，在井筒有限的空间里，依次完成规定的全部掘砌工作量，保证井筒向下推进规定的进尺，使掘砌作业始终有节奏地、周而复始地进行。

(1)钻眼爆破。钻眼爆破是立井施工的主要工序之一，约占整个循环时间的 25%，其效果直接影响施工速度、施工安全和工程质量。我国立井施工一直以浅眼（深度小于 2 m）多循环为主，近年来使用了伞形钻架以及大斗抓岩机和整体金属模板后，逐步由中深孔（2.0～3.5 m）向深孔（大于 3.5 m）过渡，某些井筒炮眼深度已达 4.5 m。

为了提高爆破效果，加快井筒掘进速度，应根据岩层的具体条件来正确选择钻眼设备和爆破方法，正确确定爆破参数和安全操作技术。

1)钻眼。在整个钻眼爆破工序中，钻眼所占的工作时间最长。因此，加快打眼速度、增加炮眼深度、提高钻眼机械化程度是钻眼作业的改进方向。

目前，国内立井施工主要采用手持式凿岩机和伞形钻架打眼。手持式凿岩机易于操作，在软岩和中硬岩层中，用以钻凿眼径为 39～46 mm、眼深 2 m 左右的炮眼效果最好；如加大、加深炮眼，钻速将显著降低。一般为缩短每循环的钻眼时间，可增加凿岩机的作业台数，工作面可每 2～4 m^2 布置一台。但手持式凿岩机打眼，劳动强度大，眼孔质量较难掌握，只适用于断面小、岩层不太硬的小井筒，不能满足深孔爆破和快速施工的需要。伞形钻架是目前国内立井打眼应用较多的先进设备。它是由钻架和重型高频凿岩机组成的风、液联动导轨式凿岩机具，具体结构如图 6.37 所示。钻架由中央立柱、支撑臂、运动臂、推进器、操作阀、液压与风动系统组成。打眼前，用提升机将伞钻从地面垂直吊放于工作面中心的钻座上，并用钢丝绳悬挂在吊盘上的气动绞车上，然后接通风、水管，开动油泵马达，调高和支撑固定钻架。

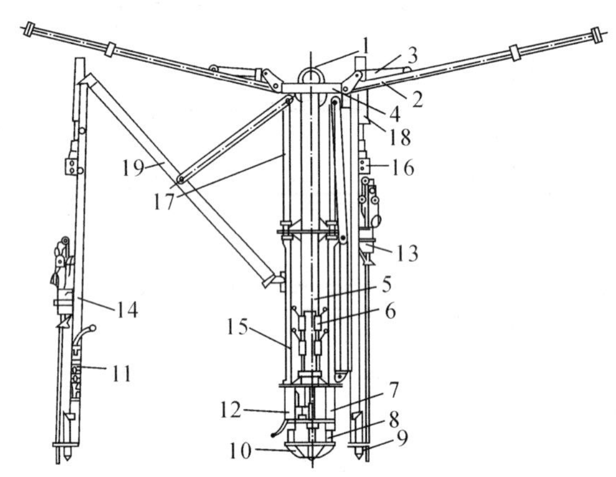

图 6.37　常用 FJD-6 型伞钻形架结构示意图

1—吊环；2—支撑油缸；3—升降油缸；4—顶盘；5—立柱钢管；6—液压阀；7—调高器；8—调高油缸；9—活顶尖；10—底座；11—操作阀；12—压气马达；13—凿岩机；14—滑轨；15—滑道；16—气动推进马达；17—动臂油缸；18—升降气缸；19—摇臂

钻架上配置的高频凿岩机是采用冲击与回转各自独立的结构，可根据岩石条件，分别调节冲击力和钎杆转速，对岩石适应性强，冲击力和扭矩大，卡钎事故很少。

2)爆破。立井穿过的岩层变化较大，爆破器材的选择和爆破参数的合理确定，对于提高爆破效果都是十分重要的。目前，爆破各参数的确定还没有确切的理论计算方法，主要根据岩层和井筒的具体施工条件，用工程类比和经验方法来确定。

①炮眼直径和深度。用手持式凿岩机打眼，炮眼直径通常为 38～43 mm，标准药卷的直径为 32～35 mm。采用伞形钻架打眼时，炮孔直径为 42～55 mm，药卷直径为 35～45 mm。一般在钻眼设备适当的情况下，应尽可能采用大直径炮孔和药卷。根据试验结果，药卷随着直径加大，其爆速、猛度、爆力等性能都相应增大。因此，在药卷的极限直径范围内，应尽量加大药卷直径，可减少工作面的炮眼数，提高爆破效果。

炮眼深度是最重要的爆破参数，不仅影响爆破效果，而且对其他施工工序都有主导作用，它决定着立井基岩段施工的正规循环时间和组织方式，需要认真进行综合设计。国内立井施工，一般认为眼深小于 2 m 为浅眼；2～3.5 m 的为中深眼；大于 3.5 m 的为深眼。最佳的眼深，应以在一定的岩石与施工机具的条件下，能获得最高的掘进速度和最低的工时消耗为主要标准。

目前,国内采用手持式凿岩机时,一般眼深以 2 m 左右为宜。若采用伞形钻架,能顺利钻凿 3.5～4.5 m 的深眼,一般多采用 4 m 深眼,以此深度确定每循环有效进尺和井筒掘砌的劳动组织。

②炸药的选择和炸药消耗量的确定。炸药的选择主要根据岩石的坚固性、涌水量、瓦斯情况和炮眼深度等因素。国内在立井爆破中使用的炸药种类有胶质炸药、岩石铵梯炸药、水胶炸药和乳化油炸药等。目前应用较多是乳化油炸药,不仅威力大、抗水性好,而且爆后炮烟小,使用安全性好。

单位炸药消耗量是爆破每立方米实体岩石所需要的炸药消耗量,它是决定爆破效果的重要参数,也是爆破设计中需要认真计算或选取的核心参数。装药过少,爆破后岩石块度大、井筒成型差、炮眼利用率低;药量过大,既浪费炸药,并有可能崩坏设备,破坏围岩稳定性,以致造成大量超挖。

目前,炸药单耗量的确定仍是研究课题,一般根据岩层性质、炮眼深度、炸药种类等初步确定,同时参考预算定额。实际应用时,先进行必要的爆破漏斗试验和应用试验,根据试验结果,最终确定合理设计值。

③炮眼布置。井筒多为圆形断面,一般炮眼都采用同心圆布置。分掏槽眼、崩落眼和周边眼。如图 6.38 所示为某立井深孔爆破炮眼布置图。掏槽眼是在一个自由面的条件下起爆,是整个爆破的难点,一般需要的炸药量大。通常布置在井筒中心,由 5～9 孔组成;如遇到急倾斜岩层,一般应布置在靠井筒中心岩层倾斜的下方。常用的掏槽方式有直眼掏槽和斜眼锥形掏槽。斜眼掏槽因打斜眼困难,且受井筒断面大小限制,钻眼质量也不易控制,目前在中深孔爆破中已不采用。实际应用较多的是直眼掏槽,因打直眼,易于实现机械化,爆破后岩石的抛掷高度也小;改变循环进尺时只须调整炮眼深度即可。

直眼掏槽的岩石挟制作用明显,对于中硬岩石的深孔爆破,有时掏槽效果不理想。如图 6.39 所示为多阶直眼掏槽示意图,其特点是布置多圈炮孔,并按圈依次爆破,相邻每圈间距一般为 200～300 mm,由里向外扩大加深,各圈炮眼数控制在 4～9 个。有时,为了增加岩石的破碎度及抛掷效果,可在中心钻凿 1～3 个空眼,眼深要超过最深槽眼 500 mm 以上,并可在眼底装入少量炸药,在其他掏槽眼后起爆。

崩落眼界于掏槽眼和周边眼之间,可多圈布置,眼距为 800～1 200 mm;圈距为 600～1 000 mm。周边眼采用光面爆破,一般布置在井筒轮廓线上;为便于打眼,炮孔略向外倾斜,眼底偏出井帮 50～100 mm。为使岩壁不受破坏,周边孔眼距缩小为 400～600 mm;周边孔与最外圈崩落眼间的光爆层厚度,一般为 500～700 mm 为宜。

④装药结构及起爆网络。合理的装药结构和可靠的起爆技术,应使药卷按时准确起爆,爆轰稳定且完全传爆,不产生瞎炮、残炮等事故。

在一般立井爆破中,常采用将雷管及炸药的聚能穴向上、引药置于眼底或倒数第二位置的反向爆破,以增加爆炸压力的作用时间及底部岩石的破碎。反向爆破引爆的导线较长,装药时要细心;在有水的炮眼中,要防止起爆药受潮,一般要使用抗水炸药或采取乳胶防水套措施。

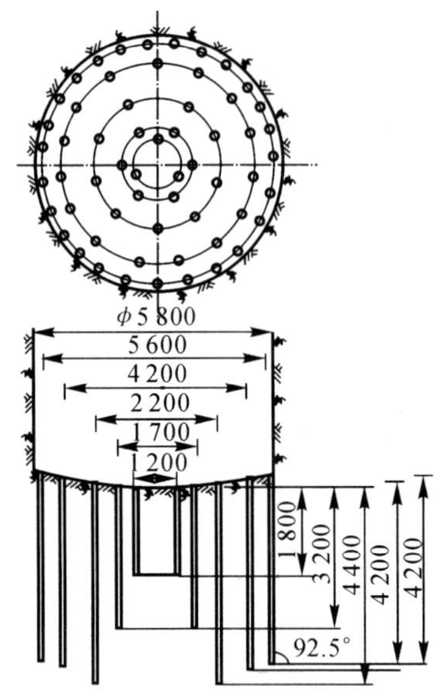

图 6.38 立井深孔爆破炮孔布置

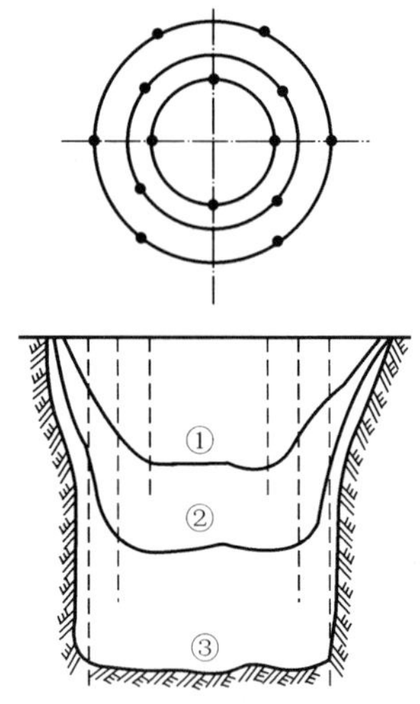

图 6.39 三阶掏槽爆破示意图

①②③—槽腔形成顺序

立井爆破多采用电雷管起爆，对于深孔或要求较高的光面爆破可采用电雷管与导爆索组合起爆。一般起爆都是由里向外逐圈时差起爆，合理的起爆时差需要通过试验确定，它与炮孔间距、岩石性质、工作条件等多因素有关，设计时需综合考虑。

起爆网络是由起爆电源、放炮母线、连接线和电雷管（包括导爆索）组成的电力起爆系统。由于井筒断面大，炮眼多，工作面环境复杂，为防止因个别炮眼连线有误而酿成全网络的拒爆，一般不用简单串联方式，而采用并联或串并联的连线方式，如图 6.40 所示。起爆网络需要周密地设计和计算，无论哪种起爆方式，设计时均要验算各雷管的放炮电流，其值不应小于雷管的准爆电流。

3）爆破安全事项。立井爆破除严格遵守《煤矿安全规程》有关规定外，同时应注意以下安全事项：

①加工起爆药卷必须在距井筒大于 50 m 的室内进行，且只准由放炮员携带下井，禁止同时携带其他炸药，也不得与其他人员同行。

②装药前工作面的工具要提升出井外，设备要提至安全高度，吊桶也要距工作面 0.5 m 高，除装药人员和水泵司机外，其他人员一律上井。

③连线工作开始之前必须打开放炮开关，并切断工作面电源；一切带电物品，如信号箱、照明线等均要提到安全位置。

④放炮工作只能由放炮员负责，放炮使用的动力必须设有两个开关，在井口棚内的开关要用木箱封闭上锁，由放炮员掌握钥匙。

⑤放炮前要打开井盖门，所有人员均要撤离井口棚。放炮通风后，必须仔细检查井筒，清除放炮前落在井圈上、吊盘上或其他设备上的矸石。

⑥为了防止产生瞎炮，立井有涌水时，必须选用防水型炸药，事先要检查炸药、雷管的性能，连线时接头要紧密，防止脚线、基线和接头被水淹没。

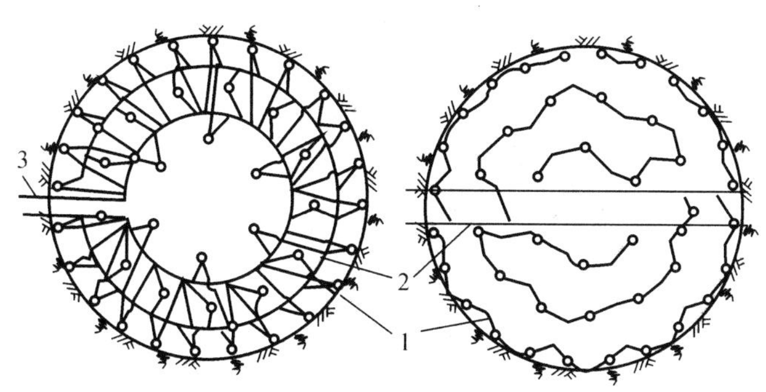

图 6.40　立井爆破起爆网络示意图

1—雷管脚线；2—爆破引线；3—起爆母线

(2)装岩排矸。装岩排矸是掘进循环中最繁重的工作，通常占循环时间的40%～50%左右，同时也是安全事故发生较多的工序。目前，在立井施工中，多数采用斗容为0.4～0.6 m^3的大抓岩机，大大加快了装岩速度，但抓斗碰伤、挤伤事故时有发生。

如图6.41所示为某矿基岩段井筒施工机械化配套示意图，使用伞形钻架和中心回转抓岩机。我国目前应用较多的抓岩机类型有：中心回转式、环形轨道式和长绳悬吊式。前两种抓岩机都布置在井筒内的吊盘下，装岩机距工作面的高度不超过15～18 m，以压气作动力，由司机控制操作阀动作。

立井排矸主要使用吊桶提升、自动翻矸系统。吊桶的大小要和抓斗能力相适应，目前多用3～5 m^3吊桶排矸。提升方式由井筒大小和深度来确定，通常有单钩吊桶提升、双钩吊桶提升及两套单钩吊桶提升等方式。吊桶必须选用煤炭系统指定厂家的合格产品，吊桶的连接装置每年进行一次探伤，吊桶上必须安设保护伞，它与所通过的喇叭口的安全距离不得小于100 mm。

(3)井壁支护。井壁支护是立井循环作业的最后一道工序，直接关系到立井的施工质量和施工安全。采用普通法凿井时，立井永久支护或临时支护到掘进工作面的裸露岩层高度不得大于4m，同时必须制定防片帮措施。

临时支护仅在长段掘砌作业方式中应用，近年来的施工实践已证明，锚喷支护是最好的临时支护方式，可实现随掘随喷，及时封闭岩层，也可根据岩层条件随时变换喷射作业的段高，保证施工作业安全。在一般岩层中可用喷射混凝土支护，如遇松软、破碎岩层时，应进行锚喷或加金属网联合支护。永久支护都采用混凝土井壁。用于砌筑井壁的金属模板大致可分为装配式金属模板、整体下移金属模板和液压滑升整体模板三种。目前，应用较多的是后两种模板。如图6.42所示为某矿使用的5 m整体下移式金属组合模板结构示意图。

井筒内下混凝土可采用溜灰管，也可用底卸式吊桶，无论采用哪种方法都应做到连续施工，保证施工安全。使用溜灰管下料应注意管子堵塞的预防和处理。管子堵塞的原因是混凝土内混入木楔、大块石子或其他杂物，混凝土水灰比太小或早强剂使用不当凝结太快，管路不洁，黏有砂浆或混凝土块，特别是在管子接头或缓冲弯头处黏有混凝土块等。井壁接茬质量也是影响井壁施工质量的重要方面。井筒漏水情况决定于井段之间接缝质量的优劣。常用的井壁接茬方法有窗口接茬法和全面斜口接茬法。

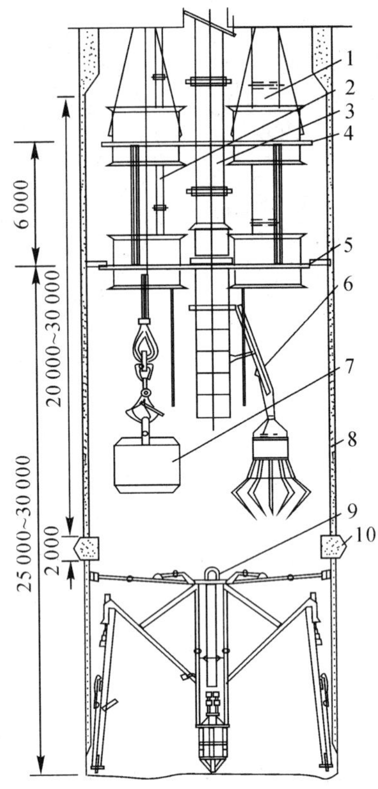

图 6.41 井筒施工机械化配套示意图

1—胶质风筒；2—压风管；3—铁皮风筒；4—上层吊盘；5—下层吊盘；
6—中心回转抓岩机；7—吊桶；8—临时支护；9—伞形钻架；10—壁座

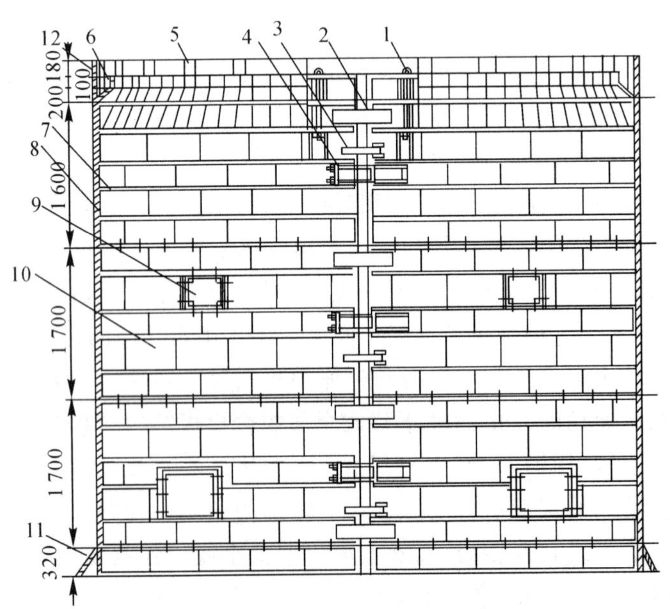

图 6.42 某矿整体移动式金属组合模板示意图

1—悬吊栓；2—横向导向装置；3—支架；4—横向调节；5—纵向导向装置；6—浇注口；
7—槽钢圈；8—围板；9—检查口；10—加强板；11—刃角；12—插板

使用整体下移式金属模板时多采用窗口接茬法，即沿井筒四周模板斜底上方，留设若干马蹄形的浇灌口，并在其相应位置的模板上口设浇灌门。接茬时应使模板上口压住上段井壁约 100 mm，然后由窗口灌入混凝土，并仔细捣固，待窗口注满时，紧推浇灌门，再用铁销卡严。采用全面斜口接茬时，模板上口与上段井壁之间留有 100 mm 间隙，充当浇注口，待混凝土注满模板高度时，架设槽钢井圈，作为接茬模板的碹胎，并用插销与金属模板连接好，然后逐块斜插接茬模板，随插随浇灌混凝土，并仔细捣固，待灌满后，用力推接茬模板，使之与上段井壁贴严，并用木楔刹紧。

4. 立井施工其他辅助作业

通风、照明、信号、测量及其他设备和管线的吊挂移动等作业是立井施工的主要辅助工作，处理不好，也会影响施工速度、工程质量和人员安全。

(1)通风。在立井施工时，必须不断地往井下通风，以清洗和冲淡岩体中和爆破时产生的有害气体，经常保持工作面空气新鲜，这对于改善井下人员的施工环境是十分重要的。

立井的掘进通风是由地面扇风机和设于井内的风筒完成的，一般风筒要安全地靠井壁悬挂。由于井壁常有淋帮水向下流淌，使空气沿井壁四周向下流动，并在井筒中央上升，这对于采用压入式通风较有利。但当采用压入式通风时，排出井筒中的污浊空气缓慢，一般用于井深小于 400 m 的井筒。抽出式通风方式，使污浊空气经风筒直接排出，井内空气清新，激光定向的光点清楚；特别是放炮后，经短暂间隔，人员即可返回工作面。因此，对于深井，常采用以抽出式为主，辅以压入混合式通风，以增大通风系统的风压，使风流不因自然风流的影响而造成反向。

风机常用 JBT 系列轴流式局扇，也有采用离心式扇风机。由于放炮后排烟所需要的风量比平时大，常常采用两台能力不同的风机并联，其中能力大的一台供爆破后抽出式通风用，另一台作为平时通风用。

风筒的直径一般为 0.5～1.0 m。井筒的深度和直径越大，选用的风筒直径也越大。常用的风筒有铁质和胶皮两种。前者用于抽出式通风；而压入式通风可用胶皮的，它可以减轻悬吊重量，也便于挂设。近年来，有些矿井试用塑料或玻璃钢风筒，它们共同的特点是重量轻、通风阻力小，适用于深井施工。

在确定通风方式后，就应估算工作面所需风量，然后进行通风设备的选择。

(2)照明与信号。良好的照明能提高施工质量与效率，减少安全事故。在井口及井内凡是有人操作的工作面和各固定盘与吊盘，均应设置足够的防爆、防水的灯具。

在掘进工作上方 10m 左右处要吊挂伞形罩组合灯或防溅式探照灯，并保证有 20～30 W/m^2 的容量。对安装工作面应有 40～60 W/m^2 的容量；井内各盘和腰泵房应有不少于 10～15 W/m^2 的容量；而井口的照明容量不少于 5 W/m^2。此外，大抓岩机和吊泵上也应设置灯具，砌壁后的井筒每隔 20～30 m 应设置一照明灯，以便随时查看井内设施。在装药连线时，须切断井下一切电源，用矿灯照明。

立井施工时，必须建立以井口为中心的全井信号系统。井下掘进工作面、各吊盘、腰泵房及吊泵都与井口信号房之间建立各自独立的信号联系。同时，井口信号房又可向井上卸矸台、提升机及各凿井绞车房发送信号。信号可分机械式和电气信号两种：机械式信号是井下通过细钢丝绳拉动井口打击杆发出锤击信号，这种信号简单可靠，但笨重费力，只作井下发生突然停电等事故时的辅助紧急信号，或用于深度小于 200 m 的浅井中。

目前，使用最普遍的是声、光兼备的电气信号。信号电缆要设置在安全地点，不能与其他动力电缆或悬吊钢丝绳混在一起，其电压不得超过 127 V，操作电压为 36 V。在有瓦斯的井内均采用防爆型的信号装置。此外，井口与提升机房间应设置直通电话或传声筒建立直接联系。井口和井下工作面有时也设扩音电话或无线对讲机。

为保证吊桶通过井口之前，及时开启井盖门，防止滑架冲撞井盖，须设井盖门安全信号，当吊桶距井盖 40～50 m 左右时，提升机的深度指示器自动接通井口信号回路，发出开启井盖的信号，当井盖门打开时，提升机房信号回路自动接通，指示红灯发亮，即可继续安全提升。

(3)测量。目前的立井施工都采用精度很高的激光定向仪来确定井筒的中心线。井筒的掘进、砌壁或安装都必须做好测量工作，保证井筒达到设计要求的规格、质量。

井筒中心线是控制质量的关键，除应设垂球测量外，平时一般采用激光指向仪投点。根据井筒的十字线标桩，把井筒中心移设到井口封口盘下的固定盘上方 1 m 处的专用激光仪架上，并依此中心点安设激光仪。为使已校正好的中心点准确可靠，激光仪架应用型钢独立固定于井壁，严防与井内其他设施相碰。当井筒较深，投点不清晰时，可将仪器架铺设在井筒下部。

边线可用垂球挂设，有的井筒中心线在无激光定向仪的情况下，也用垂球挂线法。当井深大于 200 m 时，垂球重不得小于 30 kg。悬挂钢丝或铁丝应有两倍的安全系数。边线一般设 6～8 根，固定点设在井盖上，也可固定在井壁中预埋木块或预留梁窝木盒上。当井深超过500 m 时，为防止垂球摆动大，可用经纬仪将固定点设在井筒的临时固定盘上。

(4)安全梯。当井筒停电或发生突然冒水等意外事故时，工作面的工人可借助安全梯迅速撤离工作面。安全梯用角钢制作，分若干节接装而成，其总高度应能使井底全部工人在紧急状况下，都能登上梯子提至地面。为安全起见，梯子需设护圈。

(5)井内设备和管线的挂设。井内设备和管路电缆，一般都用钢丝绳经井架天轮吊挂在地面的凿井绞车上，也可直接固定在井壁或井架上。这些设备和管线都随着掘砌施工的进行，经常需要提放和接长，在施工过程中需要有严格的安全操作规程。

设备的地面悬吊可分单绳、双绳和多绳悬吊。通常，质量轻的电缆和安全梯可用单绳悬吊，电缆每隔一定距离用卡子固定在悬吊钢丝绳上，有时将数根电缆集中悬吊在一根绳上，也有附挂在其他设备的挂绳上。对于质量比较大的吊盘、吊泵、风筒、压风管和混凝土输送管，一般均采用双绳悬吊。它虽比单绳悬吊增加了一套钢丝绳及凿井绞车，但是挂设稳定，每台凿井绞车承担的载荷也小，而对于活动模板等设备要多绳悬吊，以保证结构物悬吊受力均匀，移运平稳，减少变形。可能时，还将悬吊绞车置于吊盘上，以减少钢丝绳长度及质量。随着井深的加大和大型凿井设备的使用，地面凿井绞车的悬吊质量也随之增加，此时，也可采用回绳或多组滑轮悬吊。

将管线直接固定在永久井壁或永久罐道梁上，可废除整套悬吊钢丝绳和凿井绞车，这在国外的立井施工中应用较多。这种方式需在井壁浇筑时，按规定预埋好悬臂梁(或锚杆)或永久罐道梁，随后在吊盘上由上向下进行管路的接长和固定。这样省去了悬吊设备，简化了井内与地面的布置，而且不受井深的限制。但管线的固定和接长是在井内进行，比地面悬吊的操作更困难、复杂，故适用于深井或掘砌一次成井的井筒工程。

上部管子固定在井壁上，而下部用钢丝绳悬吊的半悬吊、半固定的挂设方式，曾用于千米深井中。接管的专用盘设于管子悬吊部分的上端，这样就减少了悬吊重量，接管也较方便，在悬吊绞车能力不够的深井施工中可考虑采用。

采用塑料或玻璃钢轻型管子，也是减轻悬吊重量的重要措施。不论采用哪种挂设方式，管路的拆接是很频繁的，施工中一定要按规程操作，杜绝安全事故发生。

6.3　平巷施工技术

矿山建设工程中平巷施工占有相当大的比例，这里主要讨论平巷施工技术。

6.3.1　巷道断面形状选择

巷道围岩的坚固程度有较大差别，巷道的服务年限也不同，因此选择巷道的断面形状要根据巷道的用途和所处地层与地压情况，先确定巷道的合理支护方式。支护方式和支护材料选定后，巷道断面的形状也就基本确定了。

我国矿山岩巷传统的支护方式有整体料石砌碹、现浇混凝土和锚喷支护，目前应用最多的是锚喷支护。木支架、钢筋混凝土支架和金属支架等主要用于采准巷道和部分松软破碎地层内的巷道。

一、拱形巷道断面

拱形巷道是目前应用最多的断面形状，分半圆拱形、切圆拱形和三心拱形。选用砌碹支护和锚喷支护的巷道，一般都采用拱形。

近几年，许多大中型矿山在煤巷也采用拱形巷道，使用可缩性 U 型钢支架。煤巷锚杆支护技术利用拱形受力稳定的特点，使煤巷支护成本大大降低。

1. 半圆拱

半圆拱是我国传统使用的巷道拱部形状(见图 6.43)。从受力性能分析，因半圆拱的拱高较大，无应力集中作用，能抵抗较大的顶压，一般用于围岩较松软、地应力相对较高的巷道。该种巷道断面的利用率差，虽对通风有利，但相对增加了巷道的开挖量和造价。

2. 切圆拱

切圆拱因其拱顶是从圆中切出的一部分，故称为切圆拱。这是目前应用较多的断面形状，如图 6.44 所示。

切圆拱的拱高也常取巷道净宽的 1/3。因此，受力性能比半圆拱差。但拱部只有一个半径，地压大时拱顶部不易开裂，而且施工碹胎也较易加工。所以在围岩较坚固、壁高较大的运输大巷或井下硐室中，可考虑采用切圆拱，提高巷道断面利用率，减少工程量。

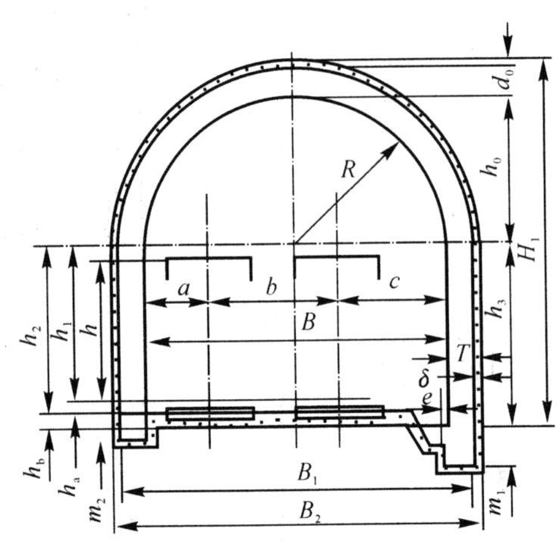

图 6.43　标准半圆拱巷道断面

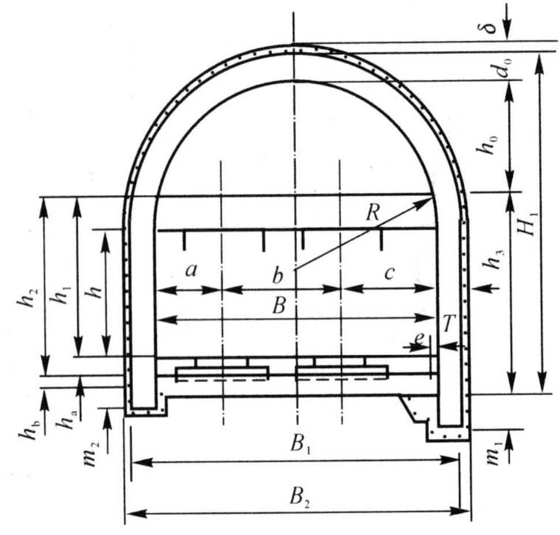

图 6.44　典型切圆拱巷道断面

3. 三心拱

三心拱由三段不同心的圆弧相交而成。与半圆拱相比，断面利用率较高，但受力性能较差。在大、小圆弧结合处的附近，会造成应力集中，当地压较大时，有可能开裂且施工质量较难保证。三心拱断面如图 6.45 所示。三心拱的拱高一般取巷道净宽的 1/3；个别矿区为提高其受力性能，将拱高适当加大为巷道净宽的 2/5。在金属矿山，一般围岩较坚固，可进一步降低拱高，有的仅为巷道净宽的 1/4 或 1/5。

二、封闭拱形巷道断面

当巷道围岩特别松软，处于较大的多向不稳定地压的条件下，可能会发生严重的片帮、底鼓等，可采用带反拱的封闭拱形断面。通常有圆形、马蹄形或椭圆形。由于这些形状的断面施工复杂，成本高，实际中应用较少。

1. 圆形断面

从满足运输设备运行的轨面水平起，到车辆设备高度为止，将车辆设备、人行道和两边间隙构成的矩形内接于圆。以此矩形的对角线交点为圆心，对角线的一半为半径，即可作出圆断面。典型圆形巷道断面如图 6.46 所示。

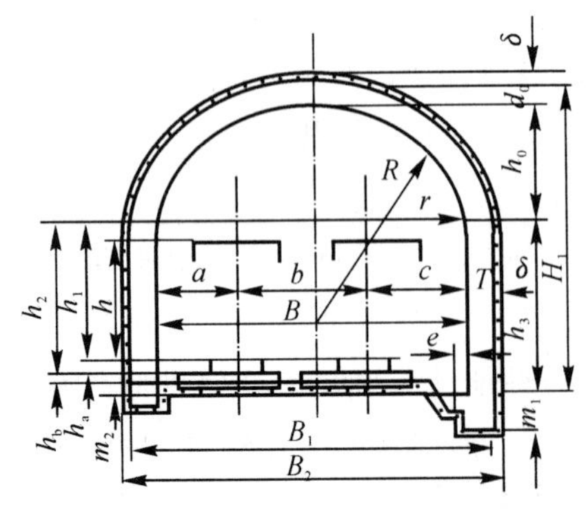

图 6.45　标准三心拱巷道断面

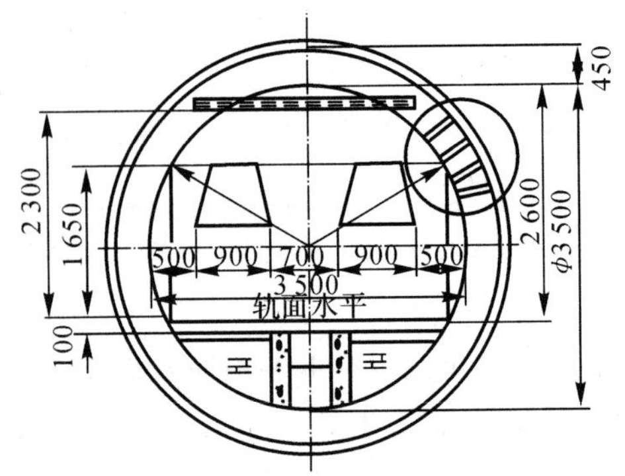

图 6.46　典型圆形巷道断面

2. 马蹄形断面

由特别设计的四段弧线构成，如图 6.47 所示。通常也是先从轨面水平起，确定布置满足运行要求的运输设备矩形。以该矩形的上部一半的中心为核心，确定各弧线半径，最终确定各弧线与矩形四角内接、又相互相切的马蹄形断面。

3. 椭圆形断面

同样从满足要求的轨面水平起，确定布置车辆设备等的矩形，如图 6.48 所示。以此矩形的中心为坐标原点，利用椭圆方程即可求出长、短半径大小。

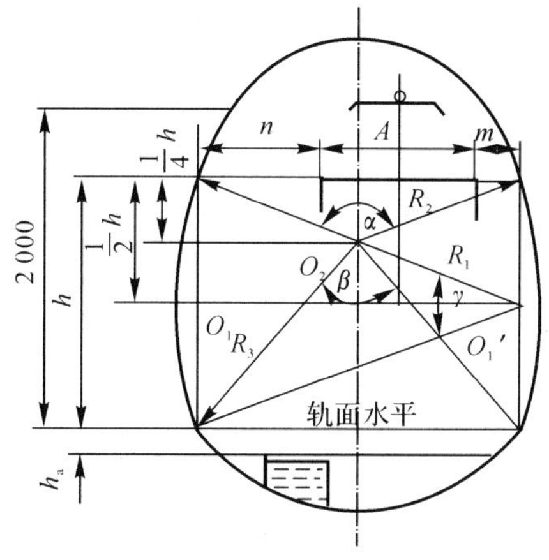

图 6.47　马蹄形巷道断面示

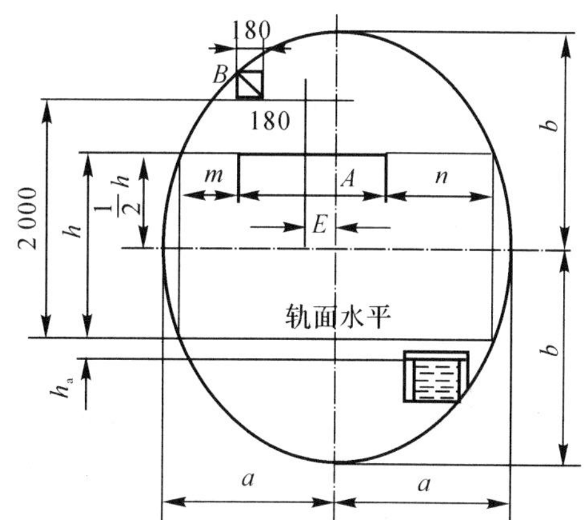

图 6.48　椭圆形巷道断面示意图

三、梯形或矩形巷道断面

梯形或矩形巷道断面在煤矿应用较多，特别是小型矿山。一般梯形断面巷道用于服务年限很短的采准巷道或煤层中的煤巷。多数都采用木支架或金属支架支护，如图 6.49 所示。由于受回采工作面推进的动压影响，要求支架具有一定的可缩性，并可回收重复使用。

总之，支护方式是确定巷道断面形状的主要因素，但围岩岩性、地压的大小和方向对巷道断面形状也有较大的影响，必须综合考虑。

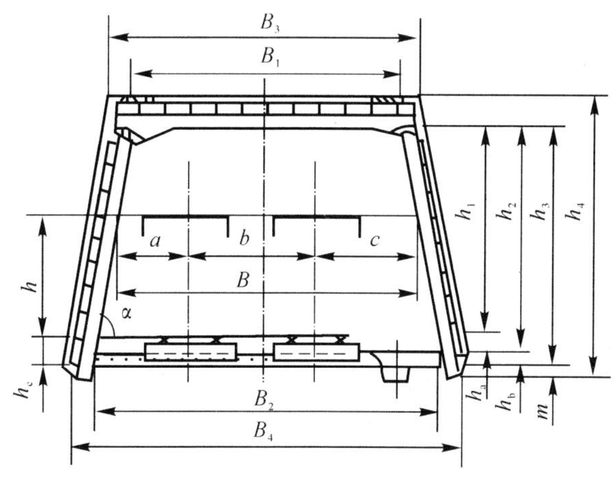

图 6.49　标准梯形巷道断面

6.3.2 平巷施工的基本工序

平巷施工的基本工序有：破岩、通风、装岩、运输、支护。通风是平巷施工过程的重要步骤，通风对改善作业环境有重要作用，有关施工期间平巷的通风设计方法可参阅相关文献。这里重点讲解其他 4 个工序。

一、破岩

平巷的破岩方法以钻爆法为主，钻眼爆破是掘进作业的重要工序，新型凿岩机具与爆破器材不断涌现，爆破理论与破岩机理研究逐步深入，从而使钻眼爆破技术得到迅速的提高。

1. 钻眼机具

(1)凿岩机。20 世纪 50 年代初，我国生产出手持式风动凿岩机、5 段秒延期电雷管、中空钢钎和硬合金钻头，很快改变了手工打眼、多次放炮、劳动强度大、工效低的落后局面。随后，简易风动凿岩机钻架和气腿式凿岩机的出现和湿式凿岩的推行，摆脱了人工抱钻的笨重劳动并改善了劳动环境，进一步提高了钻眼的效率，加快了掘进速度。20 世纪 70 年代以后又相继研制出凿岩台车、钻装机和液压凿岩机。不同种类、型号和性能的凿岩机械使巷道掘进钻眼机械化的程度已达到较高水平。

岩巷掘进中大量应用的是气动凿岩机，液压凿岩机还处于逐步提高的阶段，而内燃和电动凿岩机在煤矿中极少应用。煤巷掘进中主要应用手持式电钻。

与气动凿岩机相比，液压凿岩机的特点是：机械性能好，其冲击功、冲击频率和能量传递效率等指标均大为提高，凿岩速度高出 1 倍以上；可依岩层情况调整凿岩机性能参数，可采用旋转或冲击旋转等不同方式，在最佳工况下凿岩，并获得较高的凿岩速度；动力消耗少、能量利用率高，动力消耗仅为气动凿岩机的 1/3～1/4；噪声低，污染小，改善了工作条件。目前液压凿岩机定型产品的重量较大，需与液压台车配套使用，投资大，技术和维修要求高，尚未大量应用。但由于本身所具有的特点，是很有发展前途的钻眼机械。

凿岩台车的应用，提高了掘进速度和效率，改善了劳动强度和条件，是巷道凿岩机械化水平进一步提高的主要标志。

凿岩台车的基本结构是由推进器、支臂(钻臂)、车体、行走机构和供风、供水及液压操纵系统等组成。按装设凿岩机台数(支臂数)分为单机、双机、三机和多机凿岩台车。按行走机构分，有轨轮式、轮胎式和履带式。按行走机构的驱动方式分有电力直接驱动、电力液压驱动、风动和柴油驱动 4 种。目前，我国煤矿巷道掘进常采用电力驱动的轨轮式和履带式两种。

凿岩台车目前正向高度机械化、自动化和一机多用、凿装联合、全液压方面发展。钻装机是将凿岩机安装在装岩机上，实现凿、装合一的机械。我国生产的钻装机多是在耙斗装岩机上安装 2～4 台导轨式气动凿岩机，以减少工作面的施工设备。

(2)钎杆、钎头和钻杆、钻头。凿岩机使用的为六角(或圆形)中空钎杆和冲击式钎头，煤电钻则用麻花钎杆和切削型钻头。钎杆或钻杆用于传递冲击功和扭矩(麻花钎杆兼有传递回转力矩、轴推力和排除煤粉的功能)。钎头或钻头为破碎岩(煤)的刀具，它的形状和几何参数直接影响着破岩效果和钻眼速度，使用时根据岩层条件合理选取。

1)冲击式钎头：根据钎刃的形状和分布，有片状连续刃和柱齿断续刃两种。常用的为一字形和十字形钎头。一字形钎头结构简单，凿速较高，修磨容易，应用最广，但在裂隙发育的岩层中易卡钎。十字形钎头适应性较强，开眼定位较易，但制造和修磨较为复杂，也是大量应用的一种钎头。柱齿钎头是新发展起来的一种钎头，耐磨性强，破岩效率高，在硬岩上尤为显著，适用于坚硬岩层和大功率的凿岩机。我国已有各种形式钎头的定型产品。

2)切削型钻头：煤电钻所用的钻头为两翼形钻头。钻头的形状及其几何要素直接影响着破岩效果和钻眼速度，应根据煤层的性质(硬度、韧性、脆性等)选择。

2. 爆破器材

(1)炸药。目前常用的国产炸药有铵梯炸药、水胶炸药和乳化炸药。国产岩石铵梯类炸药共有5种：1号岩石、2号岩石，2号抗水岩石、3号抗水岩石和4号抗水岩石。国产煤矿许用铵梯炸药共有6种：1号煤矿、2号煤矿、3号煤矿，1号抗水煤矿、2号抗水煤矿、3号抗水煤矿。国产高威力铵梯炸药有4大类(12种)：铵梯黑(Ⅰ，Ⅱ，Ⅲ)、铵梯铝(Ⅰ，Ⅱ)、铵梯黑铝(Ⅰ，Ⅱ，Ⅲ，Ⅳ，Ⅴ)和其他(Ⅰ，Ⅱ)。铵梯类炸药应用最为广泛。国产水胶炸药主要有4类(6种)：高威力(1号、2号)、一般威力(3号)、铝100型岩石水胶炸药、煤矿安全型水胶炸药(有2种)。国产乳化炸药主要有3类(5种)：乳化油岩石炸药(2种)、乳化油煤矿炸药(2种)和乳化油高安全炸药等。

平巷施工主要使用铵梯类炸药，施工时根据围岩性质、机械化配套、速度要求和施工单位的使用习惯等情况合理选取。水胶炸药和乳化炸药多用于立井施工。

(2)雷管。巷道掘进爆破起爆主要用雷管，且以电雷管为主。品种有瞬发电雷管、秒延期电雷管和毫秒延期电雷管。在有瓦斯的工作面爆破时，为避免因雷管爆炸引燃瓦斯，应采用煤矿许用型电雷管，其特点是：管壳为钢壳，在副起爆药中加有消焰剂以控制爆温和火焰长度及延续时间，延期药生成气体量少且密封，雷管底端无窝槽呈平底状。我国规定，在有瓦斯的工作面爆破间隔时间不超过130 ms。因此，煤矿许用型雷管只有瞬发和130 ms以内的毫秒延期电雷管(一般为5段)。

当爆破地点存在杂散电流时，普通电雷管会有误爆危险，应采用抗杂散电流的电雷管。其品种有低阻率桥丝电雷管、无桥丝电雷管和磁电雷管。其中磁电雷管是20世纪70年代后期发展起来的具有抗射频、杂散电流性能的一种新型雷管。本身需专用的高频发爆器引爆，在使用时连线简单，但由于价格较高，目前尚未能得到更多的应用。

20世纪70年代末，非电爆管及其起爆系统问世后，我国研制了非电导爆管和非电毫秒雷管，并在工程爆破上得到应用。

(3)发爆器。巷道掘进电爆网络的起爆电源主要是防爆型电容式发爆器。我国生产的电容式发爆器牌号很多，但其原理大体相同，即以干电池作为直流电源，经变流器的振荡线路将直流变为交流高压电流，再经整流线路将交流高压电源变为直流高压电流向主电容器充电，当达到电容器额定电压值后，旋转发爆器上的毫秒限时开关，使主电容器接通电爆网络放电，引爆雷管。

3. 爆破技术

我国巷道钻眼爆破技术发展是迅速的。从浅眼爆破发展到中深孔爆破，从工作面多次放炮到全断面一次爆破，到20世纪70年代，毫秒爆破已得到普遍应用，大大提高了爆破效率和质量。70年代以后，光面爆破、预裂爆破得到大面积推广应用，改善了普通的自由式爆破，实现了控制爆破。特别是光面爆破与锚喷支护相结合，实现了巷道支护的改革，在加快掘进速度、提高支护质量、降低成本等方面取得了显著的技术经济效果。

爆破的效果和质量直接影响着装岩、支护的效率和质量，影响着掘进速度。爆破效果包括岩石破碎的块度、爆堆形状、巷道成形的规格、对围岩的损伤程度以及炮眼利用率和炸药消耗量等指标，应根据不同的岩层条件和设计与施工要求，正确地选用爆破方法，合理确定爆破参数。

二、装岩

根据工作机构和结构的不同，装岩机大致可分为铲斗式、耙斗式、蟹爪式、立爪式和蟹立爪式等几类。最先推广使用的是铲斗式装岩机（后卸式），如图 6.50 所示。20 世纪 70 年代以后，耙斗式装岩机成了巷道掘进装岩的主要设备。近几年来，侧卸式装岩机在断面 12 m^2 以上的巷道掘进中已逐渐显示出它的明显优势。

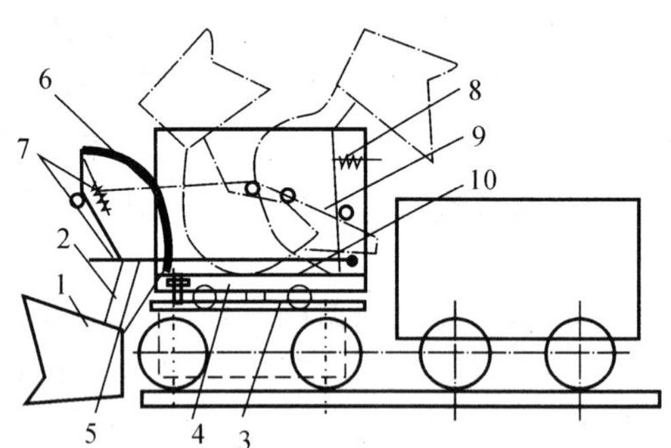

图 6.50 H－600 型装岩机结构示意图

1—铲斗；2—斗柄；3—回转地盘；4—回转台；5,6—稳绳；7—弹簧；8—缓冲弹簧；9—提升链条；10—导轨

三、运输

（1）工作面调车与转载。装岩效率的提高，除了选用高效能装岩机和改善爆破效果以外，还应结合实际，合理选择工作面各种调车和转载设施，以减少装载间歇时间，提高实际装岩生产率，加强装岩调车工作组织和运输工作，及时供应空车，运出重车。

采用不同的调车和转载方式，装载机的工时利用率差别很大。据统计，我国煤矿用固定错车场时为 20%～30%、用浮放道岔时为 30%～40%、用长转载输送机时为 60%～70%、用梭式矿车或仓式列车时为 80%以上。

（2）运输。巷道施工除了要求及时地将岩石送出外，还需要将大量爆破、支护等材料运往工作面。我国煤矿巷道掘进运输多用电机车牵引矿车，将重车拉到井底车场，空车供应工作面。采区煤巷多用刮板输送机和可伸缩胶带输送机将煤运至采区煤仓。近几年又开发使用了卡轨车和单轨吊等可往返的运输设备。

四、支护

1. 锚喷支护

目前，锚喷支护技术在巷道支护中得到普遍应用。这里重点介绍该支护方式。

（1）锚杆支护。

1）锚杆类型。最早使用的是楔缝式金属锚杆。为了提供安装时的抗冲击能力，杆体直径较大。因此，20 世纪 70 年代很快就被倒楔式金属锚杆和水泥砂浆锚杆所代替，如图 6.51 所示。但是前者由于可靠性（特别在软岩中）低，后者又不具有初锚力，而且灌浆质量较难保证（特别采用旧钢丝绳时），故到 20 世纪 80 年代又被快硬膨胀水泥卷、树脂锚杆以及管缝式锚杆所取代。由于快硬膨胀水泥药卷造价低廉，制作、安装简便，可以端头锚固，也可以全长锚固，杆体螺纹部分经处理后，可以使锚杆各部分获得相等强度，因此采用较多。树脂锚杆，其技术性能虽较好，但因造价较高，竞争力不强。管缝式锚杆虽属全长锚固式，可靠性较高，但因造价高，多在软岩巷道中采用。

涨圈式锚杆、压胀式锚杆都曾在国内试用过，由于各种原因未能推广。木锚杆、竹锚杆和玻璃钢锚杆多用于服务年限不长的采区巷道。它们造价低，可就地取材，采煤机易切割。

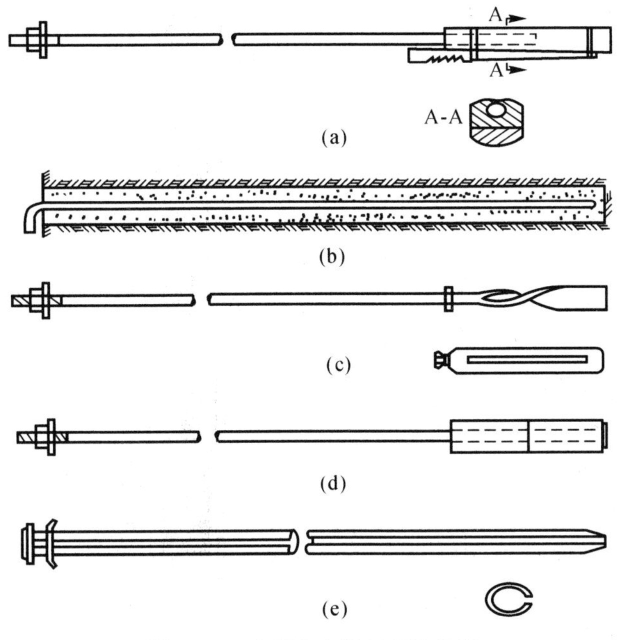

图6.51　金属和水泥锚杆结构图

(a)倒楔式锚杆；(b)水泥砂浆锚杆；(c)树脂锚杆；(d)快硬膨胀水泥锚杆；(e)管缝式锚杆

2)锚杆支护施工。目前，我国大多使用气腿式凿岩机钻锚杆眼，劳动强度大，效率低，特别是钻顶部眼时，作业条件差，影响锚固质量，有条件时应选用MGJ－1型、MGJ－2型及YM－26型锚杆钻眼安装机、MZ型液压锚杆钻眼机或CB型缸式锚杆钻眼安装机。

(2)喷砼技术。喷砼在我国煤矿中的应用已有30多年的历史，喷砼强度等级多采用C15～C20，为了降低回弹和粉尘，正围绕喷砼的外加剂、改进喷砼机械设备及综合防尘等方面进行积极地研究工作，并取得了一定的进展。

1)喷砼外加剂。目前，国内喷砼所使用的多为425号硅酸盐水泥或矿渣水泥。最常用的外加剂为速凝剂，一般掺量为水泥用量的2.5%～4%，要求砼3～5 min初凝、10 min终凝。此外，根据不同需要还可掺入减水剂、增黏剂、防水剂等。

2)喷砼机械。其主要有干式喷射机和潮式喷射机两大类，应根据工程条件进行合理选型。

(3)锚喷支护参数确定。

锚杆长度可按下式计算：

$$L=b+l_1+l_2 \tag{6.1}$$

式中　L——锚杆的长度，mm；

b—— 锚杆有效长度。对于普氏理论为冒落拱高度或不稳定围岩厚度；对于弹性理论决定于围岩塑性区半径；对于松动圈理论为松动圈厚度，它们的确定方法参阅有关书籍，mm；

l_1—— 锚入稳定围岩厚度，经验数据为 300 ～ 400 mm；

l_2—— 锚杆外露长度，一般为 100 mm。

2）锚杆间排距。试验证明，单体锚杆对围岩的控制范围，并不因锚杆的锚固能力和长度的增加而增大，因此安全的方法是按散体围岩确定其间排距。国外研究资料认为锚杆的间排距 $a \leqslant L/2$（L 为锚杆长度），我国常采用 1.0 ～ 1.8 m 长的锚杆时，其间距一般为 600 ～ 800 mm。

3）锚杆直径。由于支护理论不同，确定锚杆载荷的方法也不同。但确定锚杆直径的计算方法大致相同，即

$$d = 2k\sqrt{\frac{G}{\pi\sigma}} \tag{6.2}$$

式中 d—— 锚杆直径，mm；

G—— 锚杆锚固力。对于普氏理论为冒落拱岩石重量；对于弹性理论为破裂带岩石重量；对于松动圈理论为松动圈形成过程中碎胀力，由于锚杆极限变形量远大于岩石。因此，当 $L_p = 40 \sim 150$cm 时，可按松动圈岩石重量计算；

σ—— 锚杆材料的抗拉强度，MPa；

k—— 安全系数。

以上计算结果，一般不大于常用锚杆直径（ϕ16 mm），但结构要求锚杆的直径不宜小于 14 mm，同时还应满足规程规定。

4）砼喷层厚度。如前所述，在有锚杆的条件下，砼喷层的作用是对锚杆间的围岩进行维护和防止围岩风化。按照后一点要求其喷厚 $t \geqslant 50$ mm，其强度在一般条件下可以对锚杆间的围岩进行维护，考虑到施工特点，多选用喷厚 70 ～ 100 mm。

对于软岩锚喷支护参数，由于国内外对软岩的划分方法不一：普氏认为 $f \leqslant 3$ 为软岩；弹性理论没有明确划分；美国 R·Q·D 分类法认为 R·Q·D ＜ 50 为软岩。围岩松动圈理论认为 $L_p \geqslant 1.5$ m 时为软岩。但是对于软岩地压显现的特征和支护选型原则，在工程界共同的看法是：一般地压显现较大，且有底臌现象，巷道收敛变形时间较长且明显时，要求支护有足够的支撑力、能防止底臌，并且应具有可缩性。对于这类围岩国外多用 U 型钢封闭式可缩性支护，我国煤矿的大多数巷道运用锚喷网组合支护。

当采用锚喷网组合拱支护理论时，其锚杆长度的计算公式为

$$L = \frac{b\tan\alpha + a}{\tan\alpha} + 100 \tag{6.3}$$

式中 L—— 锚杆有效长度，锚杆选 ϕ16 ～ ϕ18 mm 钢筋；

b—— 组合拱厚度，当 $L_p = 1.5 \sim 2.0$ m 时，取 1.0 m；当 $L_p = 2 \sim 3$ m 时，取 1.3 ～ 1.5 m；$L_p > 3.0$ m 时，待定；

α—— 锚杆对破裂岩体的控制角；

a—— 锚杆间距，mm；

100—— 锚杆外露长度，mm。

组合拱的支护强度，根据国内外试验资料证明，破裂岩体锚固体强度接近原岩强度，破裂岩体锚固体具有可缩性，在一般拱形巷道内围岩若每边均匀收敛不超过 200 mm，无失稳危

险。因此，可按厚度筒理论验算，即

$$p=\frac{\sigma_z}{2}\left(1-\frac{R^2}{(b+R)^2}\right) \tag{6.4}$$

式中　p—— 组合拱单位面积承载能力，MPa；

σ_z—— 破裂岩体锚固体强度，建议取原岩的 90%，MPa；

R—— 巷道净半径，m；

b—— 组合拱厚度，m。

由于对各种岩石的碎胀力研究不够，目前巷道支护外载荷定量确定尚很困难，但可将上述验算与相应的 U 型钢封闭支护对比，其支护能力约大于 U 型钢 2～3 倍。

在软岩支护中，围岩每边有 100～200 mm 收敛变形是正常情况，喷层将发生剪裂或胀裂，此时若加大喷层厚度无明显效果，所以喷层厚度多选用 100～200 mm，同时采用 $\phi 6 \sim \phi 8$ mm 钢筋网，网格间距 100 mm×100 mm 左右。施工时，喷层分两次完成：第一次是在开挖后立即进行，围岩收敛变形将使其破裂，待围岩变形稳定后；第二次喷到设计厚度。

对于采区巷道的锚杆支护参数，由于巷道的埋藏条件及服务年限短，多采用梯形或矩形巷道等原因，一般仍用悬吊理论来确定。同时因采区巷道动压影响较大，所以一般多采用锚网或锚梁网支护。

(4)支护测试技术。由于工程条件复杂多变，巷道支护设计目前还不能达到全过程用理论计算的方法进行。因此，对于大型的工程以及软岩巷道应进行必要的监测，以便对支护设计作出评价，特别是锚喷支护具有可根据实测数据随时调整支护参数的特点。

1)锚杆锚固力的测试。锚杆锚固力测试仪可测试锚杆的锚固力。

2)巷道围岩收敛变形测试。该测试不仅可以提供围岩收敛变形速度及其累计量，以显示支护的工作状态，而且可为巷道断面的收敛预留量和二次支护时间等提供可靠的依据。我国围岩收敛仪生产厂家较多，但大同小异。

3)围岩松动圈测试。松动圈的大小可用以确定支护参数，其发展过程的资料可用以判断支护的可靠性程度。可以用多点位移计、超声波仪等进行测试，其中超声波仪利用围岩超声波速度曲线判定开巷后围岩破裂带的大小、较为方便、迅速。

为了工程管理或技术研究工作的需要，还有多点位移计、原岩应力测试、锚杆应力测试、喷层应力测试以及工程验收等测试设备和方法也比较有效。

2. U 型钢支架

U 型钢支架在国内已有几十年的历史。近十几年由于综合机组采煤的发展和软岩巷道支护的要求，U 型钢金属支护得到了较大的发展。我国使用的 U 型钢有18 kg，25 kg，29 kg和36 kg四种，配套使用的各种类型的连接件、金属网背板等已在各个矿区定型生产，各种安装、拆卸工具以及整形设备已有批量生产。为了适应不同地质条件下支护的要求，已有各种架型的 U 型钢可缩支架问世，并形成了我国巷道金属支架系列。

拱形 U 型钢可缩金属支架，按节数多少分为 3 节、4 节和 5 节 3 种，一般视巷道断面的大小选用。考虑到运输、安装的要求，一般每节长 2～2.5 m。为了防止底臌，经常采用的架型还有封闭型 U 型钢可缩支架。在倾角较大的地层中，为适应支护承受较大的非均布载荷，也有设计成不对称的 U 型钢支架。

U 型钢可缩支架应用在软岩或动压巷道中较为合理，但钢材消耗量较大，成本较高。因此更适合于服务年限不长，可多次重复使用的采准巷道中。

3. 砼大弧板支护

它是专为软岩设计的新型支护，这种支护的特点是采用了超高标钢筋砼弧板，弧板砼强度等级达C100。其截面含钢率1.3%左右，板厚0.2～0.3 m，宽0.32～0.49 m，每块重4.8～8 t，每圈根据巷道断面大小，由4～6块弧板组成圆形支架，每2～3圈相接，成巷1 m。支架的每米均布承载能力达500～700 kN。

弧板支护用HP-1型机械手架设。该机可在轨道上行走，最大起重能力不超过100 kN，适用于直径4～5 m的巷道。架设弧板后，为增加其可缩性，板后充填100 mm厚的柔性填层。在施工时如遇顶帮难以维护时，可采用锚喷支护与弧板联合支护，即先锚喷支护再架设弧板。

4. 联合支护

为了适应各种复杂的地质条件，特别在软岩工程中，为使支护方式更为合理或因施工工艺的需要，往往同时采用联合支护，如锚喷与U型钢支架、锚喷与大弧板或与石材砌碹、U型钢支架与砌碹等联合支护。

在破碎或顶板自稳时间较短的地层中，由于锚喷支护较为及时，在揭开岩石后立即施以先喷后锚支护，然后在顶板受控制的条件下，再按设计施以U型钢、大弧板或石材支护，也有先施以U型钢支架，然后再立模浇灌砼或喷射砼，构成联合支护。联合支护应先施柔性支护，待围岩收敛变形速度每日小于1.0 mm后，再施以刚性支护，避免先用刚性支护而由于围岩变形量过大而被破坏。由于联合支护的成本高，设计者应收集各种资料，确认后采用。

思　考　题

1. 试阐述斜井施工的特点。
2. 斜井施工的方法是什么？
3. 试说明立井施工的基本方案。
4. 立井表土段主要有哪些施工技术？立井基岩施工方法是什么？
5. 试阐述平巷施工的基本步骤。

第7章 基坑工程施工技术

本章主要介绍基坑放坡开挖施工、基坑支挡施工和土层锚杆施工等方面的内容。

7.1 概 述

基坑工程施工技术是一个综合性的岩土工程难题。涉及土力学中强度与稳定问题、变形问题及土与支护结构的共同作用问题。基坑工程施工的每一个阶段,结构体系和外界载荷都在变化。为保证安全施工,不仅要在设计阶段提出预测和治理对策,而且要在施工过程中采用监测及必须的应变措施来确保基坑的安全。

根据土层条件和周边环境,基坑开挖可分为4种类型:

(1)无支护开挖。它又分为垂直开挖和放坡开挖,不采用支撑,费用低、工期短,是首先考虑的开挖方式。

(2)支护开挖。根据制作方式划分的常用的围护结构类型,如图7.1所示。下面详述各种支护方式的特点及适用范围。

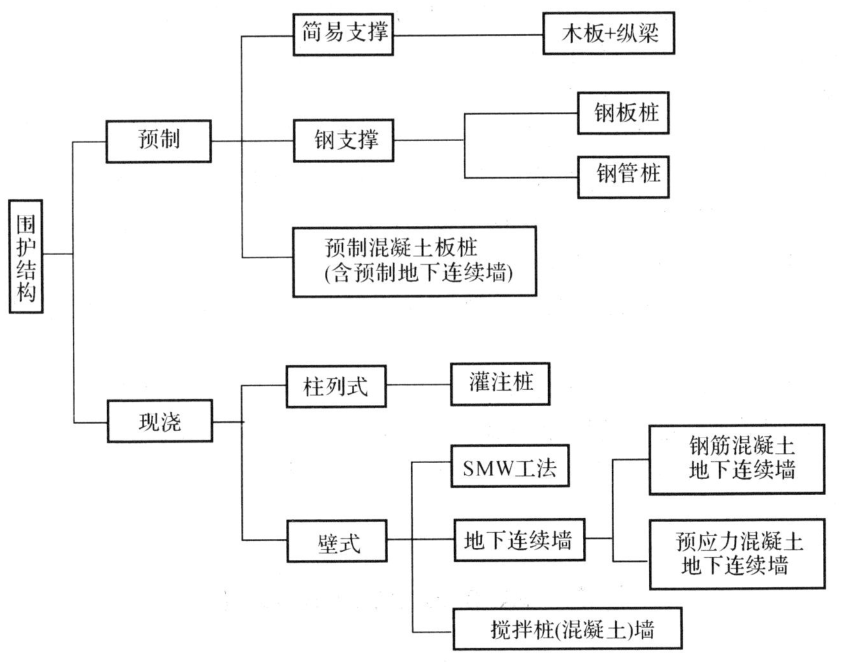

图7.1 常用的围护结构类型

1)简易支挡。一边自稳开挖,一边用木挡板和纵梁控制地层坍塌。其可用于局部开挖,工期短的小规模工程。其特点:刚性小、易变形、透水。

2)钢板桩。用打入或振动打入法就位,施工简便,工程结束后钢板桩可回收,能重复使用。

3)钢管桩。截面刚度大于钢板桩,在松软土层中开挖深度可较大。需有防水措施相配合。

4)钢筋混凝土板桩。具有施工简便、现场作业周期短等特点,在基坑中广泛应用,但由于钢筋混凝土板桩的打入一般采用锤击方法,振动与噪声大,同时沉桩过程中挤土也较为严重,在城市基础工程中受到一定限制。其制作成本较灌注桩等略高。

5)灌注桩。刚度大,可在深大基坑工程中使用。施工对周边地层、环境影响小。需和止水措施配合,如搅拌桩、悬喷桩等。

6)水泥土搅拌桩挡墙。由于一般坑内无支撑,便于机械化快速挖土;具有挡土、止水的双重功能,一般情况下较经济;施工中无振动、无噪声、污染少、挤土轻微,因此在闹市区内施工更显出其优势。但存在缺点,首先是位移相对较大,尤其在基坑长度大时,为此可采取中间加墩、起拱等措施以限制过大的位移;其次是厚度较大,只有在红线位置和周围环境允许时才能采用,在水泥土搅拌桩施工时要注意防止影响周围环境。

7)地下连续墙。其刚度大,开挖深度大,可适用于所有地层。强度大,变形小,隔水性好,同时可兼作主体结构的一部分,环境影响小,造价高。

8)SMW 工法。SMW 工法是 Soil Mixing Wall 的简称,它是一种劲性水泥土搅拌桩法,即在水泥土桩内插入 H 型钢等,将承受载荷与防渗挡水结合起来,充分发挥水泥土混合体和受拉材料的力学特性。其强度大、止水性好,内插的型钢可拔出反复使用,经济性好。

(3)逆作法或半逆作法开挖。该法是一项近年来发展起来的新兴基坑支护技术。借助地下结构的支撑作用,节省坑壁的锚拉结构。其施工顺序是先做混凝土灌注桩,再做混凝土箱基顶板,然后再做竖井开挖排土,利用箱基结构作为侧向挡土结构的支撑点。

(4)其他形式。除以上介绍的几种外,还有综合法支护开挖(基坑部分放坡开挖,部分支护开挖)及坑壁、坑底土体加固开挖等。

用来支挡围护墙体,承受墙背侧土层及地面超载在围护墙上的侧压力,限制围护结构位移的称为基坑支撑体系。支撑体系是由支撑、围、立柱三部分组成,围、立柱是根据基坑具体规模、变形要求的不同而设置的。支撑材料应根据周边环境要求,基坑的变形要求,施工技术条件和施工设备的情况来确定。常用的有以下几类:

1)钢支撑。该支撑装、拆除方便,且可施加预应力,但是其刚度小,墙体变形大,安装偏离会产生弯矩。

2)钢筋混凝土支撑。该支撑刚度大、变形小,平面布置灵活。其缺点是自重大,不能预加轴力,且达到强度需要一定的时间,拆除需要爆破,其制作与拆除时间比钢支撑长。

3)钢与钢筋混凝土混合支撑。这种支撑具有钢与钢筋混凝土各自的优点,但是不太适用于宽大的基坑。

7.2 基坑放坡开挖施工

放坡开挖是最简单的基坑开挖方法,与支护状态下的开挖相比较,放坡开挖经济且技术要求低,施工难度较低,工程质量易于得到保证。

7.2.1　土方边坡开挖不加支撑的深度和坡度要求

根据《土方和爆破工程施工及验收规范》，当地下水位低于基底，在湿度正常的土层中开挖基坑(槽)，且敞露时间不长时，可做成直立壁不加支撑，但挖方的深度不宜超过下列规定：①碎石土和砂土：1.0 m；②轻压黏土及亚黏土：1. 25 m；③黏土：1. 5 m；④坚硬的黏性土：2 m。在施工过程中，应经常检查沟壁的稳定情况。当土的湿度、土质及其他地质条件较好且地下水位低于基底，基坑(槽)深度在 5 m 以内且不加支撑时，其边坡的最大允许坡度见表 7.1。

表 7.1　深度在 5 m 内不加支撑的边坡最大坡度

土的类别	边坡坡度(高∶宽)		
	人工挖土并将土抛于坑(槽)上边	机械挖土	
		在坑(槽)底挖土	在坑(槽)上边挖土
轻亚黏土	1∶0.67	1∶0.50	1∶0.75
亚黏土	1∶0.50	1∶0.33	1∶0.75
黏土	1∶0.33	1∶0.25	1∶0.67
中密碎石土	1∶0.67	1∶0.50	1∶0.75

注：①如人工挖土不把土抛到基坑(槽)时，而随时将土运往弃土场时，则应改用机械挖土的坡度。②在有充足经验和足够资料时，可不受此表所限。

7.2.2　影响基坑边坡稳定的因素

基坑边坡坡度是直接影响基坑稳定的重要因素，放坡施工的关键是要保证基坑边坡的稳定。当基坑边坡土体中的剪应力大于土体的抗剪强度时，边坡就会失稳坍塌。其次施工不当也会造成边坡失稳。影响边坡稳定的因素主要有：

(1)没有按设计坡度进行边坡开挖施工。

(2)基坑边坡坡顶堆放材料、土方以及运输机械车辆等增加附加载荷。

(3)基坑降排水措施不力。

(4)基坑开挖后暴露时间过长，经风化而使土体松散。

(5)基坑开挖过程中，未及时刷坡，甚至挖反坡，使土体失去稳定性。

为保持基坑边坡的稳定，可采取以下措施：

(1)根据土层的物理力学性质确定基坑边坡坡度，并于不同土层处做成折线形或留置台阶。

(2)必须做好基坑降排水和防洪工作，保持基底和边坡的干燥。

(3)基坑放坡坡度受到一定限制而采用围护结构又不太经济时，可采用坡面土钉、挂金属网喷射混凝土或抹水泥砂浆护面。

(4)严格控制基坑边坡坡顶 1～2 m 范围内堆放的材料、土方和其他重物以及较大的机械所产生的载荷。

(5)基坑开挖过程中，随挖随刷边坡，不得挖反坡。

(6)暴露时间在1年以上的基坑，一般可采取护坡措施。

7.2.3 基坑边坡坡度的确定

确定基坑边坡坡度有3种方法，即计算法、图解法和查表法，一般采用查表法。

在城市隧道施工中，一般在地质条件良好、土质较均匀而地下水位低或通过降水将地下水位维持在基底面以下时，常采用查表法确定基坑边坡的坡度。表7.2、表7.3给出了一些经验值，施工时可作为参考。

表7.2 岩石基坑边坡坡度经验值

岩石类别	风化程度	坡度值(高∶宽)	
		8 m以内	8～15 m
硬质岩石	微风化	1∶0.1～0.2	1∶0.2～0.35
	中等风化	1∶0.2～0.35	1∶0.35～0.5
	强风化	1∶0.35～0.5	1∶0.5～0.75
软质岩石	微风化	1∶0.35～0.5	1∶0.5～0.75
	中等风化	1∶0.5～0.75	1∶0.75～1.00
	强风化	1∶0.75～1.0	1∶1.00～1.25

表7.3 土质基坑边坡坡度经验值

土的类别	密实度或状态	坡度值(高∶宽)		
		5 m以内	5～10 m	10～15 m
碎石土	密实	1∶0.35～0.5	1∶0.5～0.75	1∶0.75～1.0
	中密	1∶0.5～0.75	1∶0.75～1.0	1∶1.0～1.25
	稍密	1∶0.75～1.0	1∶1.0～1.25	1∶1.25～1.5
粉土	$S\leqslant0.5$	1∶1.0～1.25	1∶1.25～1.5	1∶1.5～1.75
黏性土	坚硬	1∶0.75～1.0	1∶1.0～1.25	1∶1.25～1.5
	硬塑	1∶1.0～1.25	1∶1.25～1.5	1∶1.5～1.75

需要指出的是：

(1)遇到下列情况之一时，应进行边坡稳定性验算：

1)坡顶有堆积载荷；

2)边坡高度超过上表允许值；

3)具有松软结构面的倾斜地层；

4)岩层层面或主要结构层面的倾斜方向与边坡开挖面倾斜方向一致，且两者的走向小于75°。

(2)土质边坡稳定性分析宜采用圆弧滑动面条分法。岩石边坡宜按由松软夹层或结构面控制的可能滑动面进行计算。

(3)放坡开挖时,应采取相应的坡面、坡顶和坡脚排水、降水措施。放坡宜对开挖坡面采取保护性构造措施。

7.3　基坑支挡施工

目前,基坑所采用的围护结构种类很多,其施工方法、工艺和所用的施工机械也各异。因此,应根据基坑深度、工程地质和水文地质条件、地面环境条件等,特别要考虑到城市施工这一特点,经综合比较后确定。

7.3.1　工字钢板围护结构

作为基坑围护结构主体的工字钢,一般采用 150,155 和 160 的大型工字钢。在基坑开挖前,在地面用冲击式打桩机沿基坑设计边线逐根打入地下,桩间距一般为 1.0～1.2 m。若地层为饱和淤泥等松软土层,也可采用静力压桩机和振动打桩机进行沉桩。基坑开挖时,随挖土方在桩间插入 5 cm 厚的水平木背板,以挡住桩间土体。基坑开挖至一定深度后,若悬臂工字钢的刚度和强度都不够,就须要设置腰梁和横撑或锚杆(索),腰梁多采用大型槽钢、工字钢制成,横撑则可采用钢管或组合钢梁,其支撑平面形式如图 7.2 所示。

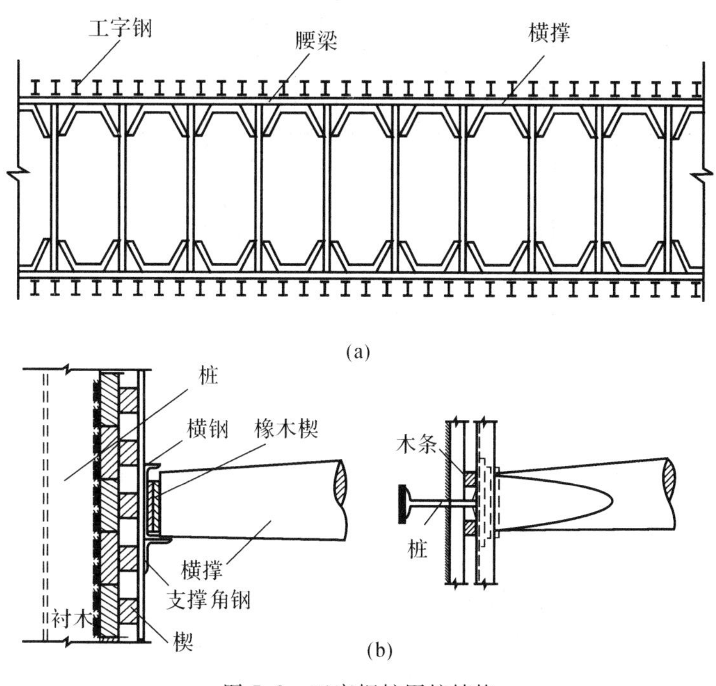

图 7.2　工字钢桩围护结构

(a)平面图;(b)立面图

工字钢围护结构适用于黏性土、砂性土和粒径不大于 10 cm 的砂卵石地层,当地下水位较高时,必须配合人工降水措施。而且打桩时,施工噪声一般都在 100 dB 以上,严重影响周围环境,因此这种围护结构只适用于郊区距居民点较远的基坑施工中。

7.3.2 钢板桩围护结构

钢板桩由带锁口或钳口的热轧型钢制成，强度高，桩与桩之间的连接紧密，形成钢板桩墙，隔水效果好，可多次使用。但钢板桩一般为临时的基坑支护，在地下主体工程完成后即可将钢板桩拔出。

目前，钢板桩常用断面形式多为 U 形或 Z 形，还有直腹板型。我国城市隧道施工中多用 U 形钢板桩。

钢板桩的构成方法可分为单层钢板桩围堰、双层钢板桩围堰及屏幕等。采用屏幕式构造，施工方便，可保证基坑的垂直度，并使其能封闭合拢，在城市隧道施工时基坑较深，大多采用此围护形式，如图 7.3 所示。钢板桩的边缘一般应设置通长锁口，使相邻板桩能相互咬合成既能截水又能共同承力的连续护壁。考虑到施工中的不利因素，在地下水位较高的地区，当环保要求较高时，应在钢板桩背面另外加设水泥土之类的隔水帷幕。

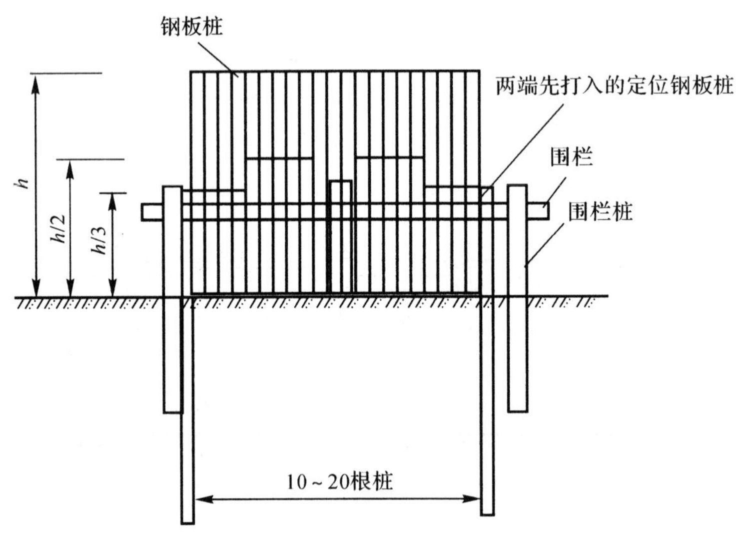

图 7.3 钢板桩围护结构

钢板桩围护墙可以用于圆形、矩形、多边形等各种平面形状的基坑，对于矩形和多边形基坑，在转角处应根据转角平面形状作相应的异型转角桩。

钢板桩通常采用锤击、静压或振动等方法沉入土中，这些方法可以单独或者相互配合使用。当板桩长度不够时，可采用相同型号的板桩按等强度原则接长。打钢板桩应分段进行，不宜单块打入。封闭或半封闭围护墙应根据板桩规格和封闭段的长度事先计算好块数，第一块沉入的钢板桩应比其他的桩长 2～3 m，并应确保它的垂直度。有条件时最好在打桩前在地面以上沿围护墙位置先设置导架，将一组钢板桩沿导架正确就位后逐根沉入土中。

钢板桩由于施工简单而应用较广。但是钢板桩的施工可能会引起相邻地基的变形和产生噪声振动，对周围环境影响很大，因此在人口密集、建筑密度很大的地区，其使用常常会受到限制。而且钢板桩本身柔性较大，如支撑或锚拉系统设置不当，其变形会很大，所以当基坑支护深度大于 7 m 时，不宜采用。同时由于钢板桩在地下室施工结束后需要拔出，因此应考虑拔出时对周围地基土和地表土的影响。

7.3.3　水泥土搅拌桩挡墙

水泥土搅拌桩挡墙就是利用水泥作为固化剂，采用机械搅拌，将固化剂和软土剂强制拌和，使固化剂和软土剂之间产生一系列物理化学反应而逐步硬化，形成具有整体性、水稳定性和一定强度的水泥土桩墙，作为支护结构。其适用于淤泥、淤泥质土、黏土、粉质黏土、粉土、素填土等土层，基坑开挖深度不宜大于 6 m。对有机质土、泥炭质土，宜通过试验确定。

常用的有水泥土搅拌桩组成的重力坝式挡土墙和 SMW 工法两种。重力坝式水泥土挡墙，如图 7.4(a)所示，它的优点是不设支撑，不渗水，而且只用水泥不需钢材，较经济。但为保持稳定，其宽度较大，因此，必须有足够的施工场地；SMW 工法，如图 7.4(b)所示，它是在单排搅拌桩内插入 H 型钢，再配以支撑系统，达到既挡土又挡水的目的。SMW 工法施工速度快，占地少。

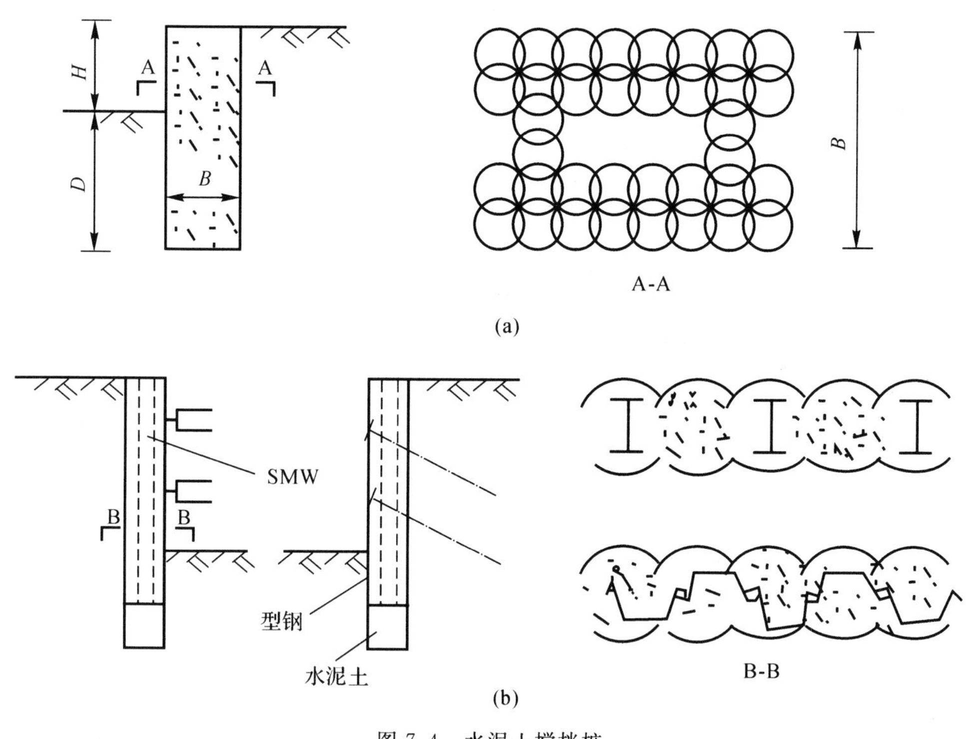

图 7.4　水泥土搅拌桩

(a)重力坝式挡墙；(b)SMW 工法

国内还利用水泥土搅拌桩排列成拱形。拱脚处须设置钢筋混凝土钻孔灌注桩或在拱脚的水泥土桩中插入型钢，用以传递支撑推力。这种拱形支护结构受力合理、位移小、造价低，但需要足够的场地，并需精心施工，适合于跨度不大的沟槽。

7.3.4　钻孔灌注桩围护墙

一、钻孔灌注桩干作业成孔施工

对于地下水位以上的一般黏性土、砂土及人工填土地基的钻孔灌注桩，可采用干作业成孔法施工，即非泥浆无循环钻进法。

一般采用螺旋钻孔机进行成孔。螺旋钻孔机由主机、滑轮、螺旋钻杆、钻头、滑动支架、出土装置等组成。它主要利用螺旋钻头切削土壤，被切的土块随钻头旋转，并沿螺旋叶片上升而被推出孔外。该类钻机结构简单，使用可靠，成孔作业效率高、质量好，无振动、无噪声，最宜用于匀质黏性土，并能较快穿透砂层。

在干作业成孔中，螺旋转成孔应用最多，其施工工艺流程如图 7.5 所示。

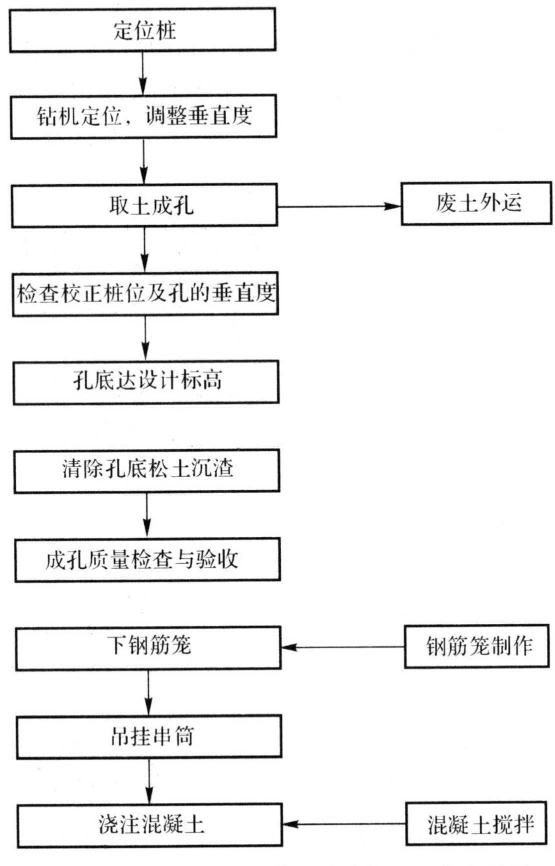

图 7.5　钻孔灌注桩干作业成孔施工工艺流程图

为了保证最终成桩后的质量，在施工中应注意以下几点：

(1)在钻机就位检查无误后，使钻杆慢慢向下移动，当钻头接触土面时，再开动电动机，且开始的钻速要慢，以减小钻杆的晃动，又易于校正桩位及垂直度。

(2)如发现钻杆不正常地摆晃或难于钻进时，应立即提钻检查，排除地下块石或障碍物，避免设备损坏或桩位偏斜。

(3)遇硬土层时，应慢速钻进，以保证孔形及垂直度。

(4)钻到设计标高时，应在原深度处空转清土，停钻后，提出钻杆弃土。空转清土时，不可进钻，提钻弃土时，不可回转钻杆。

(5)钻取出的土不可堆在孔口边，应及时清运。

(6)吊放钢筋笼时，应防止变形和碰撞孔壁。钢筋笼外侧应设有预制的混凝土垫块，以保证混凝土保护层厚度。

(7)经检查合格的孔，应不隔夜及时浇注混凝土。混凝土从吊持的串桶内注入，一般深度大于6 m时，靠混凝土下冲力自身砸实，小于6 m时，应以长竹杆人工插捣，当只剩下2 m时，用混凝土振捣器捣实。常采用的混凝土坍落度为：一般黏性土宜用5～7 cm；砂类土宜用7～9 cm；黄土宜用6～9 cm。混凝土强度等级不低于C15。

(8)桩顶标高低于地面时，孔口应有盖板，以防人、物坠落。

二、钻孔灌注桩湿作业成孔施工

钻孔灌注桩的湿作业成孔法适用于一般黏性土、淤泥和淤泥质土、砂性土和碎石类土，尤其适用于在地下水位较高的土层中。

湿作业的成孔机械有冲击钻孔机、冲抓锥成孔机及正、反循环旋转钻机等，可应用在不同的土层中。

旋转钻机成孔是利用旋转切削土体钻进，并在钻进的同时采用循环泥浆的方法护壁排渣，继续钻进成孔。现用旋转钻机按泥浆循环的程序不同，分为正循环和反循环两种。所谓正循环即在钻进的同时，泥浆泵将泥浆压进泥浆笼头，通过钻杆中心从钻头喷入钻孔内，泥浆挟带钻渣沿钻孔上升，从护筒顶部排浆孔排出流至沉淀池，钻渣在此沉淀而泥浆仍进入泥浆池循环使用。

反循环与正循环程序相反，将泥浆用泥浆泵送至钻孔内，然后从钻杆下的钻头吸进，通过钻杆和砂石泵排到沉淀池，泥浆沉淀后再循环使用。反循环法吸泥有两种方式，即反循环泵方式和空气升液方式。反循环泵方式是钻管上端有软管与离心泵连接，吸泥时先用真空泵排出软管和钻管中的空气，再启动离心泵抽吸泥水。空气升液方式是钻管底端附近喷吹压缩空气，产生密度较小的空气和泥水混合物，形成管内外的密度差值，由此在管内产生向上的水流。

正循环旋转钻机多借用现有的转盘式水文地质钻机进行某种改造，如扩大底盘，增加移动装置等。灌注桩湿作业成孔施工工艺流程如图7.6所示。

其主要施工过程如下：

(1)成孔施工。成孔工艺应根据工程特点、地质条件和设计要求合理选择。成孔直径必须达到设计桩径，钻头应有保径装置。若采用锥形钻，其锥形夹角不得小于120°。钻头直径应根据施工工艺和设计桩径合理选定。在成孔施工过程中应经常检查核验钻头尺寸，必要时应进行修理。

在正式施工前应测试成孔，数量不得少于2个。核对地质资料，检验所选的设备、机具、施工工艺以及技术要求是否适宜。如孔径、垂直度、孔壁稳定和沉淤等检测指标不能满足设计要求时，应拟定补救技术措施或重新选择成孔工艺。

成孔施工应一次不间断地完成，成孔完毕至灌注混凝土的间隔时间不应大于27 h。

护壁泥浆可采用原土造浆或人工造浆。根据不同的成孔工艺和地质情况，可参考表7.4选用参数。

成孔至设计深度后，应对孔深、孔径、垂直度及泥浆密度等进行检查，确认符合要求后，方可进行下一道工序施工。

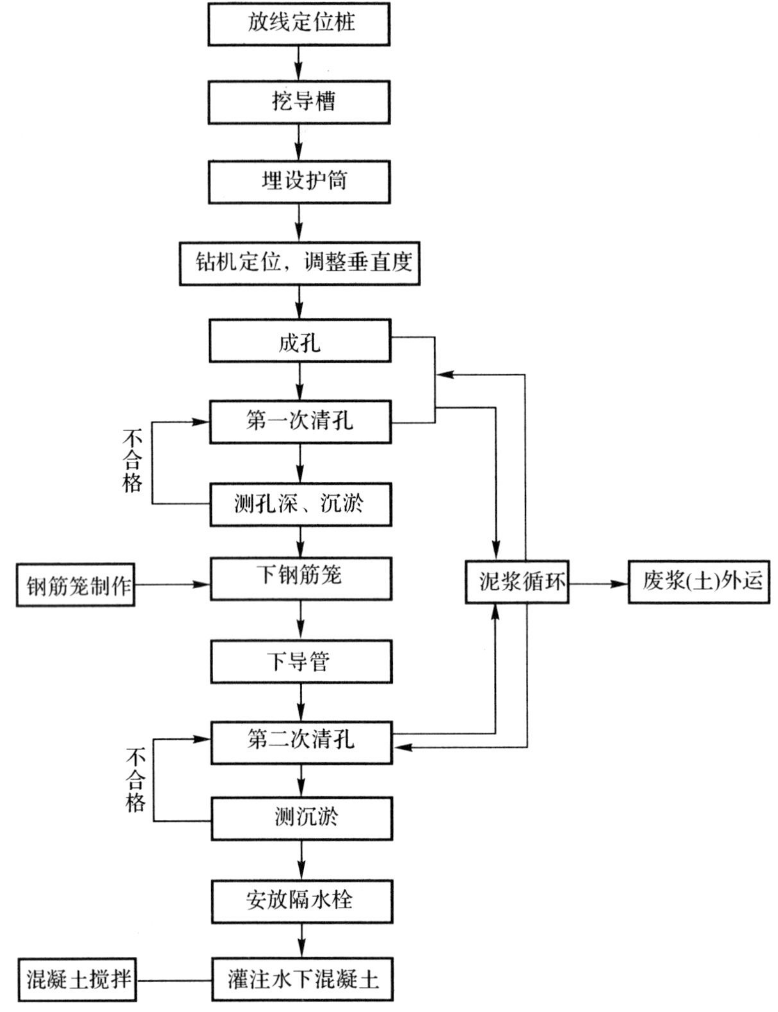

图 7.6 灌柱桩湿作业成孔施工工艺流程图

表 7.4 注入排出孔口泥浆性能技术指标

项次	项目		注入泥浆指标	排出泥浆指标
1	泥浆密度	正循环成孔	≤1.15	≤1.30
		反循环成孔	≤1.10	≤1.15
2	漏斗黏度	正循环成孔	18"～22"	20"～26"
		反循环成孔	16"～18"	18"～22"

(2)清孔。清孔应分两次进行。第一次清孔在成孔完成后立即进行;第二次在下钢筋笼和安装导管后进行。

常用的清孔方法有正循环清孔、泵吸反循环清孔和气举反循环清孔,通常随成孔时采用的循环方式而定。清孔过程中应测定泥浆指标,清孔后的泥浆密度应小于 1.15。清孔结束时应测定孔底沉淤,孔底沉淤厚度一般应小于 30 cm。第二次清孔结束后孔内应保持水头高度,并应在30 min内灌注混凝土。若超过30 min,灌注混凝土前应重新测定孔底沉淤厚度,并满足规定要求。

(3)钢筋笼施工。钢筋笼宜分段制作,分段长度应按成笼的整体刚度、来料钢筋长度及起重设备的有效高度等因素确定。为保证保护层厚度,钢筋笼上应设保护层垫块,设置数量每节钢筋笼不应少于2组,钢筋笼长度大于12 m的,中间应增设1组。每组块数不应少于3块,且应匀称地分布在同一截面的主筋上。保护垫块可采用混凝土滑轮块或扁钢定位体。

钢筋笼在起吊、运输和安装中应采取措施防止变化。起吊吊点宜设在加强箍筋部位。钢筋笼用分段沉放法时,纵向主筋的连接须用焊接,要特别注意焊接质量,同一截面上的接头数量不得大于钢筋数量的50%,相邻接头的间距不小于500 mm。对于非均匀配筋的钢筋笼,在安装时应注意方向性。

(4)水下混凝土施工。混凝土配合比设计方法应按国家相关标准执行,正式拌制混凝土前,应进行试配,试配的混凝土强度比设计桩身强度提高15%～25%,坍落度为16～20 cm,含砂率为70%～75%,水泥用量不得少于380 kg/m^3。应具有良好的和易性和流动度。坍落度损失应满足灌注要求。混凝土初凝时间应为正常灌注时间的2倍。

水下混凝土灌注是确保成桩质量的关键工序,灌注前应做好一切准备工作,保证混凝土灌注连续紧凑地进行。单桩混凝土灌注时间不宜超过8 h。混凝土灌注的充盈系数不得小于1,也不宜大于1.3。

混凝土灌注用的导管内径应按桩径和每小时灌注量确定,一般为ϕ200～ϕ250 mm,壁厚不小于3 mm。导管第一节底管应大于7.0 m,导管标准节长度以3 m为宜。浇灌水下混凝土所用的隔水塞可采用混凝土浇制,混凝土强度不低于C20级。外形应规则光滑并配有橡胶垫片。

浇灌混凝土时,导管应全部安装入孔,安装位置应居中。导管底口距孔底高度以能放出隔水塞和混凝土为宜,一般控制在50 cm左右,隔水塞应用铁丝悬挂于导管内。混凝土灌入前应先在灌斗内灌入0.1～0.2 m^{3}的1∶1.5水泥砂浆,然后再灌入混凝土。等初灌混凝土足量后,方可截断隔水塞的系结铁丝,将混凝土灌至孔底。混凝土初灌量应能保证混凝土灌入后,导管埋入混凝土深度不小于0.8～1.3 m,导管内混凝土柱和管外泥浆柱压力平衡。混凝土初灌量体积如图7.7所示,其计算方法是

$$V \geqslant \frac{1}{4}\pi h_1 d^2 + \frac{1}{4}\pi k D^2 h_2 \tag{7.1}$$

而

$$h_1 = (h - h_2)\frac{\gamma_w}{\gamma_c} \tag{7.2}$$

式中　V—— 混凝土初灌量体积,m^3;

h_1—— 导管内混凝土柱与管外泥浆柱压力平衡所需高度,m;

h—— 桩孔深度,m;

h_2—— 初灌混凝土下灌后,导管外混凝土面高度,取1.3～1.8 m;

r_w—— 泥浆重度,11～12 kN/m^3;

γ_c—— 混凝土重度,23～24 kN/m^3;

d—— 导管内径,m;

k—— 混凝土充盈系数，取 1.3；

D—— 桩孔直径，m。

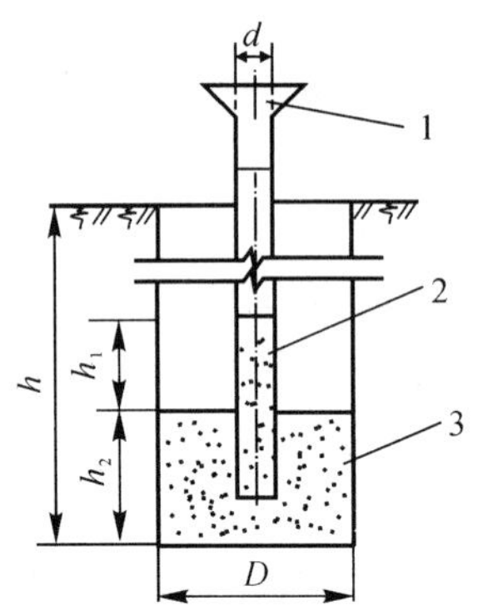

图 7.7 混凝土初灌量计算图

1—漏斗储料；2—导管；3—钻机

在水下混凝土灌注中，导管埋入深浅对于灌注能否顺利进行从而保证成桩质量至关重要。导管埋入过浅，操作稍一疏忽会将导管拔出混凝土面，或因孔深压力差大，导管埋入浅可能发生新灌入混凝土冲翻顶面，造成夹泥甚至断桩事故。导管埋入过深，会发生因顶升阻力大而产生局部涡流造成夹泥；或因混凝土出管上阻力大，上部混凝土长时间不动，流动度损失而造成灌注不畅或其他质量问题。因此，混凝土灌注过程中导管应始终埋在混凝土中，不能将其提出混凝土面。导管埋入混凝土面的深度以 3～10 m 为宜，最小埋入深度不得小于 2 m。导管应勤提勤拆，每次提管拆管不得超过 6 m。

混凝土灌注中应防止钢筋笼上拱。

混凝土实际灌注高度应比设计桩顶标高高出一定高度。高出的高度应根据桩长、地质条件和成孔工艺因素确定，其最小高度不宜小于桩长的 5%，且应保证支护结构圈梁底标高处及以下的桩身混凝土强度满足设计要求。

当然，用灌注桩作为排桩支护，桩体排列应是一条直线，以便开挖后坑壁整齐。桩的施工一般应间隔两根，按桩号的次序先是 1,4,7,10 号，然后再 2,5,8,11 号。

7.3.5 挖孔桩的施工

挖孔桩作为基坑支护结构与钻孔灌注桩相似，是由多个桩组成桩墙而起挡土作用。挖孔桩可以使用简单机具进行开挖，不受设备和工作面限制，若干个孔可同时开挖，施工时无振动、无噪声、无泥浆，对周围环境不会产生污染；适合建筑物、构筑物拥挤的地区，对邻近结构和地下设施的影响小，场地干净，造价较经济。

挖孔桩适用于无水或少水的较密实的土类中，对流动性淤泥、流砂和地下水较丰富的地区不宜采用。桩的直径（或边长）不宜小于 1.7 m，最大可达到 5.0 m，孔深一般不宜超过 20 m。

挖孔桩施工，必须在保证安全的基础上不间断地快速进行。每一桩孔开挖、提升出土、排水、支撑、立模版、吊装钢筋骨架、灌注混凝土等作业都应事先准备好，紧密配合，及时完成。

人工挖孔桩是采用人工挖掘桩孔上方，随着桩孔的下挖，逐段浇捣钢筋混凝土护壁，直到所需深度，如图7.8所示。当土层较好时，也可不用护壁，一次挖至设计标高，最后在护壁内一次浇注混凝土。其主要施工程序如下：

(1)开挖桩孔。一般采用人工开挖，开挖之前应清除现场及山坡上的悬石、浮土，排除一切不安全因素，作好孔口四周临时围护和排水措施。孔口应采取措施防止土石掉入孔内，并安排好排土提升设备(卷扬机或木绞车等)，布置好运土通道及弃土地点，必要时孔口应搭雨棚。挖孔过程中要随时检查桩孔尺寸和平面位置，防止误差。应注意施工安全，下孔人员必须配戴安全帽和安全绳，提取土渣的机具必须经常检查。孔深超过10 m时，应经常检查孔内二氧化碳浓度，如超过0.3%应增加通风措施。孔内如用爆破施工应采取浅眼爆破法，且在炮眼附近要加强支护，以防止震坍孔壁。当桩孔较深时，应采用电引爆，爆破后应通风排烟，经检查孔内无毒后施工人员方可下孔。

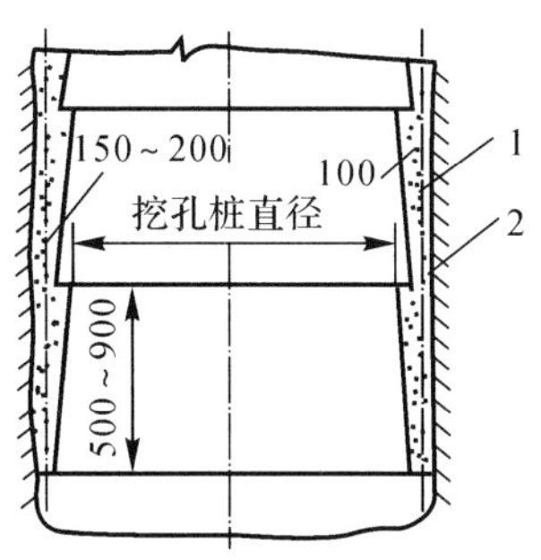

图7.8　人工挖孔桩

1—混凝土护圈；

2—连接的直钢筋 $\phi8\sim\phi12$ mm

(2)护壁和支撑。在挖孔桩开挖过程中，开挖和护壁两个工序，必须连续作业，以确保孔壁不坍。挖孔桩能否顺利施工，护壁起决定性作用，应根据地质、水文条件、材料来源等情况，因地制宜选择支撑及护壁方法。桩孔较深，土质较差，出水量较大或遇流砂等情况时，宜采用就地灌注混凝土护壁，每下挖1～2 m灌注一次，随挖随支。护壁厚度一般采用0.15～0.20 m，混凝土强度等级为C15～C20，必要时可配置少量的钢筋，也可采用下沉预制钢筋混凝土圆管护壁。如土质较松散而渗水量不大时，可考虑用木料作框架式支撑或在木框架后面铺架木板作支撑。

(3)排水。孔内渗水量不大，可采用人工排水；渗水量较大，可用高扬程抽水机或将抽水机吊入孔内抽水，遇到混凝土护壁坍塌或漏水，用水泥干拌堵塞，效果较好。

(4)吊装钢筋骨架及灌注桩身混凝土。挖孔达到设计深度后，应检查和处理孔底、孔壁。清除孔壁和孔底浮土，孔底必须平整，符合设计条件及尺寸，以保证桩身混凝土与孔壁及孔底密贴，受力均匀。遇到地下水较难抽干，但可清孔干净时，可采用先铺砌条石、块石封底，或采用水下混凝土封底。浇灌桩身混凝土时应一次浇灌完毕，不留施工缝。

挖孔桩在挖孔过深(超过15～20 m)，或孔壁土质易于坍塌，或渗水量较大的情况下，都应慎重考虑。

7.4　土层锚杆施工

锚杆是一种特殊的支护类型，锚杆包括土层锚杆及岩石锚杆。基坑工程一般采用土层锚杆，锚杆支护的优点主要有：

(1)安全迅速地与岩土体结合在一起，承受很大的拉力，被广泛地应用于围岩的早期支护，尤其适用于多变的地质条件、块裂岩体以及形状复杂的地下洞室。

(2)可采用高强钢材，并可施加预应力，可有效地控制建筑物的变形量。

(3)施工所需钻孔孔径小，不用大型机械。不占用作业空间，坑道的开挖断面比使用其他类型支护的小。

其缺点是：所提供的支护阻力较小，尤其不能防止小块塌落，一般可和金属网喷射混凝土联合使用，效果较好。

7.4.1 锚杆类型

土层锚杆一般由锚杆头部、自由段和锚固段三部分组成，其中锚固段用水泥浆或水泥砂浆将杆体(预应力钢筋)与土体黏结在一起形成锚杆的锚固体。根据土体类型、工程特性与使用要求，土层锚杆的锚固体结构可设计为圆柱形、端部扩大头型或连续球体型三种，如图7.9至图7.11所示。

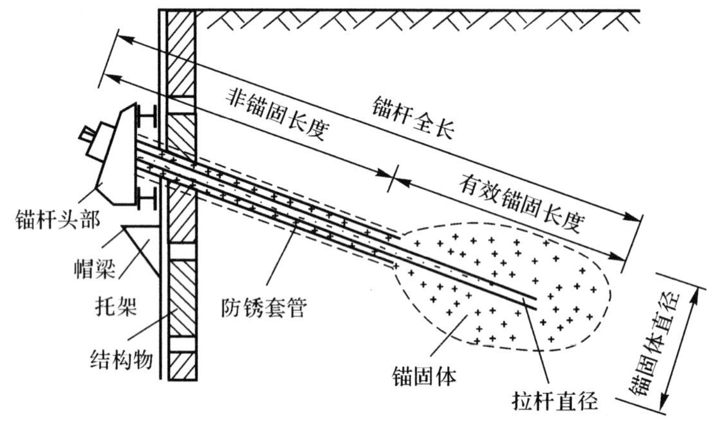

图7.9 端部扩大头型锚杆

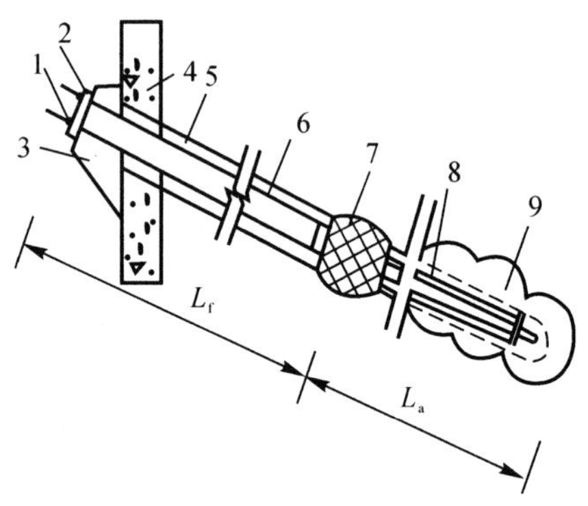

图7.10 连续球体锚杆

1—锚具；2—承压板；3—台座；4—支挡结构；5—锚孔；6—二次注浆防腐处理；7—膨胀止浆塞；8—预应钢筋；9—多球锚固体；L_f—自由段长度；L_a—锚固段长度

锚固于沙质土、硬黏土层并要求较高承载力的锚杆，宜采用连续球体型锚固体。土层锚杆的布置应符合以下规定：①锚杆上下间距不宜小于2.5 m，锚杆水平方向间距不宜小于1.5 m。②锚杆锚固体上覆土层厚度不应小于7.5 m，锚杆锚固段不应小于7.0 m。③倾斜锚杆的倾角不应小于13°，并不大于75°，以15°～35°为宜。

7.4.2　锚杆支护体系的构造

锚杆支护体系由挡土构筑物、腰梁及托架、锚杆三部分所组成，以保证施工期间的基坑边坡的稳定。

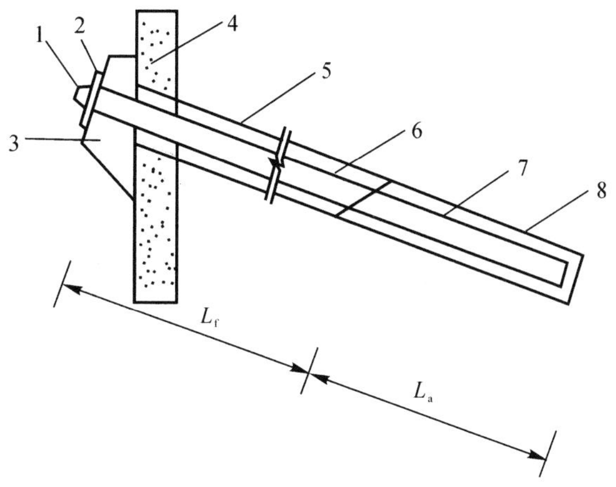

图 7.11　圆柱形锚杆

1—锚具；2—承压板；3—台座；4—支挡结构；5—锚孔；6—二次注浆防腐处理；7—预应力钢筋；8—圆柱形锚固体；L_f—自由段长度；L_a—锚固段长度

一、挡土构筑物

挡土构筑物包括各种钢板桩、各种类型的钢筋混凝土预制板桩、灌注桩、旋喷桩、挖孔桩、地下连续墙和支护网等挡土护壁结构。

二、锚杆头部

锚杆头部是构筑物与拉杆的连接部分，为了牢固地将来自结构物的力得到传递，一方面必须保证构件本身的材料有足够的强度，相互的构件能紧密固定；另一方面又必须将集中力分散开，因此锚杆头部需由下列几部分组成：

(1)台座。构筑物与拉杆方向不垂直时，需要用台座作为拉杆受力调整的插座，并能固定拉杆，防止其横向滑动与有害的变位，台座用钢板或混凝土做成，如图 7.12 所示。

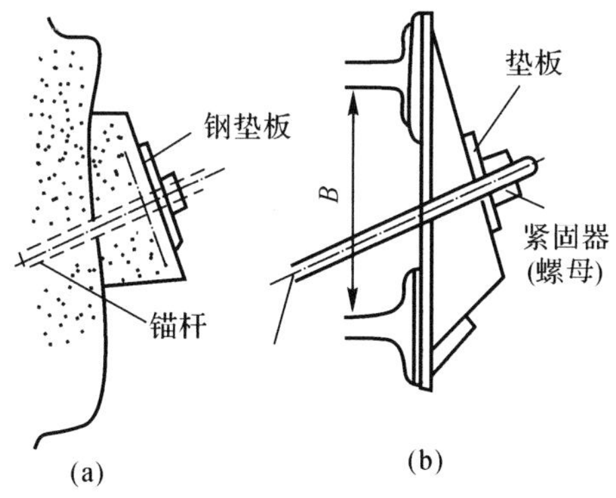

图 7.12　台座形式

(a)钢筋混凝土；(b)钢板

注：B 取决于钢模梁尺寸及锚杆倾角

(2)承压垫板。为使拉杆的集中力分散传递,并使紧固器与台座的接触面保持平顺,钢筋必须与承压板正交,承压垫板一般采用 20～70 mm 厚钢板。

(3)紧固器。拉杆通过紧固器的紧固作用将其与垫板、台座和构筑物贴紧并牢固联结。如拉杆采用粗钢筋,则用螺母或专用的连接器、焊结螺丝端杆等。当拉杆采用钢丝或钢绞线时,锚杆端部由锚盘及锚片组成,锚盘的锚孔根据设计钢绞线的多少而定,也可采用公锥及锚梢等零件,如图 7.13 所示。

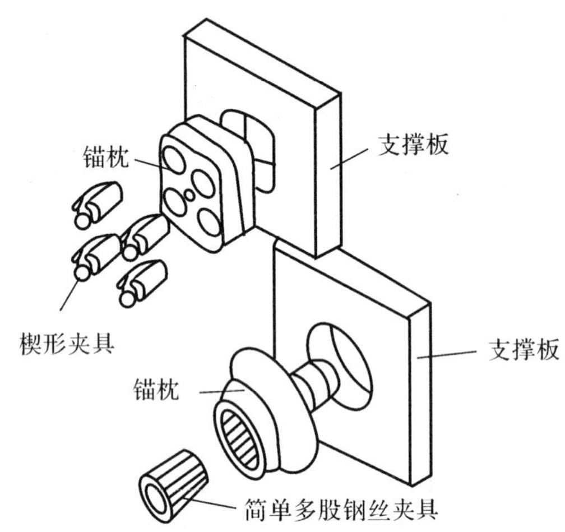

图 7.13 锚杆头处加固多股钢束锚索的方法

三、拉杆

拉杆是锚杆的中心受拉构件。从锚杆头部到锚固体尾端的全长即是拉杆的长度。拉杆的全长(L)实际上包括有效锚固长度(L_a)和非锚固长度(L_f)两部分。有效锚固长度(即锚固体长度)主要根据每根锚杆承受的抗拔力的大小来决定,非锚固长度(亦称自由长度)应按构筑物与稳定地层之间的实际距离决定。

根据设计所需锚固力的大小,拉杆可选用普通钢筋(以螺纹钢为宜),直径采用 ϕ22～ϕ32mm,单根或 2～3 根点焊成束,亦可采用高强钢筋、高强钢丝或钢绞线等。

为了保证钢筋周围有足够的砂浆保护层,沿钢筋长度每隔 1.5～2.0 m 焊一个支架。钢拉杆插入钻孔时,一般需将灌浆管同时插入,因此钻孔的直径必须大于灌浆管与钢筋及支架高度的总和。

四、锚固体

锚固体是锚杆尾端的锚固部分,通过锚固体与土之间的相互作用,将力传递给地层。锚固力能否保证构筑物的足够稳定是锚杆技术成败的关键。根据不同的施工工艺,锚固体有简易灌浆、预压灌浆和化学灌浆等。

7.4.3 锚杆施工工艺

锚杆施工所选用的施工方法、机械设备是至关重要的环节。机械设备选用得合适,施工工艺采用得当,才能有良好的施工质量,也才能使锚杆的可靠性得到保证。

一、施工准备

锚杆施工的准备工作内容有:

(1)根据地质勘察报告,摸清工程区域地质、水文情况,同时查明锚杆设计位置的地下障碍物情况,以及钻孔、排水对邻近建(构)筑物的影响,按设计要求选定施工方法、施工机械和材料。

(2)制订施工方案或施工组织设计。根据设计要求和施工现场的实际情况制定施工方法、技术措施、质量保证体系和公害防治措施等,以及施工工期、现场机械、临时用电、水平面布置、材料的准备与堆放等。

(3)将使用的水泥、砂按设计规定配合比,做砂浆强度试验;锚杆对焊应做焊接强度试验,验证能否满足设计要求。

二、锚杆的施工工艺

锚杆施工工艺流程图如图 7.14 所示。

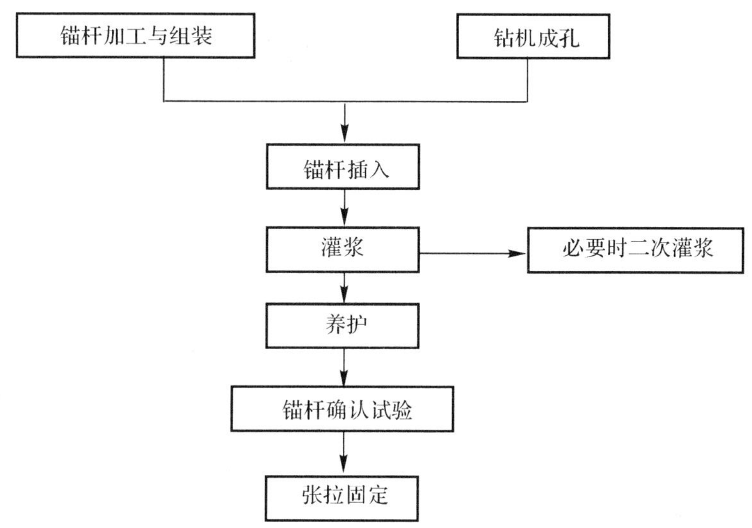

图 7.14　锚杆施工工艺流程

(1)锚拉杆的制作与要求。锚拉杆可用钢筋、钢管、钢丝束或钢绞线,多用钢筋。当锚杆采用钢筋时,有单杆和多杆之分,单杆多选用 HRB335 或 HRB700 级的热轧螺纹钢筋,一般直径为 25 mm 或 28 mm;多杆直径为 16 mm,一般为 2～7 根。钢筋、钢绞线使用前要检查各项性能,检查有无油污、锈蚀、缺股断丝等情况,如有不合格的,应进行更换或处理;钢筋的接头应采用焊接接头,搭接长度为 10 d(d 为锚杆钢筋直径),且不小于 50 mm。

当采用钢绞线或高强钢丝作锚杆时,应按一定规律平直排列,下料时应留有足够的张拉夹持长度;沿杆体轴线方向每隔 1.0～1.5 m 设置一个隔离架,杆体的保护层不宜小于 2.0 cm,导气管应与杆体绑扎牢固;杆体自由段用塑料管包裹,与锚固段相交处的塑料管管口应密封并用铅丝绑紧;杆体前端应设置导向装置。

拉杆应由专人制作,要求顺直。钻孔完毕应尽快地安设拉杆,以防塌孔。拉杆使用前要除锈,钢绞线要清除油脂。孔附近拉杆钢筋应涂防腐漆。为将拉杆安置于钻孔的中心,在拉杆上应安设定位器,每隔 1.0～2.0 m 应设一个。为保证非锚固段拉杆可以自由伸长,可采取在锚固段与非锚固段之间设置堵浆器,或在非锚固段的拉杆上涂润滑油脂,以保证在该段能自由变形。

(2)钻机成孔。锚杆钻孔机械有许多类型:螺旋式钻孔机、旋转冲击式钻孔机或 YQ-100 型潜水钻机。亦可采用普通地质钻孔改装的 HGY100 型或 ZT100 型钻机,并带套管和钻头等。

锚杆钻孔时,钻机一般是向下倾斜的,而且往往要通过松软的覆盖层才能达到稳定的土层中,在复杂的地质条件如涌水的松散层中钻孔时,由于容易塌孔或缩颈,可采用长螺旋一次成孔的施工法。当地层为砂砾石、卵石层及涌水地基,钻孔施工可采用旋转冲击钻机。此种钻机可根据地层情况分别旋转、冲击,旋转中,前端打击向前走并打入套管,钻孔速度快。

钻孔要保证位置正确,要随时注意调整好锚孔位置(上下、左右及角度),防止高低参差不齐和相互交错。钻进后要反复提插孔内钻杆,并用水冲洗孔底沉渣直至出清水,再接下节钻杆;遇有粗砂、砂卵石土层,在钻杆钻至最后一节时,应比要求深度多 10～20 cm,以防粗砂、碎卵石堵塞管子。

(3)锚孔造好后,应尽快安放制作好的锚杆,安放锚杆的要求为:

1)锚杆放入锚孔前,应认真检查锚杆的质量,确保锚杆组装满足设计要求。

2)安放锚杆时,应防止杆体扭曲变形,无对中支架的一面朝上放好,应检查排气管是否通气,否则抽出重做。

3)若采用底部注浆,注浆管应随锚杆一同放入锚孔,注浆管头部距孔底应有一定距离,一般为 5～10 cm。

4)锚杆体放入孔内深度不应小于锚杆长度的 95%,杆体安放后不得随意敲击、悬挂重物。

(4)张拉锚杆。锚杆安放后,在锚杆头部焊接紧锁装置或安装张拉夹具,以备张拉。张拉前要校核千斤顶,检验锚具硬度,清理孔内油污、泥沙。张拉力要根据实际所需的有效张拉力和张拉力的可能松弛程度而定,一般按设计轴向力的 75～85%进行控制。

锚杆张拉时,分别在拉杆上、下部位安设两道工字钢或槽钢横梁,与护坡墙(桩)紧贴。张拉用穿心式千斤顶,当张拉到设计载荷时,拧紧螺母,完成锚定工作。张拉时宜先用小吨位千斤顶拉,使横梁与托架贴紧,然后再换大千斤顶进行整排锚杆的正式张拉。宜采用跳拉法或往复式拉法,以保证钢筋或钢绞线与横梁受力均匀。

(5)采用锚孔口部(非底部)注浆时,锚杆上应安装排气装置,具体要求如下:

1)排气管材料通常为 ϕ10 cm 左右的塑料管。

2)排气管用扎丝或塑线绑扎在锚孔的正上方,离杆体里端 5～10 cm,其外端比锚杆长1 m 左右。

3)在锚杆体底部绑扎透气的海绵体,其大小应和孔径相同。

(6)孔道注浆。孔道注浆需用搅拌机、活塞式或隔膜式压浆泵等。

注浆用材料应符合下列要求:水泥宜选用 32.5 号或 72.5 号普通硅酸盐水泥,不宜选用矿渣硅酸盐水泥和火山灰硅酸盐水泥,不得采用高铝水泥;细骨料应选用粒径小于 2 mm 的中细砂,严格控制砂的含泥量和杂质含量;水的 pH 值小于 7;一般选用灰浆比为 1:1 或 1:0.5、水灰比 0.7～0.5 的水泥砂浆或水灰比为 0.7～0.75 的纯水泥浆,还可根据需要加入一定的外加剂。拌和良好的砂浆或水泥浆需具有高可泵送性、低泌浆性,且凝固时只有少量或没有膨胀。

水泥浆液的抗压强度应大于 25 MPa,塑性流动时间应在 22 s 以下,可用时间应为 30～60 min。整个浇筑过程须在 7 min 内结束。在注浆作业开始和中途停止较长时间再作业时,宜用水或稀水泥浆润滑注浆泵及注浆管路。

当采用自孔底向外灌注方法时，随着砂浆的灌入，应逐步地将灌浆管向外拔出直至孔口，但灌浆管管口必须低于浆液面。此种方法可将孔内的水和空气挤出孔外，以保证灌浆质量；当采用孔口灌浆时，排气管停止排气且注浆压力达到设计要求时，或孔口溢出浆液时，方可停止注浆。

灌浆完成后，应将灌浆管、压浆泵和搅拌机等用清水洗净。

思　考　题

1. 影响基坑边坡稳定的因素有哪些？
2. 什么是基坑工程？
3. 钻孔灌注桩的施工工艺是什么？
4. 锚杆的类型及其施工工艺是什么？

第8章　地下连续墙施工技术

本章主要介绍地下连续墙的特点、分类及其应用范围，地下连续墙施工设计及施工工艺等方面的内容。

8.1　概　　述

地下连续墙是指利用一定的设备，借助于泥浆的护壁作用，在地下挖出窄而深的沟槽，并在其内浇注适当的材料而形成的一道具有防渗、挡土墙承重功能的连续的地下墙体。

根据设计要求，地下连续墙可以具有不同的深度、宽度、形状、长度和强度。地下连续墙的施工内容包括准备工作与墙体施工。图8.1给出了现场浇筑钢筋混凝土地下连续墙的施工程序。

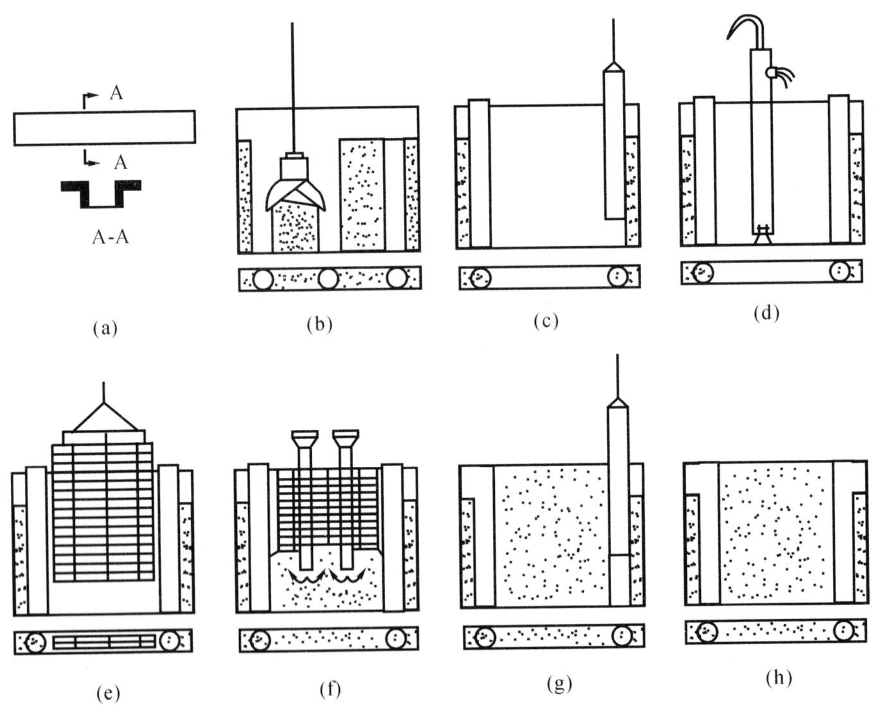

图8.1　地下连续墙施工程序

(a)挖导槽筑导墙；(b)单元槽段钻挖；(c)安装接头管；(d)清除槽底沉渣；(e)吊放钢筋笼；(f)灌注混凝土；(g)拔出接头管；(h)单元槽段结束，钻挖下一槽段

8.1.1　地下连续墙的特点

地下连续墙主要具有以下 4 个优点：

(1)墙体刚度大。地下连续墙的厚度可达 0.4～2.5 m，结构刚度大，强度高，能承载较大的水平载荷和垂直载荷。

(2)防渗性能好。地下防渗墙的墙底可伸入到隔水层，墙体接头形式和施工方法具有多样化，使建造的地下连续墙几乎不透水。

(3)可采用“逆作法”施工。地下连续墙对地基的适用范围广，从软的冲积地层到中硬的地层、密实的砂砾层和硬岩等，所有的地基都可以施工。即使在地下水位很高的情况下，以及软的淤泥质黏土地层中也能建造地下连续墙。

(4)用途广泛。地下连续墙既可作为临时的挡土、防水设施，又可作为地面建筑的深基础，还可作为地下建筑物的外墙使用，扩大了地下空间的使用面积和利用深度。

地下连续墙主要具有两个缺点：

(1)在复杂地质条件下，施工中易发生槽壁坍塌，施工难度大。

(2)施工时产生的废泥浆和挖出的渣土量较大，需经分离处理后才能外运，施工成本增大。

8.1.2　地下连续墙的分类

地下连续墙的分类目前尚未有统一的定义，常用分类如下：

(1)按地下连续墙的成墙方式，可分为桩排式、槽板式和桩槽组合式三种。桩排式地下连续墙实际上就是钻孔灌注桩并排连接所形成的地下连续墙其设计与施工归类于钻孔灌注桩；槽板式地下连续墙是采用专用设备，利用泥浆护壁在地下开挖深槽，水下浇筑混凝土，形成地下连续墙；桩槽组合式地下连续墙是将桩排式和槽板式地下连续墙组合起来的地下连续墙。

(2)按挖槽方式可分为回转式、冲击式、抓斗和铣轮式。

(3)按其用途可分为防渗墙、挡土墙和承载墙。

(4)按填筑材料的不同可分为土质墙，混凝土墙，钢铸墙，钢筋混凝土墙(现浇和预制)和组合墙(预制钢筋混凝土墙板和现浇混凝土的组合，或与预制钢筋混凝土墙板和自凝水泥膨润土泥浆的组合)。

8.1.3　地下连续墙的应用范围

地下连续墙在它的初期阶段基本上都是被用做防渗墙或临时挡土墙。现在多用做结构物的一部分或用做主体结构。

其应用范围包括：

(1)水利水电、露天矿山及尾矿坝(池)、码头、堤岸和环保工程的防渗墙。

(2)地下建筑物、基坑开挖和地质灾害防治等的挡土防渗墙。

(3)建筑物的深基础承载墙。

(4)地下油库和仓库的防渗承载墙。

(5)地下隔振墙。

8.2 地下连续墙施工设计

建造地下连续墙是一项施工工序多、质量要求高，且须在短时间内连续完成一节墙段的地下隐蔽工程。因此，施工必须认真按程序进行，备齐技术资料，认真编写施工设计，做好施工前的准备工作，以确保施工顺利安全进行。

8.2.1 施工方案的确定

地下连续墙施工方案主要包括挖槽方法的选择、泥浆制备及循环方案、钢筋笼的制作与吊放方法、槽段的接头形式、混凝土的浇筑方法以及接头管的拨出方式等施工设计。

确定地下连续墙施工方案的主要考虑依据是：

(1)工程的用途。

(2)工程地质条件。

(3)工程规模。

(4)施工场地的作业条件及其周围的环境条件。

(5)施工队伍的技术水平及施工设备情况。

(6)施工经济效益。

8.2.2 施工组织设计

地下连续墙作为隐蔽工程，为保证施工的质量，在工程施工之前应制定详细的施工组织设计。地下连续墙的施工组织设计的主要内容有：

(1)工程规模及其特点、工程地质及水文地质条件、周围环境以及其他与施工有关的条件及工期要求等。

(2)挖掘机械等施工设备型号的选择。

(3)施工场地的平面布置。其包括挖槽机运行道路的布置，混凝土输送和混凝土灌注架的布置，接头管、灌注导管等器材堆放的场地以及钢筋笼制作平台场地和放置场地的布置，挖掘出的土的运输路线和排土的场地的布置，泥浆搅拌站及原料堆放场地和循环系统以及现场的水电供应的布置。

(4)单元槽段长度的划分及其施工顺序。

(5)导墙的施工设计。

(6)护壁泥浆的配方设计、泥浆循环管路布置、废泥浆处理方法、土渣处理方案。

(7)钢筋笼的制作、运输、吊放及其所用设备和方法。

(8)墙段接头的连接设计和施工详图设计。

(9)混凝土配合比设计，混凝土供应和浇筑的方法。

(10)质量控制、安全保障和劳动组织等规章制度的限定。

8.2.3 单元槽段的划分

一个槽段是指地下连续墙在延长度方向的一次混凝土灌注单元。槽段单元长度的确定，从理论上讲，除去小于钻挖机具长度的尺寸外，各种长度均可施工，而且越长越好。这样，能减少地下连续墙的接头数量，提高地下连续墙的防水性能和整体性。但是，槽段长度越长，槽壁坍塌危险性就越大。槽段的实际长度需要综合下列因素确定：

(1)地下连续墙所处的地层情况和地下水位对槽段稳定性的影响。

(2)地下连续墙的厚度、深度、构造(柱及主体结构等的关系)和形状(拐角和端头等)。

(3)地下连续墙对相邻结构物的影响。

(4)工地所具备的起重机能力和钢筋笼的重量及尺寸。

(5)单位实际供应混凝土的能力。

(6)泥浆池的容积(一般规定，泥浆池的容积应是每一槽段容积的 2 倍)。

(7)工地所能占用的场地面积以及可以连续作业的时间。

(8)挖槽机的型号及其最小挖槽长度。

图 8.2 给出了单元槽段划分的 3 种基本情况：

(1)以挖槽机的最小挖掘长度作为一个单元槽段的长度。其适用于减少对相邻结构物的影响，或必须在较短的作业时间内完成一个单元槽段，或必须特别注意槽壁的稳定性等情况。

(2)较长单元槽段，一个单元槽段的挖掘分几次完成。在该槽内不得产生弯曲现象。为此，通常是先挖该单元槽段的两端，或进行跳跃式挖掘。

(3)多边形、圆形或曲线形状的地下连续墙。若用冲击钻法挖槽，可按曲线形状施工；若用其他方法挖槽，可使短的直线边连接成多边形。

表 8.1 给出了常见的挖槽机最小挖掘长度。

表 8.1　常见的挖槽机最小挖掘长度

挖槽方式	机械名称	最小挖槽长度/mm
蚌式抓斗	ICOS	因墙厚而异：1 500～1 700
	FEW(地墙法)	墙厚 500～600 时：2 500 墙厚 800～1 000 时：2 800
	OWS	1 500
	凯里法(导杆液压抓斗)	墙厚 500～1 000 时：1 800～2 000 墙厚 1 200～1 500 时：2 200
	“高个子”抓斗	2 500
冲击钻	ICOS	墙厚的两倍
	Soletanche	与墙厚相同
多头钻	BW SSS	墙厚 400～550 时：2 100 墙厚 800～1 200 时：2 800
滚刀钻	TBW	TBW—Ⅰ型：1 500 TBW—Ⅱ型：1 900
抓斗	EISE	3 800
重锤凿	TM	导向立柱用的竖孔宽度：1 500

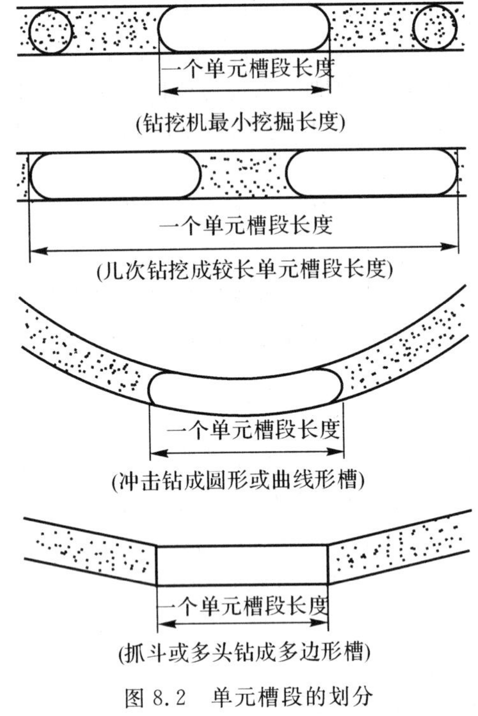

图 8.2 单元槽段的划分

在确定单元槽段的过程中，槽壁的稳定性是首先要考虑的因素。当施工条件受限时，单元槽段的长度就要受到限制。一般来说，单元槽段的长度采用挖槽机的最小挖掘长度(一个挖掘单元的长度)或接近这个尺寸的长度(2～3 m)。当施工不受条件限制且作业场地宽阔、混凝土供应及土渣处理方便时，可增大单元槽段的长度。一般以 5～8 m 为多，也有取 10 m 或更大一些的情况。

标准单元槽段长度计算式为

$$L = nW + nD \tag{8.1}$$

若需要根据结构尺寸调整单元槽段长度时，其计算式为

$$L = nW \pm nD \tag{8.2}$$

式中 L—— 单元槽段长度；

W—— 抓斗开口宽度；

D—— 导孔直径；

n—— 单元槽段挖掘次数。

8.3 地下连续墙施工工艺

地下连续墙的施工方法分为桩排式和槽段式两种。桩排式是采用钻孔灌注桩或预制桩来代替挡土板或板桩的造墙方法；槽段式是利用泥浆作为稳定液，以钻挖方式先造壁板墙，然后将壁板墙连接成整体墙的造墙方法。桩排式和槽段式施工方法都需要先建立导墙，然后再继续施工。

8.3.1　导墙的修筑

导墙是建造地下连续墙必不可少的构筑物，必须认真设计与施工。成槽施工之前，必须沿设计轴线开挖导沟，构筑导墙。

1. 导墙的主要作用

(1)导墙是控制地下连续墙各项指标的基准，也是地下连续墙的地面标志。导墙和地下连续墙中心线应一致，导墙的宽度一般是地下连续墙的宽度再另加 3～5 cm，导墙的宽度将直接影响地下连续墙的墙体厚度，导墙竖向面的垂直精度是决定地下连续墙能否保持垂直的首要条件。

(2)挡土作用。导墙可防止槽壁顶部坍塌，由于地表土质较深层土质差，而且常受带邻近地面超载的影响，为了保持地面土体稳定，经常在导墙之间每隔 1～3 m 添加临时木支撑。

(3)支撑台的作用。在施工期间，导墙常承受钢筋笼、灌注混凝土用的导管、钻机等的静、动载荷的作用。

(4)维持泥浆液面稳定的作用。导墙内的空间也是储容泥浆的储备循环槽，为了维持槽壁面地层的稳定，需要有一个较小变化的泥浆液面。特别是在地下水位很高的地段，为了维持泥浆液面的稳定，至少要求要高出地下水位的一定高度。导墙顶部有时会高出地面。

2. 导墙的形式

导墙的形式与所选用的材料有关，最常用的是钢筋混凝土导墙，其配筋率一般较低。导墙的基本断面形式有板墙形、Γ 形、L 形和匡字形几种，在特殊情况下则需要在基本形式基础上设计出特殊形式的导墙，如图 8.3 所示。图 8.3(a)为最简单的断面形状，适用于表层地基土良好(如致密的黏性土等)且作用在导墙上的载荷不大的情况。图 8.3(b)适用于作用在导墙上的载荷较大的情况，可根据载荷的程度增减其伸出部分的大小。图 8.3(c)适用于表层地基土强度不够，特别是易坍塌的砂土或回填土地基。图 8.3(d)适用于地基土强度不足，且施工期临槽设备负荷大。图 8.3(e)适用于作业面在路面以下的情况，导墙外侧的伸出部分作为先施工的临时挡土结构，此时导墙内侧的横撑可用千斤顶代替。图 8.3(f)适用于需要保护相邻结构物的情况和要考虑地下室的深度等。图 8.3(g)适用于地下水位高，导墙内泥浆液面需要高出地面一定距离的情况。

3. 导墙的施工

导墙施工有现浇钢筋混凝土、预制钢筋混凝土或钢材制作的工具式导墙等 3 种施工形式。导墙厚度一般为 0.15～0.20 m，深度为 1.5 m 左右。导墙一般采用 C20 混凝土浇筑，配筋多为 ϕ20～ϕ200 mm，水平钢筋必须连接起来使导墙成为整体。导墙施工接头位置与地下连续墙施工接头位置要错开。

导墙面应高于地面约 10 cm，以防止地面水流入槽内污染泥浆。导墙的内墙面应平行于地下连续墙轴线，对轴线距离的最大允许偏差为±10 mm；内外导墙面的净距离应为地下连续墙墙厚加 5 cm 左右，墙面应垂直；导墙顶面应水平，全长范围内的高差应小于 10 mm，局部高差应小于 5 mm；导墙的基底应和土面密贴，以防槽内泥浆渗入导墙后面。若场地土质较好，外侧土壁可作为现浇导墙的侧模；若土质较差，则应在开挖的导墙基坑两面竖立模板，才能现浇混凝土，待到一定强度后拆去模板，然后用黏土或其他力学性能较好的材料回填，并分层夯实，以防泥浆渗入墙后土体中，引起滑动坍塌。现浇钢筋混凝土导墙拆模以后，应沿纵向每隔1 m左右设上、下两道木支撑，将导墙支撑起来，在导墙的混凝土达到设计强度之前，禁止任何重型机械和运输设备在旁边行驶，以防导墙受压而发生变形。

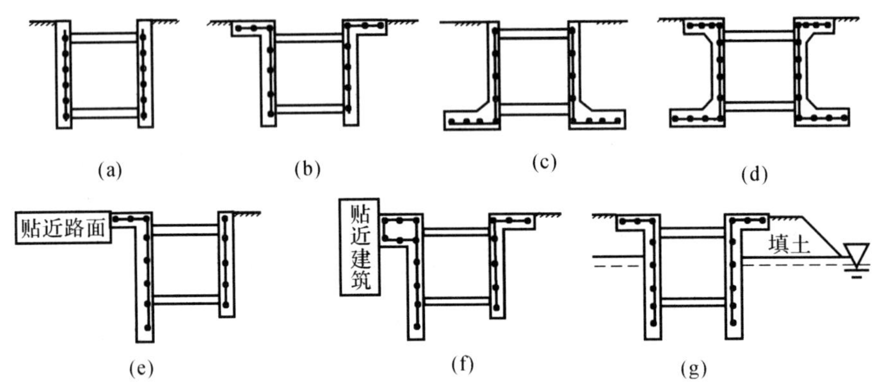

图 8.3 导墙的各种断面形式

(a)板墙形；(b)Γ形；(c)L形；(d)匡字形；(e)贴近路面；
(f)临近建筑物；(g)地下水位较高

为保证地下连续墙转角处的质量和成槽设备的移动定位方向，导墙在纵墙交接处应做成“T”字形，常见的四种形式如图 8.4 所示。

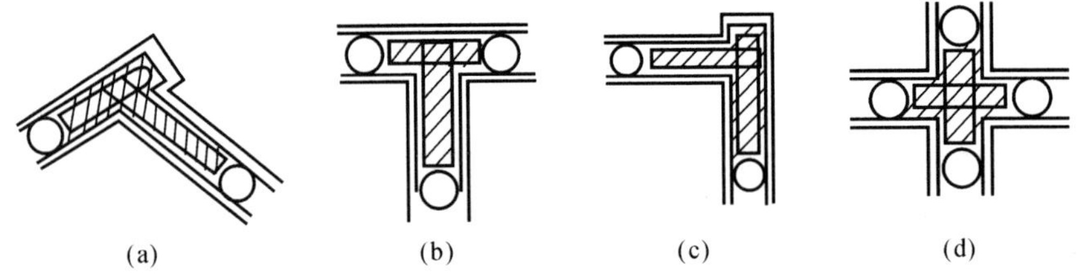

图 8.4 导墙在转角处的形式

(a)形式一；(b)形式二；(c)形式三；(d)形式四

常见的现浇钢筋混凝土导墙施工顺序是：平整场地→测量定位→挖槽及处理弃土→绑扎钢筋→支模板→浇筑混凝土→拆模并设置横撑→导墙外侧回填土。

8.3.2 泥浆的配制与废泥浆处理

一、泥浆的配制

槽段式地下连续墙施工时，利用泥浆维持槽壁稳定进行钻挖成槽，泥浆技术是整个施工最重要的一个环节，它直接关系到施工能否顺利进行。

1. 泥浆的作用

泥浆护壁的作用是保证在土中开挖深沟直到灌注混凝土之前都不发生坍塌。泥浆具有一定的密度，在槽内对槽壁产生一定的液柱压强，相当于一种液体支撑。泥浆中的自由水能渗入地层，并在槽壁形成一层弱透水的泥皮。泥皮具有一定结构强度和阻止泥浆中自由水继续渗入的作用，有助于维护槽壁的稳定性。槽内泥浆面应高出地下水位 1 m 以上，这样才能有较好的防止槽壁坍塌的效果。

2. 泥浆性能的要求

泥浆性能指标有黏度、相对密度、含砂量、失水量、胶体率、pH 值和泥皮性质，泥浆的性能指标由专用仪器进行测定，在施工过程中要随时根据泥浆性能的变化对泥浆加以维护和调整。表 8.2 给出了不同地层条件对泥浆性能的要求。

表 8.2　不同地层的护壁泥浆性质的控制指标

泥浆性能 / 地层	黏度 /s	相对密度	含砂量 /(%)	失水量 /(%)	胶体率 /(%)	静切力 /kPa	泥皮厚度 /mm	pH 值
粘土层	18～20	1.15～1.25	＜4	＜10	＞96	3～10	＜3	7～10
砂砾石层	20～25	1.20～1.30	＜4	＜20	＞96	4～12	＜2	7～9
漂卵石层	25～30	1.10～1.20	＜4	＜30	＞96	6～12	＜4	7～9
碾压土层	20～22	1.15～1.20	＜4	＜10	＞96		＜3	7～8
漏失土层	25～40	1.10～1.25	＜15	＜30	＞97			

护壁泥浆除通常使用的膨润土泥浆外，还有盐水泥浆、钙处理泥浆、集合物泥浆和植物胶泥浆等。其主要成分和常用外加剂见表 8.3。

表 8.3　护壁泥浆的种类及其主要成分和常用外加剂

泥浆种类	主要成分	常用外加剂
普通泥浆	膨润土、水	分散剂、增黏剂、降失水剂、防漏剂
盐水泥浆	膨润土、盐水	分散剂、降失水剂、加重剂
钙处理泥浆	膨润土、水、石灰或氧化钙	分散剂、降失水剂
聚合物泥浆	聚合物、水	膨润土、降失水剂
植物胶泥浆	植物胶、水	膨润土、分散剂

3. 泥浆制备

在确定泥浆配合比时，首先根据为保持槽壁稳定所需的密度来确定膨润土等成分的掺量，再根据膨润土和泥浆性能要求分别确定分散剂、增黏剂、降失水剂等的掺量。

在配制泥浆时，根据初步确定的配合比进行试配制，若试配制出的泥浆符合规定的要求，则可投入使用，否则须修改配合比。

在制备膨润土泥浆时，应对膨润土进行预水处理。配制时搅拌要充分，外加剂加入的先后顺序对泥浆性能影响很大，每加入一种外加剂应充分搅拌后再加入第二种。配制好的泥浆，在一般情况下应储存 3 h 以上，待泥浆中的成分充分溶胀之后再使用。

二、废泥浆的处理

在施工过程中，钻挖的渣土和灌注的混凝土会不同程度地混入泥浆中，致使泥浆受到污染。被污染的泥浆经处理后仍可重复使用，但污染严重或施工结束后的大量废泥浆则应舍弃。为满足环保要求，废弃的泥浆不能就地排放，需经特别处理使泥浆中的水达到排放标准后排放，再将泥浆中的固相物质外运。常用的泥浆处理方法有土渣分离处理和污染泥浆的化学处理。

分离土渣可用机械处理和重力沉降处理，两种方法共同作用效果更好。

1. 机械处理

机械处理是利用专门的泥水分离设备对泥浆进行分离处理的方法。这类泥水分离设备有机械振动筛、旋流除砂器、真空式过滤机械、滚筒式或带式碾压机及大型沉淀箱等。使用时，通常将上述几种机械组成一套泥浆处理系统，进行泥水分离联合处理(见图 8.5)，形成含水量一般不超过 50%的湿土和符合标准的泥水，最后湿土装车运走，泥水经过再生处理制定成可重复使用的泥浆。这种处理方法占用场地大，动力消耗大，处理量一般不超过 15 m^3/h，不能适应大量泥浆的及时处理。

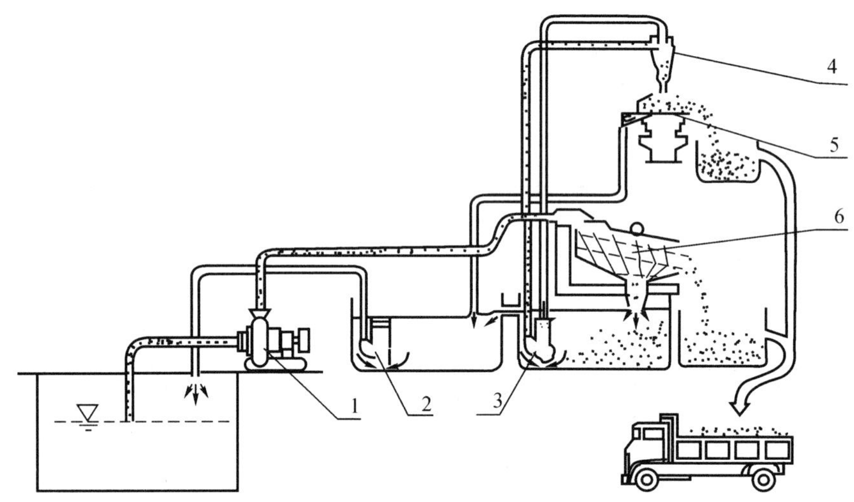

图 8.5　渣土分离机械处理示意图

1—吸泥泵；2—回流泵；3—旋流器供给泵；4—旋流器；5—脱水机；6—振动筛

2. 重力沉降处理

重力沉降处理是利用泥浆与土渣的相对密度差使土渣产生沉淀以排除土渣的方法。沉淀池容积越大，泥浆在沉淀池中停留的时间越长，土渣沉淀分离的效果越好。所以，如果现场条件允许，应设置大容积的沉淀池。考虑到土渣沉淀会减少沉淀池的有效容积，沉淀池的容积一般为一个单元槽段挖土量的 1.5～2 倍，需要考虑到泥浆循环、再生、舍弃等工艺要求，一般分隔成几个沉淀池，各个沉淀池之间可采取埋管或开槽口连通。

3. 化学处理

对恶化了的泥浆要进行化学处理，首先需要使用化学絮凝剂沉淀，使土渣分离，然后清出沉淀的泥渣。由于这类絮凝剂的价格较高，而使用量往往又比较大，因此处理费用也较高。另外，为了防止化学絮凝剂对环境的污染，对使用化学絮凝剂有严格的限制，故在施工中单独使用化学方法泥浆的处理也比较少。

4. 机械化学联合处理

首先用振动筛将泥浆中的大颗粒土渣筛出，再加入高效的高分子絮凝剂对细小土渣进行絮凝沉淀，然后送到压滤机或真空过滤机进行泥土分离。

8.3.3　桩排式地下连续墙的施工

一、桩排式(桩列式)地下连续墙的分类

根据构造墙体的种类不同,桩排式地下连续墙的施工方法可分为灌注桩式和预制桩式两种。

1. 按桩孔的排列方式分类

(1)间隔形式排列,如图 8.6(a)所示。

(2)切线形式排列,如图 8.6(b)所示。

(3)直线互搭形式排列,如图 8.6(c)所示。

(4)双排交错形式排列,如图 8.6(d)所示。

(5)双排交错互搭形式排列,如图 8.6(e)所示。

2. 按桩的材料分类

按桩的材料分类,可分为钢筋砂浆桩、钢筋混凝土桩和钢管桩等。

另外,还有一种组合墙法,即用壁板式地下墙将桩之间连接起来(桩排式+壁板式)的施工方式,如图 8.6(f)所示。

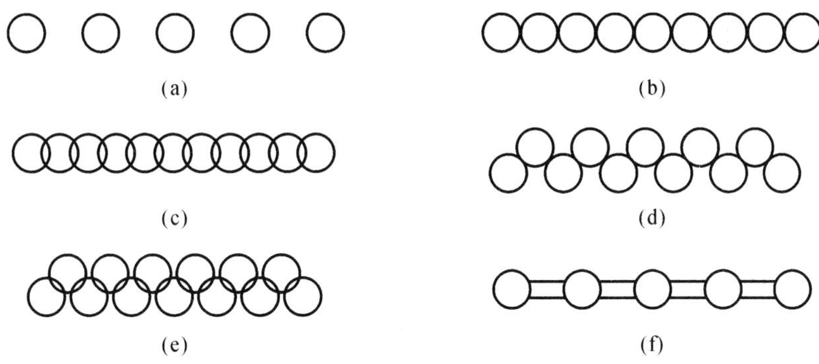

图 8.6　桩排式地下连续墙的排列方式

(a)间隔形式;(b)切线形式;(c)直线互搭形式;
(d)双排交错形式;(e)对排交错互搭形式;(f)组合墙形式

二、桩排式地下连续墙的施工程序

桩排式地下连续墙的施工方法,实质上是密集形式的单孔灌注桩或者灌注桩与注浆相结合。桩排式地下连续墙的施工程序是:①钻进成孔(根据钻孔排列形式以间隔跳打顺序进行);②清除孔底沉渣;③下入钢筋笼;④下入导管,灌注混凝土;⑤成桩;⑥桩与桩连接成墙。

三、桩排式地下连续墙的特点

1. 优点

(1)对地层的损坏较小,对相邻建筑物或地基不会产生不良影响。

(2)可根据要求自由调节桩的长度和直径,可用于软土地基中的大开挖施工。

(3)通过加压灌注,可使浆液或混凝土浸透到地层中去,提高地基的截水防渗效果。

(4)因为是单桩的重复施工,可多机组同时作业,所以在作业时间受到限制的条件下,易于进行施工作业时间调整。

2. 缺点

(1)桩与桩之间不可能完全密封相连,存有间隙,如果通地下水,间隙就会成为侵入通道,引起砂土流出等现象,造成重大事故。因此,为防止事故发生,必须在桩外采取注入固结浆液或泥浆等补充措施。

(2)在水平方向上,不能用钢筋使桩相互连接起来,故不宜作为主体结构物。

(3)由于施工技术水平的不同,在施工的质量、桩径和桩垂直度上会有很大的差别。

8.3.4 槽段式地下连续墙的施工

槽段式地下连续墙的成墙方法是开挖一定宽度、长度及深度的沟槽,在它的末端设置把墙段连接起来的节点,然后在沟槽里吊放钢筋笼,浇筑混凝土,再把墙段逐一连接起来,形成连续墙体。目前,地下连续墙的施工方法主要是槽段式成墙方法。

槽段式地下连续墙施工过程如图 8.7 所示。其中,修筑导墙、泥浆制备、深槽挖掘以及混凝土浇筑是地下连续墙施工的主要工序。

一、槽段式地下连续墙的成槽方法

槽段式地下连续墙的施工方法有多种,不同之处在于成槽方法和钻挖槽土以及排土方式。国内各种槽段式地下连续墙的施工方法,大致可分为以下三种。

1. 先钻导孔,再钻挖整修成槽形

先以一定间隔距离钻挖出直径与墙厚相同的钻孔,该钻孔称为先导孔,然后用抓斗将导孔间的土方挖去,形成槽段,如图 8.7 所示。

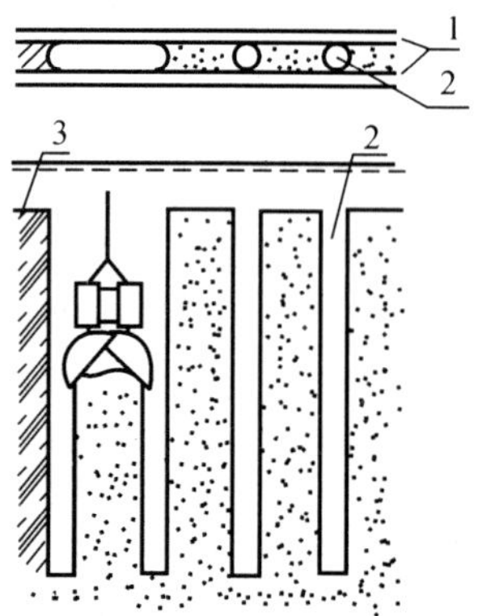

图 8.7 先钻导孔,再用抓斗挖掘成槽形

1—导墙;2—导孔;3—已完成的单元墙段

导孔相互间的距离是根据成槽机种类和墙厚以及地基的软硬而定的。用抓斗挖掘排土时,因沟槽内的残土和砂粒不能彻底排除,以及抓斗频繁地上下运动会碰撞槽面和影响垂直度,所以施工时必须注意沟槽内残留渣土的清除和避免抓斗在上下运动过程中碰撞槽壁。

2. 先钻导孔,再重复钻圆孔成槽形

先在墙段的两端钻导孔至设计深度,作为基孔,再将导孔间的土体采用连续重叠钻圆柱形孔的方式钻除导孔间的土体,如图 8.8 所示。后续的圆柱孔则分层作业,每层钻进 0.5～0.8 m的深度,即当钻头钻挖 0.5～0.8 m 后就要提钻,将钻机横移一下,使孔位与前次的稍有重叠，再钻到规定的分层深度。这样的作业在槽内反复进行，直到完成槽段。其他槽段同法，一次逐步向前推。这种成槽方法的优点是可用回转钻进设备成槽，其缺点是钻机移位频繁，工序复杂，效率较低，目前已很少应用了。

3. 一次钻挖成槽形

根据单元槽段长度，一次或分次进行钻挖，从一开始就钻挖成长条形的沟槽直至规定的墙体深度(见图 8.9)。这种施工方法作业单纯，施工效率高，目前应用较为广泛。

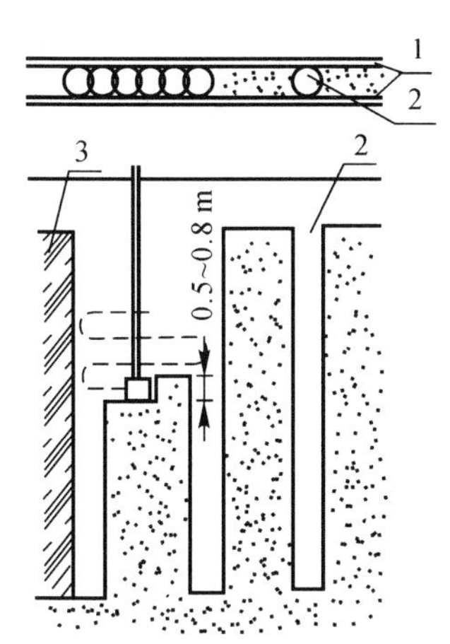

图 8.8　先钻导孔，再重复钻圆孔成槽形

1—导墙；2—导孔；3—已完成的单元墙段

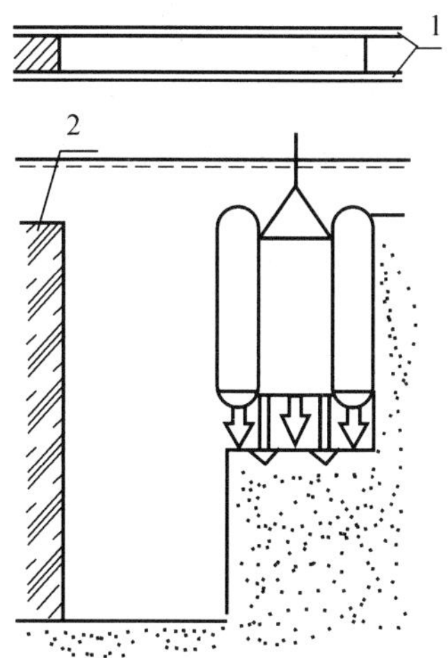

图 8.9　一次钻孔挖成槽形

1—导墙；2—已完成的单元墙段

二、各种成槽设备的挖槽作业

地下连续墙成槽施工，通常只采用一种挖槽机，但是根据地质条件或施工条件，也有同时使用两种挖槽机配合作业的情况，或者除主要的挖槽机以外，再用其他不同种类的挖槽机作辅助施工。

国内外常用的挖槽机械按其工作原理分为抓斗式、冲击式、回转式和铣轮式四大类，而每类中又分为多种。我国在地下连续墙施工中，尤以前三者为多，而铣轮式是国外一种新的铣槽机械，即应用最多的是钢索蚌式抓斗、导杆蛙式抓斗、多头钻和冲击式挖槽机。

1. 抓斗式挖槽机挖槽法

抓斗式挖槽机是以其斗齿切削土体，切削下的土体收容在斗体内，从沟槽内提出，在地面开斗卸土，然后又返回沟槽内挖土，如此重复地循环作业进行挖槽。

(1)钢索蚌式导板抓斗挖槽法。蚌式抓斗通常以钢索操纵斗体上下和开闭，故称为钢索蚌式抓斗。为了提高抓斗的切土能力，一般都要加大斗体质量；为了提高挖槽的垂直精度，要在抓斗的两个侧面安装导向板，所以亦称“导板抓斗”。钢索蚌式抓斗分中心提拉式导板抓斗(见图 8.10(a))和斗体推压式导板抓斗两类(见图 8.10(b))。为了防止抓斗前后左右产生摆动或回转，应装有特殊稳定装置。挖槽的垂直性以抓斗的自重来保持，但在挖掘砂砾层等坚硬地层时，则容易发生偏斜。解决偏斜的方法是在抓斗挖槽之前，先用钻机钻导孔(孔径与墙厚相同，孔距约 1.5 m)，以导孔作为抓斗挖槽的导向，并保持垂直性。

(2)导杆液压抓斗挖槽法。该挖槽机的蚌式抓斗安装在导杆的下端，通过液压装置开闭抓斗，挖槽时抓斗在导杆自重压力作用吃入土层进行挖土(见图 8.11)。

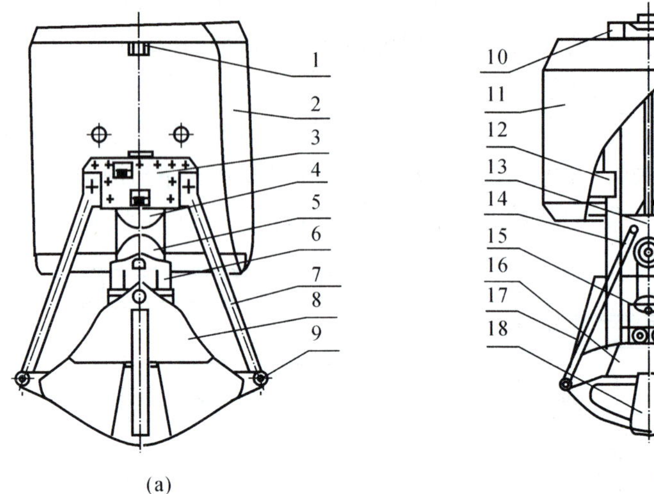

图 8.10　钢索蚌式导板抓斗

1—导向块；2—导板；3—斗脑；4—上滑轮组；5—下滑轮组；
6—滑轮座；7—提杆；8—斗体；9—斗耳；10—导论支架；11—导板；12—导向架；
13—动滑轮座；14—提杆；15—定滑轮；16—斗体；17—弃土压板；18—斗齿

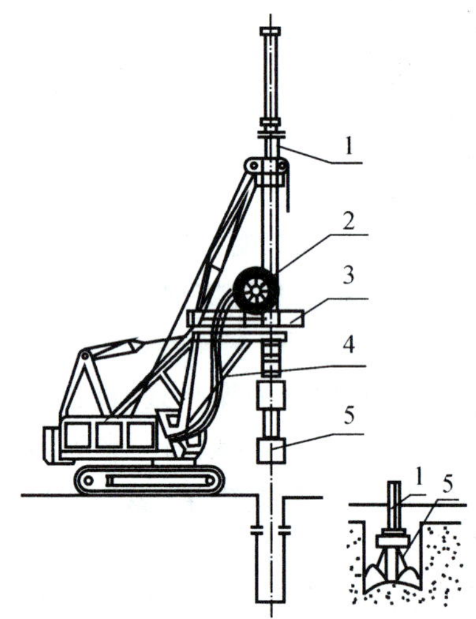

图 8.11　导杆液压抓斗挖槽法

1—导杆；2—液压管线回收轮；3—平台；4—液压油缸；5—液压抓斗

在该挖槽机的载运机械即附履起重机上，安装着导向滑槽，导杆就在滑槽内上下运动。因为导杆的方向就是掘进的方向，所以不需要钻导孔。

使用该方法挖槽，首先要将抓斗中心对准导墙上所标志的沟槽的中心位置，然后固定履带起重机的回转装置，慢慢将抓斗放入导沟内，待抓斗的斗齿在斗体和导杆的自重压力之下吃入土层后，通过液压装置，使抓斗闭合抓土。抓斗闭合以后，即将抓斗提出地面，排出斗内泥浆，旋转起重臂，将土排入土箱或卡车上。

蚌式抓斗进行挖槽时，一般以导孔作为导向，但在软地基内或在挖槽深度较浅的情况下，也可以不用导孔。如果不钻导孔进行成槽，由于地层软而挖槽速度较慢，或在软硬层两者间变换位置时，易造成槽壁弯曲。另外，随着挖槽深度的增加，垂直精度的误差也会越来越大。因此，对于深度大于 10 m 的地下墙施工，应尽可能采用先钻导孔的方法。

当采用抓斗而不是用导孔进行挖槽时，为使抓斗吃土阻力均衡，必须按如图 8.12(a)所示的方式进行，而不能采用图 8.12(b)所示的方式，以避免因抓斗吃土阻力不均衡而造成槽孔弯曲。

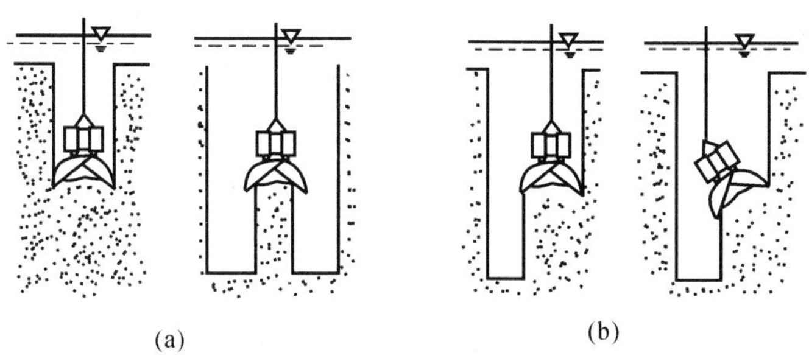

图 8.12　不钻导孔挖槽时抓斗吃土阻力状况

(a)抓斗吃土阻力均衡；(b)抓斗吃土阻力不均衡

2. 冲击式挖槽机挖槽法

冲击式挖槽机包括冲击回转式、钻头冲击式和凿刨式三种类型。

(1)冲击回转式挖槽法。这种挖槽机在吸泥管的下端安装有直径与墙厚相等的伸缩式钻头。在挖槽时，钻头的动作有两种方式：一种是钻头在卷扬机钢索的带动下仅作上下冲击运动；另一种是钻机带有强制给进机构，钻头除作上下冲击运动以外，还能在液压机构的垂直加压下进行回转运动。这样，可使被破碎的土渣和泥浆经吸泥管排出地面，如图 8.13 所示。

(2)钻头冲击式挖槽法。该法是在导杆下端装有冲击钻头，通过卷扬机使之上下运动冲击岩土层进行挖掘。被钻头击碎的土渣，通过泥浆循环方式排出槽外。冲击钻机是依靠钻头的冲击力破碎地基土层的，所以不但对一般土层适用，对卵石、砾石、岩层等地层亦适用。

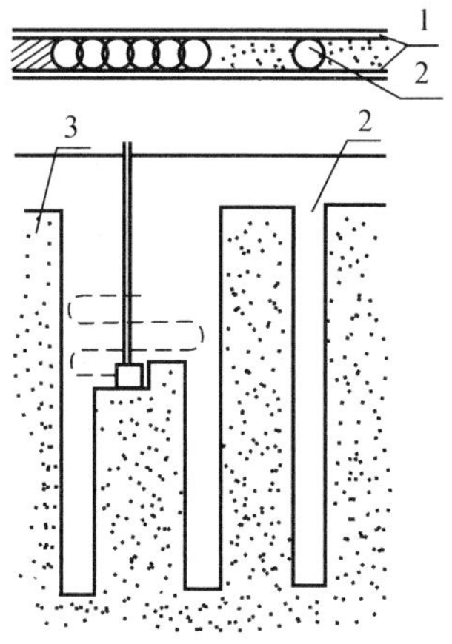

图 8.13　冲击回转式挖槽法

1—导墙；2—导孔；3—吸泥排渣管

冲击钻机的种类很多,如CZ-22型和CA-30型钢绳冲击钻机、SPC-300H型带冲击机构的转盘钻机、MT-150型全套管钻机等冲击钻机皆可应用。

排土方式有泥浆正循环方式和泥浆反循环方式两种。当泥浆正循环时,泥浆作用在挖槽工作面上的压力较大,由于泥浆携带土渣的能力与其上升速度成正比,而泥浆的上升速度又与挖槽断面的面积成反比,所以泥浆正循环方式不宜用于断面大的挖槽施工。

当泥浆反循环时,由于钻杆断面的面积较小,其上升速度快,排渣能力强。泥浆反循环方式与挖槽断面的面积无关,土渣排出量和土渣的最大直径取决于排浆管的直径。但是,当挖槽断面的面积较小时,泥浆向下流动明显减小,作用在槽壁上的泥浆压力较泥浆正循环方式低,会减弱泥浆的护壁作用。

(3)凿刨式挖槽机挖槽法。凿刨式挖槽机也属于冲击式挖槽机一类,它是靠凿刨沿导杆上下运动以破碎土层,破碎的土渣由泥浆携带着从导杆下端被吸入经导杆排出槽外。施工时每凿刨一竖条土层,挖槽机就移动一定距离,如此反复进行挖槽。

冲击式挖槽机挖槽法的挖槽顺序是:先在槽段的两端钻导孔至设计深度,然后以导孔为基准,再钻挖去中间部分的土体。该挖槽方法可以建造圆周形等曲线形的地下墙。

冲击式挖槽机是以钻头的冲击为主破碎岩土层而进行挖槽的,所以适用于在硬质地基内施工。一般来说,对于软地基可采用导杆蚌式抓斗法,而对于竖硬地基则适宜采用此法,当然两者也可配合使用。

3. 多头钻挖槽机挖槽法

多头钻挖槽机是以回转的钻头切削土体而进行挖掘的,钻下的土渣随泥浆的循环排出地面。钻头回转方式与挖槽面的关系有直挖和平挖两种,钻头数目有单头钻和多头钻之分,单头钻主要用来钻导孔,多头钻用来挖槽。多头钻是日本利根公司开发的地下连续墙挖槽机械,称为BW钻机,我国所用的SF-60型多头钻挖槽机是参考BW钻机设计制造的。

多头钻机的悬吊方式有用钢索悬吊和用泥浆反循环钢管两种。钻出的土渣随泥浆以反循环方式通过排泥软管或钢管排出地面。

多头钻机的钻头利用两台潜水电钻带动减速机构和传动分配箱的齿轮,驱动钻头下部钻头等速对称旋转切割土体而进行挖槽。钻头中心排列在一条直线上,各个钻头的转动方向相反,钻头的钻进反力相互抵消,整个多头钻机不会因钻进反力而产生扭转。钻头工作平面分上、下两级,各钻头钻成的圆形孔断面相互重叠,钻头钻进时残留下的不平整壁面,由安装在钻机两侧作上下运动的侧刀削平修整,所以它一次钻成的平面为长圆形的槽段,而不是一个圆孔。钻机内安装有电子测斜自动纠偏装置,当测斜仪显示出多头钻已偏离设计位置时,可通过操作台上的阀门以高压气体操纵纠偏气缸推动纠偏导板,四片纠偏导板可以进行四种组合,自动纠正槽段的钻进偏差,从而提高成槽精度。

用多头钻机挖槽对槽壁的扰动少,完成的槽壁光滑,吊放钢筋笼顺利,混凝土超量少,无噪声,现场人员少,施工文明,适用于软黏土、砂性土及小粒径的砂砾层等地质条件。特别是在密集的建筑群内或邻近高层及重要建筑物处,皆能安全而高效率地进行施工。由于是用钻头钻进挖槽,从软地层到硬质地层均能适用。但因采用泥浆反循环方式排渣,所以对粒径大于150 mm的卵砾石层,可与抓斗方式配合使用。

多头钻机施工连续墙的工艺布置如图8.14所示。

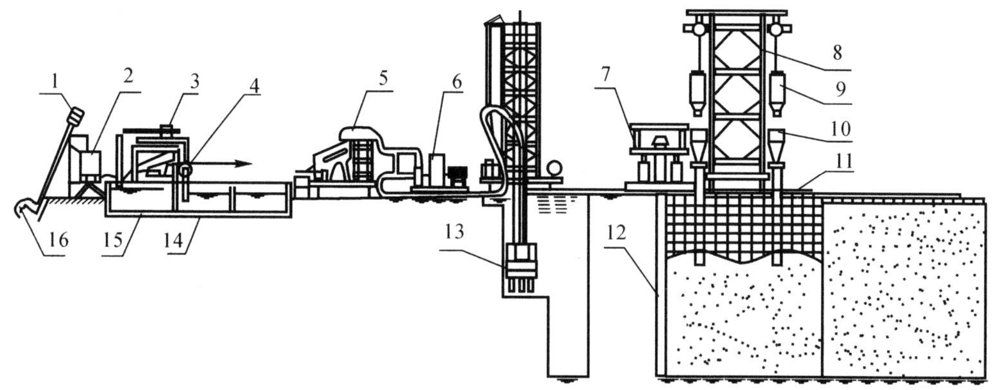

图8.14　多头钻机施工连续墙的工艺布置

1—螺旋输送机；2—泥浆搅拌机；3—水力旋流器；4—补浆用输浆管；5—振动筛；6—吸泥泵；7—接头管顶升架；8—混凝土浇灌机；9—混凝土吊斗；10—混凝土灌注漏斗导管；11—轨道；12—接头管；13—多头钻；14—泥浆沉淀池；15—泥浆池；16—膨润土

4. 铣轮式铣槽机挖槽法

铣轮式铣槽机采用铣轮切削土体形成沟槽。如双轮铣槽机。在机架的底端安装两个液压马达，由液压马达驱动两个铣轮旋转，进行切削岩土，并使切削下来的岩屑向吸渣管入口方向移动，然后由泥浆泵经排渣管送到地面振动筛，将岩土碎渣清除。经过净化处理后再次流向槽内形成循环(见图8.15)。

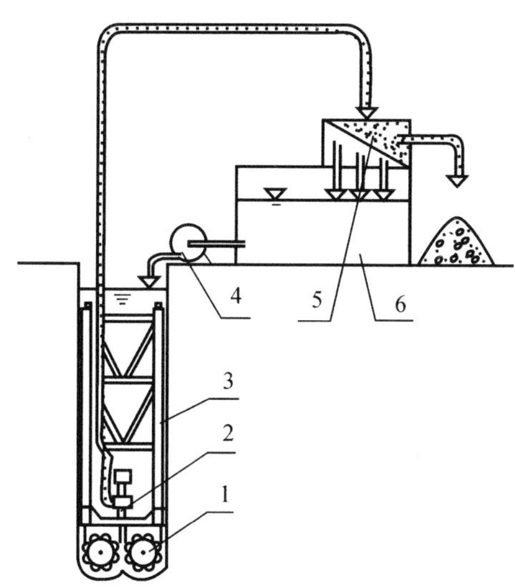

图8.15　铣槽机工作原理示意图

1—铣轮；2—泥浆泵；3—机架；4—离心泵；5—振动筛；6—泥浆池

在铣槽机上还安装了电子测斜仪，用于在挖槽过程中测量铣槽机的垂直偏差。这种仪器可连续地显示铣槽机的中心位置和垂直偏差角度。如果铣槽机的方位偏离了垂直轴线，则可以通过操作液压导向台肩来调整铣槽机的方位，以保证沟槽具有较高的垂直度。

铣轮式铣槽机载土层中挖槽效率高，在较硬岩层中挖槽，可装配切削硬岩的特殊铣轮，切削工作能力可达 40 m^3/h。

8.3.5 槽段清底

挖槽结束后，悬浮在泥浆中的土颗粒将逐渐沉淀到槽底。此外，在挖槽过程中未被排出而残留在槽内的土渣以及在吊放钢筋笼时从槽壁上刮落的泥皮等都会堆积在槽底，因此在挖槽结束后，必须清除槽底沉淀物，这项作业称为清底。

1. 清底的必要性

在槽底有沉渣的情况下插入钢筋笼和灌注混凝土，将会影响地下连续墙的质量和使用。因此，清除槽底的沉渣是地下连续墙施工中的一项重要工作。

(1)沉渣在槽底很难被灌注的混凝土置换出地面，它残留在槽底会成为墙底和持力层地基之间的夹杂物，降低地下墙的承载力，造成墙体沉降；同时，也会影响墙体底部的载水防渗能力，成为产生管涌的隐患。

(2)灌注混凝土过程中若沉渣混进混凝土，则不但会降低混凝土的强度，还会因混凝土的流动，使沉渣集中到单元槽段的接头处，严重影响接头部位的强度和防渗性。

(3)沉渣会降低混凝土的流动性，因而降低了混凝土的灌注速度，有时还会造成钢筋笼上浮。

(4)沉渣过多时，会影响钢筋笼插入到预定的位置。

对挖槽时残留在槽底的沉渣，在挖槽结束时进行清理则比较容易。悬浮在泥浆中的土渣逐渐沉降所产生的沉降物，数量相当多，沉渣的状况受泥浆性能的影响，即使在挖槽后已对槽底的沉渣进行了彻底清除，但在浇灌混凝土前的一段时间内，还会产生大量的沉淀物，由此对清底工作需有足够的认识。

2. 清底方法

常用的清底方法，一般分沉淀法和置换法两种。沉淀法是待土渣沉淀到槽底之后再将其清除；置换法是在挖槽结束之后，在土渣还没有完全沉淀之前就用新鲜泥浆(泥浆的相对密度小于或等于 1.15)把槽内悬浮有土渣的泥浆置换出槽外。具体清除沉渣的方式可分为：

(1)正循环置换法。

(2)循环置换法。

(3)砂石吸力泵排泥法。

(4)压缩空气升液排泥法。

(5)带搅动翼的潜水泥浆泵排泥法。

(6)水枪冲射排泥法。

(7)抓斗直接排泥法。

其中(3)，(4)，(5)应用较多，其工作原理如图 8.16 所示。

不同的清除沉渣方法所耗用的时间不同，对槽壁稳定性的影响度和清底效果亦不同。在选择清底方法时，应以槽壁完全为主，兼顾其他因素合理选择。

8.3.6 槽段的连接

地下连续墙的接缝是采用在两相邻单元墙段之间建立一个可以使两相邻单元墙段连接起来的施工接头，利用施工接头，可在技术上使地下连续墙在可能范围内成为一个整体。

槽段间的接缝是地下连续墙的薄弱部分，故接缝数量越少越好。采用长槽段施工对提高地下连续墙质量是有利的。在过去的施工中，墙段的长度多数为 2～5 m。由于技术进步以及长期实践的结果，目前墙段长度很多是 7～8 m，很少超过 10 m。但是，长槽段施工不一定经济，因此应使单元槽段长度与经济的挖掘次数相符合。

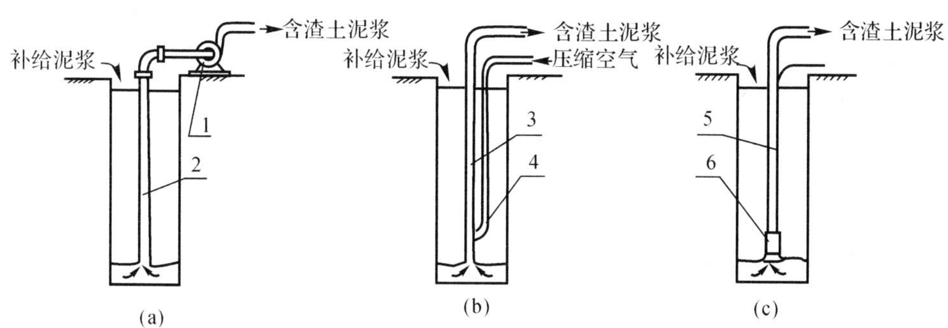

图 8.16　常用三种清底方法工作原理

(a)砂石吸泥泵排泥；(b)压缩空气升液排泥；(c)潜水泥浆泵排泥

1—砂石吸泥泵；2—吸渣管；3—排渣管；4—混合器；5—电缆；6—潜水砂石泵

1. 对纵向接头的连接要求

(1)不得妨碍下一单元槽段的开挖。混凝土不得从接头下端或接头构造物与槽壁之间的空隙流向背面，即使在土质条件(砾石或卵石层等)不好或泥浆管理不善而使槽壁坍塌，扩大了墙厚，也必须能够防止混凝土绕流。

(2)接头应能承受混凝土的侧向压力，而不发生弯曲和变形。根据结构的设计目的，能够传递单元墙段之间的应力，并起到伸缩接头的作用。

(3)接头表面不应黏附沉渣或变质泥浆的胶凝物，以免降低强度或漏水。

(4)根据沟槽深度或插入接头结构物作业的需要，若必须分段接长时，应采用施工适应性好、无弯曲，容易进行垂直连接的方式。

(5)在隐蔽而且难以进行测定的泥浆中，能够进行准确的施工。

(6)加工简单，拆装方便，成本便宜。

2. 对水平接头与结构物顶部接头的连接要求

对于地下连续墙与楼板、柱、梁等结构物的接头的连接，可通过预埋构件实现。其基本要求是便于连接、保证强度、利于混凝土灌注，同时还要注意不能因泥浆浮力而产生位移而损坏。

3. 接头形式及施工方法

为了保证地下槽段墙与槽段墙之间的连接具有良好的止水性和整体性，应根据建设地下连续墙的目的来选择适当的接头形式。

地下连续墙的接头形式很多，有接头管式、直接式、榫接式、翼板式、间隔钢板式、接头箱式和先做接头缝的形式等。一般是根据受力和防渗要求进行选择，在地下连续墙施工接缝的最初阶段，常用平面式接合缝。但这种接头形式减弱了剪力的传递，同时也不利于防水。目前常用的接头形式有以下几种：

(1)接头管接头。接头管接头又称锁扣管接头，是当前地下连续墙施工中应用最多的一种接头形式。这种接头的方法是：在成槽、清底后，于槽段端部将接头管插入或用起重机起吊放入槽孔内；然后吊放钢筋笼并浇筑混凝土，待混凝土强度达到 0.05～0.2 MPa 时（一般在混凝土浇筑后 3～5 h，视气温而定），开始用吊车或液压顶升机提拔接头管，上拔速度应与混凝土强度增长速度相适应，一般为 2～4 m/h，应在混凝土浇筑结束后 8 h 以内将接头管全部拔出。接头管直径一般比墙的厚度小 50 mm，管身壁厚一般为 18～20 mm，每节管的长度一般为 5～10 m。若受到施工现场高度的限制，每节管的管长可适当缩短，使用时应根据需要分段接长。接头管的结构和连接方法如图 8.17 所示。当槽段宽度较小时，用单根接头管（见图 8.17(a)）。当槽段宽度较大时，采用并联多根接头管（见图 8.17(b)）。

施工宽度与深度都较大的地下连续墙，接头管的顶拔较困难，对此可采用“注砂钢管接头工艺”。这种工艺是在浇筑混凝土前插入一直径与槽宽基本相等的钢管，在浇筑混凝土时，在注砂钢管中注入粗砂，随着混凝土的浇筑，缓缓上拔钢管，这时便会在槽段接头处形成一个砂柱。该砂柱将起着侧模作用，如接头管一样。这样方法设备简单，上拔的摩擦助力小，上拔速度快，接头质量也好，只是要消耗一些砂子，至于如何回收利用尚需进一步研究。

为了便于接头管的起拔，管身外壁必须光滑，可在管身上涂抹黄油。

接头管拔出后，单元槽段的端部会形成半圆形，继续施工即形成相邻两单元槽段的接头，它可以增强墙体的整体性和防渗能力。施工工艺过程如图 8.18 所示。

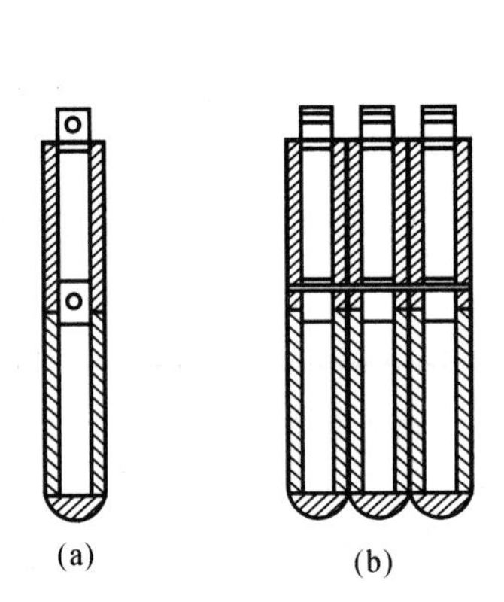

图 8.17 接头管的构造和连接方法

(a)单根接头管；(b)并联多根接头管

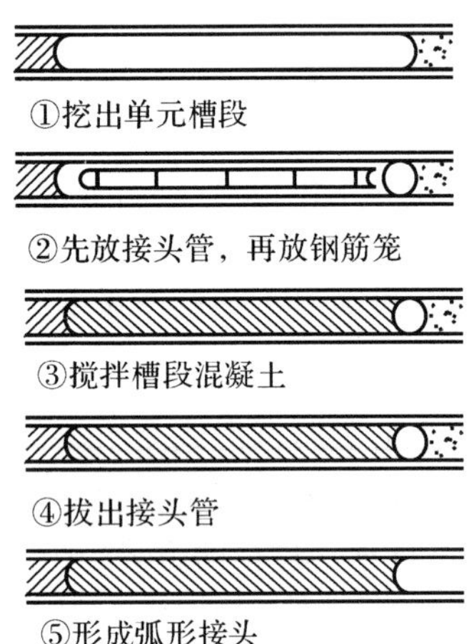

图 8.18 接头管接头的施工工序

(2)接头箱接头。这种接头形式基本类似接头管连接，不同之处是在接头管旁附设一个敞口接头箱，即可得连续钢筋笼的刚性连接。接头箱接头可以使地下连续墙形成整体接头，接头的刚度较好。

接头箱接头的施工方法与接头管接头相似，只是以接头箱代替接头管。一个单元槽段挖土结束后，吊放接头箱，再吊放钢筋笼。接头箱在浇筑混凝土的一方是开口的，所以钢筋笼端部的水平钢筋可插入接头箱内。浇筑混凝土时，接头箱的开口面被焊在钢筋笼端部的钢板封住，因而浇筑的混凝土不能进入接头箱，混凝土初凝后，与接头管一样逐步吊出接头箱，与后一个单元槽段的水平钢筋交错搭接，而形成整体接头。

接头箱接头有多种形式，其中充气式接头箱就是在钢板式接头箱基础上增设有锦纶塑料充气软管，下入接头箱后，对锦纶塑料软管充气，用来密封止浆，以防止新浇筑混凝土浸透绕流，如图 8.19 所示。

接头箱式接头的施工工艺过程如图 8.20 所示。其施工过程是：待单元槽段完成后，于一端吊放圆形接头管与敞口接头箱，再吊放带堵头钢板的钢筋笼，堵头钢板外伸出的钢筋进入敞口接头箱中；当灌注混凝土时，由于堵头钢板的阻挡，混凝土不会流入箱内，拔出接头箱后，就成了有外伸钢筋的接头，灌注下一单元槽段混凝土时，它就成为钢筋连续的刚性接头。

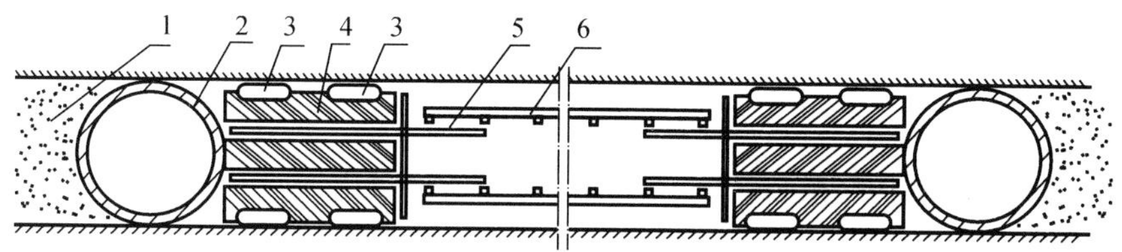

图 8.19　充气式接头箱

1—填入砂砾；2—反力支撑管(箱)；3—充气软管；4—接头箱；5—接头钢板；6—钢筋笼

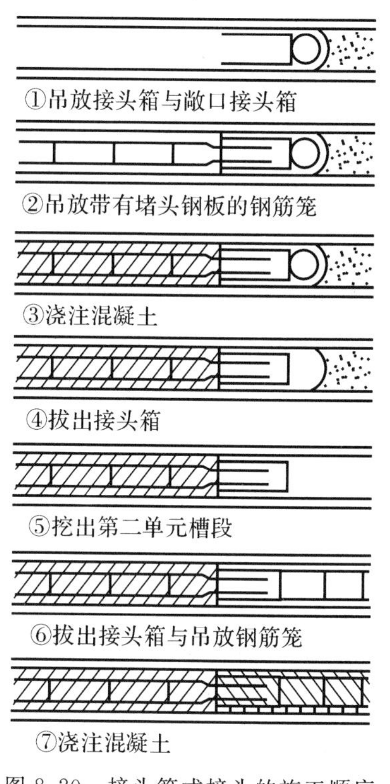

图 8.20　接头箱式接头的施工顺序

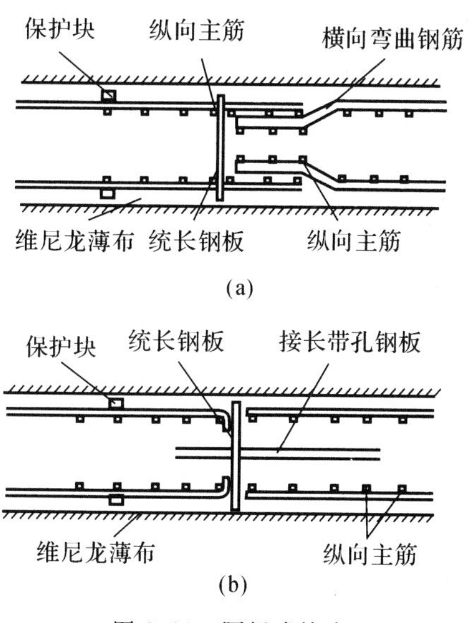

图 8.21　隔板式接头

(a)钢筋连接法；(b)钢板连接式

(3)隔板和预制接头。隔板接头是以钢板作为单元槽段浇筑混凝土的堵头，如图 8.21 所示。预制接头则是以预制混凝土构件作为单元槽段接头，如图 8.22 所示。预制接头的施工顺序是先施工接头部分，然后再施工两接头间的单元槽段。这种施工方式有助于提高槽壁稳定性。

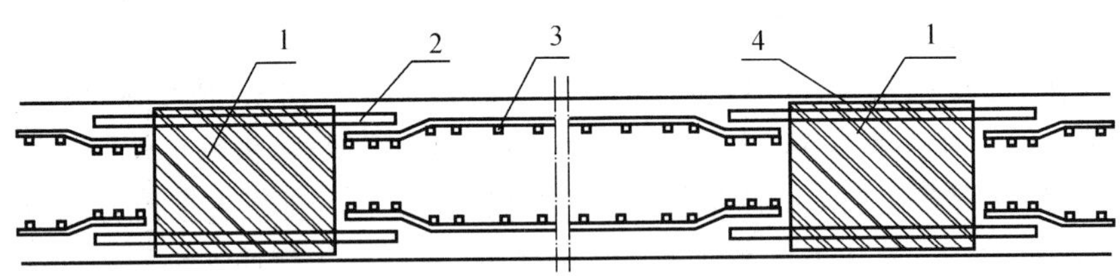

图 8.22　钢筋混凝土预制接头

1—混凝土预制接头；2—钢板；3—钢筋笼；4—罩布

8.3.7　钢筋笼的制作与吊放

钢筋笼通常是在现场加工制作的。但当现场作业场地狭窄、加工困难时，也可在其他适当场所加工。其制作程序是：

(1)纵向钢筋的切断、焊接或者压接，水平钢筋、斜拉补强钢筋、剪力连接钢筋等的切断加工。

(2)钢筋的架立，为便于配筋，可用角钢等在制作平台上设置靠模。

(3)设置保护层垫块。

(4)安装钢板箱(或泡沫苯乙烯等)，用以保护后浇板或柱的连接钢筋。

(5)根据横向接头的结构(单元墙段之间的接头)，安装连接钢板或其他预埋件。

(6)装贴罩布及其他作业。

1. 钢筋笼的制作

在制作钢筋笼时，应根据地下连续墙墙体钢筋设计尺寸和单元槽段的划分来制作。钢筋笼最好是按单元槽段组成一个整体(一般不超过 10 m)。如果需要分段接长，接头用绑条焊接，纵向受力钢筋的搭接长度应采用 60 倍的钢筋直径长度。钢筋笼的制作应满足以下要求：

(1)钢筋的加工。

1)纵向钢筋接头采用气压焊接、双面焊搭接和单面焊搭接。

2)纵向钢筋底端距槽底的距离应有 100～200 mm 以上。当采用接头管的接头形式时，水平钢筋的端部至混凝土表面应留有 50～150 mm 的间隙。

3)在加工钢筋时，要考虑斜拉补强钢筋的保护层厚度和纵向钢筋及水平钢筋的直径。

4)根据设计图纸要求的数量和尺寸，进行斜拉补强钢筋、剪力连接钢筋、连接钢筋(把墙体内外侧的纵向钢筋连接起来使其固定)以及起吊用附加钢筋等的切断和加工。

(2)钢筋笼的加工。

1)配筋加工后，应按设计图纸要求制作钢筋笼。要确保钢筋的正确位置、根数及间距，并牢固固定，不允许在起吊或吊入时产生变形。

2)纵向钢筋的连接，按设计要求可采用焊接或用直径为 0.8 mm 的退火铁丝绑扎。

3)水平钢筋的设置不得妨碍灌注导管的下入，最好将纵向钢筋布置在水平钢筋的内侧。

4)在钢筋重叠处要有确保混凝土流动所必需的间隙，并注意不要影响设计要求的保护层尺寸。

5)起吊或吊入钢筋笼时的起吊用钢材，因为设计的水平钢筋太细、强度不够，必须使用大直径钢筋代替。在钢筋笼大而重的情况下，可根据需要用钢板或型钢予以安装。

6)钢筋笼端部与接头管或混凝土接头面应留有15～20 cm的空隙,主筋保护层厚度应为5～8 cm,保护层垫块厚度应为5 cm,在垫块和墙壁之间要留有2～3 cm间隙。垫块一般用薄钢板制作,焊于钢筋笼上,亦可用预制水泥中空圆柱体间隙套在主筋上。

钢筋笼应在平台上成形。为便于纵向钢筋定位,宜在平台上设置带凹槽的定位工装。钢筋笼除四周两道钢筋的交点需要全部焊接外,其余的采用50%交错焊。成形用的临时扎结铁丝焊后应全部拆除。

2. 钢筋笼的吊放

钢筋笼的起吊、运输和吊放应周密地制定施工方案,不允许在此过程中产生不能恢复的变形。钢筋笼起吊前,要仔细检查起吊架的钢索长度,使之能够水平地吊起再转成垂直状态。起吊用的吊架有双索吊架和四索吊架两种。在钢筋笼的头部及中间部两处同时起吊,钢筋笼的下端不得在地面拖引或碰撞其他物体,以防止造成下端钢筋笼弯曲变形,如图8.23所示。为了防止钢筋笼吊起后在空中摆动,应在钢筋笼下端系上防摆动绳索,由人力操作使钢筋笼平稳。

在插入钢筋笼时,最重要的是使钢筋对准单元槽段的中心,垂直而又准确地插入槽内。钢筋笼插入槽内时,吊点中心必须对准槽段中心,然后缓缓下降。此时,必须注意不要因起重臂摆动而使钢筋笼产生横向摆动,造成槽壁坍塌。

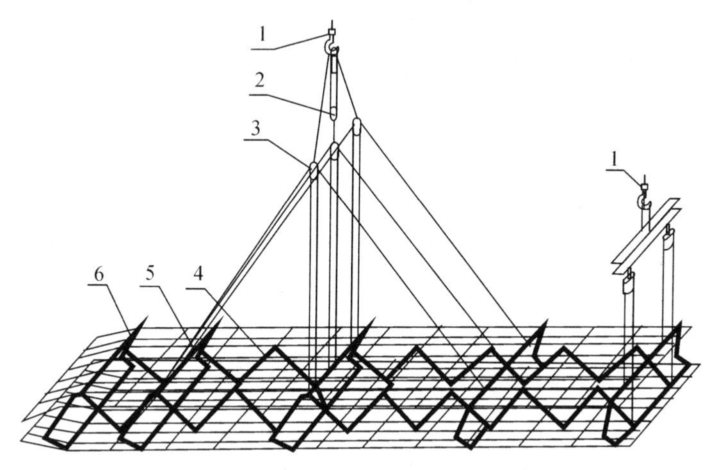

图8.23　钢筋笼的构造与起吊方法

1—吊钩;2—单门葫芦;3—双门葫芦;4—纵向桁架;5—卸甲;6—横向桁架

钢筋笼插入槽内后,检查其顶端高度是否符合设计要求,然后将其搁在导墙上。

如果钢筋笼是分段制作的,吊放时需要接长,下段钢筋笼应垂直悬挂在导墙上,然后将上段钢筋笼垂直吊起,上、下两端钢筋笼成垂直连接。

对于地下连续墙钢筋笼来说,尽量不要将其分段。然而,在作业空间小而低、槽段又深的情况下不得已要将钢筋笼分割成几段吊入。钢筋笼的纵向连接,普遍采用竖筋搭接的方式。在这种情况下,要把纵向多段连接的、很长的钢筋笼垂直插入槽内,就必须谨慎小心,所以吊入此种钢筋笼,需要耗费很长的时间和很多的劳动力。为了改进这一施工状况,目前采用了新的连接方法,如图8.24所示。该方法就是事先制作连接钢板,在钢筋笼加工平台上将纵向钢筋正确地焊接在连接钢板上,用夹板和高强度螺栓将上、下端连接起来。

采用这种方法无需将钢筋笼搭接也可以制成有足够长度的钢筋笼，虽然必须用连接钢板及夹板等，但由于施工时间缩短，并减少了钢筋搭接长度，仍可降低总的造价，并提高施工质量。

如果钢筋笼不能顺利插入槽内，应该重新吊出，查明原因后加以解决，不能强行插放，否则会引起钢筋笼变形或使槽壁坍塌，产生大量沉渣。如果需要修槽，可采用如图 8.25 所示的修整方式加以修整，在修槽之后再吊放钢筋笼。

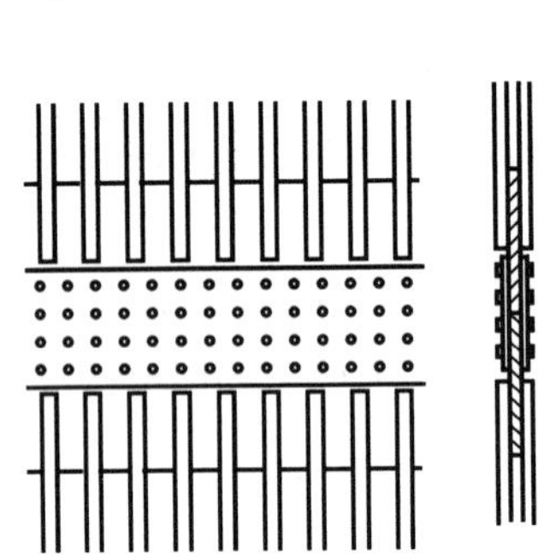

图 8.24 用螺栓连接器连接钢筋

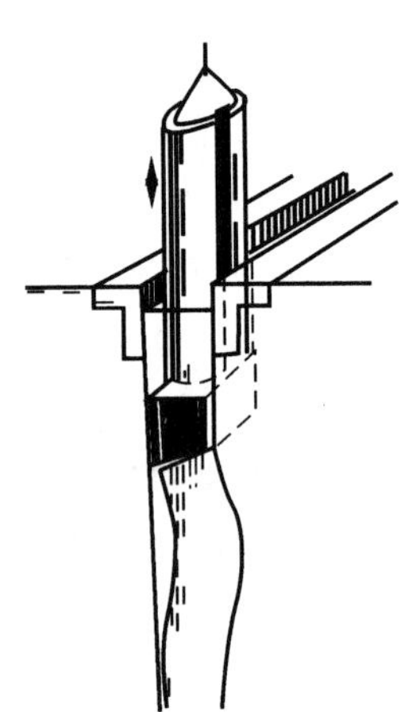

图 8.25 槽段歪斜修整

8.3.8 混凝土的灌注

地下连续墙混凝土灌注方法与钻孔灌注柱混凝土灌注方法基本相同，只是灌注量大，一般采用多根导管同时灌注。地下连续墙混凝土灌注方法如图 8.26 所示。

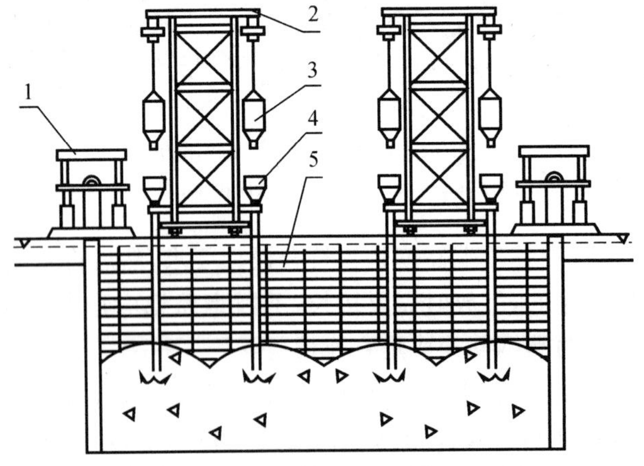

图 8.26 混凝土灌注设备及灌注过程

1—接头管顶升架；2—灌注机架；3—混凝土给料斗；4—灌注漏斗导管；5—钢筋笼

1. 混凝土配比及性能要求

(1)混凝土的实际配制强度等级应比设计强度等级提高一级，或实际配比强度比设计强度提高 5 MPa。

(2)当采用 P. O42. 5# 以下普通水泥时，水泥用量不少于 370 kg/m³，水灰比不大于 0.6。

(3)砂子宜用中砂，含砂率一般为 35%～45%；石子用卵石时粒径小于 40 mm，用碎石时粒径小于 20 mm。

(4)混凝土的坍落度，一般控制在 16～20 cm，配制的混凝土要有良好的和易性且不发生离析。

2. 导管灌注混凝土法的参数确定

(1) 导管作用半径。混凝土在离开导管后向四周扩散，接近管口的混凝土比远离管口的混凝土质地均匀、强度高。为了保证混凝土的质量，应考虑作用半径问题。混凝土扩散半径 R_{max} 与流动系数 K、混凝土灌注强度 I、混凝土柱的超压力 P、导管插入深度以及混凝土面坡度 i 等因素有关。根据经验公式，混凝土的最大扩散半径 R_{max}（以 m 为单位）为

$$R_{max}=\frac{KI}{i} \tag{8.3}$$

式中，当导管埋深为 1.0 ～ 1.5 m 时，i 值取$\frac{1}{7}$，单位为 m³/m² · h。

导管的有效作用半径 R 与最大扩散半径的关系为

$$R=0.85\,R_{max}=0.85\,\frac{KI}{i}=0.85\,\frac{KI}{\left(\frac{1}{7}\right)}=6KI$$

当槽段基底不平以及情况复杂时，作用半径应缩小，一般最大亦不得超过 3.5 m。

(2) 导管出水高度(最小出水高度)。导管作用半径取决于导管的出水高度，根据力平衡有

$$P=\gamma_1 h_1+(\gamma_1-\gamma_2)h_2 \tag{8.4}$$

式中　P—— 管底超压力(P 值通常按表 8.4 取值)；

γ_1—— 混凝土重度；

γ_2—— 泥浆重度；

h_1—— 导管(包括漏斗内混凝土面) 出水高度；

h_2—— 槽孔内混凝土面至槽内泥浆高度。

表 8.4　超压力 P 的最小值

导管作用半径 R/m	最小超压力 /kPa
4.0	250
3.5	150
3.0	100
小于 2.5	75

(3) 导管插入深度(埋深)。导管插入深度与混凝土表面坡度和作用半径有关。插入深度

小，则表面坡度变大，作用半径减小，混凝土扩散不均匀，易分层离析。导管插入深度与混凝土灌注强度、流动系数、灌注深度等因素有关，其计算公式为

$$h = 2KI$$

若以 $I = \frac{R}{6K}$ 代入，则

$$h = 2K\frac{R}{6K} = \frac{R}{3K}$$

（4）导管的布置。根据导管作用半径和单元槽段长度，可求出需要设置的导管数(n)，即

$$n = \frac{\text{单元槽段长度}}{2 \times \text{导管作用半径}\ R}$$

把计算值取整，然后根据此值在单元槽段内设置灌浆导管。在灌注时，若槽孔为阶梯形或有大于 1/5 的坡度时，则应从槽底最深处开始灌注；若为平底时，各导管间标高应基本一致，各导管的灌注量和提升高度都应同步，以使槽内混凝土均匀摊展、顶升。

3. 灌注混凝土要注意的问题

(1)灌注混凝土采用的导管根数，应根据灌注量的大小和槽段长度确定。对超过 3 m 的槽段，必须增加导管的根数，导管的间距一般不应大于 3 m。在槽段端部，接头处的水密性较差，所以导管的设置要靠近接头部位，其间距不宜大于 1.5 m，各导管处混凝土表面的高度差不宜大于 0.3 m。若导管间距太大，易造成槽段端部和导管间的中心部位混凝土面低下，使泥浆卷入。多根导管灌注混凝土时必须均衡、连续地进行，如果中断的时间过长，会造成导管堵塞。

(2)尽可能使用大直径灌注导管，导管直径过小，会增加管内壁的摩擦力，降低混凝土在导管底端落下的喷射力，致使向上的推力不足，容易把沉渣流在地下墙底部。同时，当灌注到地下墙顶部时，若导管内混凝土仍不易流出，或者由于过分地上下串动导管，会导致沉渣或泥浆卷入混凝土里，降低混凝土质量。

(3)在灌注混凝土之前，导管底端埋入混凝土的深度必须在 1.5 m 以上，否则混凝土流出时会把混凝土上升面附近的伏浆卷入混凝土内；但导管底端埋入深度也不宜过大，否则混凝土不易从导管内流出。因此，一般导管底端的埋深不应超过 6 m。为了解决灌注导管底端埋深过大使混凝土不易流出的问题，在导管的配置上，应事先安排几根短管，以便能及时拆管，减少埋深，便于灌注。

(4)混凝土搅拌好之后，应在 1.5 h 内灌注入槽。因为当混凝土开始初凝，坍落度降低之后，就很难从导管底端流出，从而造成导管堵塞，所以流动性差的混凝土绝对不能使用。在夏天，因混凝土凝结较快，所以必须在搅拌好后的 1 h 内尽快灌注完，否则应掺入适当的缓凝剂，以延长初凝时间。

8.3.9 接头管的最佳起拔时间

接头管的拔出，要在混凝土灌注结束后根据混凝土的硬化速度，依次适当地起拔，不得影响地下连续墙的强度和形状，以及接头的强度和形状。起拔接头管的时间不宜过早，否则会由于混凝土尚处于流动状态而坍塌；但也不宜过晚，否则会由于接头管在混凝土中放置时间过长，混凝土的黏附力增加，导致接头管的起拔阻力变大。接头管的起拔阻力包括混凝土对接头管表面的摩擦力、黏结力以及管子的自重。黏结力在初凝前很小，但一过初凝期会很快增大，

使起拔阻力增大，因此应在混凝土初凝期一过立即起拔套管。根据实验研究及现场施工经验，接头管的最佳起拔时间为 1.1t(t 为混凝土初凝时间)。

思　考　题

1. 什么是地下连续墙？地下连续墙是如何分类的？
2. 简述地下连续墙的施工过程。
3. 简述地下连续墙施工工艺中泥浆的作用。
4. 简述桩排式与槽段式地下连续墙施工工艺。

第9章 顶管法施工技术

本章主要介绍顶管法施工技术的概念、基本原理和基本工程程序，顶管机及其选型，常用顶管施工技术，顶管工程计算以及顶管法施工若干关键技术问题等内容。

9.1 基本原理

顶管法是一种非开挖的敷设地下管道的施工方法，基本原理就是借助于主顶千斤顶(油缸)及管道间等的推力，把工具管或掘进机从工作坑内穿过土层一直推到接收坑内吊起。与此同时，也就把紧随工具管或掘进机后的管道埋设在两坑之间。

顶管施工前要对地质和周围环境情况调查清楚，这也是保证顶管顺利施工的关键之一。

9.2 顶管法施工

9.2.1 基本程序

在敷设管道前，在管线的一端事先建造一个工作坑(井)，在坑内的顶进轴线后方布置后背墙、千斤顶，将敷设的管道放在千斤顶前面的导轨上，管道的最前端安装工具管。千斤顶顶进时，以工具管开路，顶推着前面的管道穿过坑壁上的穿孔墙管(孔)，把管道压入土中。与此同时，进入工具管的泥土被不断挖掘、排出，管道不断向土中延伸。当坑内导轨上的管道几乎全部定入土中后，缩回千斤顶，吊去全部顶铁，将下一节管段吊下坑，安装在管段的后面，接着继续顶进，如此循环施工，直至顶完全程，如图 9.1 所示。

9.2.2 施工内容

顶管施工一般包括以下 16 大部分内容。

(1)工作坑施工。顶管施工虽然不需要大范围开挖地面，但必须进行工作坑的开挖。工作坑的形状主要有圆形和矩形两种。圆形工作坑较深，一般采用沉井法施工。圆形井下沉顺利、筒壁受力好、占地面积小，但需另筑后背。沉井材料采用钢筋混凝土，竣工后沉井就成为管道的附属构筑物。最常用的工作坑形式还是矩形工作坑，短边和长边之比一般为 2∶3，坑内空间能充分利用，覆土深浅都可采用，布置后背方便。若短边和长边之比较小，为条形工作坑，多用于顶进小口径钢管。根据顶管施工的需要有顶进和接收两种形式的工作坑。顶进工作坑是顶进的起点，也是顶管的操作基地，还是承受主顶油缸推力的反作用力的构筑物；接收工作坑则是顶进管道的终点，供顶管工具管进坑和拆卸用的接收井。

为了降低施工的费用，按时完工，在工作坑的选址上应尽量避开房屋、地下管线、河塘、架空电线等不利于顶管施工作业的场所。如果工作坑太靠近房屋和地下管线，在其施工过程中可能使它们损坏，给施工带来麻烦。有时，不得不采用一些特殊的施工方法或保护措施，以确保房屋或地下管线的安全，但这样会增加成本，延长施工的期限。

根据顶进方向，工作坑的顶进形式又可分为单向顶进、对头顶进、调头顶进和多向顶进。

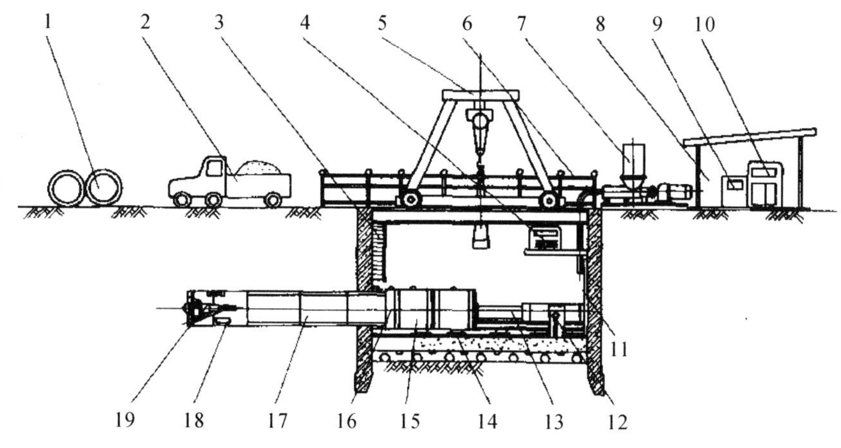

图9.1　顶管法施工示意图

1—预制的混凝土管；2—运输车；3—扶梯；4—主顶油泵；5—门式起重机；6—安全护栏；7—泣滑注浆系统；8—操纵房；9—配电系统；10—操纵系统；11—后座；12—测量系统；13—主顶油缸；14—导轨；15—弧形顶铁；16—环形顶铁；17—已顶入的混凝土管；18—运土车；19—机头

(2)洞口止水圈施工。洞口止水圈是安装在顶进工作坑的出洞洞口和接收坑的进洞洞口，具有制止地下水和泥沙流到工作坑和接收坑的功能。在洞圈与管节间的建筑空隙，在顶管出洞过程中极易造成外部土体涌入工作井内的严重事故。为此，施工前在洞圈上采取安装环形帘布、橡胶板等措施，以密封洞圈，达到止水的功能。

(3)掘进机。掘进机是顶管用的机器，它安放在所顶管道的最前端，其有各种形式，是决定顶管成败的关键所在。在手掘式顶管施工中不用掘进机而只用一只工具管。不管哪种形式，掘进机的功能都是取土和确保管道顶进方向的正确性。

(4)主顶装置。主顶装置由主顶油缸、主顶油泵、操纵台和油管等4部分构成。主顶油缸是管子推进的动力，它多呈对称状布置在管壁周边。在大多数情况下都成双数，且左右对称。

主顶油缸的压力油由主顶油泵通过高压油管供给。常用的压力在32～42 MPa之间，高可达50 MPa。

主顶油缸的推进和回缩是通过操纵台控制的。操作方式有电动和手动两种，前者使用电伺阀或电液阀，后者使用手动换向阀。

(5)顶铁。顶铁有环形顶铁、弧形或马蹄形顶铁之分。环形顶铁的主要作用是把主顶油缸的推力较均匀地分布在所顶管子的端面上。弧形或马蹄形顶铁是为了弥补主顶油缸行程与管节长度之间的不足。弧形顶铁用于手掘式、土压平衡式等方式的顶管中，它的开口是向上的，便于管道内出土。而马蹄形顶铁则是倒扣在基坑导轨上的，开口方向与弧形顶铁相反。它只用于泥水平衡式顶管中。

(6)基坑导轨。基坑导轨是由两根平行的箱形钢结构焊接在轨枕上制成的。它的作用主要有两点：一是使推进管在工作坑中有一个稳定的导向，并使推进管沿该导向进入土中；二是让环形、弧形顶铁工作时能有一个可靠的托架。

(7)后座墙。后座墙是把主顶油缸推力的反力传递到工作坑后部土体中去的墙体。它的构造会因工作坑的构筑方式不同而不同。在沉井工作坑中,后座墙一般就是工作井的后方井壁。在钢板桩工作坑中,必须在工作坑内的后方与钢板桩之间浇筑一座与工作坑宽度相等的,厚度为0.5～1 m的钢筋混凝土墙,目的是使推力的反力能比较均匀地作用到土体中去,尽可能地使主顶油缸的总推力的作用面积大些。

由于主顶油缸较细,对于后座墙的混凝土结构来讲只相当于作用于几个点的集中力,如果把主顶油缸直接抵在后座墙上,则后座墙极容易损坏。为了防止此类事情的发生,在后座墙与主顶油缸之间垫上一块厚度在200～300 mm的钢结构件,称之为后背墙。通过它把油缸的反力较均匀地传递到后座墙上,这样后座墙也就不太容易损坏。

(8)推进用管及接口。推进用管分为多管节和单一管节两大类。多管节的推进管大多为钢筋混凝土管,管节长度有2～3 m不等。这类管都必须采用可靠的管接口,该接口必须在施工时和施工完成以后的使用中都不渗漏。这种管接口形式有企口形、T形和F形等多种形式。

单一管节是钢管,它的接口都是焊接成的,施工完工以后变成刚性较大管子。它的优点是焊接接口不易渗漏,缺点是只能用于直线顶管,而不能用于曲线顶管。

除此之外,有些PVC管也可用于顶管,但一般顶距都比较短。铸铁管在经过改造后也可用于顶管。

(9)输土装置。输土装置会因推进方式不同而不同:在手掘式顶管中,大多采用手推车出土;在土压平衡式顶管中,采用蓄电池拖车、土砂泵等方式出土;在泥水平衡式顶管中,都采用泥浆泵和管道输送泥水。

(10)地面起吊设备。最常用的是门式起重机,它操作简单、工作可靠,不同口径的管子应配不同吨位的起重机。它的缺点是转移过程中拆装比较困难。

汽车式起重机和履带式起重机也是常用的地面起吊设备,它们的优点是转移方便、灵活。

(11)测量装置。通常用的测量装置就是置于基坑后部的经纬仪和水准仪。使用经纬仪来测量管子的左右偏差,使用水准仪来测量管子的高低偏差。有时所顶管子的距离比较短,也可只用上述两种仪器的任何一种。在机械式顶管中,大多使用激光经纬仪。

(12)注浆系统。注浆系统由拌浆、注浆和管道三部分组成。拌浆是把注浆材料按比例兑水以后再搅拌成所需的浆液。注浆是通过注浆泵来进行的,它可以控制注浆的压力和注浆量。管道分为总管和支管,总管安装在顶管管道内的一侧。支管则把总管内压送过来的浆液输送到每个注浆孔去。

(13)中继站。中继站亦称中继间,它是长距离顶管中不可缺少的设备。中继站内均匀地安装有许多台油缸,这些油缸把它们前面的一段管子推进一定长度以后,然后再让它后面的中继站或主顶油缸把该中继站油缸缩回。这样一只连一只,一次连一次就可以把很长的一段管子分几段顶。最终依次把由前到后的中继站油缸拆除,一个个中继站合拢即可。

(14)辅助施工。顶管施工有时离不开一些辅助的施工方法,如手掘式顶管中常用的井点降水、注浆等。又如进出洞口加固时常用的高压旋喷桩施工和搅拌桩施工等。不同的顶管方式以及不同的土质条件应采用不同的辅助施工方法。顶管常用的辅助施工方法有井点降水、高压旋喷、注浆、搅拌桩和冻结法等多种,都要因地制宜地使用,才能达到事半功倍的效果。

(15)供电及照明。顶管施工中常用的供电方式有两种:一种是在距离较短和口径较小的顶管中，以及在用电量不大的手掘式顶管中，都采用直接供电。如动力电用 380 V，则由电缆直接把380 V电输送到掘进机的电源箱中。另一种是在口径比较大而且顶进距离又比较长的情况下，都是把高压电如1 000 V的高压电输送到掘进机后的管子中，然后由管子中的变压器进行降压，降至 380 V 再把 380 V 的电送到掘进机的电源箱中去。高压供电的好处是途中损耗少而且所用电缆可细些，但高压供电危险性大，要慎重，更要做好用电安全工作和采取各种有效的防触电、漏电措施。

照明通常也有低压和高压两种：手掘式顶管施工中的行灯应选用 12～24 V 低压电源。若管径大的，照明灯固定的可采用 220 V 电源，同时，也必须采取安全用电措施来加以保护。

(16)通风与换气。通风与换气是长距离顶管中不可或缺的一环，否则，可能发生缺氧或气体中毒现象，千万不能大意。

顶管中的换气应采用专用的抽风机或者鼓风机。通风管道一直通到掘进机内，把混浊的空气抽离工作井，然后让新鲜空气自然地补充。或者使用鼓风机，使工作井内的空气强制流通。

顶管施工的主要流程如图 9.2 所示。

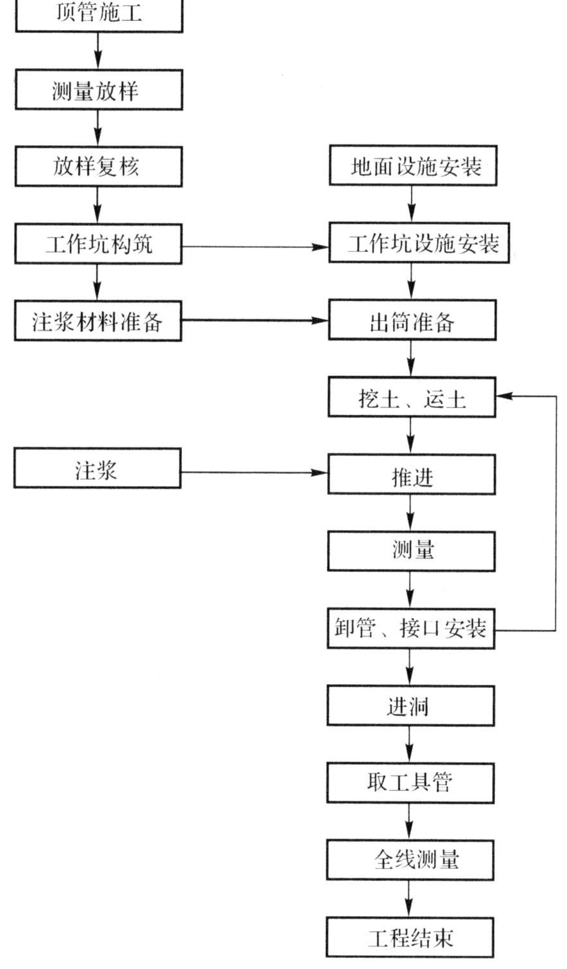

图 9.2　顶管施工的流程

9.2.3 顶管施工组织设计的主要内容

施工现场平面布置图，顶进方法的选用和顶管段单元长度的确定，工作井位置的选择及结构类型的设计，顶管机头选型及各类设备的规格、型号及数量，顶力计算和后背设计，洞口的封门设计，测量、纠偏的方法，垂直运输和水平运输布置，下管、挖土、运土或泥水排除的方法，减阻措施，控制地面隆起、沉降措施，地下水排除方法，注浆加固措施，安全技术措施等。

9.3 顶管机及其选型

顶管可按多种方式进行分类，下面介绍几种最为常见的分类方法。

9.3.1 按管前挖土方式分类

以推进管前工具管或掘进机的作业形式来分，可分为人工顶管、挤压式顶管、水射流顶管、机械化顶管和半机械化顶管。

一、人工顶管

推进管前只有一个钢制的带刃的管子，具有挖土保护和纠偏功能，称为工具管。人在工具管内挖土、运土，随后利用安装在工作井内的千斤顶逐渐分段顶入，这种顶管称为手掘式或人工顶管。

由于人工挖土能及时针对顶进沿程工作面的土质变化情况采取不同的操作方法，因此对不同土层和地下水的变化适应性强是人工顶管最主要的特点。除了严重液化的土层外，在一般土层，甚至松散的沙砾石层内都能顶进。在顶进中能不断纠正偏差，很容易控制管道前进中的方位，施工时可随时排除障碍物。并且其设备简单，工作坑尺寸较小，造价较低，可以顶进方形或椭圆形的特殊管道。在长距离敷设管线中采用人工顶管法，掉头方便、安装用时短。

人工顶管法也有诸多缺点：劳动强度大，影响工人健康，施工安全性差，易造成地面下沉，涌水时需降低地下水位；一般顶人的管节内径不宜小于 800 mm，当管径超过1 800 mm时，必须采取一定的辅助施工措施，才能保证工作面土壁的稳定性。

二、挤压式顶管

如果工具管前端是环刃式挤压口，主压千斤顶在后面推挤，顶进时挤压刃口切土，土被挤入工具管，切入的土通过挤压口挤压，呈密实的土柱状，挤进一定长度后，用钢丝切断土柱，将土柱运到工作坑外，这就是挤压式顶管。通常条件下，采用挤压式顶管，不用任何辅助施工措施，且比人工挖掘提高效率 1～2 倍。挤压式顶管工具管如图 9.3 所示。

这种顶管适用于各种空隙较大，又具有可塑性的土质，如含水率较大的黏性土、各种软土、淤泥。在挤压时土在外力作用下形成很长的密实土柱，因此挤压后的土容重增加。但对孔隙比和黏聚力较小的土质，即使能挤压也需要很大的挤压力，因此不宜采用此法。

挤压式顶管法要求覆盖土深度较大，最少为顶入管道直径的 2.5 倍。如果覆土深度过浅，会使地面变形隆起。

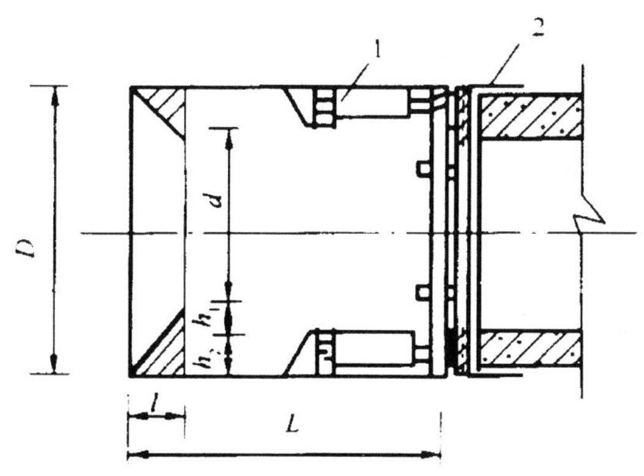

图 9.3　挤压式顶管工具管

1—纠偏千斤顶；2—法兰圈

L—工具管长度(1.6m)；l—喇叭口长度；D—工具管外径；

d—喇叭口小口直径；h_1—土斗车轮高度；h_2—纠偏千斤顶高度

三、水射流顶管

当管道穿越河流时，为了不影响河道通航和河道流量，可以采用水射流顶管法。所谓水射流技术，就是根据不同性能的土壤，采用不同的水压和水量，使用水枪喷嘴射流破碎土层，再用水力吸泥机将土块和水混合成的泥浆运出管外。如图 9.4 所示为三段双铰型水力挖土式顶管工具管。

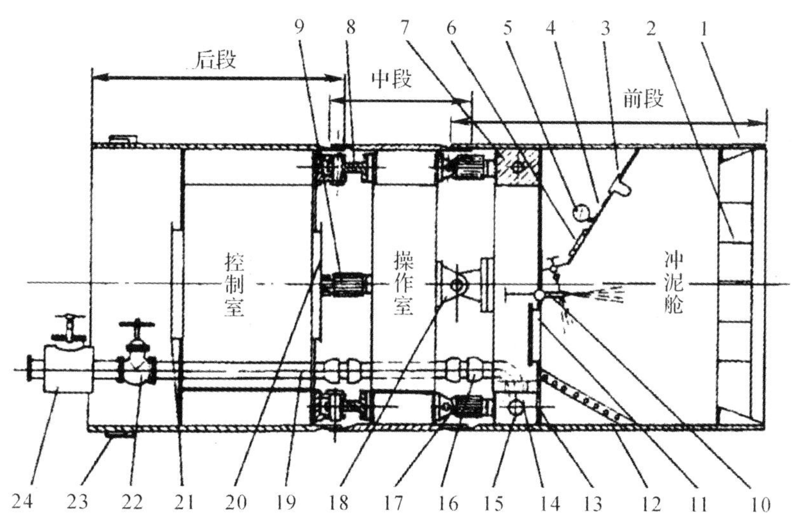

图 9.4　三段双铰型水力挖土式顶管工具

1—刃脚；2—格栅；3—照明灯；4—胸板；5—真空压力表；6—观察窗；

7—高压水舱；8—垂直铰；9—左右纠偏油缸；10—水枪；11—小水密门；

12—吸口格栅；13—吸泥口；14—阴井；15—吸泥管进口；16—双球活接头；

17—上下纠偏油缸；18—水平铰；19—吸泥管；20—气闸门；21—大水密门；

22—吸泥管闸阀；23—泥浆环；24—清理阴井

应用水射流顶管法是有一定条件的：

(1)现场要有丰富的水源，以保证水力射流破土和水力运土。

(2)工作面要密闭。为了保证施工的可靠性、操作的安全性，机头除可调整方向、方便操作外，还应具有良好的防水功能和密闭性能，施工中密闭式机头的密封门不得任意开启。此外，管道接口应密封良好，以防止河水灌入管内。

(3)排水有道。从管内运出的泥浆要进行泥水分离处理，使泥浆浓度降低成低浓度的泥水排放到下水道或河道，或者作循环使用，并将沉淀出的泥渣运走弃掉。

四、机械化顶管

在推进管前端装上掘进机械，利用掘进机进行掘土、破碎和输送的顶管施工方法称为机械顶管。

根据机械挖土的形式又可细分为螺旋钻进式和全面挖掘式。螺旋钻进式就是采用螺旋式水平钻机水平钻进，边钻进，边出土，边顶入管节，施工人员在管外操作，适用于小口径顶管。全面挖掘式是将挖掘刀盘装于主轴上，刀盘旋转挖土，一次挖成土洞，边挖土，边顶进，该方法是很常见的机械顶进形式。

机械化顶管工作面采用机械挖土，方向准确，施工中不需降水，可长距离顶进，安全可靠，工效高。但对土质变化的适应性差，顶进过程中遇土质变化，容易给机械挖土带来困难。随着施工经验的积累、科技的不断进步，机械顶管向着能适应软硬土层的先进机械型发展。

根据掘进机的种类不同，机械顶管又可分为泥水平衡式、加压式、土压平衡式、岩石掘进式顶管。在这 4 种机械式顶管中，泥水平衡式和土压式顶管由于在许多条件下不需要采用辅助施工措施，因而适用的范围较广，掘进机的结构形式也多种多样。

9.3.2 根据工作面的稳定程度分类

一、开放式顶管

顶管工作面与后续的管道之间没有压力密封区，工作面土层稳定，可直接挖土，操作时不会出现塌方现象，称为开放式顶管。其优点是方便工作人员进入工作面，便于施工作业，但是要求工作面土层物理力学性能良好。

二、密闭式顶管

顶管机至少由两部分组成：一是切削工具管(顶管机前面部分)；二是盾尾。当工作面土层不稳定时，为了防止塌方，在顶管工作面与盾尾之间设一压力墙，并施以一定压力使工作面土层稳定，由于工作面密闭，所以叫密闭式顶管。

根据采用的平衡介质不同，密闭式顶管又分为如下三种顶管：

1. 气压平衡式

采用压缩空气加压，使工作面稳定。气压平衡分为全气压平衡和局部气压平衡，全气压平衡使用的最早，它是在所顶进的管道中及挖掘面上都充满一定压力的空气，以空气的压力来平衡地下水的压力。而局部气压平衡则往往只有掘进机的土仓内充以一定压力的空气，达到平衡地下水压力和疏干挖掘面土体中地下水的作用。

2. 泥水平衡式

以含有一定量黏土且具有一定相对密度的泥浆水充满掘进机的泥水舱，并对它施加一定的压力，以平衡地下水压力和土压力。泥浆水在挖掘面上能形成泥膜，以防止地下水的渗透，然后再加上一定的压力就可平衡地下水压力，同时，也可以平衡土压力。如图 9.5 所示。

3. 土压平衡式

用挖下来的土造成土压在工作面加压，来平衡掘进机所处土层的土压力和地下水压力，并靠土压力将土挤出。如图 9.6 所示。

土压平衡式顶管具有设备简单、适用范围广的优点，且在施工过程中所排出的渣土要比泥水平衡掘进机所排出的泥浆容易处理，因此应用越来越广泛。

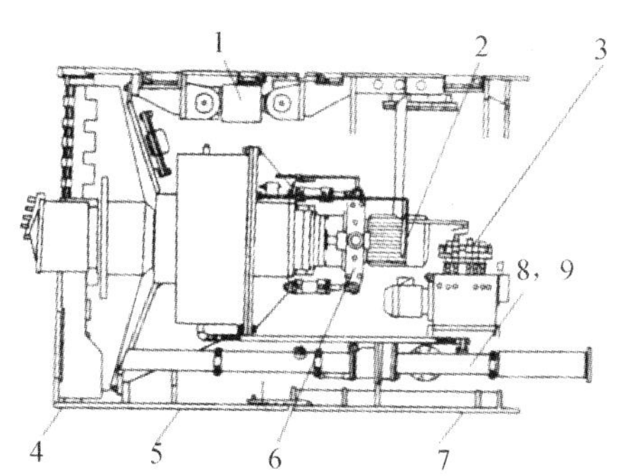

图 9.5　泥水平衡式机头示意图

1—纠偏油缸；2—驱动电动机；3—油压装置；4—切削刀盘；5—前段；6—开口度调节装置；7—后段；8—进泥管；9—排泥管

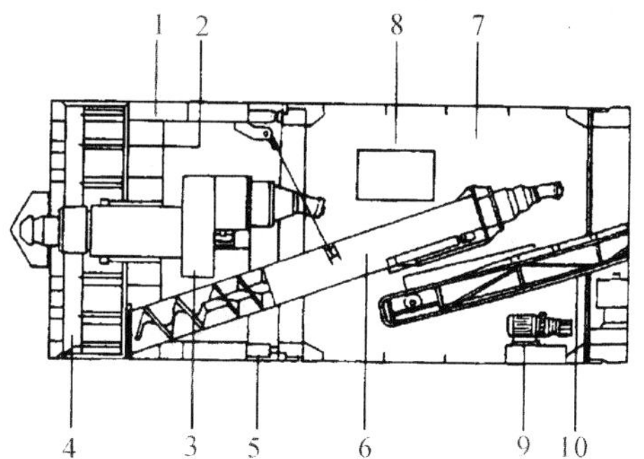

图 9.6　土压平衡式机头示意图

1—前段；2—隔板；3—刀盘驱动装置；4—刀盘；5—纠偏油缸；6—螺旋输送机；7—后段；8—操纵台；9—油压泵；10—传送带

9.3.3　按顶管口径大小和顶进距离分类

按顶管口径大小分类，可分为大口径、中口径、小口径和微型顶管 4 种。

管内径大于 2 000 mm 的为大口径顶管。口径大，使人能够在管道中站立和自由行走，更方便于手工操作。但由于顶管设备比较庞大，管子自重也较大，使顶力增加，施工较复杂。

顶管中绝大多数是中口径顶管，其口径在 900～2 000 mm 之间，一般施工人员可在管内勉强行走。

小口径顶管，其内径小于 900 mm，人只能在管内爬行，甚至无法进入管子操作，一般顶进的距离较短，且易产生较大误差，使顶进的精确度较低。

微型顶管其口径更小，通常在 400 mm，以下，最小的只有 75 mm，且一般都埋得较浅。这么小的口径，人根本无法进入管子里，必须靠各种形式的机械，故机械化程度较高。

按顶进距离分类，可分为短距离顶管（小于 100 m）、中距离顶管（100～300 m）和长距离顶管（大于 300 m）三类。所谓顶进距离是指工作坑和接收坑之间的距离，随顶管技术不断发展而发展的。过去把 100 m 左右的顶管就称为长距离顶管。而现在随着注浆减磨技术水平的提高和设备的不断改进，100 m 已不成为长距离了。现在通常把一次顶进 300 m 以上距离的顶管才称为长距离顶管。

9.3.4　以推进管的管材来分类

顶管按材料来分类，通常可分为钢筋混凝土管、钢管、铸铁管、玻璃钢管和复合管等。

钢筋混凝土管是顶管中使用得最多的一种管材。按其接口形式分为平接口、企口和 F 型接口三种。在钢筋混凝土管中，还有采用玻璃纤维或钢板进行加强的管子。

钢管也是顶管施工中较常用的管材。由于其具有管壁薄、强度高、相应管节重量轻、密闭性好等优点，被广泛用于自来水、煤气、天然气及发电厂的冷却水用管等的顶管。但是钢管刚度差易变形，且埋于地下极易被腐蚀，因此在设计和施工中要采取相应措施加以避免。顶管用管子有时需用钢管作外壳，里面再浇上钢筋混凝土，这种管子是一种特殊的加强管，可用于超长距离的顶进。

玻璃钢管是目前国内外逐渐推广应用的一种柔性复合材料管道。玻璃钢管比重仅是钢管或铸铁管的1/4～1/5，便于运输和安装；管道内表面光滑，水力学性能优于钢管或铸铁管；顶管的表面光滑，能减小摩擦阻力和顶力，使管材顺利顶进不致损坏；耐腐蚀性能优异，寿命长，几乎不用维护，确保使用寿命达50年。

顶管除按上述方式分类外，还可按顶进轨迹分为直线顶管和曲线顶管两类。

9.4 常用顶管施工技术

9.4.1 人工式顶管施工技术

人工式顶管，在施工时，采用手工的方法来破碎工作面的土层，破碎辅助工具主要有镐、锹以及冲击锤等。该方法是最早发展起来的一种顶管施工的方式，由于它在特定的土质条件下采用一定的辅助施工措施后，便具有施工操作简便、设备少、施工成本低、施工进度快等一些优点，所以，至今仍被许多施工单位采用。不过，现在的人工式顶管施工，无论是设备还是工艺都和原始的人工式顶管有很大的不同。

一、人工式工具管的组成

人工式工具管大体由以下几个部分组成：壳体、纠偏油缸、液压阀、高压油管、测量装置及照明等。壳体有一段的，也有两段的。两段形式的壳体分为前、后两节，在前、后壳体之间安装有纠偏油缸，为防止泥水侵入，在前、后壳体活动的部分内装有密封圈。后壳体则与第一节要顶的混凝土管或钢管刚性连接。因此，如果顶钢管则把后壳体与第一节钢管的前端焊成一个整体。如果顶混凝土管，一般也把后壳体与第一节混凝土管之间用接拉杆螺栓固定牢。

二、手掘式工具管的施工工艺

如图9.7所示为手掘式工具管的施工工艺流程图。其主要施工工序如下：

(1)安装管节。首先用主顶油缸把人工式工具管放在安装牢靠的基坑导轨上。下管前应先对管子进行外观检查，主要检查管子无破损及纵向裂缝；前端要平直；管壁无坑陷或鼓泡，管壁应光洁。检查合格后的管子方可用起重设备吊到工作坑的导轨上就位。第一节管作为工具管，它的顶进方向与高程的准确，是保证整段顶管质量的关键。

(2)管前挖土。管前挖土是控制管节顶进方向和高程、减少偏差的重要作业，是保证顶进质量及管上构筑物安装的关键。在不允许土下沉的顶进地段(如上面有重要建筑物或其他管道)，管子周围一律不得超挖。在一般顶管地段，上面允许超挖1.5 cm，但在下面135°范围内不得超挖，一定要保持管壁与土基表面吻合。

(3)顶进。用主顶油缸慢慢地把工具管切入土中。这时由于工具管尚未完全出洞，可以用水平尺在工具管的顶部检测一下工具管的水平状态是否与基坑导轨保持一致。通常，把出洞后的 5～10 m 以内的顶进，称为初始顶进。在初始顶进过程中，应特别要加强测量工作。如果发现误差，尽量采用挖土来校正。同时可以用多种方法来测量，把测得的数据综合起来加以分析。

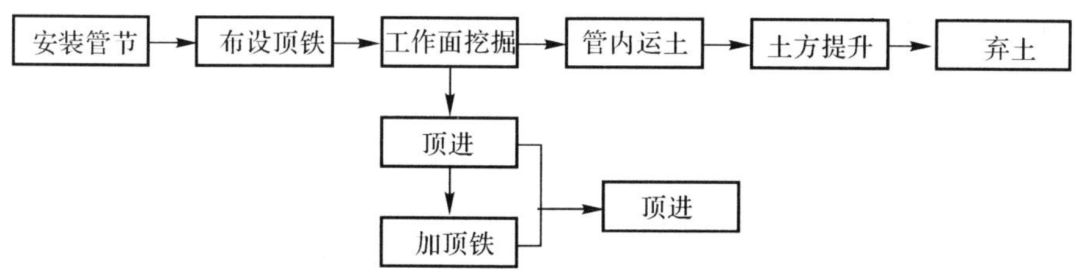

图 9.7　手掘式工具管的施工工艺流程图

顶进时若发现有油路压力突然增高，应停止顶进，检查原因经过分析处理后方可继续顶进，回镐时油路压力不得过大，速度不得过快。

(4)管内运土。挖出的土方要及时外运，土方在管内可采用电瓶车运输，也可采用人力斗车进行运输。

管道与顶管设备的垂直运输采用简易龙门和卷扬机(电动葫芦)，并搭设工字钢梁作为地面工作平台。下管采用汽车式起重机吊装。

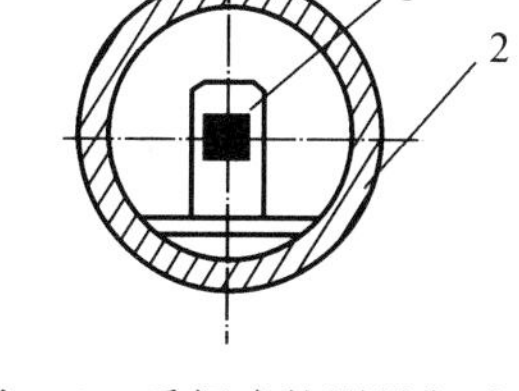

图 9.8　手掘式的测量靶示意图

1—测量靶；2—混凝土管

(5)测量与校正。人工式顶管的纠偏油缸呈十字形布置，最大纠偏角度以不大于 2.5°。由于人工式工具管纠偏油缸的行程很长，故无法保证管道入土位置正确。手掘式工具管的测量靶可采用倒“T”字形，如图 9.8 所示。

9.4.2　泥水平衡式顶管施工

在顶管施工的分类中，我们把用水力切削泥土以及采用机械切削泥土而采用水力输送弃土，同时有的利用泥水压力来平衡工作面处的地下水压力和土压力的这一类顶管形式都称为泥水式顶管施工。这样，从有无平衡的角度出发，又可以把它们细分为具有泥水平衡功能的和不具有泥水平衡功能的两大类。现今生产的比较先进的这类顶管掘进机大多具有泥水平衡功能，泥水加压平衡顶管适用于各种黏性土和砂性土的土层中的 ϕ800～ϕ1 200 mm 的各种口径管道。所用管材可以是预制钢筋混凝土管，也可以是钢管。

一、泥水平衡式顶管基本原理

在泥水式顶管施工中，首先应了解泥水的性质。通过比较实验可以了解泥水与普通的清水(不含任何泥土成分的水)的性质有着很大的不同。

如图 9.9(a)所示：一个方形玻璃容器中间用一块很薄的隔板将容器隔成左右两部分，在左边部分装上砂，右边部分装有 ν=1.2 的泥水(ν 为相对密度)。等泥水稳定下来，轻轻地把容器中的隔板抽掉，就会发现砂和泥水都始终处于一种平衡状态，保持相对稳定。即使再过一段时间，右侧容器内的这种状态仍然不会有明显的改变。

相反，若将容器的右边装上清水，如图 9.9(b)所示，待隔板去掉后，只需几秒钟的时间，就看到容器中的砂慢慢地往右边清水中下滑，如果再过 40～60 s，砂就会按一定角度分布在整个容器中。

由实验可知：第一，在泥水式顶管施工中，要使挖掘面上保持稳定，就必须在泥水仓中充满一定压力的泥水，而不能充清水；第二，因为泥水在挖掘面上可以形成一层不透水的泥膜，它可以阻止泥水向挖掘面里面渗透。同时，该泥水本身又有一定的压力，因此，它就可以用来平衡地下水压力和土压力。这就是泥水平衡式顶管基本原理。

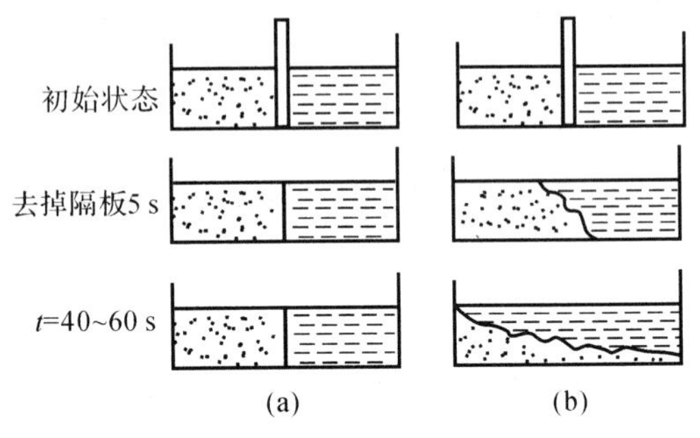

图 9.9　混浆和清水的实验

(a)混浆；(b)清水

二、泥水平衡式顶管组成

完整的泥水平衡顶管系统分为八大部分，如图 9.10 所示。第一部分是掘进机，它有各种形式，往往通过更换切削刀盘，适应于相应的土层。第二部分为泥水平衡(输送)系统，它有两大功能：一是通过加压的泥水来平衡开挖面的土体；二是将刀盘切削下来的土体在泥水舱中混合后，通过泵送到泥水管路再输送到地面。第三部分是泥水处理系统或通过泥水处理设备的处理后，将泥水的比重和黏度等指标调整到比较合适的值，或通过泵将其送到顶管机中使用，同时将排泥管堆放的泥水进行分离，将可重复利用的黏土颗粒送入调整槽中处理后加以利用，其余部分作弃土处理。第四部分是主顶系统，主要功能是完成管节的顶进，有主顶油缸、主顶油压机组和操纵台等组成。第五部分是测量、纠偏系统，主要由激光经纬仪、纠偏油缸、油泵、操纵阀和油管组成。第六部分是起吊系统。第七部分是供电系统。第八部分是洞口止水圈、基坑导轨等附属系统。如果是长距离顶进，还需要中继顶装置。

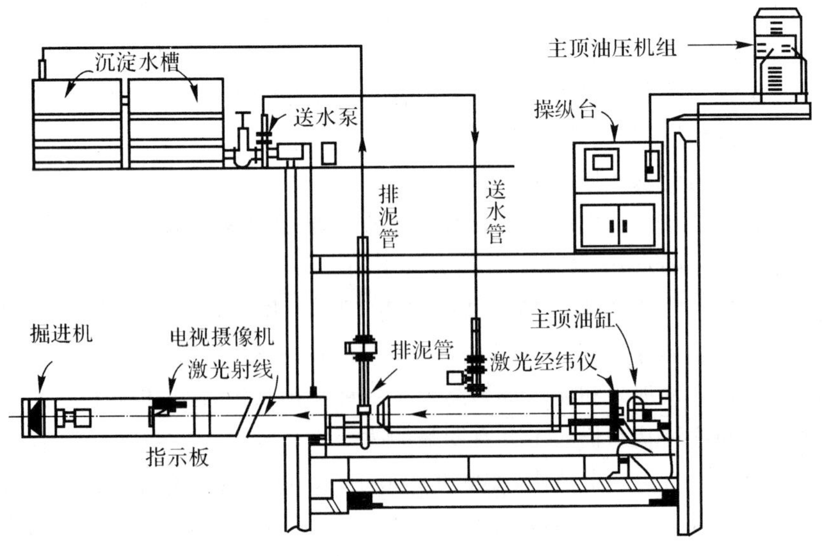

图 9.10　泥水平衡顶管系统

三、泥水平衡式顶管施工的特点

泥水平衡式顶管施工有以下优点：

(1)对土质的适应性强，如在地下水压力很高以及变化范围较大的条件下，它也能适用。

(2)采用泥水平衡式顶管施工引起的地面沉降比较小，因此穿越地表沉降要求高的地段，可节约大量环境保护费用。泥水平衡式顶管施工可有效地保持挖掘面的稳定，对所顶管子周围的土体扰动比较小，从而引起较小的地面沉降，实际施工中地表最大沉降量可小于 3 cm。

(3)顶进效果好，适宜于长距离顶管。与其他类型顶管比较，泥水顶管施工时所需的总推力比较小，尤其是在黏土层表现的更为突出。

(4)工作坑内的作业环境比较好，作业也比较安全。由于它采用地面遥控操作，用泥水管道输送弃土，操作人员可不必进入管子，不存在进行吊土、搬运土方等容易发生危险的作业。它可以在大气常压下作业，也不存在危及作业人员健康等问题。

(5)施工速度快，每昼夜顶进速度可达 20 m 以上。由于顶进效果好，泥水输送弃土的作业也是连续不断地进行的，所以它作业的速度比较快。

(6)管道轴线和标高的测量采用激光仪连续进行，能做到及时纠偏，顶进质量容易控制。

但是，泥水式(平衡)顶管也有它的缺点：

(1)所需的作业场地大，设备成本高。

(2)弃土的运输和存放都比较困难。如果采用泥浆式运输，则运输成本高，且用水量也会增加。如果采用二次处理方法把泥水分离，或让其自然沉淀、晾晒等，则处理起来不仅麻烦，而且处理周期也比较长。采用泥水处理设备往往噪声很大，对环境会造成污染。

(3)如果遇到覆土层过薄，或者遇上渗透系数特别大的沙砾、卵石层，作业就会因此受阻。因为在这样的土层中，泥水要么溢到地面上，要么很快渗透到地下水中去，致使泥水压力无法建立起来。

(4)由于泥水顶管施工的设备比较复杂，一旦有哪个部分出现了故障，就要全面停止施工作业。它的这种相互联系、相互制约的程度比较高。

四、泥水加压平衡顶管施工工艺与流程

(1)首先拆除洞口封门。

(2)推进机头，机头进入土体时开动大刀盘和进排泥浆。

(3)机头推进至能卸管节时停止推进，拆开动力电缆、进排泥管、控制电缆和摄像仪连线，缩回推进油缸。

(4)将事先安放好密封环的管节吊下，对准插入就位。

(5)接上动力电缆、控制电缆、摄像仪连线、进排泥管接通压浆管路。

(6)启动顶管机、进排泥泵、压浆泵、主顶油缸，推进管节。

(7)随着管节的推进，不断观察机关轴线位置和各种指示仪表，纠正管道轴线方法并根据土压力大小调整顶进速度。

(8)当一节管节推进结束后，重复第(2)～(7)步继续推进。

当顶进即将到位时，放慢顶进速度，准确测量出机头位置，在机头到达接收井洞口封门时停止顶进，此时在接收井内安放好接引导轨；在拆除接收井洞口封门后，将机头送入接收井(此时刀盘的近排泥泵均不运转)，先拆除动力电缆、进排泥管、摄像仪及连线和压浆管路等，接着分离机头与管节，吊出机头；然后将管节顶到预定位置，按次序拆除中继环油缸并将管节靠拢；

最后拆除主顶油缸、油泵、后座及导轨。

9.4.3 土压平衡式顶管施工

一、土压平衡式顶管施工特点

同泥水平衡式顶管相似，土压平衡式顶管是利用挖下来的土压在工作面加压，以此来平衡掘进机所处土层的土压力和地下水压力，土压平衡要同时满足两个条件：第一，顶管掘进机在顶进过程中与它所处土层的地下水压力和土压力处于一种平衡状态；第二，它的排土量与掘进机推进所占的土体积也处于一种平衡状态。

土压平衡顶管就是根据土压平衡的基本原理，利用顶管机的刀盘切削和支撑机内土压舱的正面土体，抵抗开挖面的水土压力以达到土体稳定的目的。以顶管机的顶速即切削量为常量，螺旋输送机转速即排放量为变量进行控制，待到土压舱内的水土压力与切削面的水土压力保持平衡，由此减少对正面土体的扰动，减小地表沉降和隆起。

土压平衡顶管适用于饱和含水地层中的淤泥质黏土、粉砂和砂性土等地层中施工，也适用于穿越建筑物密集闹市区、公路、铁路和河流特殊地段等地层位移限制要求较高的地区，特别适用于不宜大开挖的各类地下管线下进行矩形断面的施工。运送管径常为 ϕ1 650～ϕ2 400mm。顶管管材一般采用钢筋混凝土，管节的接头形式可选用“T”型、“F”型钢套环式和企口承插式等，也可以按工程的要求选用其他材质的管节和管口接头形式。

二、土压平衡式顶管施工原理

(1)利用带面板的刀盘切削及支撑土体，对土体的扰动比较小，使用土质范围较广，并且能有效地控制地表的沉降和隆起，可在闹市区或建筑密集地区进行管道施工，大大减少了地上、地下构筑物破坏而带来的损失。

(2)与泥水式顶管施工相比，最大的特点是排出的土或泥浆都不需要再进行泥水分离等二次处理。它利用干式排土，处理废弃泥土很方便，对环境的影响和污染均较小，施工后地面沉降较小。

(3)要求覆土深度小，最小覆土深度约相当于 0.8 倍管外径，这是任何形式顶管施工都无法做到的。

其缺点是在沙砾层和黏粒含量少的砂层中施工时，必须采用添加剂对土体进行改良。

三、施工工艺与流程

(1)首先做好施工准备。清理工作井，设置与安装地面顶进辅助设施、井口龙门吊车、主顶设备后靠背等，接着安装与调整主顶设备导向机架、主顶千斤顶，布置工作井内的工作平台，辅助设备、控制操作台，并做好井点降水、地基加固等出洞的辅助技术准备。

(2)顶管顶进施工流程：

1)安放管接口密封环，传力衬垫。

2)下吊管节，调整管口中心，连接就位。

3)电缆穿越管道，接通总电源，轨道注浆管及其他线管。

4)启动顶管机主机土压平衡控制器，地面注浆机头顶进、注水系统机头顶进。

5)启动螺旋输送机排土。

6)随着管节的推进，测量轴线偏差，调控顶进速度直至一节管节推进结束。

7)主顶千斤顶回缩就位后，主顶进装置停机，关闭所有顶进设备，拆除各种电缆和管线，清理现场。

8)重复以上步骤继续顶进。

(3)顶进到位。顶进到位后的施工流程与泥水加压平衡顶管相似。

9.5　顶管工程设计计算

9.5.1　顶力计算

顶管的总顶力分为两个部分:正面阻力和周围的摩擦阻力

$$F = F_1 + F_2 \tag{9.1}$$

式中　F—— 总顶力,kN;

F_1—— 工具管正面阻力,kN;

F_2—— 管道摩阻力,kN

$$F_2 = f_2 \cdot L \tag{9.2}$$

L—— 管道总长度,m;

f_2—— 单位长度管道摩阻力,kN/m。

一、正面阻力

不同工具管的正面阻力各不相同。具体计算公式为

(1) 挖掘式工具管(包括简易工具管、开敞挖掘式工具管):

$$F_1 = p(D - t)tR \tag{9.3}$$

当工具管顶部及两侧允许超挖时,$F_1 = 0$ 。

(2) 挤压式工具管:

$$F_1 = pD^2(1 - e)R/4 \tag{9.4}$$

(3) 网格挤压工具管:

$$F_1 = paD^2R/4 \tag{9.5}$$

(4) 三段双铰型工具管:

$$F_1 = pD^2(aR + P_n)/4 \tag{9.6}$$

(5) 土压平衡式工具管和泥水平衡式工具管:

$$F_1 = pD^2\gamma H/4 \tag{9.7}$$

式中　F_1—— 工具管正面阻力,kN;

D—— 工具管外径,m;

t—— 工具管刃脚厚度,m;

p—— 土压强度,kN/m^2;

R—— 挤压阻力,kN/m^2;取 $R = 300 \sim 500\ kN/m^2$;

a—— 网格截面参数,取 $a = 0.6 \sim 1.0$;

γ—— 土的重度,kN/m^3;

H—— 管顶覆土高度,m

e—— 开口率。

二、摩阻力计算

管道的摩阻力是指管壁与土之间的摩擦阻力。在正常情况下，管壁摩阻力可按以下公式计算(不包括曲线顶管，也不包括管轴线偏差超差的顶管)：

$$f_2 = pD\mu(P_1 + P_2)/2 + \mu W \tag{9.8}$$

式中 f_2—— 单位长度管壁摩阻力，kN/m；

p —— 土压强度，kN/m^2；

D—— 工具管外径，m；

μ —— 摩擦系数，见表 9.1；

P_1—— 垂直土压力，kN/m^2；

P_2—— 管道水平土压力，kN/m^2；

W—— 单位长度管道自重，kN/m。

表 9.1 管壁与土的摩擦系数

土 类	摩擦系数 μ	
	湿	干
黏性土	0.2 ~ 0.3	0.4 ~ 0.5
砂性土	0.3 ~ 0.4	0.5 ~ 0.6

当无卸力拱时：

$$P_1 = \gamma H \tag{9.9}$$

$$P_2 = \gamma(H + D/2)\tan^2(45° - \varphi/2) \tag{9.10}$$

当有卸力拱时：

$$P_1 = \gamma h_0 \tag{9.11}$$

$$P_2 = \gamma(h_0 + D/2)\tan^2(45° - \varphi/2) \tag{9.12}$$

其中，判别形成卸力拱的两个必要条件是：

(1) 土的坚固系数 $f_{kp} \geqslant 0.8$；

(2) 覆土深度 $H \geqslant 2.0h_0$

$$h_0 = \frac{D[1 + \tan(45° - \frac{\varphi}{2})]}{2\tan\varphi} \tag{9.13}$$

式中 γ—— 土的重度，kN/m^3；

H—— 管顶覆土高度，m；

h_0—— 管顶卸力拱高度，m；

D—— 工具管外径，m；

φ—— 土的内摩擦角，(°)。

影响顶力的因素很多，除了土质、管径、顶长、管材和地下水位等客观因素以外，还受到中途间歇时间、顶进偏差、减阻措施等多种主观因素的影响。实际确定顶力时应结合实际情况和经验来对理论计算的顶力进行修正和调整，也可以根据各地的经验公式来进行校验、确定。

当顶进距离较短时，顶力由主千斤顶承担，有下列情况之一，则需要考虑增加中继间：

① 总顶力超过主千斤顶的最大顶力；② 总顶力超过了管道的允许顶力；③ 总顶力超过了后背墙的最大允许顶力。

9.5.2　工作坑及后备墙的计算

一、工作坑位置的选择

工作坑的位置应该根据地形、管线设计和地面障碍物情况等因素确定。一般情况按下列条件进行选择：

(1) 管道井室的位置。

(2) 可利用坑壁土体作后背支撑。

(3) 便于排水、出土和运输。

(4) 对地上与地下建筑物、构筑物易于采取保护和安全措施。

(5) 距电源和水源较近、交通方便。

(6) 单向顶进时宜设在下游一侧。

二、工作坑的尺寸计算

(1) 工作坑的尺寸要考虑管道下放、各种设备进出、人员上、下坑内操作等必要空间以及排弃土的位置等。其平面形状一般采用矩形，其底部应符合下列公式要求：

$$B = D_1 + S \tag{9.14}$$

$$L = L_1 + L_2 + L_3 + L_4 + L_5 \tag{9.15}$$

式中　B—— 矩形工作坑的底部宽度，m；

D_1—— 管道外径，m；

S—— 操作宽度，m，可取 2.4 ～ 3.2 m；

L—— 矩形工作坑的底部长度，m；

L_1—— 工具管长度，m，当采用第一节管道作为工具管时，钢筋混凝土管直径不宜小于 0.3 m，钢管不宜小于 0.6 m；

L_2—— 管节长度，m；

L_3—— 运土工作间长度，m；

L_4—— 千斤顶长度，m；

L_5—— 后背墙的厚度，m。

(2) 工作坑的深度应符合下列公式要求：

$$H_1 = h_1 + h_2 + h_3 \tag{9.16}$$

$$H_2 = h_1 + h_3 \tag{9.17}$$

式中　H_1—— 顶进坑地面至坑底的深度，m；

H_2—— 接受坑地面至坑底的深度，m；

h_1—— 地面至管道底部外缘的深度，m；

h_2—— 管道外缘底部至导轨地面的高度，m；

h_3—— 基础及其垫层的厚度，不应小于该处井室的基础及垫层厚度，m。

三、后背墙与后背土体的计算

当后背土体土质较好时，后背挡土墙可以依靠原土加排方木修建。根据施工经验，当顶力小于 4 000 kN 时，后背墙后的原土厚度不小于 7.0 m，就不至发生大位移现象(墙后开槽宽度不大于 3.0 m)。

当无原土作后背墙支撑时,应设计简单、稳定可靠、拆除方便、就地取材的人工后背墙,如图 9.11 所示是其中的一种。也可以利用已顶进完毕的管道作后背墙。此时应使待顶管道的顶力小于已顶管道的顶力,同时在后背钢板与管口之间衬垫缓冲材料,保护已顶入管道的接口不受损伤。

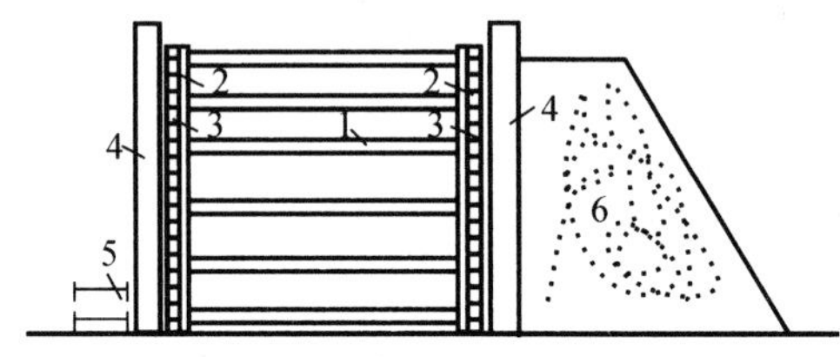

图 9.11　人工后背墙

1—撑杠;2—立柱;3—后背方木;4—立铁;5—横铁;6—填土

当土质条件差、顶距长、管径大时,可采用地下连续墙式后背挡土墙、沉井式后背墙和钢板桩式后背墙,这些后背墙的构造和计算方法可参考相关文献。

9.6　顶管法施工主要技术问题

顶管施工的主要技术问题有方向控制、顶力问题、承压壁的后靠结构及土体的稳定问题,穿墙管与止水、测量与纠偏、管段接口处理、中继间等。

9.6.1　方向控制

要有一套能准确控制管道顶进方向的导向机构。管道能否按设计轴线顶进,是长距离顶管成败的关键因素之一。顶管方向失去控制会导致管道弯曲,顶力急剧增加,工程无法正常进行。高精度的方向控制也是保证中继间正常工作的必要条件。

9.6.2　顶力问题

顶管的顶推力是随着顶进长度的增加而增大的,但因受到顶推力和管道强度的限制,顶推力不能无限度增大。尤其是在长距离顶管施工中,仅采用管尾推进方式,管道顶进距离必受限制。一般采用中继间接力技术加以解决。另外,顶力的偏心距控制也相当关键,能否保证顶推合力的方向与管道轴线方向一致是控制管道方向的关键。

9.6.3　承压壁的后靠结构及土体稳定

顶管工作井一般采用沉井结构或钢板桩支护结构,除需验算结构的强度和刚度外,还应确保后靠土体的稳定性。工程中可以采取注浆、增加后靠土体地面超载等方式限制后靠土体的滑动。若后靠土体产生滑动,不仅会引起地面较大的位移,严重影响周围环境,还会影响顶管的正常施工,导致顶管顶进方向失去控制。

9.6.4　穿墙管与止水

穿墙止水是顶管施工最为重要的工序之一。穿墙后工具管方向的准确程度将会给管道轴线方向的控制以及管道的拼装、顶进带来很大的影响。

打开封门，将掘进机顶出工作井外，这一过程称为穿墙。穿墙是顶管施工中的一道重要工序，因为穿墙后掘进机方向的准确与否将会给以后管道的方向控制和井内管节的拼装工作带来影响。穿墙时，首先要防止井外的泥水大量涌入井内，严防塌方和流沙。其次要使管道不偏离轴线，顶进方向要准确。由于顶管出洞是制约顶管顶进的关键工序，一旦顶管出洞技术措施采取不当，就有可能造成顶管在顶进过程中停顿。而顶管在顶进途中的停顿将会引起一系列不良后果（如顶力增大、设备损坏等），严重影响顶管顶进的速度和质量，甚至造成施工失败。顶管出洞关键应做好以下几个方面的工作：管线放线、后座墙附加层制作、导轨铺设、洞口止水和穿墙等几个方面的工作。

穿墙管的构造要求有：满足结构的强度和刚度要求，管道穿墙施工方便快捷、止水可靠。穿墙止水主要由挡环、盘根、轧兰将盘根压紧后起止水、挡土作用（见图 9.12）。

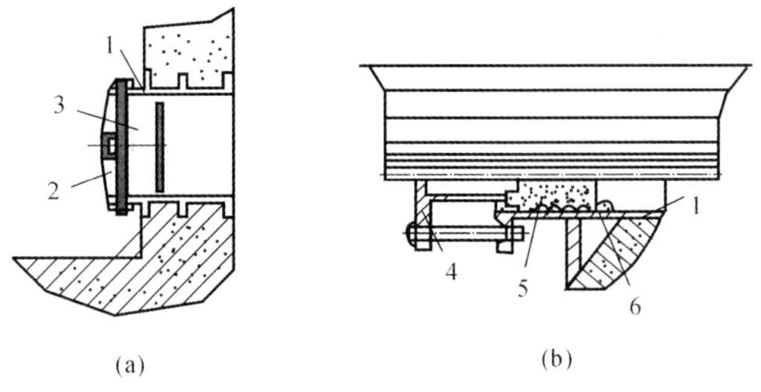

图 9.12　穿墙管

（a）穿墙管构造；（b）穿墙止水

1—穿墙管；2—闷板；3—黏土；4—轧兰；5—盘根；6—挡环

为避免地下水和泥土大量涌入工作井，一般应在穿墙管内事先填埋经夯实的黄黏土。打开穿墙管闷板后，应立即将工具管顶进。此时穿墙管内的黄黏土受挤压，堵住穿墙管与工具管之间的环缝，起临时止水作用。同时还必须注意将工作井周围的建筑垃圾等杂物清理干净，避免掘进机出洞时，钢筋等杂物将进入绞笼，损坏绞刀，致使顶管不能正常顶进。

9.6.5　测量与纠偏

在顶管施工时，在顶进前要求按设计的高程和方向精确地安装导轨、修筑后背墙及布置顶铁，目的是使管节按规定的方向前进。因此在顶进中必须不断地观测管节前进的轨迹。当发现前段管节前进方向或高程偏离原设计位置后，就要采取各种纠偏方法迫使管节回到原设计位置上。

一、测量

（1）初顶测量。在顶第一节管（工具管）时，应不断地对管节的高程、方向及转角进行测量，测量间隔应不超过 30 cm；当发现误差进行校正偏差时，测量间隔也不应超过 30 cm，保证管道入土的位置正确；在管道进入土层后的正常顶进时，每隔 60～80 mm 测量一次。

(2)中心测量。为观察首节管在顶进过程中与设计中心线的偏离度,并预计其发展趋势,应在首节管前后两端各设一固定点,以便检查首节管实际位置与设计位置的偏差。

顶进长度在 60 m 范围内,可采用垂球拉线的方法进行测量,如图 9.13 所示。一次顶进超过 60 m 时,应采用经纬仪或激光导向仪测量(即用激光束定位)。

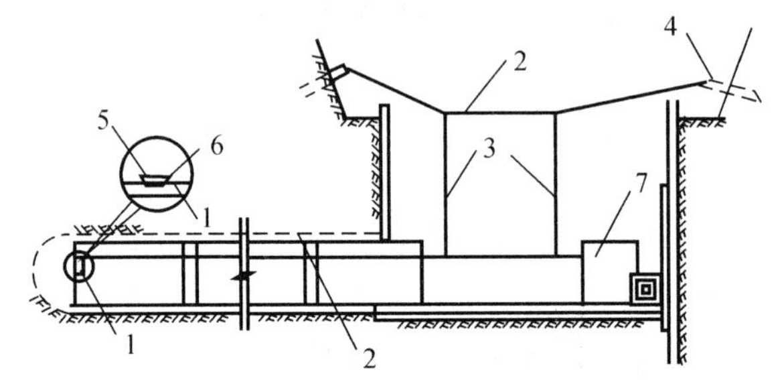

图 9.13　用小线球延长线法测量中心线

1—中心尺;2—小线;3—垂线;4—中心桩;5—水准仪;6—刻度;7—顶高

(3)高程测量。用水准仪及特制高程尺(比管节内径小的短标尺)根据工作井内设置的水准点标高(设两个),测量第一节管前端与后端管内高程,以掌握第一节管子的走向。测量后应与工作井内另一水准点闭合。

水准测量最远测距为数十米,而长距离顶距时,可用连通管观测两端水位刻度定高程,简单而方便。

(4)激光测量。如图 9.14 所示,激光测量时,将激光经纬仪(激光发射器)安装在工作井内,并按照管线设计的坡度和方向将发射器调整好,同时在管内装上接收靶(激光接收装置),靶上刻有尺度线,当顶进的管道与设计位置一致时,激光点即可射到靶心,说明顶进无偏差,否则根据偏差量进行校正。

(5)顶后测量。全段顶完后,应在每个管节接口处测量其中心位置和高程,有错口时,应测出错口的高差。

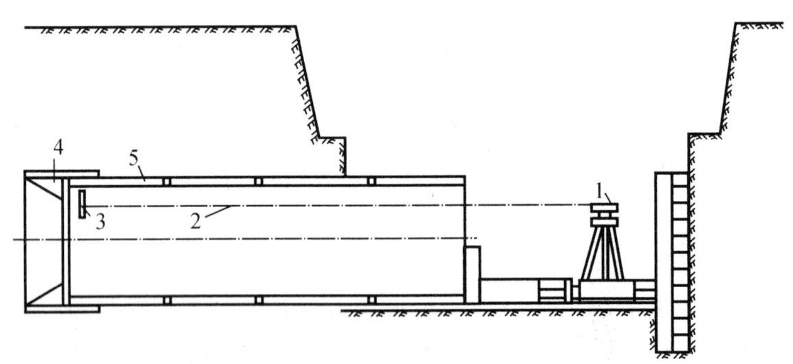

图 9.14　激光测量

1—激光经纬仪;2—激光束;3—激光接受靶;4—刃脚;5—管节

二、纠偏

当顶管偏差超过如表 9.2 所示的允许偏差时,应该进行纠偏处理,防止因偏心度过大而使管节接头压损或管节中出现环向裂缝。

表 9.2　顶管允许偏差

<table>
<tr><th rowspan="2">序号</th><th rowspan="2">项　目</th><th colspan="2">允许偏差/mm</th><th>检验频率</th><th rowspan="2">检验方法</th></tr>
<tr><th>距离<100 m</th><th>距离≥100 m</th><th>范围点数</th></tr>
<tr><td>1</td><td>中线位移</td><td>50</td><td>100</td><td>每段 1 点</td><td>经纬仪测量</td></tr>
<tr><td rowspan="2">2</td><td>管内底高程<1 500 mm</td><td>+30　−40</td><td>+60　−80</td><td>每段 1 点</td><td>水准仪测量管</td></tr>
<tr><td>管内底高程≥1 500 mm</td><td>+40　−50</td><td>+80　−100</td><td>每段 1 点</td><td>水准仪测量</td></tr>
<tr><td>3</td><td>相邻管节错口</td><td colspan="2">≤15，无碎裂</td><td>每段 1 点</td><td>钢尺量</td></tr>
<tr><td>4</td><td>管内腰箍</td><td colspan="2">不渗漏</td><td>每段 1 点</td><td>外观检查</td></tr>
<tr><td>5</td><td>橡胶止水圈</td><td colspan="2">不脱出</td><td>每段 1 点</td><td>外观检查</td></tr>
</table>

顶管误差校正是逐步进行的，形成误差后不可立即将已顶好的管子校正到位，应缓慢进行，使管子逐渐复位。常用的方法有以下三种：

(1)超挖纠偏法。这种纠偏法的效果较缓慢，当偏差为 1～2 cm 时，可采用此法。即在管子偏向的反侧适当超挖，而在偏向侧不超挖甚至留坎，形成阻力，使管节在顶进中向阻力小的超挖侧偏向。例如管头误差为正值时，应在管底部位超挖土方(但不能过量)，在管节继续顶进后借助管节本身重量而沉降，逐渐回到设计位置。

(2)顶木纠偏法。当偏差大于 2 cm 时，在超挖纠偏不起作用的情况下可用此法。用圆木或方木的一端顶在管子偏向的另一侧内管壁上，另一端斜撑在垫有钢板或木板的管前土壤上，支顶牢固后，即可顶进。在顶进中配合超挖纠偏法，边顶边支。利用顶进时斜支撑分力产生的阻力，使顶管向阻力小的一侧校正。

(3)千斤顶纠偏法。当顶距较短时(在 15 m 范围内)可用此法。该方法基本同顶木纠偏法，只是在顶木上用小千斤顶强行将管节慢慢移位校正。

9.6.6　管段接口处理

在顶管工程中，需要不断地校正管节的高程和方向。管段不同的接口处理，使接口强度和性能不同，会直接影响施工进度和工程质量。管道接口按性能可分为刚性接口和柔性接口。一般刚性接口有钢管所采用的焊接口、铸铁管采用的承插口、钢筋混凝土管采用的外套环对接(F 型)接口，柔性接口如钢筋混凝土管所采用的平口和企口接口。按管道使用要求分为密闭性接口和非密闭性接口。在地下水位下顶进或需要灌注润滑材料时，要求管道接口具有良好的密闭性，所以要根据现场施工条件，管道使用要求等选择管道接口形式，以保证施工方便和竣工后管道的质量。

钢管在顶进施工中的连接，主要采用永久性焊接，并在顶进前在工作井内进行。焊接口的优点是接口强度大、节约金属和劳动力，但应防止焊接后管材产生变形。为减少焊接残余应力、残余变形及节约工时，应对焊缝进行合理地设计和施工，合理考虑焊接顺序、焊缝位置、选用合适的焊条。

平接口是钢筋混凝土管最常用的接口形式。平接口最常用的做法是：在两管的接口处加衬垫，一般是垫 25～30 mm 直径的麻辫或 3～4 层油毡，应将其在偏于管缝外侧放置，这样使顶紧后管的内缝有 1～2 cm 的深度，以便顶进完成后进行填缝。

9.6.7 触变泥浆减阻

在长距离、大直径管道的顶进过程中，有效降低顶进阻力是施工中必须解决的关键问题。顶进阻力主要由迎面阻力和管壁外周摩阻力两部分组成。在超长距离顶管工程中，迎面阻力占顶进总阻力的比例较小。对于一定的土层和管径，其迎面阻力为定值，而沿程摩阻力则随着顶进长度延长而增加。为了充分发挥顶力的作用，达到尽可能长的顶进距离，除了在中间设置若干个中继间外，更为重要的是尽可能降低顶进过程中的管壁外周摩阻力。顶管工程中主要采用触变泥浆改变管子与土间的界面性质。这种泥浆除起润滑作用外，静置一定时间后，泥浆便会固结、产生强度。在顶进时，通过工具管及混凝土管节上预留的注浆孔，向管道外壁压入一定量的减阻泥浆，在管道外围形成一个泥浆套，使管道在泥浆套中前进，能使管外壁和土层间摩阻力大大降低，从而预力值降低 50%～70%。

另外，在顶管顶进过程中，为使管壁外周形成的泥浆环始终起到支撑土体和减阻的作用，在中继间和管道的适当点位还必须进行跟踪补浆，以补充在顶进过程中的触变泥浆损失量。一般压浆量为管道外周环形空隙的 1.5～2.0 倍。泥浆在输送和灌注过程中具有流动性、可泵性。在施工过程中，泥浆主要从顶管前端进行灌注，顶进一定距离后，可从后端及中间进行补浆。

9.6.8 中继间

在长距离顶进中，应用中继间实施分段顶进是顶管施工采取的重要技术措施。

中继间，也称中继站或中继环，是在顶进管段中间安装的接力顶进工作室，此工作室内部有中继千斤顶，从而把这段一次顶进的管道分成若干个推进区间。从工具管到工作井将中继间依次编序号 1，2，…如图 9.15 所示管道分成了 3 段，设置了两个中继间。工作时，首先启动 1 号中继间，其后面管段为顶推后座，顶进前面管节，当达到允许行程后停止 1 号中继环，启动 2 号中继间工作，直到最后启动工作井主千斤顶，使整个管段向前顶进了一段长度。如此循环作业，直到全部管节顶完为止。从图中可以看出，除了中继间以外，其他的均与普通顶管相同。当置于管道中继间的数量有 5 个，应用中继间自动控制程序，则 1 号的第二循环可与 4 号的第一循环同步进行，2 号的中继间的第二循环可与 5 号的第一循环同步进行，以此类推。只有前两个中继间的工作周期占用实际的顶进时间，其余中继间的动作不再影响顶管速度。

中继间必须具有足够的强度、刚度、良好的密闭性，而且要方便安装。因管体结构及中继间工作状态不同，中继间的构造也有所不同。如图 9.16 所示的是中继间的一种形式。它主要由前特殊管、后特殊管和壳体油缸、均压环等组成。在前特殊管的尾部，有一个与 T 型套环相类似的密封圈和接口。中继间壳体的前端与 T 型套环的一半相似，利用它把中继间壳体与混凝土管连接起来。中继间的后特殊管外侧设有两环止水密封圈，使壳体虽在其上来回抽动而不会产生渗漏。

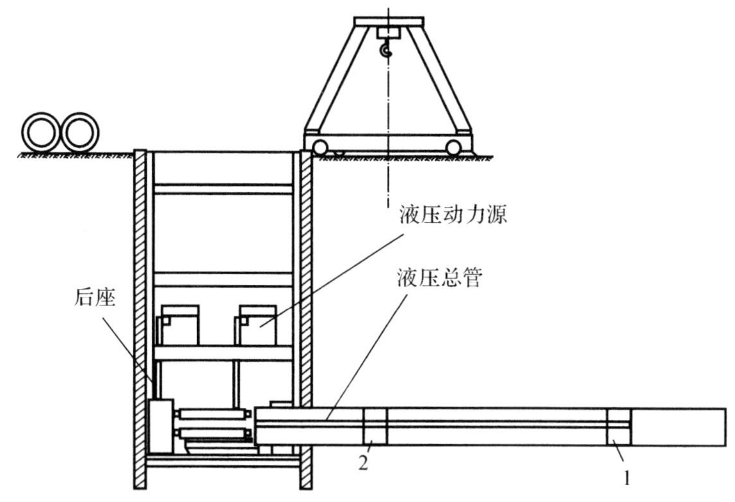

图 9.15　中继间的顶进示意图

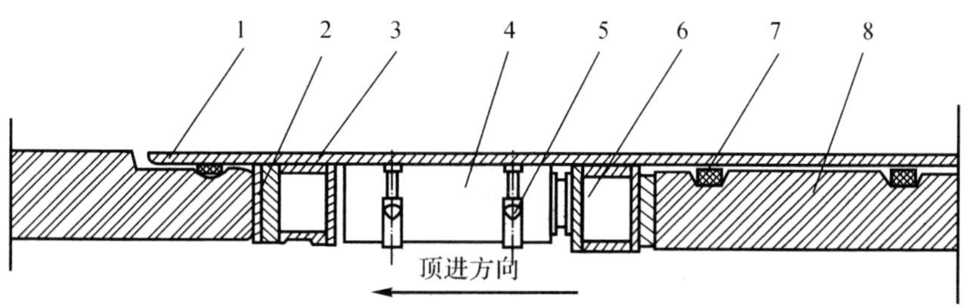

图 9.16　中继间的一种形式

1—中继管壳体；2—木垫环；3—均压钢环；4—中继间油缸；
5—油缸固定装置；6—均压钢环；7—止水圈；8—特殊管

思 考 题

1. 顶管法施工的基本原理是什么？
2. 手掘式顶管施工技术的技术要点是什么？
3. 泥水平衡式顶管施工的技术要点是什么？
4. 土压平衡顶管施工工法的技术要点是什么？
5. 顶管法施工的主要技术问题有哪些？

第10章 沉管法施工技术

本章介绍沉管法施工的发展、结构形式、施工的原理和沉管法施工的各施工工序等内容。

10.1 基本原理

沉管法修筑隧道，就是在水底预先挖好沟槽，把在陆地上（船台上或临时干坞内）预制的沉放管段，用拖轮运到沉放现场，待管段准确定位后，向管段水箱内灌水压载下沉，然后进行水下连接。处理好管段接头与基础，经覆土回填后，再进行内部设备的安装与装修，便筑成了隧道。沉管隧道如图10.1所示。

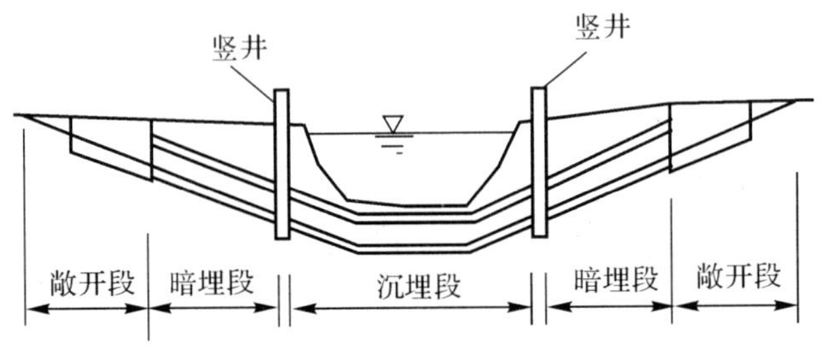

图10.1 沉管隧道纵断面一般结构示意图

10.2 沉管隧道结构

10.2.1 沉管隧道的结构分类

一、沉管隧道按施工方式分类

沉管隧道的施工方式，视现场条件、用途、断面大小等各异。总体上分为两种：①不需要修建特殊的船坞，用浮在水上的钢壳箱体作为模板制造管段的“钢壳方式”；②在干船坞内制造箱体，而后浮运、沉放的“干船坞方式”。两种方式的利弊，如下所述。

1. 钢壳方式（船台型）

这种方式的优点是：

(1) 断面是圆形的，主要承受轴力，而承受的弯矩一般较小，在受力上是有利的，特别在水深很大时很经济。

(2) 底面积小，基础形成容易，回填土砂也容易进行。

(3) 用造船厂的船台，而无需专用的船坞，质量易于保证。

(4) 可同时用于防水，无需另外的防水设施，同时对施工中或施工后的冲击也有一定的防护作用。

这种方式的缺点是：

(1) 浮动状态条件下，灌注混凝土会产生复杂的应力，对此要进行加强，造成断面大，在经济方面会受到限制。

(2) 需较多的现场焊接，为防止变形的发生，管段制作很麻烦，而且要求认真地检查。

(3) 易腐蚀，需对钢壳做防腐处理。

(4) 就隧道而言，断面上下有多余的空间，根据施工实际，实用的直径大约在 10 m 以下为宜。隧道内只能设两个车道，建造四车道隧道时，则须制作两管并列的管段。如图 10.2 所示为圆形钢壳断面示例。

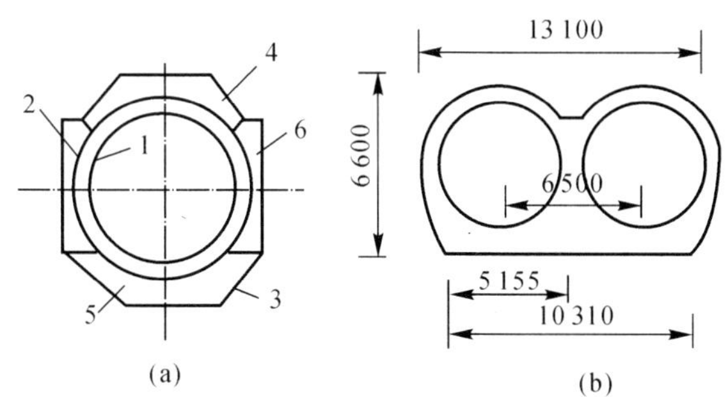

图 10.2　圆形钢壳断面示例

(a)双层钢壳管段典型断面尺寸；(b)香港地铁过海隧道

1—混凝土内环；2—钢壳；3—模板(外钢壳)；4—覆盖混凝土；5—龙骨混凝土；6—水下导管浇注混凝土

2. 干船坞方式

这种方式须修建专用的船坞用以制造预制管段，主要应用于宽度较大公路、铁路、地下铁道等隧道，在欧洲采用较多，其优点有：

(1) 管段在干船坞内制造，不需钢壳，钢材使用量小；

(2) 断面大小不受限制。

这种施工方式的缺点是：

(1) 必须找到合适的地点，修建干船坞；

(2) 需要设置防水层，并且对防水层要加以保护，以保证隧道的防水性；

(3) 混凝土的质量要求相当重要，特别对混凝土的水密性的要求；

(4) 因其基础底面积大，地层面和管体底面的基础处理比较烦琐。

如图 10.3 所示是矩形钢筋混凝土沉管隧道的断面图例。两种方式的比较，见表 10.1。

表 10.1　两种施工方式的比较

项　目	钢壳方式	干船坞方式
用途	双车道公路、单线铁道、下水管道等管段在 10 m 以内的	多车道宽度达的公路(铁道、人行道并置的情况也在内)
新面形状	圆形、外廓为变形的八角形的	矩形
材料	钢壳及钢筋混凝土	钢筋混凝土

续 表

项 目	钢壳方式	干船坞方式
管段预制地点	船台等	临时干船坞
浮运沉放	干舷高度 30～50 cm，拖航；水上向管段投入砂和混凝土，沉放	干舷高度 10 cm 左右，拖航，用管段内的水平衡方法沉放
防水处理	钢壳	防水层，钢板(6～8 mm)、沥青、橡胶等
基础处理	一般平整机敷设沙砾	设临时承台，填充砂或沙浆
水中连接	水中混凝土或橡胶密封垫水压连接	橡胶密封垫水压连接

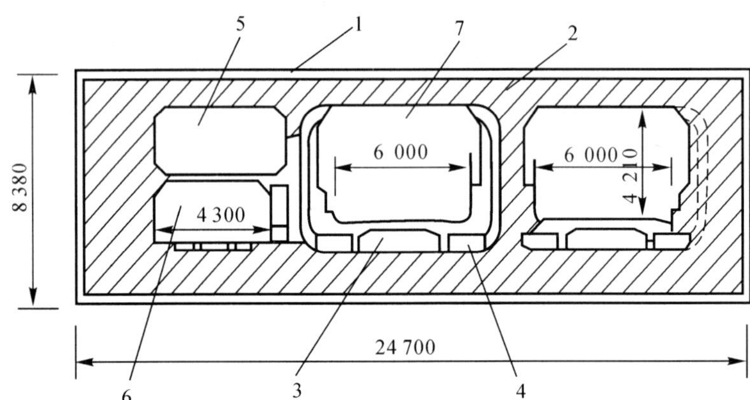

图 10.3 矩形钢筋混凝土沉管隧道的断面示意图(单位：mm)

1—钢板；2—钢筋混凝土；3—送风道；4—排风道；5—自行车道；6—步道；7—车道

二、按沉管截面类型分类

沉管隧道结构主要有圆形钢壳类与矩形混凝土类两种。它们的基本原理是相同的，但设计、施工及所用材料有所不同。

1. 圆形钢壳类

圆形钢壳类隧道的钢壳管段是钢壳和混凝土的组合结构，通常用内、外两层骨架制成。内壳是预制的短节，在船坞滑台上将它焊接成要求长度的短节，加上辅助的加强板，再安装外部钢壳并焊接好。外壳顶部设有以浇筑混凝土用的孔，在管段底部要灌注一定量的混凝土，以便在水下时起镇重和稳定作用。这种形式的隧道管段通常在船坞滑台上侧向下水，并要灌注较多的混凝土，一般是直接下沉到以充分准备好和破碎的砾石垫层上。它的另外一种形式是采用单层内钢壳与外层混凝土衬砌，或两者兼有。这种船台型管段的横断面，一般内层是圆形，外层形状为圆形、八角形或花篮形等。隧道内只能设两个车道，建造多车道隧道时，则须制作几排并列的管段。

因为圆形钢壳类结构是通过钢壳施工方式建造，其优点和缺点与前面所述的钢壳施工方式相同。

2. 矩形混凝土类

在干船坞中制作的矩形钢筋混凝土管段比在船台上制作的钢壳圆形、八角形或花篮形管段经济，且矩形断面更能充分利用隧道内的空间，可作为多车道、大宽度的公路隧道，因此现已成为沉管隧道的主流结构。如图 10.4 所示为上海外环沉管隧道断面示意图。矩形混凝土类管段结构的主要材料是钢筋混凝土。管段在临时干船坞中制成后，在坞内灌水使之浮起并拖运至隧址沉没。因为每一管节是一个整体结构，所以更易控制混凝土的灌注和限制管节内的结构力。但从力学上看，对外压来说，弯矩是主要的，因此，断面要比圆形的厚些。因管段的宽度大，所以基底的处理要困难些。

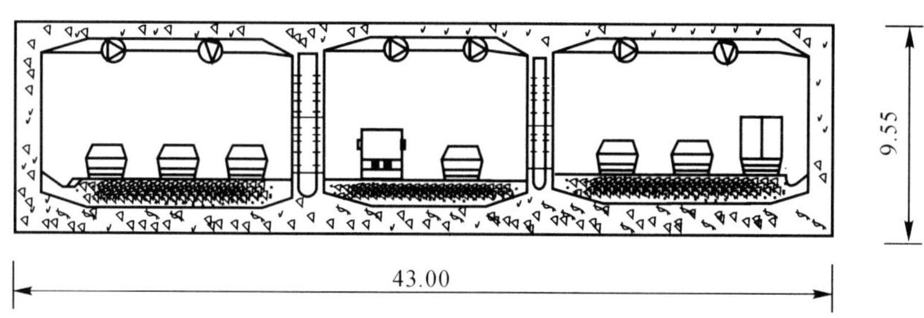

图 10.4　上海外环沉管隧道断面示意图(单位：m)

当隧道宽度较大，且土、水压力又较大时，采用预应力混凝土结构可获得较经济的效果。预应力的采用，可大大提高水密性、减少管段的开裂，并减小构件厚度和管段的重量。横断面上采用的预应力，分全预应力和部分预应力两种。与普通的钢筋混凝土沉管管段相比，预应力沉管管段的特点如下：

(1) 耐久性明显提高。裂缝为钢筋混凝土结构不可避免的缺陷。并且，在沉管管段的长期载荷作用下，裂缝的发展也将是持续的。虽然裂缝一般不影响结构承载能力，但是可能引起结构的漏水，这会对结构及设备的使用带来一定的影响，而且对隧道的结构耐久性也有一定的影响。根据以往相关工程的运营情况，钢筋混凝土结构的裂缝问题是大型隧道结构工程建设的重要技术问题。而采用预应力混凝土结构的沉管管段，能大大提高结构的抗裂性能，满足结构耐久性的要求。

(2) 总体功能适用性增强。普通钢筋混凝土管段，需要设计满足双向布置的 8 个车道是较为困难的。预应力混凝土管段，能够满足双向布置 6 个或 8 个车道的要求。在车道布置及使用功能上，有很大的优越性，在结构的总体尺寸上，管段的宽度也可以缩小较多。

(3) 价格低。经测算，对相同交通要求的工程而言，采用预应力混凝土管段的工程造价略低于钢筋混凝土管段，也可用钢纤维或化学纤维混凝土。

10.2.2　沉管隧道的结构设计要点

沉管隧道设计涉及面广，设计内容多，设计质量直接影响隧道的施工和使用。因此设计指导思想必须考虑先进性、合理性、安全性及经济性(包括建设费和运营费)等。同时隧道的设计还必须考虑所用材料、施工设备、施工机械、施工技术和施工工艺等因素，对于不同地理位置的隧道，还要考虑周围环境的影响。

设计主要内容包括：几何设计、结构设计、通风设计、照明设计、内装设计、给排水设计、供电设计、运营与安全设施设计等，对于兼有其他特殊要求的隧道，还要进行其他设计。

一、载荷分析

作用在沉管结构上的载荷主要有：结构自重、水压力、土压力、浮力、施工载荷、波浪及水流压力、沉降摩擦力、车辆载荷、地基反力、温度应力、不均匀沉降影响和地震载荷等。实际情况载荷组合见表 10.2。

表 10.2 载荷组合表

阶段	载荷形式	具体内容
使用阶段	静载	结构自重、水压力、土压力、浮力、地基反力、温度应力及不均匀沉降产生的摩擦力
	活载	车辆载荷
	特殊载荷	落锚或沉船的荷重、内部爆炸、内部进水的影响等
施工阶段	静载	结构自重、水压力、土压力、浮力
	施工载荷	设备压重等
	特殊载荷	波浪冲击力等

二、一般管段结构设计

沉管段的结构设计，按横断面和纵断面分别进行。

1. 横断面结构设计

用干船坞制作的钢筋混凝土管段，在确定横断面时，要注意对浮力的平衡，一般把混凝土管段看成平面框架进行应力计算。由于载荷组合的种类较多，且各截面所处的位置与埋深均不同，其所受的水、土压力也不同，因此不能只按一个横截面分析的结果来决定整节或整条隧道的横向配筋。

钢壳要有充分的强度、刚度和防水性，以便能在混凝土衬砌的施工中作为外模与支撑。进行横截面设计时，其强度一般是由混凝土衬砌施工时的应力控制的，可将每一处的横柱作为独立的闭合框来处理。在使用阶段，横截面分析应考虑隧道在完全回填后所承受的各种载荷组合。通常这些载荷组合产生的弯矩在中心墙附近的顶部、底部以及外墙的中心部位外侧受拉，在其中的区域为内侧受拉。

2. 纵断面结构设计

施工阶段的钢筋混凝土管段纵向受力分析，主要计算浮运、沉放时施工载荷所引起的弯矩。在河海上浮运的管段，长度越大，所受的纵向弯矩就越大。在使用阶段，钢筋混凝土管段纵向受力分析，一般按弹性地基梁理论进行计算，通常纵向钢筋的配筋率为 0.02‰～0.30‰。

将钢壳作为一个整体梁进行分析，前提条件是在纵向发生变形而横截面方向无显著的变形，因此为了保证截面的刚度必须有足够的横柱或支柱进行加强，以防止扭曲或局部弯曲。

3. 预应力混凝土管段设计

当隧道跨度较大，并且土、水力较大时，采用预应力结构可改善管段结构的抗裂性能，并能获得较经济的效果。

管段的顶、底及隔墙的预应力设计，主要是根据对管段的横向受力要求，对结构的抗裂性要求;预应力钢束及普通钢筋共同作用满足结构承载能力要求等;结构的抗裂性由预应力保证。

管段的纵向预应力设计,主要是满足结构的抗裂性要求。管段的纵向设计,按现行规范及设计参考的资料,基本上是不考虑管段的纵向受力。但在施工过程中,由于大体积混凝土的浇筑以及浇筑混凝土的先后顺序问题,混凝土浇筑成形后由于水化作用产生的温差及收缩,均会产生裂缝。因此根据工程中经常出现的裂缝表明,管段的纵向受力是一个应该重视的问题。

10.3 沉管隧道施工工艺

10.3.1 沉管法施工的前期调查工作

在沉管隧道施工之前,必须做好水利、地质、气象及地震等方面的调查,具体内容如下:

一、水力调查

(1)流速与流向。必须调查流速的分布规律及其随季节变化的情况,或者在有潮水影响的部分调查其随时间变化的情况。如果平时在相对速度1~1.5 m/s的地方进行沉放作业,由于沉放管段的存在会使流水面积缩小,故会进一步增大流速,可能会使清槽不利。因此当流速到达1.5 m/s时,要将隧道管段长度限制为140 m。

(2)水的密度差异。水的密度可能在一段时间内随地点、深度、沉积和温度的变化而变化,也会跟季节有关。一般情况下,在水面附近的水的密度接近于1,随着水深的增加,水的密度也有增大的趋势。

(3)潮汐及水位变化的影响。潮汐对流速和水位的变化都可能会产生影响,因此会影响管段浇注场地的选择和设计,以及影响管段的浮运和沉效。

(4)海浪和波浪的影响。一般情况下,只须考虑在托运和沉放时越过隧道管段波浪的影响。当隧道在一些相对暴露条件下的海上浮运、沉放或停泊于一个受损的码头,海浪和波浪对隧道管段的冲击会对管段的受力有很大的影响。

(5)水质状况。特别当采用钢壳或钢板外皮作防水层时,必须对水进行化学分析,以免腐蚀材料。

二、地质调查

(1)地基承载力。对于引道部分一般为明挖作业,在现场建造,有必要作详细的地质调查;对于沉放部分,隧道沉放后,隧道内的压舱重加顶部覆土层,连同隧道本身自重,一般比开挖沟槽时被挖去的土砂重量还小,因此地基承载力问题不大。

(2)沉管及其他水下障碍物的探测。首先寻找和测量水下沉船等,以便在允许范围内确定出最经济的路线。

(3)浚挖技术。其是按规定范围和深度挖掘航道或港口水域的水底泥、沙石并加以处理的工程。要求对土的矿物成分、生物成分以及有机成分做出调查,根据浚挖技术,推断疏浚土方量。

三、气象调查

前期的调查工作还包括对风、温度、能见度等方面的气象调查。风和温度对水性能和作业均会产生较大的影响,且会影响能见度,而较差的能见度有可能影响定位系统。

四、地震调查

如果计划将沉管隧道修建在强烈的地震带，那么在调查无断层的同时还要收集以往的地震记录，同时了解堆积岩上土层的性质或成层状态，特别注意土的液化问题。

除以上介绍的几点前期调查内容外，还需对管段制作场地进行调查。只有充分进行前期调查，才能作出合理的沉管隧道规划。

10.3.2　临时干船坞的构造与施工

一般情况下在隧址附近的适当位置，需自己建造一个与工程规模相适应的临时干船坞，用于预制沉管管段的场地。它不同于船坞。船坞的周边有永久性的钢筋混凝土的坞墙，而临时干船坞却没有。干船坞的构造没有统一的标准，要根据工程的实际，如地理环境、航道运输、管段尺寸及生产规模等具体而定。

一、临时干船坞的规模

临时干船坞制作场地的规模决定于管段的节数、每节宽度与长度，以及管段预制批量，同时还应考虑工期因素，因此应根据工程的具体条件比较论证。所以，当沉放区间的长度达数千米时，有时需设数个干坞船制作场地，对于大断面的公路隧道，一般要求所建造的干船坞场地应尽量能同时制作出全部沉放管段。例如，日本东京港第一航道水地道路隧道（建成于 1976 年）所用临时干船坞，其坞底面积达 81 270 m^2（宽 126 m、长 645 m），可容纳 9 节宽 37.4 m，长 115 m 的 6 车道管段同时制作。如图 10.5 所示为某隧道的干船坞布置。

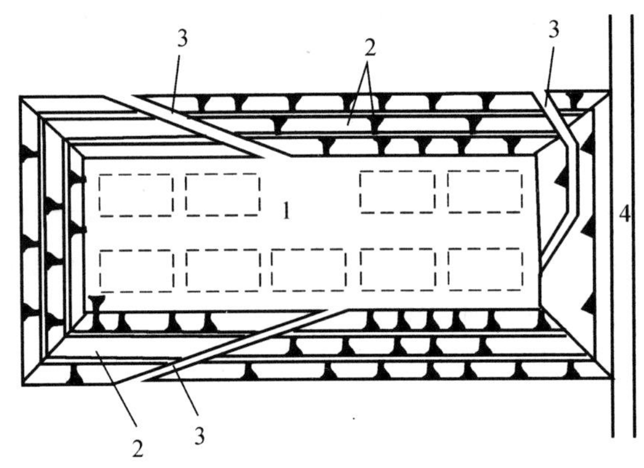

图 10.5　某隧道的干船坞布置

1—坞底；2—边坡（坞墙）；3—运料道路；4—围堰

二、临时干船坞的深度

临时干船坞的深度，应能保证管段制作后能顺利地进行安装工作并浮运出坞。干船坞场地底面应设在确保有充足水深的标高上，需保证在管段制作完成、向场内注水后，能使管段浮起来，并能将它拖曳出干船坞。因此，干船坞底面应位于干船坞外水位以下相当的深度。同时也要防止干船坞在坞外强大的水压力作用下浸水的可能性。

三、坞底与边坡

临时干船坞的坞底，一种做法是铺一层 20～30 cm 厚无筋混凝土或钢筋混凝土，并要在管段底下铺设一层沙砾或碎石，以防管段起浮时被“吸住”。另一种做法不要混凝土层而仅铺一层 1～2.5 cm 厚的黄沙，另于黄沙层上再铺 20～30 cm 厚的一层沙砾或碎石，以防黄沙的横向移动，并保证坞室灌水时管段能顺利浮起。在确定坞边坡度时，要进行抗滑稳定性的详细验算。为保证边坡的稳定安全，一般多用防渗墙及井点系统。防渗墙可由钢板桩、塑料板或黑铁皮构成。在管段制造期间，干船坞由井点系统疏干。在分批浇制管段的中、小型干船坞中，更要特别注意坞室排水时的边坡稳定问题。

四、坞首和坞门

在把全部管段一次浇筑完成的大型干船坞中，一般不采用坞门，而仅用土围堰或钢板桩围堰作坞首。管段出坞时，局部拆除坞首围堰便可将管段逐一托运出坞。在分批浇制管段的中、小型干船坞中，常用钢板桩围堰坞首，而用一段单排钢板桩作坞门。每次托运管段出坞时，将此段钢板桩临时拔除，即可把管段拖出（见图 10.6）。亦有采用浮箱式坞门的，但这种形式的实例不多。

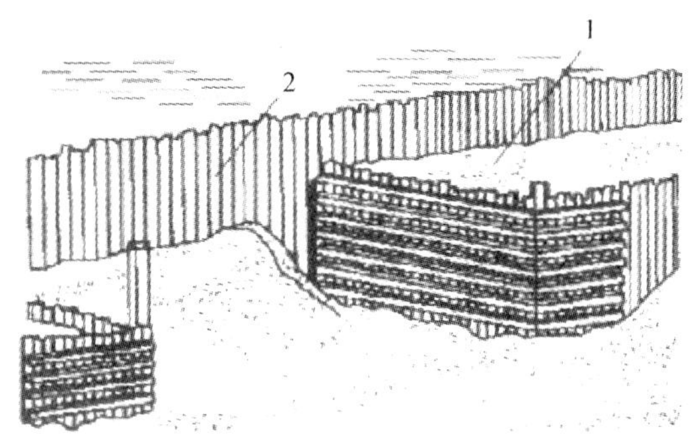

图 10.6　某隧道临时干船坞的坞首与坞门

1—坞首；2—坞门

10.3.3　管段制作

在干船坞中制作管段，其工艺与地面钢筋混凝土结构大体相同，但对防水、均质要求较高，除了从构造方面采取措施外，必须在混凝土选材、温度控制和模板等方面采取特殊措施。

一、管段的施工缝与变形缝

在管段制作中，为保证管段的水密性，必须注意混凝土的防裂问题，因此须慎重安排施工缝、变形缝。施工缝可分为两种：一种是横断面上的施工缝，也称横向施工缝，一半留设在管壁上，在管壁的上、下端各留一道，在施工过程中，往往因管段下地层的不均匀沉陷的影响和混凝土的收缩，造成纵向施工缝中产生应力集中的现象；另一种是沿管段长度方向分段施工时的留缝，也可称为纵向施工缝。在施工过程中，通常把横向施工缝做成大致以 15～20 cm 为间隔的变形缝（见图 10.7）。

二、底板

在干船坞制作场地上，如果管段下的地层发生不均匀沉降，有可能引起管段裂缝。一般在船坞底的沙层上铺设一块 6 mm 厚的钢板，往往将它和底板混凝土直接浇在一起，这样不但能起到底板防水作用，而且在浮运、沉放过程中能防止外力对底板的破坏，也可使用 9～10 cm 的钢筋混凝土板来代替这种底部钢板，在它上面贴上防水膜，并将防水膜从侧墙一直延伸到底板上，这种代替方法其作用与钢板完全相同，但为了使它和混凝土底板能紧密结合，须用很多根锚杆或钢筋穿过防水膜埋到混凝土底板内。

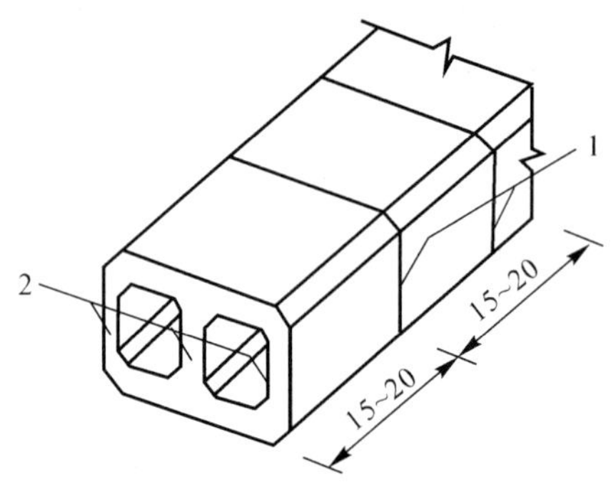

图 10.7　管段变形缝布置(单位：m)

1—横向施工缝；2—纵向施工缝

三、侧墙与顶板

在侧墙的外周也可使用钢板，这时可将它当做外模板(也可作为外墙的侧防水)，在施工时应确保焊接的质量。在侧墙的外周也有使用柔性防水膜的例子，此时为了避免在施工时对防水膜的破坏，需对防水膜进行保护。在混凝土顶板上面，通常是铺上柔性的防水膜，在其上浇捣 15～20 cm 厚的(钢筋)混凝土保护层，一直要包到侧墙的上部，并将它做成削角，以避免被船锚钩住。

四、临时隔墙

一旦管段的混凝土结构完成，就在离管段的两端 50～100 cm 处安装临时止水用的隔墙。临时隔墙应满足强度高和拆装方便的要求，因为在管段浮运与沉放时，临时隔墙端头将承受巨大的水压力，以及在管段水下连接后又要拆除隔墙。隔墙一般使用钢材和混凝土，还可用木材、钢材或混凝土制成。另外，在隔墙上还须设置排水阀、进气阀以及供人进入的孔。

五、压载设施

由于管段大多是自浮的，因此在安装临时隔墙的同时，须有压载设施以保证管段顺利下沉。现在多数采用加载水箱。在隔离墙 10～15 m 的地方，沿隧道轴线位置上至少对称地设置 4 个水箱。水箱应具有一定容量，在其充满时，不仅能够消除沉放管段的干舷，还应具有 1 000～3 000 kN左右的沉降荷重。水箱的另一个作用是在相邻两管段连接后，成为临时隔墙间排出水的储水槽。

管段的制作还包括以下一些辅助工程：橡胶密封垫圈、临时舱板、拖拉设备、起吊环、通道竖井和测量塔等。

管段在制作完毕后须做一次检漏。如有渗漏，可在浮出坞之前早做处理。一般在干船坞灌水之前，先往压载水箱里注压载水，然后再向干船坞灌水，24～28 h 后，工作人员进入管内对管壁进行检漏。若有渗漏，及时补修。在进行检漏的同时，应进行干舷调整。可通过调整压载水的重量，使干舷达到设计要求，必须进行检漏和干舷调整，符合要求的管段才能出坞。

六、预应力管段的施工工况及预应力拉张

由于施工控制及外界控制因素的原因，在干船坞灌水及江海中沉放过程中，不能进行预应

力工艺的施工，管段施加预应力也不能够根据载荷的逐步增加分批进行，所以管段预制完成后，应在干船坞中将全部预应力一次施加完毕。

按一次张拉要求，管段的预应力受力有如下两个工况控制：一是干船坞中弹性地基上管段自重作用工况；二是管段覆盖完成后全部载荷的作用工况。在上述两个工况中，在预应力与载荷的共同作用下，保证控制截面上下缘均能满足抗裂的应力要求。干船坞灌水、管段江中沉放等中间过程，均是载荷逐步增加的过程，不控制预应力的设计。

预应力拉张顺序与步骤为：干坞内管段预制并达到设计强度→张拉顶、底板横向预应力钢束→拉张隔墙竖向预应力钢束→上述张拉锚端浇筑封锚混凝土并达到设计强度→张拉纵向预应力钢束→浇筑封锚混凝土并达到设计强度→进行下一步设计工序。

10.3.4　管段浮运

当管段制作完成后，开始向干船坞内注水。在这期间，需派检查人员从入口进入沉放管段的内部，经常不断地检查有无漏水情况，一旦发现漏水现象，须立即停止注水，查明原因并进行修补。当船坞内水位接近干舷（管顶露出水面的高度）量时，应向压载水箱内注水以防止管段上浮。当管段完全被水淹没后，派人从出入口进入沉放管段，排出压载水箱内的水，使管段上浮。管段在浮运时的干舷量一般取 10～15 cm 左右，在调整完各节沉放管段后，即可打开干船坞的坞门，将沉放管段曳出，有时须直接利用拖船即可。

不论干船坞与隧址间距多少，一般应于沉设之日的清晨将舣装完毕的沉管托运到隧址，以便进行沉设作业。托运时必须符合以下气象条件：在进行沉设作业之前 12 h，应对水流与气象条件的预报资料做认真分析，如届时气象条件能符合风力小于 5～6 级，能见度大于1 000 m以及气温高于－3℃，则可决定进行沉设作业。但在进行沉设作业之前 2 h，还应对以上条件进行复核。

10.3.5　沟槽浚挖

在沉管隧道施工中，沟槽对沉放管段和其他基础设施有特殊的用途。因此，水底浚挖所需费用在整个隧道工程总造价中所占的比例较小，通常只有 5%～8%左右，但却是一个很重要的工程项目，是直接影响工程能否顺利、迅速开展的关键。沟槽底部应相对平坦，其误差一般为±15cm。沉管隧道的沟槽是用疏浚法开挖的，需要较高精度。

一、沟槽开挖的要求

沉管沟槽的断面，主要由 3 个基本尺度决定，即底宽、深度和（边坡）坡度，这些尺寸应视土质情况、沟槽搁置时间以及河道水流情况而定。

沉管基槽的底宽，一般应比管段底宽 4～10 cm，以免边坡坍塌后，影响管段沉设的顺利进行。沉管基槽的深度，应以覆盖层厚度、管段高度以及基础处理所需超挖深度三者之和确定，如图 10.8 所示。沉管基槽边坡的稳定坡度，与土层的物理力学性能有密切关系。因此应对不同的土层，分别采用不同的坡度。表 10.3 列出了不同的土层的稳定坡度概略数值，可供初步设计时参考。

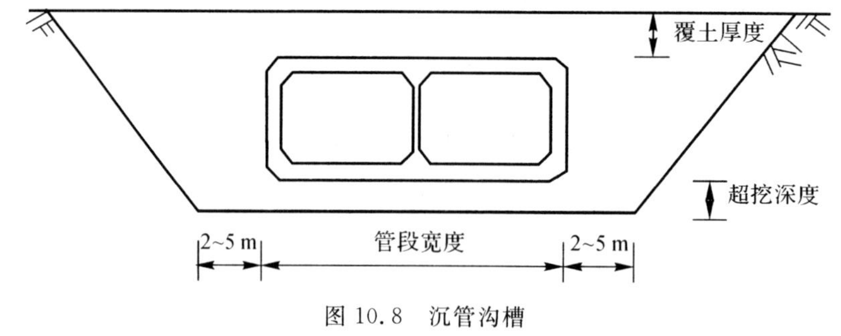

图 10.8　沉管沟槽

表 10.3　疏浚坡面坡度

土层种类	推荐坡度	土层种类	推荐坡度
硬土层	1∶0.5～1∶1	紧密的细砂、软弱的夹砂黏土	1∶2～1∶3
沙砾、紧密的砂夹土	1∶1～1∶1.5	软黏土、淤泥	1∶3～1∶5
砂、砂夹黏土、较硬黏土	1∶1.5～1∶2	极稠软的淤泥、粉砂	1∶8～1∶10

然而，除了土壤的物理力学性能之外，沟槽留置时间的长短、水流情况等，均对稳定坡度有很大影响，不可忽视。

二、沟槽浚挖

泥质沟槽开挖的挖泥工作分粗挖和精挖两个阶段。粗挖挖到离管底标高约 1 m 处。为避免淤泥沉积，精挖层应在临近管段陈放前再挖。在挖到沟槽底的标高后，应将槽底浮土和淤泥清除。

因为航道深度大多不超过 15 m，所以通常港务部门疏浚航道用的挖泥船，挖深都不超过 20 m。可是沉管沟槽的底深常在 22～23 m 左右，有的工例达 27～30 m，个别工例达 40 m。因此，一般不能直接利用现有挖泥船进行沉管沟槽浚挖，需要根据设计要求、地质情况，进行一些必要的改装工作。

在浚挖作业中，常用的挖泥船有以下 4 种：

1. 吸扬式挖泥船

它有绞吸式和耙吸式两种。前者利用绞刀绞松水底土壤，通过泥泵作用，从吸泥口、吸泥管吸进泥浆，经过排泥管卸泥于水下或输送到陆地上去；后者则利用泥耙挖取水底土壤，通过泥泵作用，将泥浆装进船上的泥舱内，自航到深水抛泥区卸泥。

吸扬式挖泥船特点：

(1)浚挖一般土层时，生产率很高。

(2)浚挖成本低。

(3)不需泥驳配合工作。

(4)开挖面(槽底)平整度较高，一般为±(0.15～0.3)m。

2. 抓扬式挖泥船

它亦称抓斗挖泥船，平整度可达±(0.3～0.5)m，是沉管隧道中常用的一种挖泥船。挖泥时利用吊在旋转式起重把杆上的抓斗，抓取水底土壤，然后将泥土卸到泥驳上运走，一般不能自航，靠收放锚缆移动船位，施工时需配备拖轮和泥驳。抓斗容量通常是0.2～4.0 m^3，也有10～13 m^3。

抓斗挖泥船的特点：

(1)挖泥船构造简单，造价低。

(2)船体尺度小，长与宽均显著地小于其他挖泥船。

(3)浚挖深度较大，且易于加深。

(4)遇到较硬土层时，可改用重型齿斗进行浚挖(见表10.4)。重型斗的重量特别大，超过普通抓斗一倍左右。例如普通型1.1 m^3抓斗，重达4.4 t。虽然浚挖硬土时效率低，一次投斗的挖深和实际生产率均明显降低，但是由于这种挖泥船比较简单，而且船体尺度较小，故常在同一隧位上布置多艘这种抓斗挖泥船进行施工，实际速度并不慢。

表10.4　一次投斗的挖深(单位：m)

抓斗＼土类	软黏土	黏土夹砂	硬黏土	砂、粉砂
重型抓斗			0.5～1.0	0.5～0.8
普通大型抓斗	1.5～2.5	1.0～1.5		

3. 链斗式挖泥船

这种挖泥船是用装在斗桥滚筒上、能连续运转的一串泥斗挖取水底土壤，通过卸泥槽排入泥驳。施工时需要泥驳和拖轮配合，一般泥斗容量为0.1～0.8 m^3。这种挖泥船的特点是：

(1)生产率较高。

(2)浚挖成本较低。

(3)能浚挖硬土层。

(4)开挖面的平整度较高，可达±(0.15～0.2)m。

(5)定位锚缆较长，作业时水面占位较大。

4. 铲扬式挖泥船

它亦称铲斗挖泥船，开挖面的平整度相对差些。这种挖泥船是用悬挂在把杆钢缆上和连接斗柄上的铲斗，在回旋装置操纵下，推压斗柄，使铲斗切入水底土壤内进行挖掘，然后提升铲斗，将泥土卸入泥驳。这种挖泥船适用于硬土层，标准贯入度达$N=40\sim50$的硬土亦可直接挖掘，不需锚缆定位，水面占位小，但挖泥船的造价高，浚挖费用亦高。

一般都采用分层分段浚挖方式。在沟槽断面上，分为两层或三层，逐层浚挖。在平面上，沿隧道纵轴方向，划成若干分段，分段分批进行浚挖。

在断面上面的一(或二)层，厚度较大，土方量亦大，一般采用抓斗挖泥船，或链斗挖泥船进行粗挖。粗挖层的浚挖精度，要求比较低。最下一层为细挖层，厚度较薄，一般为3 m左右。在进行细挖时，如有条件，最好有吸扬式挖泥船施工，其平整度较高，速度快，并可争取再管段沉设前及时吸除回淤。

在浚挖施工时，要做到一边容许船舶通行，一边进行施工作业，所以在粗挖层施工时，应分段进行。挖到主航道时，还需组织夜间作业，以减少对航行的干扰。为了避免最后挖成的管段基槽敞露过久，以致沉积过多的回淤土而妨碍沉设施工，细挖层也必须分段进行。一般是挖一段，沉一节。早挖、多挖，往往是没有意义的。1969 年建成的比利时肯尼迪(J. F. Kennedy)水底道路隧道工例中，曾一口气把沉管基槽全部挖成，由于回淤量大而且快，最后不得不留一艘生产率为 100 m^3/h 的大型吸扬式挖泥船来回吸除回淤。这项清除工作，实际上是一个连续作业的过程，直到管段沉设完毕。在这种回淤量大的情况下，更应采用分段分层浚挖方式。

对于岩石沟槽的开挖，首先清除岩石上的覆盖层，然后用水下爆破方法挖槽，最后清礁。水下炸礁采用钻孔爆破法，根据岩性及产状决定炮眼直径、排距与孔距。炮眼深度一般超过开挖面以下 0.5 m，用电爆网络连接起爆。水下爆破要注意冲击波对过往船只和水中人员的安全的影响，要保证其安全距离符合规定，同时加强水上交通管制，设置各种临时航标以引导船只通过。

10.3.6 管段沉放

管段沉放是整个沉管隧道施工中比较重要的环节，它不仅受天气、水路、自然条件的支配，还受航道条件的制约。

当管段运抵隧道位置现场后，须将其定位于挖好的基槽上方，管段的中线应与隧道的轴线基本重合，定位完毕后，可开始灌注压载水，管段即开始缓慢下沉。管道下沉的全过程通常需要 2～4 h。下沉作业一般分为初次下沉、靠拢下沉、着地下沉 3 个步骤。

(1)初次下沉。先灌注压载水使管段下沉力达到规定值的 50%，然后进行位置校正，待管段前后位置校正完毕后，再继续灌水直至下沉完全达到下沉的规定值，并使管段开始以 20～50 cm/min 的速度下沉，直到管底离设计标高 4～5 m 为止。

(2)靠拢下沉。先把管段向前面已沉放管段方向平移，直至已设管段大约 2～2.5 m 处，然后下沉管段至高于其最终标高的 0.5 m 处。管段的水平位置要随时测定并予校正。

(3)着地下沉。再次下沉管段，至离最终位置 20～50 m 处。接着，把管段拉向距前面已设管段约为 10 cm 处，再检查其水平位置。着地时，先将管段前段搁在已设管段的鼻式托座上，然后将其后端轻轻搁置到临时支座上。待管段位置校正后，即可卸去全部吊力。

管段沉放方法中最常用的是浮箱分吊法和方驳扛吊法。

(1)浮箱分吊法。浮箱分吊法是以大型浮箱代替起重船的分吊沉放法，其设备简单，适用于宽度特大的大型沉管。沉放时管段上方用 4 只 1 000～1 500 kN 的方形浮箱直接将管段吊起。4 只浮箱可分为前后两组，每组两只用钢桁架联系起来，并用 4 根锚索定位。起吊卷扬机和浮箱的定位卷扬机则安设在定位塔顶部，管段本身则另用 6 根锚索定位。

方驳扛吊法。方驳扛吊法又有 4 驳和双驳之分。4 驳扛吊法，利用两副“扛棒”来完成沉放作业。每副“扛棒”的两“肩”就是两艘方驳，共 4 艘方驳。左右两艘方驳的“扛棒”，一般是型钢梁或钢板梁，在前后两组方驳之间可用钢桁架连接起来，成为一个整体的驳船组。驳船组用 6 根锚索定位，所用的定位卷扬机全部安置于驳船上，吊索的吊力通过“扛棒”传到方驳上。起吊卷扬机则安置在方驳上，也可以直接安放在“扛棒”钢梁上。在方驳扛吊法中，由于管段一般的下沉力只有 1 000 kN，每副“扛棒”上仅受力 500～2 000 kN 的小型方驳就够了。双驳扛吊法，采用两艘方驳，具体沉放方法同 4 驳扛吊法。

10.3.7 水下连接

管段的水下连接常用的有水下混凝土法和水力压接法。

一、水下混凝土法

在进行水下连接时，要先在管段的两端安装矩形堰板，在管段沉放就位、解封对准拼合、安放底部罩板后，在前、后两块平堰板的两侧，安置圆弧形堰板，然后把封闭模板插入堰板侧边，形成由堰板，封闭模板，上、下罩板所围成的空间，随后往这空间内灌注水下混凝土，从而形成水下混凝土的连接。等到水下混凝土充分硬化后，抽掉临时隔墙内的水，再进行管段内部接头部位混凝土衬砌的施工。

水下混凝土法形成的接头是刚性的，一旦产生误差难以修补，并且该法工艺复杂、潜水工作量大，现已较少应用。

二、水力压接法

利用作用在管段上的巨大水压力使安装在管段端部周边上的橡胶垫圈发生压缩变形，进而形成一个水密性良好而又可靠的管段接头，其主要工序如下。

(1)对位。当管段着地下沉时必须结合管段连接工作的对位。当管段沉设到临时支撑上后，首先进行初步定位，而后临时支撑上的垂直、水平千斤顶进行精确定位。

(2)拉合。用一个较小的机械力量，将刚沉放好的管段拉向前一节已铺设的管段，使GINA橡胶垫圈的尖肋部被挤压而产生初步变形，使两节管段初步密贴。拉合时一般只要求GINA橡胶垫圈被压缩20 mm，便能达到初步止水。拉合时所需的拉力一般由安装在管段竖壁上的千斤顶提供，用液压千斤顶驱动锤形螺杆，并将其插进既有管段端部的螺口内，用约1 500 kN的力把新设管段托靠到既有管端上。除拉合千斤顶之外，还可以采用定位卷扬机进行拉合作业。

(3)压接。打开安装在临时隔墙上的排水阀，抽掉在临时隔墙内的水。排水后，作用在新设管段自由端的静水压力将达到几千甚至几万吨，于是巨大的水压力将管段推向前方，GINA橡胶垫圈再一次被压缩，接头就完全封住了。

压接完毕后即可拆除隔墙，各既设管道相通，连成整体。

水力压接法工艺简单、施工方便、质量可靠、节省工料费用，目前已在各国的水底工程中普遍采用。

10.3.8 基础施工

沉管隧道对各种地质条件的适应性很强，几乎没有什么复杂的地质条件能阻碍沉管法施工。在沉管隧道中，进行基础处理的目的不是为了对付地基土的沉降，而是因为开槽作业后的槽底表面总有相当程度的不平整(不论使用哪一种类型的挖泥船)，使槽底表面与沉管底面之间存在着很多不规则的空隙。这些不规则的空隙会导致地基受力不均而局部破坏，从而引起不均匀沉降，使沉管局部受到较高的局部压力，以致开裂。因此，在沉管隧道中必须进行基础处理即将其一一垫平，以消除这些有害空隙。

基础施工的方法有刮铺法、喷砂法、压砂法(也称流沙法，Sand flow method)等三种主要方法。刮铺法是在管段沉放之前进行，而其他两种方法在管段沉放后进行，又称为后填法，潜水工作量小，对航道的干扰也小。

一、刮铺法

如图10.9所示，在基底两侧打数排短桩安设导轨，以控制高程和坡度。在刮板船上安设导轨和刮板梁，刮板梁支撑在导轨上，钢刮板梁扫过水底的沙子、碎石而形成基础。刮板船用大块平衡重沉到海底，使船浮于水中稳定的水位。

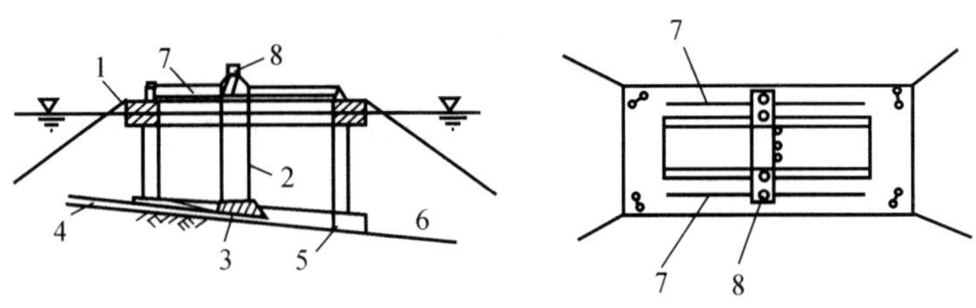

图 10.9 刮铺法

1—浮箱；2—砂石喂料管；3—刮板；4—砂石垫层(0.6～0.9 m)

5—锚块；6—沟槽底面；7—钢轨；8—移动钢梁

用抓斗或刮铺机砂石喂料管向海底投放砂、石料。投放的范围为一节管段的长度，宽度为管段底宽加 1.5～2 m。按投放材料最佳粒径为 1.3～1.9 cm 的圆形沙砾石。纯砂粒径太小，在水流作用下，基础易遭破坏。必要时，对易刮石材料通过管段底部预留孔压注水泥膨润土。

未保证基础密实，管段就位后，加过量压重水，使基础沉降。刮铺法表面平整度变化范围刮砂约±5 cm，刮石约±20 cm。

刮铺法的主要特点：

(1)需加工特制的专用刮铺设备，否则精度较难控制，作业时间较长。

(2)导轨的安装要求具有较高精度，否则会影响基础处理的效果。

(3)需要水下潜水作业，既费时又费工。

(4)在刮铺完成后，对于回淤土必须不断清理，直到管段沉放为止。这对于在流速大、回淤快的河道上施工时显得较为困难。

(5)刮铺作业时间较长，因而作业船在水上停留时间也较长，对航道的影响较大。

二、喷砂法

如图 10.10 所示，此工法的原理是：在设于管段上的门式起重机上的 3 根 1 组的钢管中，用中央的钢管把水和砂一起喷射，用另外的 2 根钢管同时吸引管段和基础间同量的水来填充砂。此法的问题是砂的供给需要从管段以外取得，作业受到气候条件的影响。此外，砂的填充情况不能完全得到确认。因此，日本开发出从管段内部用同样方法修筑基础的方式。

三、压注砂浆法

此法是先在管段底连续铺设尼龙袋，临时支撑管段。而后，从沉管作业船上把准备好的砂浆向尼龙袋中压注。也有直接从管段内部向管段底的空隙压注的，即通过事先设在管段底板的压浆孔(每隔 4～9m 设置)，从存放好的管段内压注。此法的优点是不受气候和航道的影响，从压浆孔压注的情况，也易于确认。

压注砂浆的流动性要好，对地层反力要有足够的安全度。

采用抛石基层及管底注入填充材料的连续支撑是基础施工步骤，实例如图 10.11 所示。

以上三种是基本的基础形式，此外，特殊情况如松软土层中的沉管基础，也用桩基础。桩基础主要由桩、承台组成，管段搁置在承台上，每个承台用 8～10 根桩支撑。为了易于施工和确保桩的高度和平面位置的精度，采用最多的方法是打钢管桩，桩径 1 m 左右，桩要打到沟槽底部。水深时，要特别注意高度和平面位置的施工。

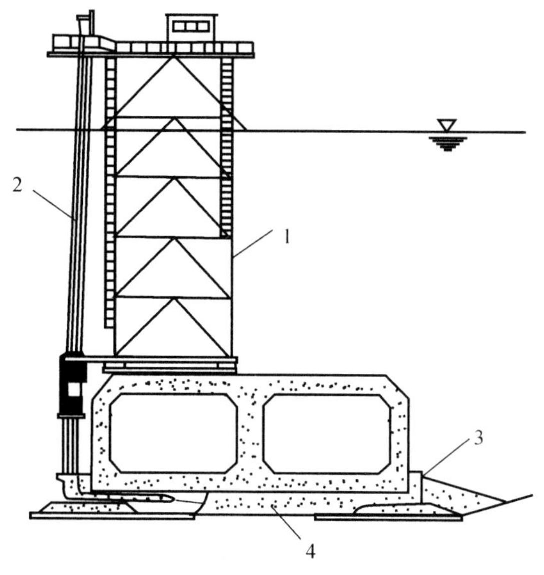

图 10.10　喷砂台架

1—喷砂钛支架；2—喷管及吸管；3—临时支座；4—喷入砂垫

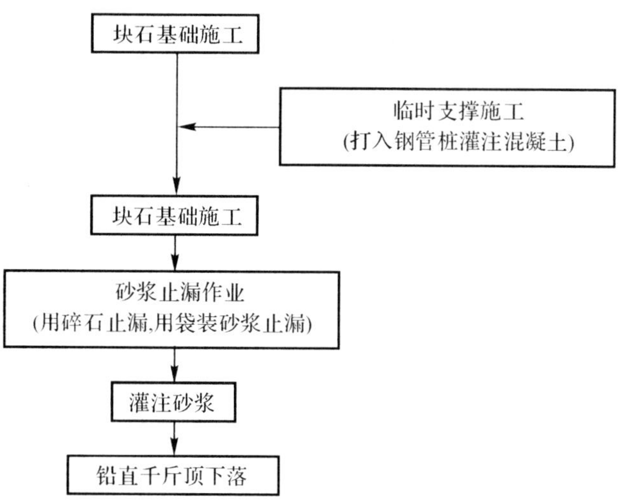

图 10.11　基础的施工步骤

10.4　沉管隧道施工的特点

沉管隧道施工具有以下特点：

(1)隧道的全长可缩短。隧道深度与其他隧道相比,只要在不妨碍通航的深度下就可设置,故隧道全长可缩短。

(2)施工质量有保证。由于预制管段是在船台或临时干船坞内浇注,因此可制作出质量均匀且防水性能良好的隧道结构;此外,与盾构法相比,每节的预制管段很长,一般为 100 m 左右，因而需要在隧道现场施工的隧道接缝非常少，漏水的机会相应也大大减少；而且沉管接头采用水压力接法后，可达到滴水不漏的程度，使施工质量的保证率大大提高。

(3)沉管隧道造价较低。首先，采用沉管隧道施工水底挖沟槽土方少，而且比地下挖土单价低；其次，由于每节管段长度可达 100 m 左右，它一般均为整体制作，完成后从水面上整体托运，所需的制作和运输费用比盾构法中大量管片分块制作及完成后用汽车运送到隧道所需的费用要低得多；再次，接缝数量减少，也使费用相应减少。因而沉管隧道比盾构隧道的延米单价低。此外，由于沉管隧道可浅埋，水底沉管隧道的总长比埋深大的盾构隧道短得多，所以工程总价相应大幅度降低。

(4)沉管隧道施工工期短，对航运干扰小。一条沉管隧道只需要用较短的时间在临时干船坞浇制几节较长的预制管段，并且制作管段和基槽开挖可同步进行，管段的托运和沉放也很快，这样沉管隧道的总施工期比用其他方法建造的水底隧道要短得多。管段预制等大量工作不在隧址，沉放一般在 1～3 d 就能完成，因此在运输十分繁忙的航道上修建水底隧道，航运因施工作业受干扰和影响的时间，以沉管隧道为最短。

(5)施工条件好。沉管施工中管段的预制、管段的托运、沉放等都是在陆地或水面上完成，水下作业亦很少，基本上没有，不需要沉箱法和盾构法的压缩空气作业。在相当水深的条件下，能安全施工，因此施工条件好，施工较为安全。

(6)对地质条件的适应性强。该方法在隧址的基槽开挖较浅，基槽开挖和基础处理的施工技术比较简单，而且沉管受到水的浮力作用使地基上的负荷较小，因此该法对地基条件的适应性很强，即使是在流砂层中施工也不需特殊的设备和措施。

(7)适用水深范围较大。由于管段先预制后在水中浮运沉放，简化了水中作业，故可在深水中施工。在实际工程中，曾达到水下 60 m。如以潜水作业的最大深度为限度，则沉管隧道的最大深度可达 70 m。

(8)沉管隧道可做成大断面多车道。由于施工可采用先预制后浮运、沉放，所以可将隧道横向尺寸做大。并且结构基本没有多余空间，一个断面内可同时容纳 4～8 个车道，空间利用率大大提高。

虽然沉管隧道优点很多，但也存在一些缺点。例如当隧道截面较大，并且流速较急时，施工就会受到航道的影响，对管段的稳定也会带来问题；沉放管段底面与基础的施工方法欠妥，会造成沉陷和不均匀沉降。

思　考　题

1. 干船坞方式沉管施工的优点是什么？
2. 简述管段浮运前的准备工作。
3. 后填法的主要优点是什么？
4. 沉管隧道的施工工序是什么？
5. 沉管隧道施工的特点有哪些？

第 11 章　冻结法施工技术

本章主要介绍冻结法施工的原理与适用条件、立井冻结法凿井方案设计、立井冻结法施工技术要点、斜井井筒冻结施工技术和地下铁道工程的冻结施工技术等内容。

11.1　冻结法原理与适用条件

11.1.1　冻结法原理

冻结法施工是在井筒(隧道)开凿之前,用人工制冷的方法,将井筒(隧道)周围的不稳定地层和含水层冻结成封闭的冻结壁(围岩体),以抗抵地压,隔绝地下水和施工井筒(隧道)的联系,暂时改变井筒(隧道)周围的地质条件,然后在冻结壁(围岩体)的保护下进行掘砌(开挖)工作的一种特殊井筒(隧道)施工方法。为了形成冻结壁(围岩体),首先在井筒周围打一定数量的冻结孔,孔内安装冻结管,以便输送冷媒介质吸收热量,使之降温。随着冻结工作的延续,各冻结孔周围的冻结壁不断发展,逐渐相互连接而形成不透水且能抗地压、水压的冻结壁(围岩体)。如图 11.1 所示为一立井井筒冻结的示意图。

11.1.2　适用条件

冻结法施工技术适用于松散不稳定的冲击层、裂隙含水层、松软泥岩层以及含水量和水压特大的岩层。冻结施工技术既可作为地质条件复杂的井巷工程施工,又可作为工程抢险和事故处理的手段。其已广泛用于矿山井巷工程中,并在城市地铁、港口、桥涵、大容积地下硐室以及高层建筑物的深基础工程中使用。需要指出的是,人工冻结施工技术可用于立井、斜井、平硐、城市地铁工程的施工。本章重点介绍立井井筒冻结施工技术。

11.2　立井冻结法凿井方案设计

11.2.1　准备工作

在进行冻结设计时需要进行资料的准备,设计必备资料包括井筒检查钻、工程地质及水文地质资料。设计前,需要打井筒检查钻来获取设计必须的井筒检查钻资料。

一、检查钻的位置、个数、深度及施工要求

(1)位置。检查钻的钻孔不得布置在井筒范围内,井筒检查钻距井筒中心 25 m 以内;当冻结深度超过 400 m,确定检查孔位置时,应考虑在冻结深度范围内,检查钻的钻孔位置不得偏入冻结壁内。

(2)个数。通常为1个,当开发的新矿区地质和水文地质复杂时,井筒检查钻钻孔数可增加,其个数及布置方式应根据工程设计及施工要求而定。

(3)深度。深度要超过井筒设计深度。当采用井筒全深冻结时,检查孔的终孔深度应比井筒设计深度深10 m。

检查孔的施工要求:检查孔的施工要求应遵照《矿山井巷工程施工及验收规范》有关规定执行。检查孔要求全孔取芯,采取率在黏土层和基岩中应不少于75%,在砂层、破碎带、软夹层和溶洞充填物中应不少于60%。检查孔中遇到的每层土都要取样,以便进行相应的测试。

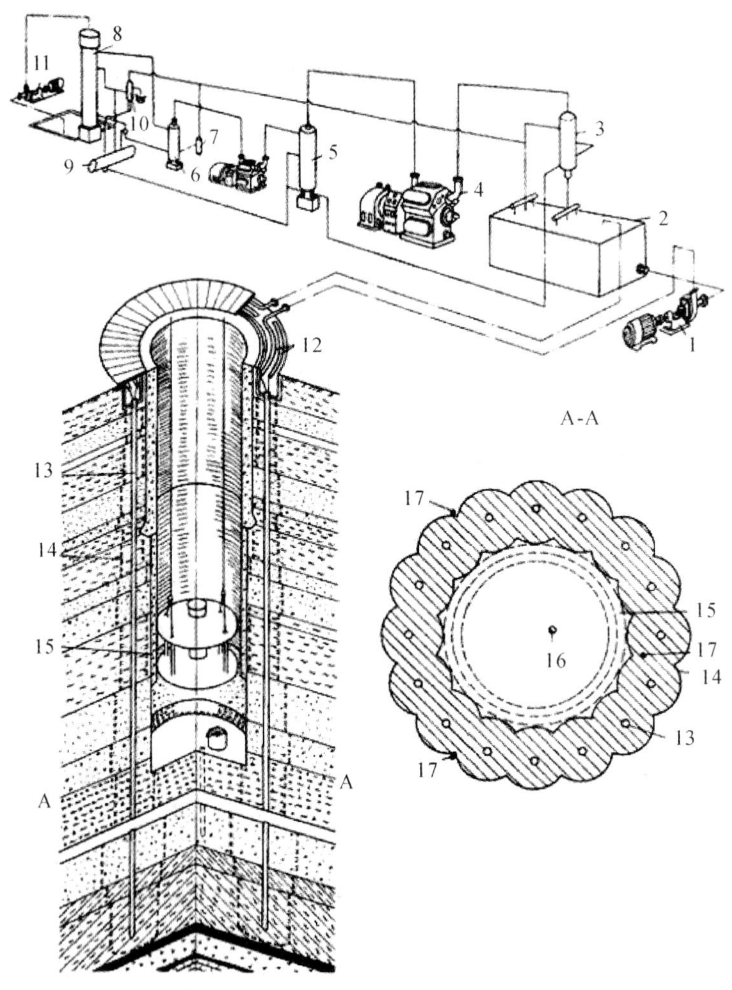

图11.1 冻结法凿井示意图

1—盐水泵;2—蒸发器;3—氨液分离器;4—氨压缩机;5—中间冷却器;6—油氨分离器;7—集油器;8—冷凝器;9—氨储液器;10—空气分离器;11—冷却水泵;12—配、集液圈;13—冻结管;14—冻结壁;15—井壁;16—水文观测孔;17—测温孔

二、检查钻孔试样必须进行的试验内容

(1)每层取样,进行岩石、土的物理力学性质试验、冻土(岩)物理力学性质试验、抽水试验、

流速测试、地温测试。冻土(岩)物理力学性质试验的取样要求、个数,应由业主单位提出要求。

(2)物理力学性质试验主要内容为砂层(岩层)的颗粒成分、湿度、天然重度、比重、孔隙度、渗透参数、内摩擦角等,测定黏土层(岩层)的湿度,天然重度、相对密度、孔隙度、可塑性、膨胀性、内聚力抗压强度及氯化钙、氯㱚钠等物质的含量。

(3)冻土(岩)物理力学性质试验内容:-5~-15℃状态下的冻土(岩)三向受力、冻土蠕变、无侧限抗压强度;黏土层应作膨胀性及冻胀量、比热容、导热系数等试验。

三、应提供的资料

井筒检查钻钻孔施工完成,在对土(岩)样进行相应的试验后,应提供岩土工程勘察报告,该报告应包括的内容是:

(1)地质柱状图。

(2)检查钻孔地质报告及附图。检查钻孔的地质报告内容应按《矿山井巷工程施工及验收规范(GBJ213—96)》第 2.2.9 条规定执行。

(3)冻土(岩)物理力学性能试验专题报告。

11.2.2 立井井筒冻结深度确定的一般原则

立井冻结施工冻结深度需要按照不同的地质条件进行确定,一般原则是:

(1)冲积层底部基岩风化严重,且两者有水力联系:冻结深度穿过基岩风化带,伸入不透水基岩 10 m 以上;冲积层以下基岩先进行地面预注浆时,冻结深度只需伸入不透水基岩 10 m 以上。

(2)冲积层底部基岩下部 30 m 左右仍有含水岩层时:冻结深度应穿过含水基岩到不透水基岩;基岩段可采用差异冻结。

(3)冲积层底部为第三纪,并有水力联系、胶结性差,且含水量大时:冻结深度应穿过第三纪到不透水的基岩;第三纪地层可采用差异冻结。

(4)冲积层较厚占井筒总深度的比例达 75%以上,且基岩又有多层涌水量较大的含水层时:冻结深度应全深冻结,冻结深度应到不透水的基岩;当冻结管穿过管子道、马头门时,冻结设计应采取措施。

11.2.3 立井井筒冻结施工方案

我国立井井筒冻结施工方案归纳为全深冻结、长短管冻结、局部冻结、分期冻结和双排冻结 5 种。

一、一次全深冻结

一次全深冻结有 4 种型式(见图 11.2):同径冻结管、异径冻结管、双供液管、双圈冻结管。各型式的特点、适用条件、优缺点如下:

1. 同径冻结管

(1)特点:

1)从地面到需要冻结的深度一次冻结。

2)全部冻结管都穿过不稳定含水地层,一般插入不透水基岩 10 m 以上。

3)供液管下至冻结管的底锥隔板上。

4)来自冷冻站的低温盐水经泵压入干管,经供液管输入冻结管底部,并沿环形空间上升,经回液管到集液圈、干管返回盐水箱内,如此反复循环与地层进行热交换,已达到冻结的目的。

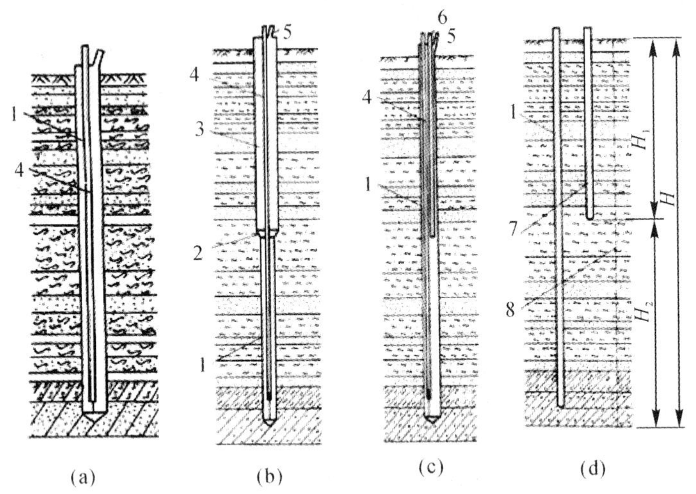

图 11.2　立井井筒一次全深冻结的的四种型式

(a)同径冻结管;(b)异径冻结管;(c)双供液管;(d)双圈冻结管

1—冻结管正常直径部分;2—变径短节;3—冻结管加大直径部分;4—供液管;5—回管液;6—短供液管;7—辅助冻结管;8—井帮位置;H—冻结总深度;H_1—上段冻结长度;H_2—下段冻结长度

(2)适用条件:

1)适用于各类土(岩)层。

2)不宜采用其他冻结方案的地层。

3)冻结设备能满足积极冻结期最大需冷量的要求。

(3)优缺点:

1)对地质和水文地质条件复杂的含水砂层、淤泥层、破碎带以及基岩含水层等适应性强,施工安全可靠,为立井最常用的冻结方案。

2)整个冻结管内盐水一次循环,克服温差过大引起断管现象。

3)可利用盐水正反循环达到初期加强上部冻结和后期加强下部冻结。

4)冻结器结构和供液管安装均较其他冻结方案简单。

5)打钻工程量较差异冻结方案多,管材消耗、冷冻站制冷能力、冻土挖掘量均较一次冻结全深的其他方案多。

2. 异径冻结管

(1)特点:

1)用增大冻结管与地层热交换面积来加快上部冻土(岩)扩展速度。

2)可达到提前开挖和防止片帮的目的。

(2)适用条件:

1)上部含水砂性土层多、稳定性差。

2)冻结孔布置圈距井帮小于 2.5 m。

3)冲积层厚度为 150～200 m。

(3)优缺点：

1)加大管径部分的冻土扩展速度增大值，等于加大的管径与原管径的比值。

2)措施简单，易于实现。

3)需要加大一部分冻结管的管径和变径接头。

4)冻结初期需冷量较大。

5)冻结管变径部位强度要加大，否则易断管。

3. 双供液管

(1)特点：

1) 冻结前期增大盐水流量或流速，使冻结器环形空间内盐水由层流状态过度到紊流状态，以加快上部冻土扩展速度，实现提前开挖和防止片帮。

2)开挖后可改变冻结管内盐水循环方式，以减少上部盐水循环量，控制冻土扩展速度或变为局部冻结，以减少上部冷量损失。

(2)适用条件：

1)上部含水砂性土层多、稳定性差。

2)冻结孔布置圈距井帮 2.5～3.0 m。

3)冲积层厚度为 150～250 m。

(3)优缺点：

1)当两根供液管的盐水流量相同时，上部的冻结速度约加快 1/5～1/6。

2)措施简单，易于实现。

3)当掘进工作面超过短供液管后，可将它改为回液管，使上部较早转入维持冻结，减少冷量损失。

4)增设短供液管，需要加强盐水流量的控制。

5)加大盐水泵的流量。

4. 双圈冻结管

(1)特点：

1) 增设辅助冻结管，其作用有两个：第一，加快上部冻土扩展速度，实现提前开挖和防止片帮；第二，加强下部冻结壁的强度，特别是冻结深度大于 40 m，下部又是特厚的黏土层时，更为重要。

2)为了加快上部冻土扩展速度，辅助冻结管的深度约为 100 m 左右。

3)为了加强下部冻结壁的强度，辅助冻结管的深度应为最深一层黏土层的深度。

(2)适用条件：

1)上部含水砂性土层多、稳定性差。

2)冻结孔布置圈距井帮≥3.0 m。

3)冲积层厚度大于 250 m，下部为特厚黏土层。

(3)优缺点：

1)能有效地达到提前开挖和减少下部冻土挖掘量。

2)冻结深度大于 400 m 时,可加强下部冻结壁强度,减少蠕变,为确保井筒安全掘砌创造条件。

3)增加辅助冻结孔的打钻工程量、工期和冻结初期需冷量,冷冻沟槽与管路的布置和施工较复杂。

4)加大了盐水泵的设计流量,内外圈冻结管盐水流量不易控制。

二、长短管冻结

立井井筒长短管冻结(见图 11.3)的特点,适用条件及优缺点如下:

1. 特点

(1)冻结管采用长短管间隔布置,下部长短管间距较上部冻结管的孔间距大一倍。为使上、下段冻结壁的交圈时间和厚度相适应,可适当加大长管的供液管直径、采用正循环,而短管采用反循环。

(2)上部利用长短管共同冻结,尽快形成冻结壁,给井筒提前开挖创造条件;下部由于冻结管间距大,冻结壁较薄,减少了井筒下部的冻土挖掘量。

(3)必须控制长短管孔底间距,保证开挖到短管底前,长管部分冻结壁强度已满足施工要求。

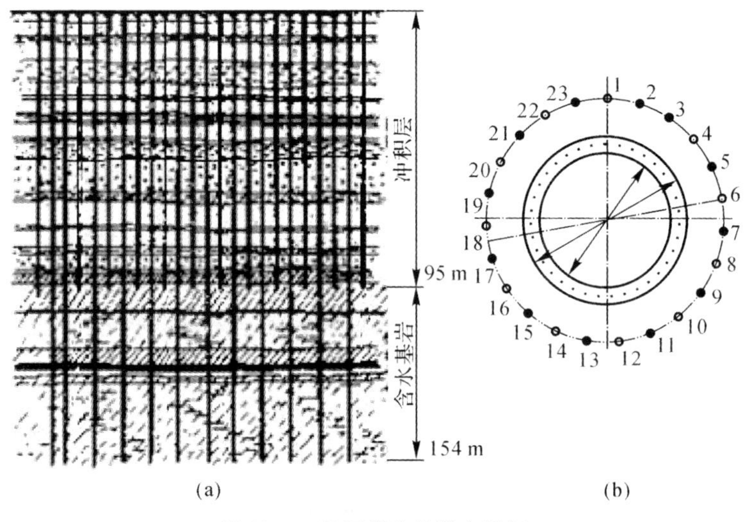

图 11.3 长短管冻结管布置图

(a)冻结管分布剖面图;(b)冻结管分布平面图

2. 适用条件

(1)上部为含水丰富的冲积层,下部为风化带及其附近基岩、含水量大,需要冻结,但地压、水压不大。

(2)冲积层以下的基岩厚度占井筒的总深度的比例小,且与冲积层有水力联系,涌水量大于 10 m^3/h。

(3)由于基岩冻结扩展速度比黏土层、砂层快,为此在强化带以下部分的基岩均可采用长短管冻结。

三、局部冻结

局部冻结方案只适用井筒穿过的地层仅局部在不稳定土层或井壁破坏导致涌水、涌砂而淹井时。采用此方案时不进行冻结段的土层必须是稳定的，而且可采用普通法通过，否则用此方案将会发生冻结管断裂等事故。国内外部分立井井筒局部冻结主要技术参数见表 11.1，局部冻结的冻结器结构形式有 4 种（见图 11.4），现介绍它们的适用条件和使用效果。

表 11.1　国内外部分立井井筒局部冻结主要参数

序号	国别	井筒名称	井筒净直径/m	冲积层厚度/m	局部冻结特征				
					施工条件	冻结深度/m	局部冻结深度/m	冻结孔布置	冻结器结构
1	中国	淮北张大庄副井	4.4	51.6	原用沉井法施工至 36.1 m，因刃角部位冒砂地面塌陷，井筒无法继续施工	43	16～43	布置圈径 5.25 m，18 个孔	活隔板式
2	苏联	扎波罗兹南风井	6.0	245.0	0～140 m 为黏土、砂互层，140～245 m 为黏土，240～425 m 为淤泥砂岩、页岩、灰岩	425	分两段冻结 0～140 240～425	布置圈径 13.0 m，26 个孔	采用两根聚乙烯管 $\phi 44 \times 4$ mm 改变双输液管深度冻结第二段

1. 充填压气式

(1)适用条件：下部冻结而上部不冻结的井筒应优先选用。

(2)使用效果：

1)隔热效果好，非冻结段的冻土扩展速度为冻结段的 1/4～1/5。

2)结构简单，容易实现。

3)压气要按要求压力进行控制，否则将降低使用效果。

2. 隔板式

(1)适用条件：下部冻结而上部不冻结的井筒。

(2)使用效果：

1)与充填压气的隔热效果相接近。

2)隔板加工要求较严，下放供液管较为麻烦。

3. 充填盐水式

(1)适用条件：下部冻结而上部不冻结的井筒。

(2)使用效果：

1)隔热效果较差，非冻结段的冻土扩展速度为冻结段的 40%～50%，正循环的盐水干扰区为 13～15 m(比反循环小)。

2)结构和工艺简单,容易实现。

4. 套管式

(1)适用条件:上部和下部冻结,而中部不冻结的井筒。

(2)使用效果

1)与充填压气的隔热效果相接近。

2)结构复杂,加工要求严格,不易实现。

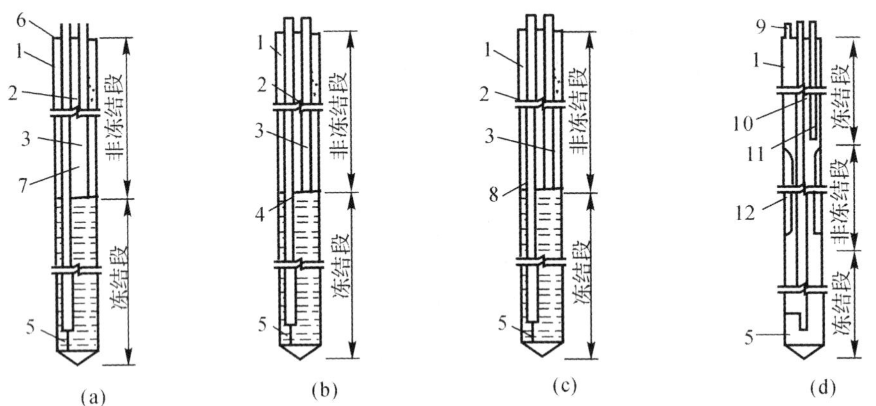

图 11.4　局部冻结的冻结器结构形式

(a) 充填压气式;(b) 隔板式;(c) 充填盐水式;(d) 套管式

1—冻结管;2—供液管;3—回液管;4—隔板;5—供液管支撑;6—充气管;

7—压气;8—不循环盐水;9—上段冻结时为回液管;10—下段冻结时为供液管;

11—上段冻结时为供液管,下段冻结时为回液管;12—套管式隔热层

四、分期冻结

(1)分期冻结的方法(见图 11.5)。

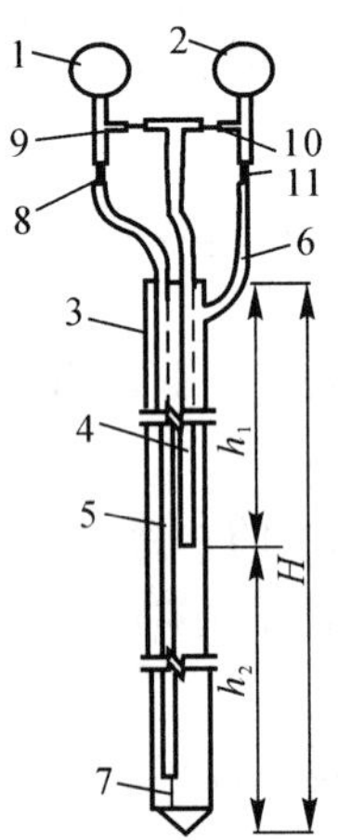

图 11.5　分期冻结

1—配液圈;2—集液圈;3—冻结管;4—上段冻结时为供液管,下段冻结时为回液管;

5—下段冻结时为供液管;6—上段冻结时为回液管;7—供液管支撑;8,9,10,11—阀门;

h_1—上段冻结深度;h_2—下段冻结深度;H—冻结全深

1)进行上段冻结时,打开阀门 9 和 11,关闭阀门 8 和 10,使冷盐水由配液圈 1 流经供液管 4 进入分期冻结分界面,再沿环形空间上升,经回液管 6 流回集液圈 2。此时下段的盐水除干扰区参加循环外,其余处于静止状态。

2)上、下段同时冻结时,打开阀门 8 和 11,关闭阀门 9 和 10,使冷盐水由配液圈 1 经供液管 5 流入冻结管底部,并沿环形空间上升,经回液管 6 流回集液圈 2。

3)下段积极冻结上段维护冻结时,打开阀门 8,10 和 11,关闭阀门 9,使冷盐水经配液圈经供液管 5 流入冻结管底部,并沿环形空间上升至分期冻结分界面,经回液管 4 和 6 进入集液圈 2 。对上段维护冻结的盐水供应量,可通过阀门 10 和 11 的开启量加以控制。

4)只冻结下段时,打开阀门 8 和 10,关闭阀门 9 和 11,使冷盐水由配液圈流经供液管。

5)进入冻结管底部,并沿环形空间上升经回液管 4 流入集液圈 2。

(2)特点:

1)分期冻结是将一个井筒所需冻结深度,分为两段或两段以上进行顺序冻结。

2)当上段冻结一定时间并转入井筒掘砌后,再开始下段冻结。

(3)适用条件:

1)当冲积层较厚、中部有较好的黏土隔水层,可作为分期冻结的止水底垫时方能使用。

2)冻结基岩段占冻结总深度的比例较大,且在适宜的深度有一定厚度的隔水层可作为分期冻结止水垫时。

(4)优缺点:

1)冻结需冷量小,设备少,冻结费用低。

2)合理使用冷量,加快了井筒上部的冻结。

3)上段井筒的掘砌与下段冻结平行,为下段井筒少挖冻土提供了条件,可提高掘进速度。

4)要估算和安排处理好上段凿砌速度和下段开冻时间的关系,否则会造成下段冻结壁的厚度和强度减少,以及分期冻结分界面的盐水温差较大,容易引起冻结管断裂。

(5)注意事项:

1)在设计冻结需冷量时,应将盐水干扰区(长 13～15 m)的冷量损失计算在内。

2)下段井筒掘砌段高不宜过大,防止冻结壁变形过大引起冻结管断裂。

3)冻结管的壁厚应大些,以防温差应力引起冻结管断裂。

4)该方案的成败关键在于掌握上、下段冻结期的转换时间,以及井筒掘砌速度之间的合理安排。当上段形成并达到设计的冻结壁强度,井筒开始进行凿砌时,就应着手考虑投入下段冻结期的合适时间,使井筒凿砌接近上段底部时,下段冻结壁已形成,并达到了设计强度的要求。

5)上、下段冻结分界线必须在隔水层处,并深入隔水层不少于 10 m(即为上段冻结深度)。另外上、下段合理位置选择,宜是上段冻结期和下段冻结期所需冷量相当,使整个井筒冻结期内冷量均衡,以达到最佳的技术、经济效果。

五、双排冻结孔冻结

双排冻结孔(见图 11.6)的适用条件、特点及优缺点如下所述。

(1)适用条件:

1)适用于深部地压大、具有膨胀性、冻土流变性大的厚黏土层及地温高的地层。

2)地下水流速大。

3)含有盐分的地层。

(2)特点：

1)当双排冻结孔与单排冻结孔形成的冻结壁的有效厚度相同情况下，双排冻结孔平均温度比单排冻结孔降低15%～30%。

2)平均扩展速度提高1.3～1.7倍。形成冻结壁设计厚度的时间短，加快了冻结速度。

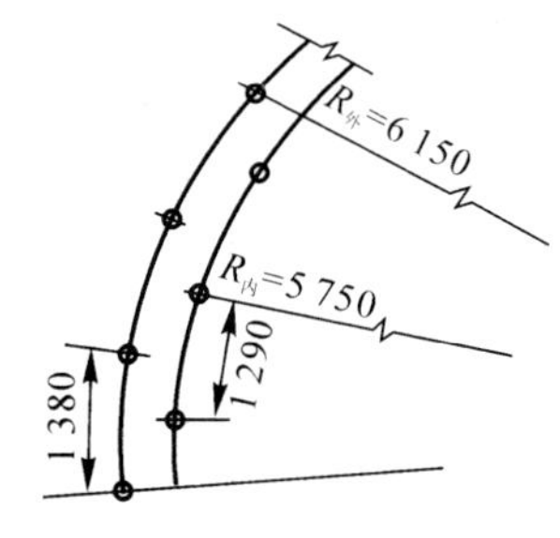

图11.6　双排冻结孔布置（古城副井）

(3)优缺点：

1)解决了冲积层厚度超过400 mm时，冻结壁的计算厚度达8 m以上时的技术问题。

2)比单排孔的冻结时间短、形成冻结壁强度高。

3)由于冻结壁强度高、蠕变变形小，能防止冻结管断裂，确保掘砌安全。

4)打钻工程大、制冷量大、安装量大、冻结费用高。

(4)注意事项：

1)冻结孔布置时应以外排为主，外排孔应比内排孔多。

2)双排孔的盐水供应管路应分设，外排、内排孔分设盐水泵，以便灵活控制盐水供应量。

如图11.6所示为古城副井的冻结孔布置示意图，该副井采用冻结法施工的主要原因是：距古城副井井筒250～500 m以内有自来水厂水源井8口，日采水量达2.25×10^4 m^3，距地表66.4 m地下水流速为23.66～40.08 m/d，为此采用人工冻结技术，采用了双排冻结孔冻结方案，经实践该井筒用－30℃盐水冻结30 d后交圈冒水、冻结63 d试挖，顺利通过最大地下水流速处。

11.2.4　立井井筒冻结壁厚度计算

冻结法凿井中起临时支护作用的冻结壁和起永久支护作用的井壁，都是圆筒形的地下工作结构。其壁厚的确定主要取决于结构所受的外力(地压)和材料强度。关于地压的计算方法详见有关的岩石力学教材。冻结壁的厚度一般在2～6 m之间，属于非均质的厚壁筒。

由于所依据的假设条件不同，计算冻结壁厚的公式有多种。按冻结壁所处的力学状态分，有按弹性体计算、按弹塑性体计算、按塑性体计算和按流变体(包括弹-黏体或塑-黏体)计算的；按冻结壁两端的约束条件分，有按非固定端无限长圆筒计算和按两端或一端固定的有限长圆筒计算；按所采用的强度理论分，有按第三强度理论计算的和按第四强度理论计算。冻土的强度随温度不同而变化，其弹性模数与温度的关系尚待深入研究。冻结壁是一个非均质体，其性质与温度分布、水的含量和土的性质等有关，它给冻结壁厚度计算带来很大困难。下面介绍的计算方法(除模拟试验所得公式外)，无论基于弹性的、弹塑性的，或塑性的理论，都不得不把冻结壁首先简化为均质的。因此得到的计算公式必然存在误差。这种误差不是力学理论的问题，而是应用力学理论时所作假设造成的。用物理模拟试验和有限单元法仿真计算等相结合的方法来求得经验公式计算冻结壁厚度，是解决冻结壁厚度计算的重要途径之一。

一、按无限长弹性厚壁圆筒计算

该方法是1852年法国工程师拉麦(G. Lame)提出的，他把无限长的厚壁筒作为平面变形问题处理。在弹性的、均质的、小变形的厚壁筒受均匀外压力P作用下(见图11.7)得出的应力计算公式：

径向应力
$$\sigma_r = \frac{b^2 P}{b^2 - a^2}\left(1 - \frac{a^2}{r^2}\right) \tag{11.1}$$

切向应力
$$\sigma_t = \frac{b^2 P}{b^2 - a^2}\left(1 + \frac{a^2}{r^2}\right) \tag{11.2}$$

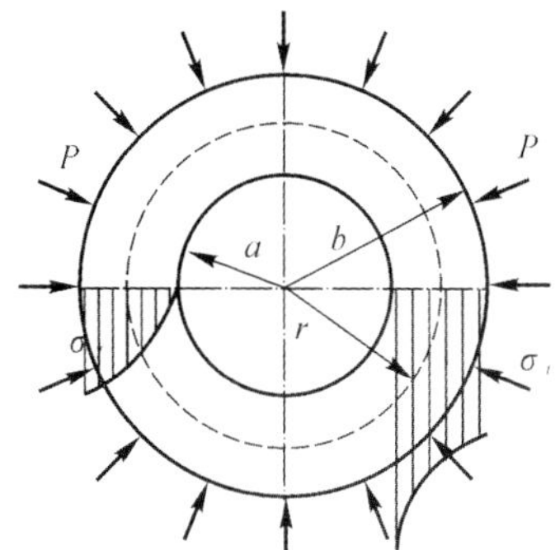

图 11.7　厚壁圆筒的应力分布

从上式可见，切向应力总是大于径向应力。当 $r = b$ 时，得

$$\sigma_r = P \tag{11.3}$$

$$\sigma_t = \frac{b^2 + a^2}{b^2 - a^2} P \tag{11.4}$$

当 $r = a$ 时，得

$$\sigma_r = 0 \tag{11.5}$$

$$\sigma_t = \frac{2b^2}{b^2 - a^2} P \tag{11.6}$$

即最大径向应力发生在筒壁的外边缘，最大切向应力发生在筒壁的内边缘。但由于最大切向应力远大于最大径向应力，所以危险点从厚壁筒的内边缘出现。

冻土属流变体，宜考虑采用塑性流动的强度理论，即最大剪应力理论和形状改变比能理论。

按最大剪应力理论认为安全工作时的强度条件是

$$\sigma_1 - \sigma_3 \leqslant [\sigma] \tag{11.7}$$

即最大与最小主应力之差应小于或等于材料的容许应力$[\sigma]$，而与中间主应力无关。由此得

$$(\sigma_t)_{\max} - (\sigma_r)_{\min} \leqslant [\sigma] \tag{11.8}$$

将式(11.5)，(11.6) 代入式(11.8)，得

$$2P \frac{b^2}{b^2 - a^2} \leqslant [\sigma]$$

因为 $b = E + a$，所以壁厚

$$E = a\left(\sqrt{\frac{[\sigma]}{[\sigma] - 2P}} - 1\right) \tag{11.9}$$

式中　$[\sigma]$—— 冻土抗压的容许应力，$[\sigma] = \frac{\sigma}{K}$；

σ—— 冻土抗压极限强度；

K—— 安全系数，$K = 2 \sim 2.5$。

按形状改变比能理论，认为安全工作时的强度条件是

$$\sigma_0 = \sqrt{\sigma_r^2 + \sigma_z^2 + \sigma_t^2 - \sigma_r\sigma_t - \sigma_t\sigma_z - \sigma_z\sigma_r} \leqslant [\sigma] \tag{11.10}$$

式中　σ_0—— 计算应力。

在平面变形问题中，竖向应变为零，由广义虎克定律得

$$\left.\begin{aligned} \varepsilon_z &= \frac{\sigma_z}{E} - \frac{\mu}{E}(\sigma_r + \sigma_t) = 0 \\ \sigma_z &= \mu(\sigma_r + \sigma_t) \end{aligned}\right\} \tag{11.11}$$

形状改变比能理论考虑了材料的塑性不可压缩条件(受力后体积不变)，所以取泊桑比$\mu=1/2$，由此得

$$\sigma_z=\frac{1}{2}(\sigma_r+\sigma_t) \tag{11.12}$$

将拉麦公式(11.1)，(11.2)代入式(11.12)，得竖向应力为

$$\sigma_z=\frac{b^2}{b^2-a^2}P \tag{11.13}$$

危险点发生在冻结壁的内边缘，即$r=a$处，将式(11.5)，式(11.6)和式(11.13)的σ_r，σ_t，σ_z值代入式(11.10)，得冻结壁内边缘的计算应力为

$$\sigma_0=\sqrt{3}P\frac{b^2}{b^2-a^2} \tag{11.14}$$

安全工作时间强度条件为

$$\sqrt{3}P\frac{b^2}{b^2-a^2}\leqslant[\sigma] \tag{11.15}$$

由式(11.15)可解得计算冻结壁厚度的公式为

$$E=a\left(\sqrt{\frac{[\sigma]}{[\sigma]-\sqrt{3}P}}-1\right) \tag{11.16}$$

需要指出的是，拉麦公式假定整个冻结壁都处于弹性状态，忽略了井帮产生塑性变形，因而使冻结壁的安全度偏高，计算出的冻结壁厚度偏大。这不但很不经济，而且当表土层加深，地压值增大时，将得出很大的壁厚数值，以至无法采用。例如，当$P=\frac{[\sigma]}{2}$或$P=\frac{[\sigma]}{\sqrt{3}}$时，冻结壁厚度$E$将为无穷大。所以，拉麦公式的应用范围一般局限在浅表土层中，深度一般在100 m以内。

二、按无限长弹塑性厚壁圆筒计算

1915年，德国的多姆克(O. Domke)教授提出了按无限长弹塑性厚壁圆筒计算的方法，该方法把冻结壁视为理想弹塑性体组成的无限长厚壁圆筒，并认为当冻结壁的内圈进入了塑性状态，而其外圈仍为弹性状态时，在均匀外压力P的作用下，冻结壁出现以半径$r=\rho$为界面的两个第i塑性带($a\leqslant r\leqslant p$)和弹性带($\rho\leqslant r\leqslant b$)，整个冻结壁没有失去承载能力。在此基础上经过严密的推导，并进行必要地简化，得出被人们广泛应用的多姆克公式：

$$E=a\left[0.29\left(\frac{P}{\sigma}\right)+2.3\left(\frac{P}{\sigma}\right)^2\right]\quad\text{(采用最大剪应力理论)} \tag{11.17}$$

$$E=a\left[0.56\left(\frac{P}{\sigma}\right)+1.33\left(\frac{P}{\sigma}\right)^2\right]\quad\text{(采用形状改变比能理论)} \tag{11.18}$$

式中　E—— 冻结壁计算厚度；

a—— 井筒掘进荒半径；

P—— 计算层位的地压；

σ—— 与冻结壁暴露时间相适应的冻土长时强度。

在没有做蠕变试验，不能确定长时强度时，可用瞬时强度除以2～2.5。该公式主要用于埋深大于200 m的黏土和埋深大于300 m的砂土。

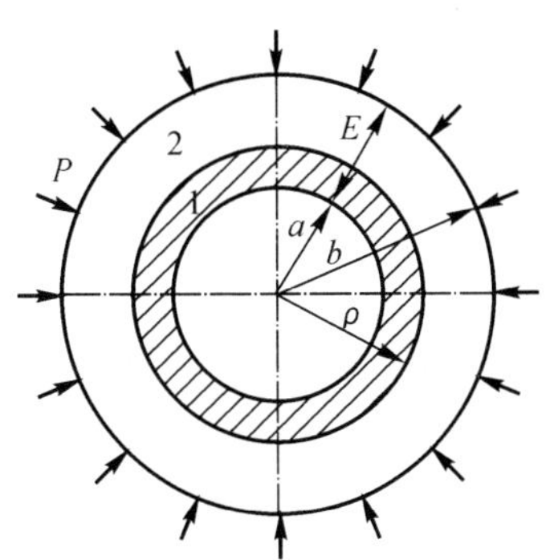

图 11.8　弹塑性状态下的冻结壁

1— 塑性变形带；2— 弹性变形带

三、按有限长塑性厚壁圆筒的计算

由于分段掘砌，冻结壁在任何时候都不会同时暴露其全长，而主要是在未支护的有限段高内起作用，而且段高上、下端的约束程度对冻结壁的强度和稳定性有很大的影响。之前所述的按无限长圆筒的计算方法都忽略了这些因素，而导致过多的强度储备。这样不仅不经济，而且在深度大时往往得出难以置信的计算结果。但国外深井冻结的实践表明，只要合理控制段高，冻结深度大于 400 m 时，冻结壁厚度取 5 ～ 6 m，也是完全可行的。

据此，国外有不少学者建议，对深井冻结壁应按有限长厚壁圆筒计算：先给定段高值，求所需的冻结壁厚度；或者先给定壁厚，求掘进时应取的段高值。并在壁厚和段高两者间进行合理地调整。

但是，按固定端（一端或两端固定）有限长圆筒计算时，解题过程复杂，甚至无法得到精确的解。然而，从工程实际出发，进行合理地简化，便可得出具有一定准确度的计算公式。下面介绍的便是在此基础上推导出的两种公式。

1. 里别尔曼公式

里别尔曼于 1960 年曾提出用极限平衡理论的极值原理来计算冻结壁厚度，他认为外压力一定时，其变形值保持常重之前，冻结壁是稳定的。这时，冻结壁只是内边局部地带的应力达到流动极限。只有当塑性带达到冻结壁的外缘时，厚壁筒才失去稳定性。为适应工程计算，将复杂的演算进行简化，为此作了如下假设：

(1) 作用于冻结壁的侧压力为 γH（γ 为土层的平均容重，H 为计算处深度）；

(2) 冻结壁在段高的上下端都是固定的；

(3) 视冻结土为理想塑性体，根据第三强度理论，抗剪极限强度为抗压极限强度的一半；

(4) 计算时取随时间变化的冻土强度。

最后，得出计算冻结壁厚度的近似公式为

$$E = \frac{\gamma H}{\sigma\tau} h K_1 \tag{11.19}$$

式中　h—— 未支护的段高，一般小于井筒掘进半径；

$\sigma\tau$—— 根据载荷作用时间计算的冻土极限强度，一般取长时强度 σ_C；

K_1—— 安全系数，一般取 1.1 ～ 1.2。

上式主要用于埋深大于 300 m 深厚黏土层的井筒冻结壁厚度计算。

2. 维亚洛夫-扎列茨基公式

维亚洛夫和扎列茨基于1962年曾提出按有限长塑性厚壁筒计算的公式。假设冻土为理想塑性体，并采用形状改变比能理论（抗剪极限强度 $\tau=\frac{\sigma}{\sqrt{3}}$）。根据最高两端固定程度的不同，有下列两个公式。

（1）当段高上端固定，下端固定不好（工作面处井内未冻实）时，冻结壁厚度按下式计算：

$$E=\frac{\sqrt{3}Ph}{\sigma\tau} \tag{11.20}$$

（2）当段高上、下端均固定（工作面处井内基本冻实）时，冻结壁厚度按下式计算：

$$E=\frac{\sqrt{3}Ph}{2\sigma\tau} \tag{11.21}$$

式中 P—— 计算处的地压值。

在式(11.20)，(11.21)的推导过程中，已引进了一些安全的假定，一般不再考虑安全系数。

四、按变形条件计算冻结壁厚度

冻结壁的计算一般应按两种极限状态进行，即按强度条件和变形条件。按强度条件的计算是指确定作用于冻结壁的应力不超过其强度极限时所必须的冻结壁厚；按变形条件的计算是指确定冻结壁的变形不超过允许值时所必须的冻结壁厚。

前面介绍的各种计算方法都是按强度条件进行的。自20世纪60年代初起，国外有些学者提出了按变形条件计算的各种方法。其中最有影响的是苏联学者C.C.维亚培夫和I-O.K.扎列茨基。他们通过对冻土流变性的研究和模拟试验表明，在蠕变大的黏性冻土中，即使在冻结壁没有破坏、也没有丧失承载能力之前，冻结壁变形可能达到导致冻结管断裂的严重程度。

按变形条件计算时，冻结壁厚度 E 和段高 h 应根据冻结管相对挠度 f 不超过容许值的原则来确定，即

$$f\leqslant[f] \tag{11.22}$$

式中 f—— 冻结管相对挠度，为冻结管径向位移 U_d 与段高 h 之比：$f=\frac{U_d}{h}$；

$[f]$—— 冻结管容许相对挠度，根据质量不同，$[f]=0.01\sim0.02$。

冻结管的挠度与冻结壁的蠕变变形密切相关。根据试验，在恒定压力下冻结壁中冻土的蠕变有如下规律：

$$\varepsilon_i^m=3^{\frac{1+m}{2}}\frac{\sigma_i}{A(\tau,t)} \tag{11.23}$$

式中 ε_i,σ_i—— 冻土的应变和应力；

τ—— 时间；

t—— 温度；

$A(\tau,t)$—— 取决于时间和温度的冻土的变形模数，一般用实验方法确定；

m—— 冻土的强化系数，根据试验，亚砂土 $m=0.27$，对黏土 $m=0.4$。

基于上述对冻结壁变形的限制和对冻土蠕变规律的认识，经过复杂的推导，得出有限段高为 h 时，冻结壁厚度的计算公式如下（见图11.9）：

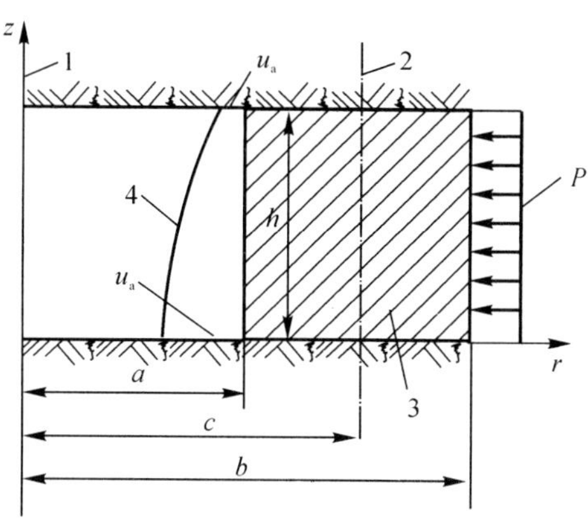

图 11.9　冻结壁计算图

1— 井筒中心线；2— 冻结管中心线；3— 冻结壁；4— 冻结壁内侧位移线

$$\frac{b}{a}=\left[1+(1-\xi)\frac{(1-m)P}{3^{-\frac{1+m}{2}}A(\tau,t)}\left(\frac{h}{a}\right)^{1+m}\left(\frac{a}{u_a}\right)^{m}\right]^{\frac{1}{1-m}} \tag{11.24}$$

式中　ξ—— 表示段高上、下端约束程度差异的参数，$0\leqslant\xi\leqslant0.5$。

u_a—— 冻结壁内表面允许的最大径向位移值。

公式(11.24) 主要用于埋深大于 300 m 深厚黏土层的井筒冻结壁厚度的计算。由该式可见，冻结壁厚度取决于地压 P、冻土流变性 A 和 m、段高 h、允许位移 u_a，以及两端约束条件 ξ。在具体运用时，也可先给定壁厚，反求允许的掘进段高。

11.2.5　立井井筒冻结施工冻结孔和观测孔的布置

一、冻结孔的开孔间距和偏斜率的确定

冻结孔的开孔间距和偏斜率与冲积层埋深关系密切，这两个参数的确定方法可参照表 11.2 进行。

表 11.2　立井冻结孔的开孔间距和偏斜率的设计参考值

冲积层埋深 H/m	< 100	100 ～ 200	200 ～ 300	> 300
开孔间距 /m	1.2 ～ 1.4，通常取 1.3			1.25 ～ 1.3
偏斜率 /(%)	0.2	0.2 ～ 0.25	0.25 ～ 0.3	0.3

二、冻结壁内外侧厚度比值的确定

冻结壁内外侧厚度比值的确定按 55 ∶ 45 ～ 50 ∶ 50 选取。

三、冻结孔的圈径及孔数的计算

1. 主冻结孔(见图 11.10)

(1) 布置圈直径。一般地，布置圈直径的计算公式是

$$D=D_1+1.2E+2\theta H$$

式中　D—— 冻结孔布置圈直径，m；

D_1—— 井筒掘井直径，m；

E—— 冻结壁设计厚度，m；

θ—— 冻结孔设计偏斜率；

H—— 冲积层最大埋深或最大地压深度，m。

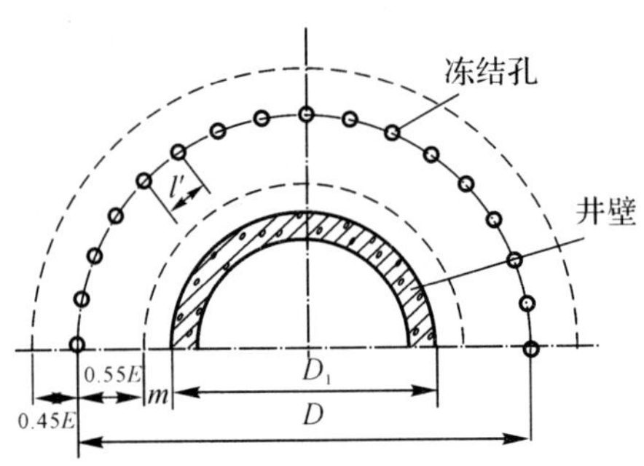

图 11.10　主冻结钻孔布置图

当冲积层厚度小于 300 m 时，布置圈直径的计算公式是

$$D = D_1 + 1.1E + 2\theta H \tag{11.25}$$

当冲积层厚度大于 300 m 时，布置圈直径的计算公式是

$$D = D_1 + 2(E - E_y + \theta H) \tag{11.26}$$

式中　E_y—— 冻结壁外侧厚度，m。

（2）个数计算公式。

$$n = \frac{\pi D}{l} \tag{11.27}$$

式中　n—— 主冻结孔初算数量，个；

l—— 主冻结孔预选开孔间距，m。

（3）开孔间距计算公式。

$$l' = \frac{\pi D}{n'} \tag{11.28}$$

式中　l'—— 主冻结孔实际开孔间距，m；

n'—— 主冻结孔选定数量，个；

2. 辅助冻结孔（见图 11.11）

（1）布置圈直径的计算公式。

$$D = D_f + 2E_f \tag{11.29}$$

式中　D_f—— 辅助冻结孔布置圈直径，m；

E_f—— 辅助冻结孔至井帮的距离，m，

而

$$E_f = 0.3E_n + \theta H_f \tag{11.30}$$

式中　E_n—— 主冻结孔距井帮的距离，m；

H_f—— 辅助冻结孔深度，m。

（2）个数的计算公式。

$$n_f = \frac{\pi D_f}{l_f} \tag{11.31}$$

式中　n_f—— 辅助冻结孔数量，个；

l_f—— 辅助冻结孔开孔间距，m，一般按 $2E_f < l_f < 4$ 或取$(2 \sim 3)l'$的整数。

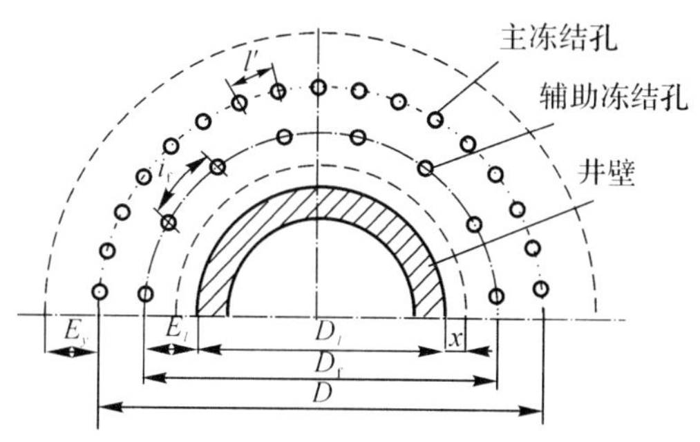

图 11.11　辅助冻结钻孔布置

(3) 开孔间距计算公式。

$$l'_f = \frac{\pi D_f}{n'_f} \tag{11.32}$$

式中　l'_f—— 辅助冻结孔实际开孔间距，m；

n'_f—— 辅助冻结孔选定数量，个。

需要指出的是，当辅助冻结孔作为增强深部冻结壁强度时，主冻结孔的布置圈直径(D)可适当加大。深井冻结圈径除按公式计算外，还应校核冻结管距荒径距离，该距离应大于 2.5 m，向井心偏值 0.6 ～ 0.8 m，在此值内冻结管不易断裂。

四、观测孔的种类和布置

1. 水文观测孔

(1) 布置原则：位于井筒净断面内，一般距井心 1.0 ～ 2.0 m，应不妨碍提升和方便掘砌工作。

(2) 深度：有一根水文管要伸入冲积层底部含水层中，但底部含水层下部必须有一隔水层或不含水基岩，以免基岩中的水与水文孔串通，给水位观测和开挖工作造成困难。

(3) 结构：

1) 隔板套管式结构起到以孔分层观测冻结壁形成情况。

2) 在主要含水层部分设过滤网。

(4) 要求：

1) 成孔后要进行测斜，不允许偏出井外。

2) 下管后要把泥浆冲净，以防泥浆沉淀堵塞，影响正常观测。

3) 下水文观测孔时，过滤网必须下在设计位置，否则，会影响水文孔的观测。

2. 温度观测孔

(1) 布置原则：

1) 位于偏斜较大的两冻结孔界面上。

2) 冻结壁内外侧至少各布置一个孔，新区或地质条件复杂的地区，孔数应适当增加。

(2) 深度：至少要有一个观测孔伸入冻结段的全部含水层中。

(3) 结构：

1）测温管底部为封底式。

2）管子接头不渗不漏。

（4）要求：成孔后要进行测斜，然后下 $\phi38 \sim \phi50$ mm 钢管。

11.2.6 立井井筒冻结壁位移与段高的控制

在深厚表土层的冻结设计中，为防止冻结管的断裂，应用有限段高计算冻结管的位移量，根据计算提出控制掘砌段高的高度及冻结壁暴露时间，通常深厚黏土层掘砌段高控制在 2 ～ 2.5 m，暴露时间控制在 24 h；在深度黏土层较厚处掘砌段高控制在 1.5 m，暴露时间控制在 20 h 以内。冻结管位移量计算公式为：

（1）维亚洛夫位移计算公式。

$$U_d = \frac{1}{3\dfrac{1+B}{2}\left(1+\dfrac{R_b}{R_a}\right)}\left\{\frac{(1-\zeta)\left(1-\dfrac{1}{B}\right)P}{R_a\left[\left(\dfrac{R_b}{R_a}\right)^{1-\frac{1}{B}}-1\right]}\right\}At^C h^{B+1} \tag{11.33}$$

$$U_a = R_a - \sqrt{R_a^2 + U_a^2 - 2R_d U_d}$$

式中 U_d—— 冻结管位移量，cm；

U_a—— 冻结壁位移量，cm；

A,B,C—— 冻土单轴蠕变参数（此数需通过试验获得）；

ζ—— 工作面固端系数 0 ～ 0.5；

P—— 地压，Pa；

h—— 掘进段高，cm；

t—— 暴露时间，h；

R_a—— 荒径，cm；

$R_b = \dfrac{E}{2} + R_d$，cm；

E—— 冻结壁厚度，cm；

R_d—— 冻结圈半径，cm。

（2）有限段高冻结壁位移速度计算公式。

$$V = \frac{3}{4}P\left|\frac{1}{2}\left(\frac{1}{a^2}-\frac{1}{b^2}\right)+\frac{1}{2\,(\zeta h)^2}\right|h\,(b/a)^{-1}At^{C-1} \tag{11.34}$$

式中 V—— 冻结壁位移速度；

P—— 地压；

h—— 段高；

ζ—— 固端系数；

t—— 时间；

A'—— 系数，$A' = 2^{(B-1)}A$；

A,B,C—— 冻土蠕变试验系数；

a,b—— 冻结壁内、外半径。

11.3 立井冻结法施工

立井冻结法施工主要包括以下内容:冷冻站安装,钻孔冻结及冻结器的安装,井筒冻结,井筒掘砌及收尾工作。

11.3.1 冷冻站安装

一、冷冻站位置的确定原则

冷冻站位置应以供冷、供电、供水和排水方便为原则。同时,应不影响永久建筑施工,尽量少占地。为减少冷量损失,冷冻站离井口应尽量近些,一般为一个井筒服务时,距离为30~50m;当为主、副两个井筒服务时,位置选在两井中间,距离为50~60 m左右,有关防火、通风等应符合安全规程。

二、冷冻站施工程序

冷冻站安装与打钻同时进行。对于氨压缩机的安装质量应予以格外重视。氨压缩机的混凝土基础要严格照图纸施工,其他设备也应按各自的技术质量标准进行安装。

三、冷冻站试运转

冷冻站试运转包括下列主要内容:

(1)管路耐压密封试验。制冷系统安装完毕后,应进行耐压密封试验,试验前,先进行氨压缩机的空载及负荷运转,运转累计时间不得少于24 h。合格后,再对氨循环管路压风吹洗,清除管内碎屑杂物,然后进行耐压密封试验。试验可分压气和真空试漏两种。压气试漏时间规定为24 h,开始6 h由于压缩空气冷却允许压降为0.2~0.3 kg/cm^2,此后18 h内不再下降为合格。一般试压压力为工作压力的1.5倍。为了进一步检查管路的密封性,还要进行真空试验,将管路抽成真空度为730~760 mmHg。24 h后真空度仍保持在700 mmHg的为合格。

(2)管路绝热保温。管路密封性试验合格后,应对低压管路和进备进行绝热保温。一般认为硬质泡沫塑料是一种很好的保温材料,保温层内外应敷设防湿层。绝热层厚度以计算为准。

(3)灌盐水及充氨。根据设计的密度配制盐水。在灌盐水时,冻结管中的清水因小于盐水的密度而自动排出,灌盐水时应注意经常放空气,使干管、配液圈充满盐水,盐水箱内盐水要高出蒸发器立管200 mm。严禁将浓度很高的盐水直接灌入冻结管内,以防析盐堵管。灌盐水时开动盐水泵,经常循环,以防盐水结晶。

(4)盐水灌注后才能充氨。充氨前,应先将氨系统抽成真空,液氨由于氨瓶内的压力作用自行流入,当系统内压力高于瓶内压力时,靠压缩机进行充氨,直至充到设计量为止。

11.3.2 冻结钻孔和冻结器的安装

冻结法凿井所需要钻的孔包括冻结孔、水文观测孔和测温孔。我国现均使用旋转式钻机钻冻结孔。为保证钻孔垂直,国外常用涡轮钻机钻孔或迪纳钻具纠斜。

一、冻结孔的钻进

对钻孔的要求是终孔直径比冻结管管箍外径大10~25 mm,钻进中不发生严重坍孔或过大孔径,孔深达到设计要求,孔的偏斜值不得大于允许值。

二、测斜方法

在钻孔工作中，必须树立“防偏为主、纠偏为辅”的思想，钻进过程中要经常测斜，了解孔的偏斜情况以便采取措施。

三、纠偏

钻孔偏斜原因很多，大致分两类：

(1)地质原因。由于地层软硬不同、地层倾斜角度不同、卵石层、大裂隙、空洞等都能引起钻孔偏斜。

(2)操作技术原因。导向管安装不正，钻机主轴不垂直，钻杆弯曲，泥浆质量不好，钻孔过大、钻孔中有落物等均可引起钻孔偏斜。

四、冻结器的安装

冻结器的安装顺序是首先安装冻结管，然后安装供液管，最后安装回液管及管盖。

冻结管的安装非常重要，这里重点叙述其安装要求和内容。其安装要求是：冻结管总长度应符合设计长度，长度不得少于 200 mm，冻结管不漏。为此，要对冻结管进行试压和试漏。冻结管安装顺序是钻好一个孔，安装一个孔的冻结管。其安装内容包括：

1. 试压

冻结管耐压试验分两步进行，安装前要以三节冻结管为一组，分组做试压，安装后再做整体试漏。分组试压的压力应比工作压力大 15 个大气压，试验时间不少于 15 min，在试压期间压力不应有下降现象，否则应给予处理，直至合格为止。

2. 试漏

冻结管安装后应进行整体试漏，试验方法是：

(1)静压试漏。将冻结管灌满清水，水面距管口约 100～200 mm，其上充 30 mm 机油防止水分蒸发，管口加盖，一天后开始记录，三天内的每天液面下降不超过 1 mm 为合格。静压实验后，再做加压试验。

(2)加压试验。冻结管内充满清水，加盖密封，再用水压机加压，其压力为 1.25 倍的工作压力(不得小于 1.0 个大气压)。经 10 min 后，压力不下降为合格。

3. 冻结管渗漏处理

冻结管如有渗漏，必须处理。否则，冻结管周围岩层因渗有盐水而不冻结，形成“窗口”，造成涌砂冒泥，严重的会使冻结凿井失败。渗漏原因主要是丝扣联结不好，或底锥下方磨损造成的。其处理方法有：在地面扭紧冻结管丝扣；每昼夜渗漏高压在 5 mm 左右时，可用比重为 1.2～1.25 的 $CaCl_2$ 溶液压入冻结管，使其有少量渗漏，在 1～4 h 后排出，空置 1～3 d，使渗漏处生锈堵漏。当每昼夜渗漏高度在 5～30 mm 时。可用浓度为 25°Be 的水玻璃和 10°Be 的 $CaCl_2$ 溶液，交替向冻结壁压注。每种溶液在静压状态 6～12 h 后排出，用清水冲洗再注另一种，如此反复数次，使渗漏裂隙中产生硅胶堵漏。如果每昼夜渗漏高度在 50 mm 以上时，则可用比重为 1.2 的稀水泥浆在管内循环 2～3 d，也可使其在锥底沉淀 500～600 mm 的水泥塞。如果以上方法均无效，只有拔出冻结管重新检查，重新安装直至合格为止。

11.3.3 井筒冻结

从开始冻结到冻结壁设计厚度，这个时期叫积极冻结期，积极冻结期的主要工作是维护冷冻站的正常运转，使用一切测试手段检查冻结壁发展情况，保证高速度、高质量形成冻结壁。

创造开挖条件。为此必须做好以下几项工作。

1. 一、二级压缩混合系统的合理使用

这种系统的优点在于能适应积极冻结期间对盐水温度和冷量变化的要求。积极冻结初期，冻结器中热交换强烈，采用一级压缩比较合理。随着冻结时间的延长，冻结器中热交换强度下降，而须要降低盐水温度增强热交换时，采用二级压缩比较合理。这样可以充分发挥冷冻站设备潜力，提高压缩机的制冷效率。特别在积极冻结期的后期，盐水温度一般可以达到－30℃以下，对于加快冻结速度是有利的。

2. 正、反盐水循环的合理使用

在积极冻结期间，可据地层各需冷量情况，灵活运用正、反盐水循环，达到既能提前开挖又能不挖冻土的目的。例如深井冻结时，深部地层温度高，可先用正循环而后再用反循环。而浅井冻结时，由于上下岩层温度相差不大，用正循环时会使冻结壁下厚上薄，对提前开挖和下部掘进均不利。根据此种情况，最好初期用反循环，使冻结壁早日交圈提前开挖，而后期用正循环，维护上部冻结壁，加速下部冻结壁扩展速度。

3. 去、回路盐水温差及流量监视

开始冻结时，去、回路盐水温差较大。但随着冻结壁的形成，热交换强度降低并趋于稳定，去、回路盐水温度也趋于稳定。其值为：冻结深度在 100 m 以内时，其温差为 2～3℃，深度大于100 m时，为 3～4℃。

为了观察每根冻结管盐水冷量供应和盐水流失情况，应在去、回路支管上安装流量计，如有流失，及时处理。

4. 温度的测定及数据处理

在冻结的过程中要经常测量测温孔各点温度变化情况，根据所测数据，用作图法求解冻结壁扩展位置，给开挖时间提供可靠依据。

5. 水文观察孔的水位观察

当冻结壁形成一个封闭圆筒后，因水温下降可能会引起水文孔内水位短暂下降，但随后不久，因冻结壁向井内扩展时体积膨胀，迫使地下水沿水文孔上升，以致冒水，它仅仅表明冻结壁已经初步形成。

6. 开挖时间的确定

通过综合分析资料，在水文孔水位明显上升，已测知冻结壁位置，而冷冻站工作正常以及冻结时间与设计时间基本相符时，可进行试挖。如无异常，则可正式掘进。

11.3.4　井筒掘进

1. 冻结井筒掘进特点

冻结井筒掘进较普通掘进简单，井内无涌水、淋水、不用排水设备，一般不用临时支护。使用风动工具时，应安装压风干燥装置，解决风路及风动工具防冻问题。地面临时凿井设备布置和普通凿井相同，井架和掘进设备在冻结期内安装。

2. 掘进段高

掘进段高是指掘进段未经支护的高度。确定段高的影响因素包括：

(1)冻土强度对段高的影响。冻土强度对段高影响很大，当其他条件不变时，冻土强度越大，相应的段高可增大。而影响冻土强度大小的因素主要是岩石矿物成分、颗粒大小及其薄膜水含量的多少。例如:相同温度下的塑性岩石较非塑性岩石冻土的强度低,塑性变形大。则段高应小一些。

(2)地压对段高的影响。地压越大,段高应越小。一般深度越大地压就越大。若深度相等,塑性岩石较之非塑性岩石地压大,段高应当小一些。

(3)冻结壁几何尺寸对段高的影响,冻结壁的几何尺寸是指冻结壁内直径、厚度以及形状的轴对称程度。内直径越小,冻结壁厚度越大,段高相应越大。如果钻孔偏斜严重,冻结圆筒失去了轴对称性,其抵抗外力的能力将大大降低。在这种情况下,掘进段高应适当降低。

(4)掘进速度对段高的影响。在掘进速度快的情况下,冻结壁暴露时间短,段高可适当加大。

(5)冻结壁形成过程对段高的影响。冻结过程实际上是土壤水结冰的过程。如果冻结速度快,土壤中的水会变成六面冰晶体,否则,由于冻结速度慢,水只能形成针状冰晶体,这将大大降低冻土强度。因此使用低温冻结,对加快冻结速度,提高冻结壁强度,减薄冻结壁厚度都有着十分重要的意义。特别在深井冻结时更是如此。

一般地,可按表 11.3 确定段高及裸露时间。

表 11.3　冻结井筒掘进段高及裸露时间

岩、土性质	段高不宜超过数/m	裸露时间不宜超过时间/h
砂层、胶结较好的卵石层	10	72
砂质黏土层	5	48
黏土层、胶结较差的卵石层	2.5	24
强膨胀性钙质黏土层及深部易膨胀变形大的黏土层	1.5	20
风化带、破碎带的不稳定岩层无临时支护	2.5	24
基岩稳定,临时支护用网喷混凝土	15	应有专门安全防护措施

11.3.5　井筒砌壁

1. 冻结井壁的施工特点

冻结井壁座落在地压大、含水量丰富的不稳定地层,为了抵抗地压,井壁必须有足够的强度、厚度和良好的防水性能。

冻结井壁与普通井壁的区别在于冻结井壁是在低温下施工、养护的。因混凝土只有在常温下才能很好地硬化并达到设计标号。其养护温度和强度增长率成正比。然而冻结井壁却处于冻土温度为 0～－10℃的环境中。虽然混凝土的入模温度为 15～20℃,加速凝剂后在水化时还可能暂时升高到 40℃以上,但是,由于冻土和混凝土之间存在着如此大的温差,混凝土中的热量很快被冻土吸收,使冻土融化,其融化范围可达 300 mm 左右。在消极冻结中,冷冻站继续供冷,融化的冻土又回冻了,使混凝土井壁又处于寒冷之中,混凝土硬化过程受到影响。回冻还产生了很大的冻胀力,有时甚至超过永久地压值,井壁经不起冻胀力的作用,经不起寒冷的打击,便产生了许多裂纹,造成井筒漏水。采用复合井壁是解决该问题的有效方法。

2. 冻结井壁的施工方法

双层井壁的外层井壁采用自上而下的短段掘砌单行作业。内层井壁采用自下而上的一次或分次砌筑到顶的施工方法。近年来，为了提高砌壁效率，保证井壁质量，开始试行多工序平行或部分平行作业的砌壁新工艺。

11.3.6　收尾工作

冻结凿井的收尾工作包括回收氨、盐水，拆除冷冻站设备及管路，拔冻结管和充填冻结孔等。

一般氨及盐水的回收率为 70%左右。冻结管的回收率一般在浅井可达 70%～90%。因此，搞好回收工作对降低冻结凿井成本具有重要意义。

近年来，随着冻结深度的增加，冻结管回收率有所降低，在拔管以后尽管充填了冻结孔，但是由于填充质量差，在冻结壁解冻后均有不同程度的地表沉陷，所以在深井冻结是否要拔冻结管还要权衡利害。

11.3.7　施工组织

当一个新建井需要冻结施工时，有的先冻副井后冻主井。因为副井直径大，消耗冷量多，待副井转入消极冻结期后再冻主井；也有的考虑冻结设备的合理利用，按工程的合理安排，先冻结主井后冻结副井。无论采用哪种施工方案，均应做好工程安排。打钻、冷冻站安装、井筒掘砌应合理安排，以缩短建井工期。

11.4　斜井井筒冻结技术

我国斜井井筒冻结始于 20 世纪 70 年代，由于我国斜井井筒冻结没有专门打斜长孔钻机，因此打钻均采用垂直孔，其缺点是打钻工程量大，占地面积大，因此只适用于浅表土，或原斜井井筒施工用普通法因出事故无法继续施工，用冻结法来处理。现今我国斜井井筒最大冻结斜长为 114.8 m，垂直钻孔最大深度为 88 m，几个典型的斜井冻结工程技术参数见表 11.4。这里重点介绍斜井冻结施工的几个技术问题。

表 11.4　几个典型的斜井冻结工程技术参数

井筒名称	冻结起止垂深/m	冻结斜段长/m	冻结孔排数/排	冻结孔间距/m	冻结分段数 /段
卜戈桥斜井	26～47.7	61.5	3	1.2	2
陶阳斜井	20～24	36.1	3	1.1	1
义安斜井	5.6～13.5	42.7	2	1.4	1
榆树林子斜井	15.2～63	114.8	5	1.5/1.65	3
王洼主斜井	40～59	46.4	4	1.5/2.0	2
王洼通风斜井	44～88	97.5	3	1.5	3

注：陶阳斜井原用普通施工法，因砂层涌泥冒沙无法继续掘进，后用冻结法处理。

11.4.1　打钻

采用垂直孔，其特点是冻结孔浅而数目多，施工范围大，因此要采用多台钻机同时作业。

11.4.2　冻结壁厚的确定

冻结壁设计同立井井筒一样，以最深一层砂层作控制层，其计算公式可采用秦氏巷道自然平衡拱理论来计算。斜井井筒两侧形成冻土滑动体的宽度 c 和形成顶部自然冻土拱顶高度 e，冻结壁厚度大于 e,c 即可。另可将斜井井筒封闭的冻结壁看成是厚壁筒，用拉麦公式确定其厚度，然后进行校验，并结合经验最后确定。

秦氏巷道自然平衡拱理论计算公式为

$$c = h\tan(45^\circ - \frac{\varphi}{2})$$
$$e = (a + c)/f \tag{11.35}$$

式中　c—— 冻土滑动体的宽度，m；

h—— 井筒横断面开挖高度，m；

φ—— 无黏结力松散体内摩擦角度，(°)，可取 $\varphi = 26^\circ$；

a—— 斜井井筒掘进宽度，m；

f—— 冻土坚固系数。

11.4.3　冻结孔的深度和布孔方式的确定

冻结孔布孔应考虑：井壁厚度，斜井井筒地板隔水条件，形成顶、底板冻结壁所需中间孔排数，斜井在下端封水要求，掘砌施工的进度等因素。通常以轴向布置3排孔，墙两侧各一排，拱顶一排。拱顶一排冻结孔是否穿透斜井拱顶至底板，视板冻结交圈情况而定，若两侧孔的孔间距能达到交圈封底可不穿斜井井筒断面。冻结孔深度及布孔方式可参照图11.12。榆树林子斜井，布置三排孔，Ⅰ，Ⅱ 段底板为含水砂层，故冻结孔深入底板以下 3m，中间孔穿过断面见 A-A，B-B剖面。Ⅲ 段穿过淤泥层增加两侧冻结孔各一排，见C-C剖面。Ⅳ，Ⅴ段下段底板离水层不远，中间冻结孔深度 15.2 m，最深冻结孔深度为 52.9 m，斜长 94.7 m，水平距离 85.8 m。

11.4.4　冻结方式和制冷量的确定

可采用一次冻结或分期(段)与局部冻结相结合方式。当冻结深度较浅时，可采用一次冻结；当冻结深度较大时，为减少制冷量可采用分期(段)与局部冻结相结合的方式。如榆树林子斜井冻结斜井长114.8 m，可采用3段冻结，深部冻结孔用盐水分隔层法进行冻结，采用分段冻结各段所需的理论制冷量为

$$Q_i = q_i + (0.5 + 0.6)q_{i-1} \tag{11.36}$$

式中　Q_i—— 第 i 段积极冻结时所需的理论制冷量，kJ/h；

q_{i-1}—— 上一段，即第 $i-1$ 段各冻结管为积极冻结时所需的冷量，kJ/h。

通常在第 i 段为积极冻结时，第 $i-1$ 段正在掘进中，计算出各段制冷量后，从中选取最大值，再乘 1.15 ～ 1.2 冷损系数，作为计算制冷量。

11.4.5　地面管路系统布置

斜井冻结水平距离长，盐水干管为平行布置，管路系统比立井井筒复杂，为此要合理安排盐水来回路线，保证各冻结管能均匀分配到流量。

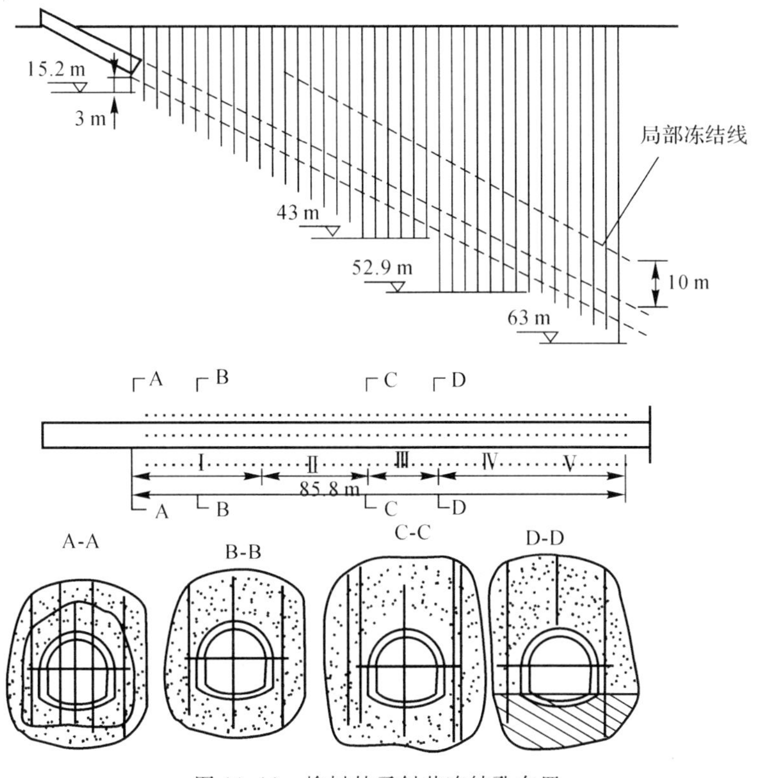

图 11.12　榆树林子斜井冻结孔布置

11.4.6　冻结交圈判断

斜井井筒冻结在井内不能设置水文观察孔，为此只能用测温孔来判断，测温孔一般布置在一侧边墙冻结管外一侧，沿轴向布置 3～4 个。

11.4.7　冻结与掘砌关系的安排

可采用冻掘平行、积极冻结和维护冻结交叉进行的作业方式。以榆树林子斜井为例，全井分三段掘砌，实行分期冻结。首先对第一掘进段的冻结孔进行积极冻结，其后结合第二掘进段的冻结孔进行供冷，当第一掘进段开始掘进时，即转入维护冻结，同时对第二掘进段的冻结孔进行积极冻结，并给第三掘进段的冻结孔部分冷量，当第一掘进段套内壁后即可关闭第一掘进段的冻结孔盐水循环，然后转入第二掘进段掘砌，依次继续冻结，掘砌实行冻、掘平行作业，可缩短工期及减少冷量。

11.5 地下铁道工程冻结施工技术

目前，在上海、北京、广州的城市地铁隧道施工过程中，采用人工冻结技术完成了软土加固、隧道穿越流砂层、隧道通过含水量大的土层工程，解决了许多施工中遇到的技术难题。

11.5.1 地铁隧道盾构浅覆土人工冻结加固

上海地下铁道建设中使用了日本进口的大型加压泥水盾构，这种盾构直径达 11.22 m，它在推进中，要求上部有盾构直径的 1～1.5 倍厚度的覆土为安全保护层。而上海地铁通道在江西路段，该段覆土的最小厚度为 2.6 m，路面下设有高压电缆、市电话电缆、上下水管、煤气管道。若不对覆土加固，盾构不能推进，研究决定采用冻结加固。经冻结加固后，盾构在推进过程中，冻结土体稳定，管线良好，达到预想的目的。这是我国首次将冻结技术用于隧道工程，它的成功为人工冻结工程应用于地下工程开拓了广阔前景。现介绍该工程的有关情况。

1. 冻结管的布置与施工

加固范围为 37 m×16 m，由西向东布置 31 排冻结孔，每排的间距为1.2 m。每排布置约 13 个孔，开孔间距 0.8～1.4 m，钻孔深度，由盾构轴线向两侧为 2.6～15 m。设计施工冻结孔为 420 个，测温孔 15 个，测变形孔 12 个。由于地下情况复杂，实际施工中有局部变动，实际施工冻结孔 412 个，测温孔 19 个，测变形孔 13 个，最大孔间距 2.3 m(见图 11.13)。

2. 设备选择

根据现场特点，在闹市区施工，场地小，采用 2 个冷冻站，站内设置 ZKA20C 螺杆冷冻机组 1 台，标准制冷量为 209×10^4 kJ/h(581.5 kW)；配套 150F－22A 盐水泵站，流量 173 m^3/h；清水泵 1 台，流量 200 m^3/h；单级离心泵 1 台，流量 200 m^3/h；分配冷却塔 1 台。

3. 冻结运转

冻结孔运转分东、中、西 3 个区，东区与中区形成一个冻结系统。

4. 加固情况判断

分析冻结过程中的土体温度、压力、变形的变化，由电脑进行控制、处理和监测，对所测试数据进行全面分析，当土体最薄弱地区的冻结交圈，整个冻土层呈封闭状态时，土体温度基本达到－10℃设计要求，即加固成功，盾构可进入冰冻区。

5. 盾构进入冻结区应采取的措施

为了保证盾构机顺利通过人工冻结区，应该采取下列技术措施：

(1)加强对地表，特别是管线部位的土体隆起、沉降等变形观测。

(2)盾构推进前方的冻结孔要进行复查，对超深冻结孔，在盾构切口前 5 m 进行处理。

(3)对盾构的推进轴线、里程、环号复核，地表设明显标志。

(4)盾构推进东区、冷冻机下面，进入冰冻区前，为安全起见冷冻机停止运转 2 d。

(5)关闭盾构推进时，切断前两排冻结管和通过盾尾的全部冻结管。

(6)根据盾构推进速度和位置，对冷冻站进行维护运转，盐水温度分别控制在－25℃，－20℃，－15℃。

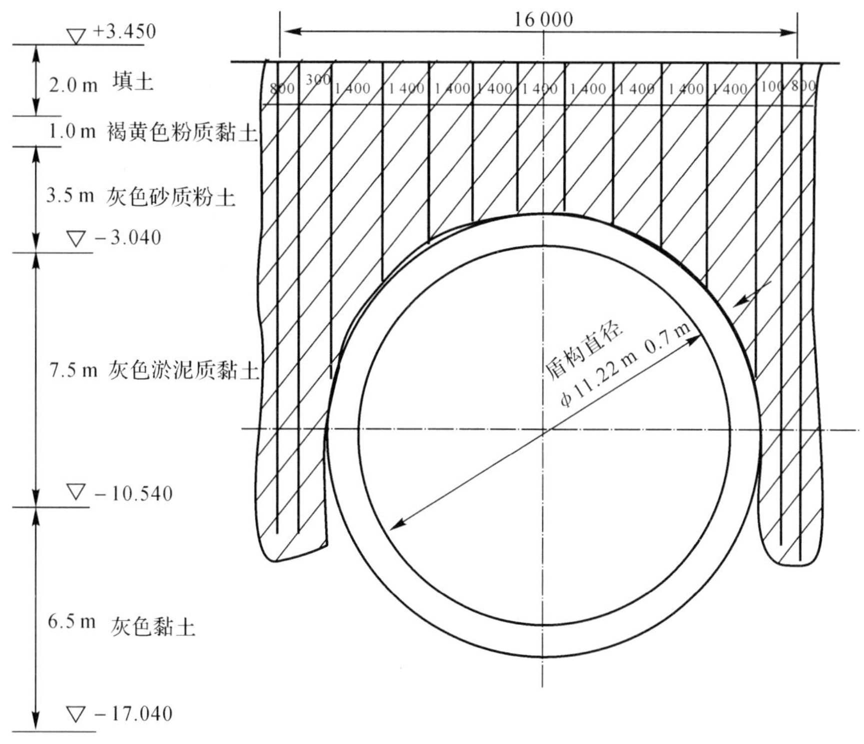

图 11.13　上海地铁隧道冻结孔布置与冻土拱体的横断面图

11.5.2　广州地铁隧道超长水平冻结施工

1. 工程概况

广州市轨道交通 3 号线天河客运站折返线位于广州市天河区广汕公路下方，斜穿广汕公路和沙河立交桥。首先，该区段道路两侧地下管线纵横交错，数目较多，其中有电信管线、给水管线、电力管线、排水管线和煤气管线等；其次，广汕公路是连接广州与汕头、增城之间的重要交通干道，交通繁忙，不能封路施工，因此，该工程只能采用暗挖法施工，如图 11.14 所示。折返线长度为 147.8 m，冻结开挖长度为 140 m，隧道顶面距离地表最小约为 8 m。隧道净断面为马蹄形，净高 9 146 mm，净宽 11 400 mm。隧道临时支护为厚 350 mm 的 C20 格栅钢架网喷混凝土，内衬为厚 450 mm 的 C30S8 模筑钢筋混凝土。经过方案比较，该工程决定采用矿山法冻结帷幕施工，水平超长距（大于 100 m）、大断面（直径大于 10 m）。

2. 工程地质与水文地质

广州地区地处南亚热带，属海洋季风性气候。全年降水丰沛，雨季明显，日照充足。夏季炎热，冬季一般比较温暖。年平均气温 21. 8℃，最高气温 38. 7℃。雨季（4～8 月）受海洋气流的影响，吹偏南风，天气炎热，降水量大。汛期是地下水补给期，10 月至次年 3 月为地下水消耗期和排泄期。本区段的地下水补给来源主要是大气降水。勘察期间实测钻孔稳定水位埋深为 1.25～3.10 m，平均埋深为 1. 76 m。地下水位线的起伏与地面线的起伏一致。

天河客运站站后折返线主要地层为花岗风化残积土和花岗岩风化带。由于花岗岩风化残积土遇水易软化崩解，中、微风化岩与其他风化层间的力学强度差异大，这些特殊地质现象也是该区段的不良地质现象。

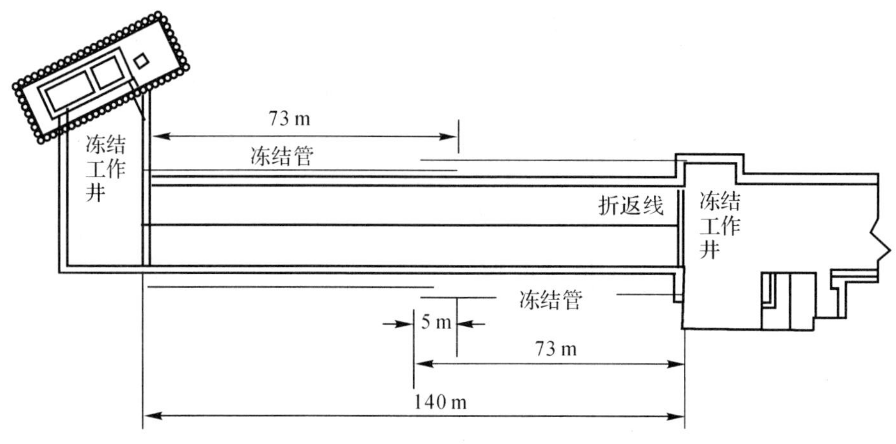

图 11.14　折返线冻结平面示意图

根据抽水试验及室内试验得出渗透系数如下：

陆相冲-洪积黏土层：$K=0.01$ m/d；

陆相冲-洪积砂层：$K=15.0$ m/d；

花岗岩残积土砂质黏性土：$K=0.4$ m/d；

花岗岩全风化带：$K=0.3$ m/d；

花岗岩强风化带：$K=0.5$ m/d。

根据隧道设计位置，围岩为〈4－1〉、〈3－2〉、〈5－1〉、〈5－2〉、〈6H〉，岩土层。其中冲洪积砂层〈3－2〉为主要含水层，强透水，富水性好，根据初勘、详勘抽水试验，砂层渗透系数 $K=15$ m/d，为强透水性地层；〈5H－2〉、〈6H〉为花岗岩残积土及全风化层，具有一定的透水性，富水性一般，但由于遇水易软化崩解，因此稳定性差。总体来讲，隧道的水文地质条件较差，涌水量较大。通过计算分析，折返线隧道在天然状态下的涌水量为 1 801 m^3/d。

3. 冻结设计

按照折返线直线冻结距离 140 m 设计，南、北段冻结长度均为 73 m，保证末端搭接冻结范围大于 3 m。冻结壁厚度为 2 m。冻结孔开孔间距顶板部分取 0.8～0.9 m，侧壁和底板部位取 0.9～1.0 m，开孔孔位偏差不应大于 50 mm。若须避开障碍物时，应调整开孔角度进行回归。冻结孔开孔布置轴线距隧道开挖边沿设计为 1.0m。根据冻结孔布置设计，单断面冻结孔数为 46 个，如图 11.15 所示。冻结孔原则上不允许内偏（隧道中心径向方向），为减少冻土挖掘量，应控制终孔径向外偏角在 0.5°～0.8°范围内，钻孔的偏斜应控制在 10‰以内。用 ϕ108 mm×8 mm 的低碳钢无缝钢管作为冻结管。单根管材加工长度为 2～4 m，采用丝扣连接，后用手工电焊进行补焊。

为准确掌握和预测冻结帷幕的发展，在冻结帷幕范围内不同方向布置 4 个测温孔。隧道南段设测温孔 2 个：顶板冻结壁外侧 1 个，长度约 75 m；侧墙冻结壁内侧 1 个，长度为 20～30 m。隧道北段设测温孔 2 个：底板冻结壁外侧 1 个，长度约 70 m；侧墙冻结壁外侧 1 个，长度为 20～30 m。测温孔内根据地层情况每 5～10 m 布置一个测温点。

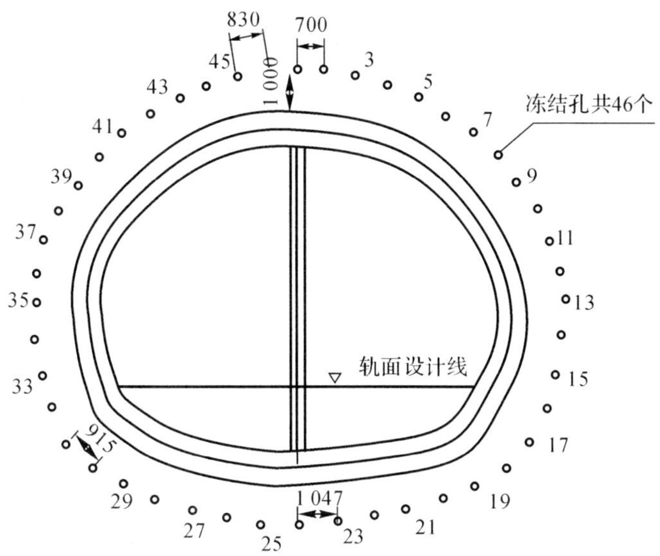

图 11.15　折返线暗挖隧道南端冻结孔口布置图

水文孔主要检查冻结帷幕是否交圈，卸压孔是为消除冻结过程中的冻胀水压力。隧道两端各设水文孔、卸压孔 4 个，深度为 2～8 m，孔口安装泄压阀和压力表。测温管和水文管均选用 ϕ108 mm×8 mm 的低碳钢无缝钢管。水文管在含水层位置设滤孔，滤孔面积为 10%。

冻结盐水温度在积极期：－25～－30℃，维护期：－22～－25℃。冻结壁平均温度：－8℃；冻结孔单孔盐水流量：6～8 m^3/h。

冻结时间估计：冻土发展速度根据既有冻结施工经验选取，向内约 20 mm/d，向外约 12 mm/d（交圈后），相邻两冻结孔之间为 25 mm/d。冻结壁交圈时间预计为 50 d。隧道开挖前冻结时间为 90 d。隧道开挖后即维护冻结时间预计为 94 d；冻结运转总时间为 184 d。

4. 钻孔施工技术措施

（1）试验孔施工。钻孔采用非开挖技术，并利用测温孔作为初期打钻试验孔，回归分析钻进中技术参数和钻孔偏斜规律，为加快打钻速度、保证钻孔质量提供准确可靠的工艺参数，并以此计算出精确的冻结孔开孔角度。

（2）水平冻结孔开孔施工。准确确定水平孔开孔孔位、控制水平孔开孔角度是保证水平孔不偏斜的关键。要求开孔孔位允许偏差±50 mm，孔位不得内移，导向孔倾斜 1°～2°，具体角度视现场第一个水平孔施工参数而定。

（3）钻进技术参数控制。

1）在确定开孔角度时，根据以往经验结合试验孔试验结果，需要给钻孔水平方位角与垂直角以合理的纠偏值。

2）在水平钻孔钻进中，岩粉、碎石块、碎砂易在钻具底部沉淀，造成钻孔上仰或左右偏斜。因此在钻进中，第一加强冲洗液管理；第二合理控制泵压与泵量、泥浆稠度，以保证岩粉碎渣在强悬浮力的作用下冲出孔外；第三控制钻压、钻速，以保持快速钻进为宜。

3）在钻进过程中，对软硬不均地层、岩溶空洞等采取低压慢转、快速给进的钻进方法，遇有情况时应慎重处理。

4)由于地下水为承压水,地层土为粉细砂,为防止地下水和砂外流,钻进时应采用低泵压、小水量、慢转速,并加强孔口密封装置,尽量减少地下水和砂流出。另外在开孔时,开孔应残留6~8 cm的砼壁,孔口管要与开孔的砼壁严密结合——缠好麻。钻进时应随时调节密封,以减少密封处漏水。孔口管的回水阀要尽量调小流量。

(4)泥浆系统。钻进过程根据出浆量调整泥浆泵压力,保持孔内压力平衡,钻孔开孔位置安装密封装置。钻进中根据土层及渗透情况调整泥浆性能,控制钻孔泥浆循环量,防止钻孔冒泥引起的地层变形,减少对上部地层的扰动。

(5)钻孔防偏、纠偏。钻孔开孔初期,10~20 m深时进行一次测斜,使用CX-3型(水平)测斜直读仪,结合激光测斜指导钻进和纠偏,钻孔到底后进行终孔测斜,并绘制偏斜端面图。

为了保证钻进偏斜精度,钻进过程中支撑采用稳定组合钻具,配套使用扶正器和扩孔器,减少钻具振动和摆动。钻进中发现偏向、偏斜较大时及时纠偏,采用反复扫孔和调整钻机(具)角度钻进方式进行纠偏。当冻结孔施工结束后,根据偏斜成果图,当孔间距大于设计要求且影响冻结安全时,需进行补孔。

(6)冻结孔密封与冻结器安装。冻结孔到底并密封后,用水冲洗干净孔内泥浆,加水进行动压试漏,试漏压力为0.6 MPa,稳压30 min,压力下降不超过0.05 MPa为合格。冻结管安装完毕后,用堵漏材料密封冻结管与端头基坑混凝土墙之间的间隙。在冻结管内下入供液管,然后焊接冻结管端盖、羊角,并安装去、回路闸阀。测温孔施工方法和要求与冻结孔相同。水文孔安装后要进行洗孔,确保出水畅通。

5. 冻结制冷施工主要技术措施

(1)各种制冷设备和冷却水泵、盐水泵在安装前要认真进行检修,冷冻站安装完成后要按规范要求进行压力试漏和抽真空试漏。

(2)加强制冷调节站调节,确保盐水温度15天降至-20℃,30天降至-28℃。

(3)盐水系统设过滤网,预防冻结器堵孔,保证每个冻结器正常工作。

(4)进行制冷系统、盐水系统、冷却水系统的温度、压力监测,及时调整工况参数。

(5)加强冻结器去、回路盐水温度和冻结器测温孔温度的监测,保证冻结效果优良。

(6)根据对测温孔温度、水文泄压孔水位及温度等多项指数的综合分析,在判定冻结壁确已交圈,且已达到设计要求的强度和厚度后,方可进行隧道开挖。

(7)在隧道施工过程中,加强冻结壁温度和位移的监测,分析冻结壁冻结状况,发现异常及时分析,并采取相应措施果断处理。

(8)在隧道开挖过程中,开挖长度控制在0.5~1 m为宜,避免引起地表沉降和冻结管破裂。

(9)在隧道掘进过程中,原则上不得放炮掘进,如遇硬岩确需放炮时,应采取光面爆破,每次放炮炮眼深度不宜超过1.2 m,周边眼距冻结管距离控制在1.2 m以上,放炮前应编制放炮措施。

(10)混凝土质量保证措施。

1)控制冻结孔偏斜径向外偏,开孔定位增加仰角,使冻结管远离开挖面,尽可能地提高冻结开挖面温度,为砼养护创造条件。

2)提高砼入模温度,保证砼入模温度在20℃以上。

3)在砼中掺入3~10%的早强复合防冻剂,提高砼抗冻性能,提高早期强度。

6. 冻胀及融沉预防措施

土层冻胀主要是由土层中水结冰膨胀引起，影响因素除含水量的多少外，还与冻土压力大小、冻结速度快慢、冻结温度高低、冻土中水量补给状况等因素有关。冻土的融沉是相对冻胀产生的，因为冻土融化后，土中水分因自重作用减小，融土在围岩压力及土颗粒自重作用下，压缩体积引起融沉。其具体措施如下：

(1)加强冻结壁温度、厚度监测，及时调节冻结盐水温度和冻结时间，并尽可能采用间隔制冷冻结措施。

(2)在开挖断面内外，视地层情况施工泄压孔，以减少冻胀压力，控制冻胀影响范围和方向。

(3)加快盐水降温速度，加大盐水流量，以加快冻土冻结进度，减少冻土的水分迁移，即减少冻胀。

(4)在隧道开挖过程中，根据揭露地层的情况，在软土、黏土中预埋或预留注浆孔，在冻结壁融化时，视融沉发展情况，及时跟踪压密注浆控制融沉。

(5)在开挖隧道断面内布设监测点，跟踪监测地面及冻结壁的位移情况，及时分析、及时处理，视情况可采取液氮冻结补强、泄压或注浆等措施，控制位移、冻胀和融沉。

(6)冻结停冻后，及时回收供液管，用比重 1.6 ～1.7 的水泥浆充填冻结管。

思　考　题

1. 冻结法施工的原理与适用条件是什么?
2. 立井井筒冻结深度确定的一般原则是什么?
3. 立井井筒冻结施工方案有哪几个?
4. 冻结法凿井准备工作应提供的资料内容有哪些?
5. 冻结井筒掘进的特点有哪些?
6. 斜井井筒冻结的技术特点有哪些?
7. 人工冻结法施工在地铁隧道施工中有哪些工程应用?

第 12 章　注浆法施工技术

本章主要介绍注浆法原理、注浆材料及选择、注浆法施工流程和施工要点等内容。

12.1　注浆法原理

注浆法的主要优点是:所需设备较少、工艺简单、方法可靠、造价低、效果好。因而,目前在水利水电、矿山、交通隧道、建筑基础、边坡等土木工程的各个领域得到了广泛应用。注浆法的分类方法很多,通常有以下几种:

(1)按注浆材料种类分为水泥注浆、黏土注浆和化学注浆。

(2)按注浆施工时间不同分为预注浆和后注浆。

(3)按注浆对象不同分为岩层注浆和表土层注浆。

(4)按注浆工艺流程分为单液注浆和双液注浆。

(5)按注浆目的分为堵水注浆和加固注浆。

(6)按作用机理分为充塞注浆、渗透注浆和挤压注浆。

12.1.1　浆液扩散机理

浆液在地层中的运动规律和地下水的运动规律非常相似,不同之处在于浆液具有黏度。因此,浆液在地层中流变学特性取决于浆液的结构特性。浆液在地层孔隙或裂隙中的流变性可用层流条件下的流变参数来表示。由于浆液的类型不同,浆液流变性也不同,一般将浆液分为牛顿体和非牛顿体两大类。流动性较好的化学浆液属于牛顿体,它的特点是在浆液凝胶前符合一般牛顿流体的流动特性,当达到凝胶时间后瞬时凝胶。牛顿流体的切应力和应变速度呈线性关系,又叫牛顿内摩擦定律,其流动曲线是通过坐标原点的直线,方程为

$$\tau = \mu v \tag{12.1}$$

式中　τ—— 剪切应力(单位面积上的内摩擦力);

μ—— 黏度(产生单位剪切速率所需要的剪切应力);

v—— 剪切速率或流速梯度。

水泥浆等粒状材料,从结构上看,属于两相流体,应符合两相流动理论。一般将其看成具有均质准流体,考察其流动性,应用非流体力学的方法研究浆液的两相流动特性。非牛顿流体包括剪切稀化流体、剪切稠化流体、宾汉姆流体等多种类型,水泥浆等粒状注浆材料可当做宾汉姆流体考虑。由于多相流体中,作为分散相的颗粒分散在连续相中,分散的颗粒间强烈的相互作用形成了一定的网状结构,为破坏网状结构,使得对宾汉姆流体只有施加超过屈服值的切应力才能产生流动。

在注浆施工中,浆液在地层中的作用方式主要表现为劈裂扩散、挤压填充。浆液在地层中的两种扩散机理模式如图 12.1 所示。

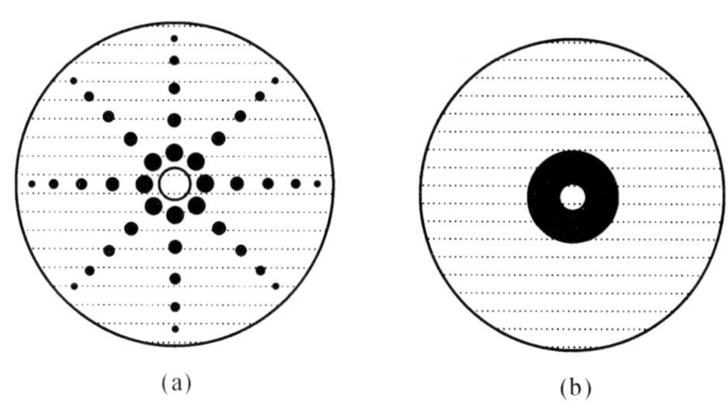

图12.1　浆液在地层中扩散机理模式图

(a)劈裂扩散；(b)挤压填充

(1)劈裂扩散。劈裂扩散是指在对于弱透水性地层中，当注浆压力超过劈裂压力时土体产生水力劈裂，也就是在土体内突然出现裂隙，于是地层吸浆量突然增加，浆液呈脉状进行渗透。劈裂面发生在阻力最小主应力面，劈裂压力与土体中的最小主应力及抗拉强度成正比。

劈裂注浆时，浆液在注浆压力作用下先后克服地层的切应力和抗拉强度，使其在垂直于最小主应力的平面上发生劈裂，浆液便沿此劈裂面渗入和挤密土体，并在其中产生化学加固，形成作为骨架的浆脉。劈裂注浆通过形成网状劈裂脉，使土体的力学性质及透水性得以改善，从而达到注浆加固和堵水的目的。在均质松软地层中，劈裂注浆首先主要产生竖向劈裂裂隙，而在层状软岩中则首先产生水平劈裂裂隙。

当地层埋深较浅时，应防止劈裂作用导致地表隆起而危及注浆周边构筑物的安全。因此，在注浆过程中应随时进行地表变形监测，以防止地表发生有害的变形。

(2)挤压填充。挤压填充是指浆液在地层中难以扩散或劈裂地层进入孔隙中，而是在注浆压力作用下，地层被浆液挤密。挤压注浆只是在基础处理时，为提高地基承载力而采取的一种注浆方式，注浆效果较差，因此一般不宜采用。

12.1.2　注浆作用机理

1. 加固机理

注浆加固或堵水，浆液在地层中扩散，多以劈裂方式进行。为此，现仅介绍劈裂注浆作用机理。

(1)无黏性土地层加固。地层在注浆后，注浆材料通过劈裂、渗透等作用将地层孔隙或裂隙进行充填、胶结。同时，浆液在化学反应过程中，某些化学剂与地层中的元素进行离子交换形成了新的物质，增加地层的黏聚力。注浆加固机理可用地层强度增长的原理进行解释。

(2)黏性固结土地层加固。对于黏性土地层，在注浆压力作用下，浆液克服了地层的初始应力和抗拉强度，使地层沿垂直于小主应力的平面上发生劈裂，浆液进入劈裂的地层形成脉状固结体。脉状浆液固结体、由于浆液与地层颗粒的化学作用以及因浆液脉状扩散的注浆压力而挤密的地层、未受注浆影响的原地层一起组成一种复合地基，共同承受外部载荷。

(3)围岩劈裂加固注浆。注浆可以加固破碎围岩，提高围岩整体性和支撑能力，从而达到安全开挖隧道的目的。围岩劈裂注浆作用机理：隧道围岩一经开挖扰动将出现破裂区、塑性区和弹性区，应力重新分布。在此围岩中钻注浆孔将再次引起应力重新分布。劈裂注浆将导致产生新的裂隙及原有裂隙的扩展，并使其充满与围岩凝固胶结。围岩钻孔后将导致钻孔周围产生更大的应力集中，可能沿钻孔周围出现新的破裂区。

由实验室实验和现场注浆试验可知，围岩劈裂过程中的注浆压力变化规律分为以下几个阶段：

(1)浆液充填。注浆开始，浆液充填注浆管、注浆孔和围岩较大的孔、裂隙，这阶段实际是无压注浆阶段，持续时间短，甚至只有几十秒。

(2)初次劈裂。当充填阶段结束后，注浆压力便很快上升，直至孔内浆液压力达到起裂压力时，初次劈裂将在最小主应力面发生，随后浆液压力迅速下降，而流量增大。

(3)二次劈裂阶段。初次劈裂阶段结束后，注浆流量增加导致注浆压力继续上升，浆液流量又将逐渐减小，继而又产生二次劈裂，此时的注浆压力大于初次劈裂的压力。

(4)三次劈裂阶段。过程与上相似，不过三次劈裂时注浆压力更大。

(5)结束注浆阶段。注浆压力上升到规定压力时结束注浆。劈裂注浆过程中可能发生一次或多次劈裂现象，各劈裂发生的间隔时间不等，但是后续劈裂时注浆压力总是大于前者，而且劈裂面总发生在当时最小主应力面上。

2.堵水机理

地层注浆后，孔隙或裂隙被浆液所填充，或者通过剪切劈裂使地层密实度提高，从而降低地层的渗透能力，起到注浆堵水作用。对于地层的防渗标准，可采用单位吸水率，透水率和渗透系数来判定。

12.2 注浆材料及选择

注浆材料是注浆堵水与加固的关键，它直接关系到注浆成本、注浆效果、注浆工艺等系列问题。因此，在采用注浆法进行堵水或加固时，首先应正确选择注浆材料及其配方。

12.2.1 注浆材料

一、注浆材料的要求

注浆材料的种类很多，但理想的注浆材料应满足以下要求：

(1)黏度低，流动性和可注性好，能进入细小裂隙或粉细砂层内。

(2)浆液凝固时间可调并能准确控制。凝胶固化过程在瞬时完成。

(3)浆液固化时不收缩，结石率高，结石体抗渗性能好，拉压、抗拉强度高，与砂石间黏结力大。

(4)浆液稳定性好，便于保存运输。

(5)浆液无毒、无臭，对环境无污染，对人体无害。不易燃易爆，对设备、管路无腐蚀性。

(6)结石体抗地下水侵蚀的能力强。能长期耐酸、碱、盐、生物细菌等侵蚀，耐老化性能好。

(7)材料来源广泛，价格便宜，注浆工艺简单，浆液配制方便。

应该指出，目前世界各国所用的注浆材料中，还找不出一种材料能同时满足上述要求。因此，我们应首先熟悉各种浆材的不同特性，然后根据工程条件和注浆的目的要求来合理选择注浆材料。

二、浆液性质评价指标

注浆材料的主要性质评价指标包括分散度、沉淀析水性、凝结性、热学性、收缩性、结石强度、渗透性和耐久性。

1. 材料的分散度

分散度是影响可灌性的主要因素，一般分散度越高，可注性就越好。分散度还将影响浆液的一系列物理力学性质。

2. 沉淀析水性

在浆液搅拌过程中，水泥颗粒处于分散和悬浮状态，但当浆液制成和停止搅拌时，除非浆液极为浓稠，否则水泥颗粒将在重力作用下沉淀，并使水向浆液顶端上升。沉淀析水性是影响注浆质量的有害因素。浆液水灰比是影响析水性的主要因素，研究证明，当水灰比为 1.0 时，水泥浆的最终析水率可高达 20%。

3. 凝结性

浆液的凝结过程分为两个阶段：初凝阶段，浆液的流动性减小到不可泵送的程度；第二阶段，凝结后的浆液随时间而逐渐硬化。研究证明，水泥浆的初凝时间一般在 2～4 h，黏土水泥浆则更慢。由于水泥微粒内核的水化过程非常缓慢，故水泥结石强度的增长将延续几十年。

4. 热学性

由水化热引起的浆液温度主要取决于水泥类型、细度、水泥含量、灌注温度和绝热条件等因素。

5. 收缩性

浆液及结石的收缩性主要受环境条件的影响。潮湿养护的浆液只要长期维持其潮湿条件，不仅不会收缩还可能随时间而略有膨胀。反之，干燥养护的浆液或潮湿养护后又使其处于干燥环境中，就可能发生收缩。一旦发生收缩，就将在注浆体中形成微细裂隙，使浆液效果降低，因而在注浆设计中应采取防御措施。

6. 结石强度

影响结石强度的因素主要包括浆液的起始水灰比、结石的孔隙率、水泥的品种及掺合料等，其中以浆液浓度最为重要。

7. 渗透性

与结石的强度一样，结石的渗透性也与浆液起始水灰比、水泥含量及养护龄期等一系列因素有关。不论纯水泥浆还是黏土水泥浆，其渗透性都很小。

8. 耐久性

水泥结石在正常条件下是耐久的，但若灌浆体长期受水压力作用，则可能使结石破坏。

三、浆液材料分类及特性

浆液材料分类的方法很多，按浆液所处状态可分为真溶液、悬浮液和乳化液；按主剂性质可分为无机系和有机系等。

1. 粒状浆液特性

水泥浆材是以水泥浆为主的浆液，在地下水无侵蚀性条件下，一般都采用普通硅酸盐水泥。它是一种悬浊液，能形成强度较高和渗透性较小的结石体。既适用于岩土加固，也适用于地下防渗。在细裂隙和微孔地层中虽其可注性不如化学浆材好，但若采用劈裂注浆原理，则不少弱透水地层都可用水泥浆进行有效地加固。

水泥浆配比采用水灰比表示，水灰比越大，浆液越稀，一般变化范围为0.6～2.0，常用的水灰比是1∶1。为了调节水泥浆的性能，有时可加入速凝剂或缓凝剂等附加剂。常用的速凝剂有水玻璃和氯化钙，其用量约为水泥重量的1%～2%，常用的缓凝剂有木质素磺酸钙和酒石酸，其用量约为水泥重量的0.2%～0.5%。

水泥浆材属于悬浮液，其主要问题是析水性大、稳定性差。水灰比越大，上述问题就越突出。此外，纯水泥浆的凝结时间较长，在地下水流速较大的条件下灌浆时，浆液易受冲刷和稀释等。为了改善水泥浆液的性质，以适应不同的注浆目的和自然条件，常在水泥浆中掺入各种附加剂，如表12.1所示。

表12.1　水泥浆的附加剂及掺量

名称	试剂	掺量占水泥重/(%)	说明
速凝剂	氯化钙	1～2	加速凝结和硬化
	硅酸钠	0.5～3	加速凝结
	铝酸钠		
缓凝剂	木质磺酸钙	0.2～0.5	增加流动性
	酒石酸	0.1～0.5	
	糖	0.1～0.5	
流动剂	木质磺酸钙	0.2～0.3	
	去垢剂	0.05	产生空气
加气剂	松香树脂	0.1～0.2	产生约10%的空气
膨胀剂	铝粉	0.005～0.02	约膨胀15%
	饱和盐水	30～60	约膨胀1%
防析水剂	纤维素	0.2～0.3	
	硫酸铝	约20	产生空气

黏土类浆液采用黏土作为主剂，黏土的粒径一般极小(0.005 mm)，而比表面积较大，遇水具有胶体化学特性。黏土颗粒越细浆液的稳定性越好，一般用于护壁或临时性的防护工程。

由于黏土的分散性高，亲水性强，因而沉淀析水性较小。在水泥浆中加入黏土后，兼有黏土浆和水泥浆的优点，成本低、流动性好、稳定性高、抗渗压和冲蚀能力强。

水泥砂浆由水灰比不大于1.0的水泥浆掺砂配成，与水泥浆相比有流动性小、强度高和耐久性好，节省水泥的优点。地层中有较大裂隙、溶洞，耗浆量很大或者有地下水活动时，宜采用该类浆液。

水泥-水玻璃类浆液以水泥和水玻璃为主剂。水玻璃的加入可加快凝结。其性能主要取决于水泥浆水灰比、水玻璃浓度和加入量、浆液养护条件等。其广泛应用于建筑地基、大坝、隧道等建筑工程。

2. 化学浆液特性

与粒状浆液相比，化学浆液的特点是能够注入裂隙较小的岩石、孔隙小的土层及有地下水活动的场合。化学浆液按照其功能可分为防渗型、补强型和防渗补强型三类。

(1)防渗型化学浆液。防渗型化学浆液常用丙烯酰胺类浆液和聚氨醋类浆液。

丙烯酰胺类浆液亦称 MG646 浆液，是以丙烯酰胺为主剂，配合交联剂、引发剂、促进剂、缓凝剂和水配成。具有水溶性和可灌性，戮度低(接近水)，凝结时间可调，聚合体不溶于水且具有一定弹性等特点。

聚氨醋类浆材是采用多异氰酸醋和聚醚树脂等作为主要原材料，再掺入各种外加剂配制而成的。浆液灌入地层后，遇水即反应生成聚氨醋泡沫体，起加固地基和防渗堵漏等作用。是一种防渗堵漏能力强、固结体强度高的浆材。

(2)补强型化学浆液。目前应用于地基加固补强的化学浆液较多，下面主要介绍环氧树脂类浆液和甲基丙烯酸醋类。

甲基丙烯酸醋类浆液具有比水还低的黏度，可灌入 0.05～0.1 mm 细缝，固化强度高，广泛用于地下水位以上混凝土细裂缝补强灌浆。

环氧树脂是一种高分子材料，它具有强度高、黏结力强、收缩性小、化学稳定性好，并能在常温下固化等优点；但它作为注浆材料则存在一些问题，例如浆液的黏度大、可注性小、憎水性强、与潮湿裂缝黏结力差等。改性环氧树脂具有黏度低、亲水性好、毒性较低以及可在低温和水下注浆等特点，特别适用于混凝土裂缝及松软岩基特殊部位的灌浆处理。

(3)其他化学浆液。下面主要介绍水玻璃浆液和木质素类浆材。

水玻璃又称硅酸钠，在某些固化剂作用下，可以瞬时产生胶凝。水玻璃类浆液是以水玻璃为主剂，加入胶凝剂，反应生成胶凝，是当前主要的化学浆材，它占目前使用的化学浆液的90%以上。

木质素类浆材是以纸浆废液为主剂，加入一定量的固化剂所组成的浆液。它属于“三废利用”，源广价廉，是一种很有发展前途的注浆材料。木质素浆材目前包括铬木素浆材和硫木素浆材两种。

12.2.2　注浆材料的选择

选择注浆材料时必须结合地层地质条件、水文地质条件、工程要求、原材料供应及施工成本等因素，确保施工既有效又经济，一般原则是：

(1) 在基岩裂隙含水层注浆，需浆量大，往往又要求有足够的固结体强度。因此，当裂隙开度较大时，可选择水泥浆或水泥-水玻璃浆液；当裂隙开度较小时，可采用水泥-水玻璃浆液或水玻璃类浆液；当裂隙开度<0.1 mm 时，采用 MG646 或木质素类浆液。

(2)在含水砂砾层中，粗砂以下可采用水泥-水玻璃浆液；中砂以下采用化学浆液，如丙烯酸胺类、聚氨酯类、水玻璃类等。开凿地下工程过流砂层时，应选强度高的化学浆材。在动水条件下，可采用非水溶性聚氨酯浆材。

(3)对于特殊地质条件(如破碎带、断层、岩溶等)，应先注惰性材料，如砾石、砂子和炉渣等，然后注单液水泥浆或 C－S 浆液。

(4)壁内注浆，可采用 MG646、聚氨酯类、铬木素类浆液。当裂隙较大时，亦可采用 C－S 浆液。

(5)壁后注浆可采用单液水泥浆或 C－S 浆液。

(6)应优先选择水泥、水玻璃等货广价廉的材料，化学浆材是松散含水层注浆不可缺少的浆材，但价格较贵，有的还有毒性。因此，只有在必须用化学浆材的条件下才用之。

12.3 注浆参数

选定注浆材料以后，必须选择合理的注浆参数与之相适应，才能获得理想的注浆效果。通常所说的注浆参数主要包括注浆压力、注浆时间、浆液有效扩散半径、浆液流量和浆液注入量、浆液起始浓度和凝胶时间等。注浆参数的选择是注浆设计的主要组成部分，其合理与否，直接关系到注浆的效果和造价。当被注介质条件、浆液条件、设备条件等确定以后，注浆效果的主要参数是注浆压力和浆液注入量。

1. 注浆压力

注浆压力是指克服浆液流动阻力进行渗透扩散的压强，通常指注浆终了时受注点的压力或注浆泵的表压。当地面预注浆时，主要观察和控制表压；当工作面预注浆时，观察和检查工作面上孔口的表压。

提高注浆压力，可增加浆液的扩散距离，减少注浆孔数。从而加快注浆速度。此外，由于注浆压力的提高，细小裂隙亦易被浆液充填，提高了结石体的强度和细密性，改善注浆质量。但是，压力过大会使浆液扩散太远，造成材料浪费、也会增加冒浆次数，甚至引起岩层的变形和移动。若压力太小就难以保证注浆效果。

注浆压力的选择应同时考虑两方面的因素。其一应考虑受注介质的地质和水文地质条件(如受注层理深、地下水量与水压、受注层的力学性质、裂隙情况等)；其二应考虑浆液性质、注浆方式、注浆时间，要求的浆液扩散半径和结石体强度等。工作面预注浆还要考虑支护层的强度和止浆垫的强度等。由于上述因素中有的目前还不能预先了解清楚，所以许多理论计算公式在实际中还不便应用。因此，至今还没有可行的统一方法来计算注浆压力。通常采用经验公式、经验数据或通过注浆现场试验来确定。

在流砂层中进行化学注浆时，注浆压力一般比静水压力大 0.3～0.5 MPa。在粗砂以上地层中可以用低压注可注性好的浆液；在细砂层中，为了保证扩散的范围和质量，可采取先低压后高压的方式注浆。

2. 浆液流量和浆液总注入量

浆液流量又称为浆液单位注入量，是指一个注浆孔单位时间内注入的浆液体积。浆液总注入量是进行浆液预算和指导注浆施工进度的依据。由于各钻孔的注浆量不同，先注孔要比后注孔大得多，因此，只能进行估算。

3. 注浆时间

每个钻孔分段注浆的时间应小于浆液的凝胶时间，以保证注浆工作的顺利进行。注浆时间可以用理论公式计算，这方面的公式较多。但是，由于地质条件的千差万别，注浆材料、注浆设备和注浆工艺的不同，用理论公式计算出的注浆时间与实际往往相差很大。因此，在实际设计中，一般用每孔注浆量和注浆泵的平均生产率来估算单孔注浆时间。

在细砂中进行化学注浆时，需要的注浆时间与注浆压力、浆液的黏度等密切相关。被注地层的砂粒越小(渗透系数愈小)，则需要的注浆压力越高，注浆时间越长；所注浆液的黏度越大，需要的注浆压力愈大，注浆时间愈长。

4. 浆液有效扩散半径

在注浆压力作用下，浆液在岩层裂隙或砂层孔隙间扩散，浆液流动扩散的范围称为扩散半径，而浆液充塞胶结后起堵水或加固作用的有效范围称为有效扩散半径。在裂隙岩层或其他不均匀地层中，由于渗透性和裂隙的各向异性，扩散半径和有效扩散半径的数据相差很大。

有效扩散半径的大小与被注地层的渗透系数、裂隙或孔隙的大小、浆液的凝胶时间、注浆压力、注浆时间及浆液注入量等成正比，与浆液的黏度及浓度成反比。

5. 浆液的凝胶时间

浆液的凝胶时间长短直接影响着注浆时间，因此，要求凝胶时间必须大于注浆时间。在注浆工程中，注浆压力具有重要意义。在注浆参数选择中，多以注浆压力为主，其他注浆参数（如浆液流量、浆液的粘度和浓度、注浆时间、扩散半径等）均要适应注浆压力的变化。由于影响注浆压力的因素很多（如静水压力、浆液性质、地质地层条件等），因此，在实际施工时，要结合施工的具体情况对确定的注浆压力进行必要地调整。

12.4　施工程序及施工要点

12.4.1　施工程序

（1）小导管注浆施工工艺流程，如图 12.2 所示。

（2）周边浅孔注浆施工工艺流程，如图 12.3 所示。

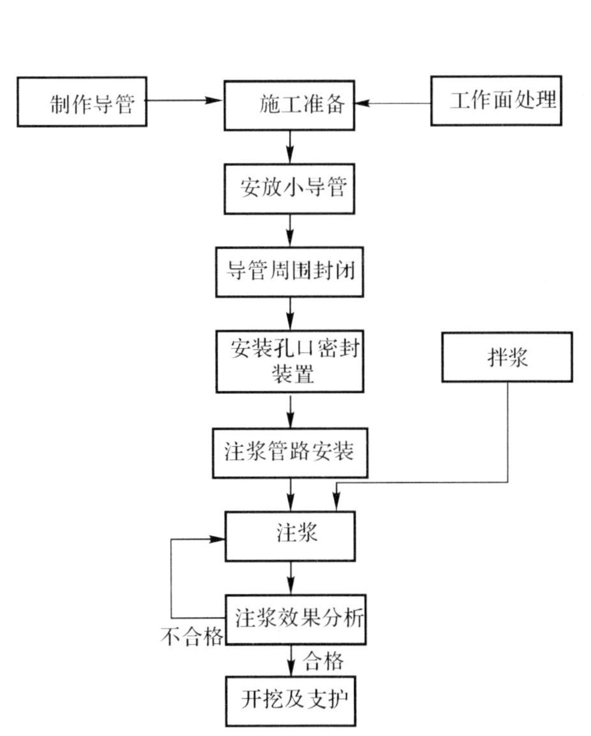

图 12.2　小导管注浆施工工艺程序图

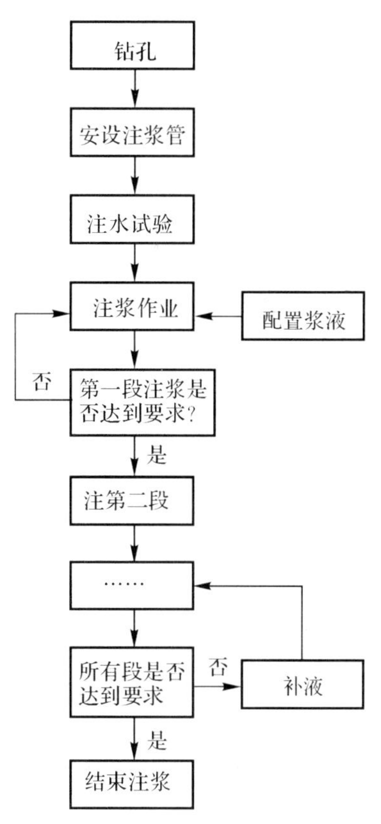

图 12.3　周边浅孔注浆施工工艺程序图

(3)跟踪注浆施工工艺流程,如图 12.4 所示。

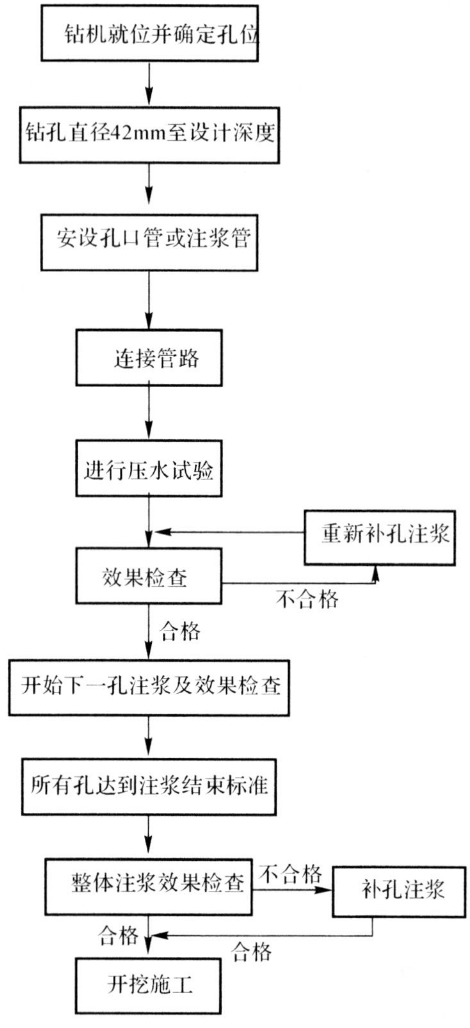

图 12.4　跟踪注浆施工工艺程序图

(4)径向注浆施工工艺流程,如图 12.5 所示。

(5)基坑周边帷幕注浆施工工艺流程,如图 12.3 所示。

(6)初期支护背后回填注浆施工工艺流程,如图 12.6 所示。

12.4.2　施工要点

一、周边浅孔注浆施工要点

1. 注浆孔的布置

注浆孔的布置要根据工程实际情况、地质、周边环境等因素进行综合选取,常用的孔位布置形式有梅花形布置、环形布置等。

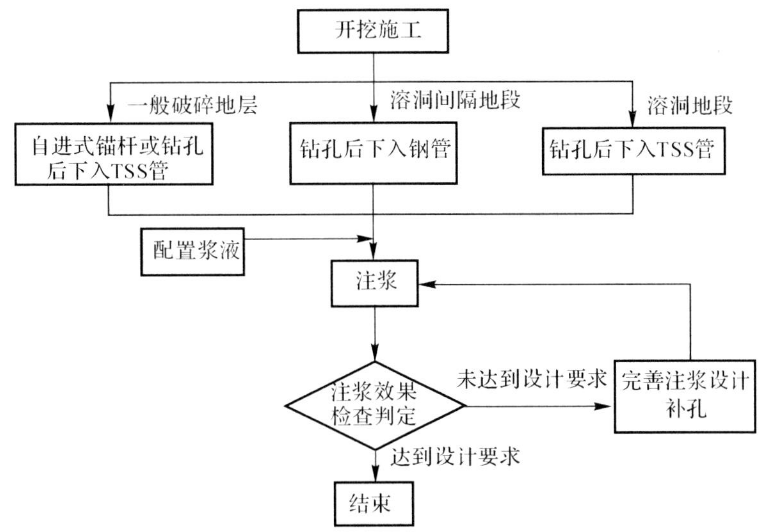

图 12.5　径向注浆施工工艺程序图

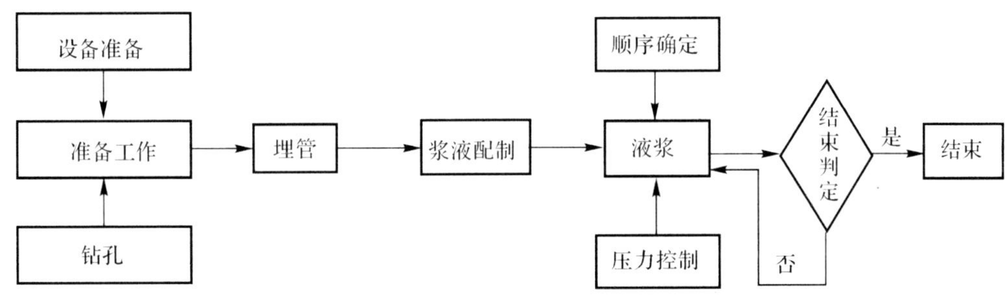

图 12.6　初期支护背后回填注浆施工工艺程序图

2. 注浆孔间距

在实际注浆施工中，若注浆孔布设间距大于设计间距，必定要有部分区域未被浆液填充，从而形成注浆盲区，给施工带来危害；若实际施工注浆孔布设间距小于设计间距，临近孔的注浆易出现串浆、注不进浆等情况，严重的会影响整体注浆效果。因此，注浆孔布设孔位误差应在±10 cm 以内。

3. 注浆段的长度

注浆段的长度取决于破裂面情况，注浆加固后要保证破裂面的稳定，注浆段的长度一般为隧道高度加 2 m。

4. 注浆施工

(1)注浆方案的设计参数应经过现场试验确定，并在施工中不断调整。

(2)严格控制注浆孔布设的间距和排距，采用罗盘定位等措施控制误差，钻孔水平误差小于或等于 10 cm。

(3)保证料源固定和材料供应，如需更换材料，应及时通知注浆技术人员做配比试验，确定注浆参数，保证注浆质量。

(4)注浆过程中应做好详细的注浆记录，加强周边环境巡视，并对浆液进行凝胶时间的测定，确保注浆施工效果及安全。

(5)注浆谨防跑浆，如发生跑浆，应在注浆管周围喷混凝土或施作止浆墙，并调节浆液凝胶时间，或采用间歇注浆。

(6)注浆中谨防串浆的发生，如串浆，应加大跳孔距离，调整注浆参数，必要时，可同时对多个孔同时注浆。

(7)注浆中如发生地表隆起，应立即根据工程地质实际，调整注浆材料和注浆参数。

(8)在注浆过程中，应加强监测，观察周围是否冒浆，是否产生隆起等现象。若发生隆起，则应采取调整浆液配比，缩短凝胶时间，瞬时封堵孔洞等措施。

二、小导管注浆施工要点

1. 小导管的参数确定

小导管注浆设计应根据地质条件、隧道断面大小及支护结构形式选用不同的设计参数。根据地下工程特点，小导管注浆主要参数为：

(1)小导管长度(L)：L＝上台阶高度＋1 m；

(2)小导管直径：30～50 mm；

(3)安设角度：100°～150°；

(4)注浆压力：0.5～1.5 MPa；

(5)浆液扩散半径：0.15～0.25 m；

(6)注浆速度：30～100 L/min；

(7) 浆液注入量 Q：

$$Q=\pi R^2 Ln\alpha\beta \tag{12.2}$$

式中 Q—— 单管注浆量，m^3；

R—— 浆液扩散半径，m；

L—— 注浆管长度，m，一般 3 ～ 5 m；

n—— 地层孔隙率或裂隙度；

α—— 地层填充系数(堵水时，一般取 0.7 ～ 0.8；加固地层时，一般取 0.6 ～ 0.7)；

β—— 浆液消耗系数，一般取 1.1 ～ 1.2。

(8) 每循环小导管搭接长度为 0.5 ～ 1.0 m。

小导管沿隧道周边布设，一般为单层布置；大断面隧道、松软围岩地层亦可双层布置。环向间距为 30～40 cm。小断面隧道钢拱架间距为 75～100 cm，每开挖 2～3 循环安设一次；大断面隧道钢拱架间距为 0.5 m，每开挖 1～2 循环安设一次。小导管超前预注浆示意图如图 12.7 所示。

2. 注浆材料

小导管注浆通常采用单液水泥浆、水泥-水玻璃双液浆或改性水玻璃浆液 3 种材料。

根据凝胶时间的要求，水泥浆的水灰比通常为 0.6：1～1：1(质量比)，水玻璃浆浓度为 25～35Be′，水泥、水玻璃体积比可为 1：1，1：0.8，1：0.6。改性水玻璃的模数在 2.8～3.3 之间，浓度为 40 Be′以上；硫酸浓度 98％以上；浆液配合比，甲液水玻璃为 10～20 Be′，乙液为 10％～20％的稀硫酸。

3. 小导管的制作

超前小导管宜采用直径为 25～50 mm 的焊接钢管或无缝钢管制作。

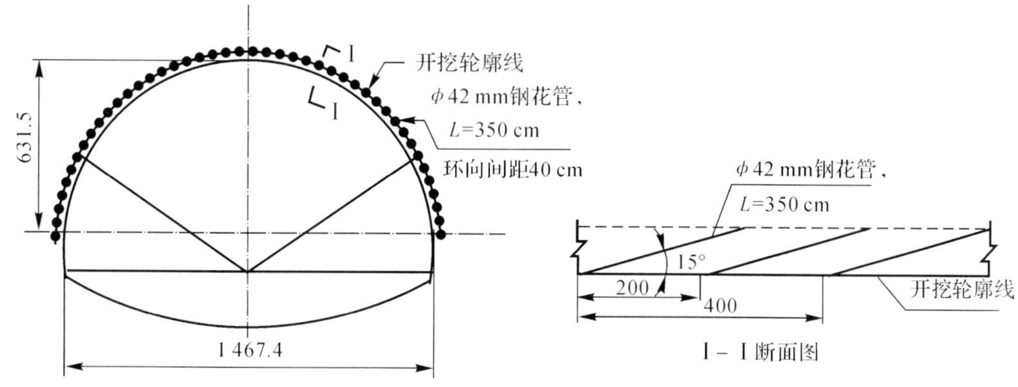

图 12.7　小导管超前注浆示意图(单位:cm)

先把钢管截成需要的长度，在钢管的前端切割、焊接成 10～15 cm 长的尖锥状，在钢管后端 10 cm 处焊接直径 6 mm 钢筋箍，以利套管顶进，管尾 10 cm 车丝，和球阀连接。距后端钢筋箍处 90 cm 开始开孔，每隔 20 cm 梅花形布设直径 8 mm 的溢浆孔。小导管制作如图 12.8 所示。

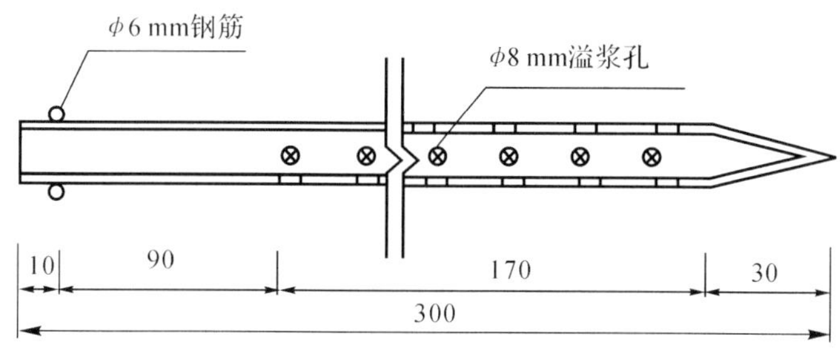

图 12.8　小导管加工示意图(单位:cm)

4. 小导管安设

小导管的安设可采用引孔或直接顶入方式。其安设步骤为：

(1)用 YT－28 风钻或煤电钻引孔，或用吹管将砂石吹出成孔，孔径大于小导管直径 10～20 mm，孔深视导管长度而定。

(2)插入导管，如插入困难，可用带顶进管套的风钻顶入。

(3)用吹风管将管内砂石吹出或用掏钩将砂石掏出。

(4)小导管尾缠棉纱，使小导管与钻孔固定密贴，并用棉纱将孔口临时堵塞。

(5)为防止注浆过程中工作面漏浆，小导管安设后必须对其周围一定范围的工作面喷射混凝土进行封闭。喷射厚度视地质情况，以 5～8 cm 为宜。

5. 机具设备

小导管注浆应配备与工艺相适应的成孔设备、注浆设备、搅拌设备和其他设备，以保证注浆质量。成孔设备可根据地质情况，选用成孔深度 3 m 以上的风钻、高压(0.6 MPa)吹管。根据注浆工艺，应配有单液注浆泵、双液注浆泵，其注浆压力应不小于 5 MPa，排浆量应大于 50 L/min，并可连续注浆。搅拌设备应选用低速机械式搅拌机，其搅拌有效容积不小于400 L 混合器：采用 T 形混合器，其为两个进浆口和一个出浆口，口径为 25 mm。

小导管注浆时，应根据需要配有抗震压力表、高压胶管、高压球阀、水箱及储浆桶等辅助设备，还应配备必要的检验测试设备，如秒表、pH 计、波美计等。

6. 注浆施工

(1)注浆开始前，应进行压水或压稀浆试验，检验管路的密封性和地层的吸浆情况，压水试验的压力不小于设计终压，时间不小于 5 min。

(2)注浆顺序。周边超前小导管自两侧向拱顶方向注第一序孔(单号)，然后以同样顺序注第二序孔(双号)。注浆过程中要根据不同地层及掌子面含水情况，将胶凝时间调整在 30～180 s，以防止浆液随地下水流失过远，而造成止水效果不佳和浆液的浪费。单孔注浆结束后应迅速用棉纱将孔口封闭，并用水清洗泵及管路，然后移至下一孔进行施工。

(3)水泥浆注浆，浆液的水灰比为 0.6：1～1：1，水泥强度等级为 32.5。注浆压力为 0.5～1.5 MPa，为防压裂工作面，同时还需控制注入量，当每根导管的注浆达到设计量时即可停止。当孔口压力达到规定值，但注入量不足时也应停止。

(4)注浆时，要经常观测注浆压力和流量的变化，发现异常情况，及时处理。如压力逐渐上升，流量逐渐减少属于正常现象；如压力长时间不上升(小导管注浆 5 min)，流量不减，可能出现跑浆或漏浆情况；如压力急剧上升，流量急剧减少，在排除地层因素外，可能是管路阻塞。

(5)在注浆过程中，要经常观察工作面及管口情况，发现漏浆和串浆，要及时进行封堵。

(6)双液注浆，每隔 5 min 或变更浆液配比时，要在孔口测量浆液凝胶时间，并根据情况进行调整。

(7)在注浆过程中要做好注浆记录，每隔 5 min 详细记录压力、流量、凝胶时间等，并记录注浆过程中的情况，作为注浆效果分析的基础。

(8)为防止串浆情况发生，应采取隔孔注浆的顺序进行注浆。

(9)注浆效果检查。注浆结束后，应采用分析法和钻孔取芯法，检查注浆效果，如未达到设计要求时应补孔注浆。

(10)注浆结束标准：

1)单孔注浆结束标准。在注浆过程中，压力逐渐上升，流量逐渐减少，当压力达到注浆终压，注浆量达到设计注浆量的 80%以上，可结束该孔注浆；注浆压力未能达到设计终压，注浆量已达到设计注浆量，并无漏浆现象，亦可结束该孔注浆。

2)本循环注浆结束标准。所有注浆孔均达到单孔注浆结束标准，无漏注现象，即可结束本循环注浆。

三、跟踪注浆施工要点

跟踪注浆技术适用于对高层建筑基坑、地铁车站、市政隧道、地下车库、地下商场等市政地下设施建设工程中的临近建筑物、道路桥梁、管线和其他地下构筑物等的沉降位移控制。其技术特点是在地下结构开挖的同时，在结构外一定范围内土体中注入有一定特殊要求的注浆材料，补充土体位移产生的空隙量，胶结泥沙，增加土体强度，减小土体的孔隙率，从而减小地面建筑物或地下构筑物的沉降和变形范围。

1. 注浆材料

跟踪注浆的主要材料是 42.5 普通硅酸盐水泥和水玻璃，沉降处理采用水泥单液注浆，防止近邻建筑物沉降的止浆帷幕采用双液浆或单双液浆混合注浆。

2. 注装参数

(1)凝胶时间。双液浆凝胶时间一般控制在1 min左右,单液浆凝胶时间尽可能调节到最短。

(2)注浆压力。注浆压力是表征双液浆劈裂土体能力及浆液影响范围的参数。从加固土体与扰动土体两方面考虑,注浆压力不宜过大,一般控制在0.3 MPa左右。在相同的条件下,被动区注浆压力可适当增大,而主动区应尽量调小。

(3)流量、注浆管提升速度和注浆量。多个工程应用实践证明,流量控制不大于50 L/min,注浆效果最佳。注浆管的提升速度是另一个重要参数。首先,注浆量一般要求在一定范围内均匀分布,因此,注浆管应匀速提升。当然,对于某一深度,比如围护墙变形增量较大的地方,注浆量应适当加大,达到优化的目的。注浆量是由提升速度控制的,某一注浆孔的注浆量一般应为该处地层损失量的2倍,以便达到加固土体的作用。

四、径向注浆施工要点

径向注浆作为工程结构的一部分,它能起到加固、堵水的作用,因而在选择注浆材料时要综合考虑材料的耐久性、高强性,以及收缩性和无污染性。因此,选择普通水泥单液浆、超细水泥单液浆作为径向注浆材料,径向注浆材料配比见表12.2。

表12.2 径向注浆材料配比

序号	浆液名称	原材料要求	宜选择配比(水灰比)
1	普通水泥单液浆(简称C浆)	P·O 32.5R以上普通硅酸盐水泥	0.6∶1～0.8∶1
2	超细水泥单液浆(简称MC浆)	MC-20细度以下超细水泥	0.6∶1～0.8∶1

当地层裂隙不太发育时,径向注浆管采用钻孔后下入孔口管进行注浆,孔口管采用直径为42 mm,长度为1 m的焊接钢管。当地层裂隙比较发育时,或在溶洞间隔地段及溶洞区段,径向注浆要求很高,因而宜采用TSS管,直径为42 mm,长度为钻孔深度。

径向注浆采用全孔一次性注浆方式进行施工。注浆顺序宜按两序孔进行,即先跳孔跳排注单序孔,然后注剩下的二序孔。这样,通过实施约束性注浆模式,实现挤压密实,提高围岩整体性和密实性的注浆目的。

一序孔注浆结束标准以定量定压相结合的原则进行控制。在注浆施工过程中,以定压为第一控制原则,如果长时间注浆压力不上升,应调整注浆材料配比,如果注一段时间后压力仍不上升,可按定量标准进行注浆控制。两序孔注浆结束标准以必须达到设计注浆终压的原则进行控制。

注装效果检查评定:①径向注浆,所有注浆孔的注浆P-Q-t曲线必须符合设计要求;②径向注浆结束后,渗漏水量应达到设计规定的允许渗漏水量标准要求。

五、基坑周边帷幕注浆施工要点

基坑工程注浆参数见表12.3。基坑工程注浆一般要求浆液具有可注性、可靠性、可控性,无毒、无污染。因此,根据地质条件和工程要求,注浆材料采用普通水泥-水玻璃双液浆、超细水泥-水玻璃双液浆。普通水泥一水玻璃双液浆采用普通型或早强型32.5R以上普通硅酸盐水泥。双液浆浆液配比:水泥浆水灰比为0.6∶1～1.5∶1,水泥浆与水玻璃体积比为1∶1～1∶0.3,水玻璃浓度为25～35Be′,缓凝剂掺量为0～3%。

表 12.3 基坑工程注浆参数表

参数名称	桩外止水帷幕	桩间止水		基底止水帷幕	工程抢险注浆
		基坑开挖前止水	基坑开挖后止水		
扩散半径/m	0.6～0.8	0.6～0.8	0.4～0.6	0.6～1	根据涌水、涌砂规模，按桩外止水帷幕或基坑开挖前桩间止水设计
注浆终压/MPa	1～2	1～2	2～3	1～2	
浆液凝胶时间/min	0.5～3	0.5～3	0.5～1	0.5～3	
注浆速度/($L \cdot min^{-1}$)	20～40	20～40	20～40	20～40	
注浆分段长度/m	0.4～0.6	0.4～0.6	0.4～0.6	0.4～0.6	
分段注浆量/m^3	采用公式计算	采用公式计算	定压注浆	采用公式计算	

超细水泥-水玻璃双液浆配比：超细水泥浆水灰比为1.5∶1～2∶1，超细水泥浆与水玻璃体积比为1∶1～1∶0.3，水玻璃浓度为25～35 Be′，缓凝剂掺量为0～3%。

为了提高注浆效果，桩外止水帷幕、基坑开挖前桩间止水、基底止水帷幕、工程抢险注浆，采取袖阀管后退式分段注浆，基坑开挖后止水采用花管一次性注浆。桩外止水帷幕、基坑开挖前桩间止水、基底止水帷幕、工程抢险注浆采取两序孔注浆控制，一序孔为单号孔，一般采取定量注浆；二序孔为双序孔，一般采取定压注浆。基坑开挖后止水采取定压注浆方法。

注浆效果检查是评定注浆效果好坏，保证工程施工安全和施工质量的关键。根据以往工程施工经验，基坑工程注浆效果检查参考方法及标准，见表12.4。

表 12.4 基坑注浆效果检查必需项目标准

注浆效果检查方法	桩外止水帷幕	桩间止水		基底止水帷幕	工程抢险注浆
		基坑开挖前止水	基坑开挖后止水		
P-Q-t 曲线法	符合设计的定量、定压控制原则				
涌水量对比法			堵水率90%以上		
检查孔观察法	不坍孔	不坍孔		不坍孔	不坍孔
检查孔取芯法	岩芯完整	岩芯完整		岩芯完整	岩芯完整
渗透系数测试法	$<10^{-5}$ cm/s	$<10^{-5}$ cm/s		$<10^{-5}$ cm/s	$<10^{-5}$ cm/s
水位推测法	水位稳定	水位稳定		水位稳定	水位稳定

六、初期支护背后回填注浆施工要点

1. 孔点布置与钻孔

孔点布置与钻孔是回填注浆顺利实施的前提与基础。孔点布置应结合相似工程，在隧道拱部布置。

2. 埋管

埋管是回填注浆的一个环节，对注浆效果也很重要。埋管采用直径 25 mm 钢管，外缠绵纱，用钢钎嵌入固定，钢管长 50 cm，外露 20 cm。埋管时确保钢管没有被水泥等堵塞。

3. 注浆材料

衬砌背后回填注浆的目的是填充空洞，使衬砌和围岩密贴，保证围岩和衬砌整体承载，所以注浆材料要耐久、强度高，一般选择单液水泥浆或水泥砂浆。

4. 浆液配比

浆液应严格按照规定的配比进行配制，否则将无法保证注浆效果。

5. 注浆

注浆是整个回填注浆的关键所在。注浆的关键技术包括注浆方式、注浆压力与注浆顺序等，应遵循设计技术参数进行注浆。

6. 注浆结束标准

回填注浆应注意注浆压力的控制，当注浆压力达到 0.5 MPa，且上部注浆孔出现冒浆，即可结束该孔注浆。

7. 特殊情况的处理

（1）注浆过程如有外漏，可采取嵌缝封堵、降低压力、加浓浆液等方式处理，必要时可掺速凝剂，加速浆液凝固。

（2）注浆过程如发现洞壁混凝土开裂、起包、脱落等异常现象，应立即停止注浆，分析、查明原因，以及时采取应对措施。

12.5　注浆设备

注浆设备是指配制、压送浆液的机具和注浆钻孔机具。这些设备的合理选择与配置是完成注浆施工的重要保证。注浆设备主要包括：钻孔机械、注浆泵、搅拌机、混合器、止浆塞、流量计和输浆管路等。当注浆量较大时，通常在地面设注浆站。

1. 注浆站

注浆站是布置造浆和压浆设备的临时建筑，其面积的大小主要与设备的型号、数量及选用的注浆材料有关，水泥浆注浆站面积约 200 m^2，水泥-水玻璃注浆站面积约 300 m^2。注浆站应尽量靠近受注点，使注浆管路短、弯头少，以减少浆液的压力损失。当附近同时有几个大的注浆工程时，最好用同一注浆站，其位置要适中。

2. 钻孔机械

钻注浆孔主要使用钻探机械、潜孔钻机、潜风锤、气腿式凿岩机和钻架式钻机等。选择的依据主要有钻孔深度、钻孔直径、钻孔的角度等。在煤矿使用时还须考虑其防爆性。凿岩机主要用于壁后注浆等浅孔（深度小于 5 m）的钻进，钻架式多为立井钻凿炮眼用的伞形钻架（可达 10～15 m）。

3. 注浆泵

注浆泵是注浆施工的主要设备。注浆泵要依据设计的供浆量和最大注浆压力来选择。泵压应大于或等于注浆终压的 1.2～1.3 倍。在注浆过程中能及时调量调压，并保证均匀供液；双液注浆时，注浆泵应能使双液吸浆量保持一定的比例。

注浆泵的种类很多，按动力分，有电动泵、风动泵、液压泵和手动泵；按压力大小分，有高压泵（15 MPa 以上）、中压泵（5～15 MPa）和低压泵（5 MPa 以下）；按输送的介质分，有水泥注浆泵和化学注浆泵；按同时可输送的浆液数量分，有单液注浆泵和双液注浆泵；按用途分，有专用注浆泵和代用注浆泵两种。

4. 搅拌机

搅拌机是使浆液拌和均匀的机器。它的能力应与注浆泵的最大排浆量相适应，目前国内还很少有定型搅拌机，多是施工单位自制或与注浆泵配套供应。搅拌机的有效容积一般为 0.8～2 m^3。

5. 止浆塞

止浆塞是把待注浆的钻孔按设计要求上、下分开，借以划分注浆段高，使浆液注到本段内岩石裂隙部位的工具。它在孔中安设的位置，应是在围岩稳定、无纵向裂隙和孔型规则的地方。止浆塞应结构简单、操作方便、止浆可靠。

目前使用的止浆塞分为机械式和水力膨胀式两大类。机械止浆塞主要是利用机械压力使橡胶塞产生横向膨胀，与孔壁挤紧，从而实现分段注浆。橡胶塞的外径为 42～130 mm，高度为 150～200 mm，可根据实际情况选 2～4 个，机械式止浆塞有孔内双管止浆塞、单管三爪止浆塞和小型双管止浆塞等形式。目前，三爪止浆塞应用范围较广，地面预注浆多采用这种形式。

思 考 题

1. 注浆法的原理是什么？
2. 如何选择注浆材料？
3. 注浆参数有哪些？注浆压力如何确定？
4. 小导管注浆的施工程序是什么？

第 13 章　地下工程施工组织与施工监测

本章主要介绍施工组织设计的作用、编制内容、编制方法，施工方案的制定原则，工程进度计划制定原则、地下工程施工监测的原理与设计方法等内容。

13.1　施工组织设计

13.1.1　施工组织设计的作用

地下工程施工组织设计是科学地组织和指导地下工程施工的重要技术文件，是编制计划、进行施工准备和安排施工任务、准备材料和设备、组织施工及考核施工单位技术经济指标的主要依据。其对地下工程的质量控制、进度控制、造价控制具有重要作用。

13.1.2　施工组织设计编制内容

施工组织设计的编制内容主要有：

(1)编制的依据和原则。在进行施工组织设计编制时，应以下列资料为基础。

1)工程施工设计文件和勘查资料，包括地形图、测量资料、地质报告和图纸以及地下工程设计图纸和说明书。

2)国家和部门颁发的有关方针、政策、设计规范、施工及验收规范、预算定额、各项技术经济指标、安全规程、劳动及环境保护等文件。

3)施工企业的技术装备、施工力量、技术水平，以及可能达到的机械化施工程度和工程平均进度指标。工程实施的新技术、新工艺、新方法资料。

4)与有关协作单位签订的供电、供水、交通运输及物资供应等合同。

5)市场设备、工具、材料的规格、性能、产地、价格、供求情况。

6)邻近工程或类似工程施工技术资料及所遇到的各种问题和处理办法。

(2)建设项目工程概况。说明本工程的工作性质、目的任务、经费来源、类型特征与工作量、工程质量、工期与其他特殊要求等。

(3)自然地理经济状况、施工条件和工程地质、水文地质条件。工程所在地区的交通位置、地形地貌、气象、水文情况，可能利用的运输道路、电力、水源及建筑材料等情况，施工场地、弃渣条件，以及当地居民点社会状况、生活条件等。

工程地质和水文地质特征：着重阐明地质构造变动的性质、类型、规模；断层、节理、软弱结构面特征及岩土体的基本物理力学性质；地下水类型、含水层的分布范围、水量和补给关系、水质及其对混凝土的侵蚀性等；特别是影响工程进度的不良地质和特殊地质现象（流沙、岩溶、人为坑洞、滑坡等），工程通过含有害气体或有害矿体的地层时，应说明其分布范围、成分和含量。

(4)施工准备工作计划。施工准备是整个工程建设的序幕和整个工程按期开工和顺利开展的重要保证。地下工程项目施工准备工作通常包括技术准备、物资准备、劳动组织准备、施工现场准备和施工场地准备。施工准备工作计划应详细阐明各项施工准备工作的要求。

(5)施工方案和施工方法。它既包括整个单位工程施工方案和施工方法的选择,也包括各项作业方法的选择。

(6)施工进度计划。它包括施工总进度计划和阶段计划。

(7)施工场地布置。它包括施工运输、辅助企业(附属工厂、仓库及风、水、电的供应)、临时生活设施及施工临时建筑等的布置。

(8)主要施工技术措施。

(9)施工安全、质量和节约等组织技术措施。

(10)资源需要量计划。它包括建筑材料、设备、各类人员、水、电、气等。

(11)各项技术经济指标。

(12)各类图表。它包括:

1)交通位置图和工程布置图。

2)工程穿过岩层的地质预计剖面图。

3)各类洞室、竖井、斜井的平面图、断面图及断面布置图。

4)施工工序图、施工网络图、施工组织进度图。

5)爆破图表。

6)施工场地布置图,包括永久和临时建筑物,工棚仓库,材料堆放场地,设备布置位置,炸药库,弃渣场,调车场,料场,混凝土搅拌站,轧石系统,交通道路,风、水、电设施及管线,排水系统等。另外,对于竖井和斜井,还应包括地表卸渣系统图和卷扬或提升系统图。

7)人员组织机构图,工班劳动力的组织循环图及劳动力需求表。

8)不同类型工程工作量合计表。

9)施工设备、工具、仪表需用量计划表、主要材料需用量计划表。

10)主要技术经济指标汇总表。

13.1.3 施工组织设计的编制步骤

施工组织设计的编制单位为中标的施工企业,编制时必须以合同工期的要求和相关规定为基础,广泛征求各协作施工单位的意见。对结构复杂、条件差、施工难度大或采用新工艺、新技术的项目,要进行专业性研究,通过专家审定,报业主审批后采用。

编制施工组织设计可按下述步骤进行:

(1)调查分析工程地质、水文地质及工程施工设计等基本资料,掌握工程特性和施工条件。

(2)根据建设方规定的工程总工期或合理工期,按照经验或本单位实际情况与施工方案初定实际工期。

(3)根据工程总布置要求,选择确定工作面数量。

(4)确定洞口及施工支洞的数量及布置,辅助工程,对外交通、风、水、电及混凝土系统的布置及工程量。

(5)在此基础上合算各工作面的开挖、衬砌、锚喷、清理等主要工程工期,合计总工期,分析是否满足计划工期要求;若不满足,必须重新确定施工方案或工作面数量,直到满足要求为止。

(6)计算材料、施工设备、劳动力和工程费用及工期等。

(7)选择各工作面的开挖与衬砌支护的施工方法及临时支护结构。

(8)编制开挖作业循环图和衬砌作业流程图。

(9)编制工程施工进度计划和工程量、材料、设备、劳动力计划。

(10)编制施工平面图。

(11)编制设计报告。

施工组织设计编制程序如图 13.1 所示。

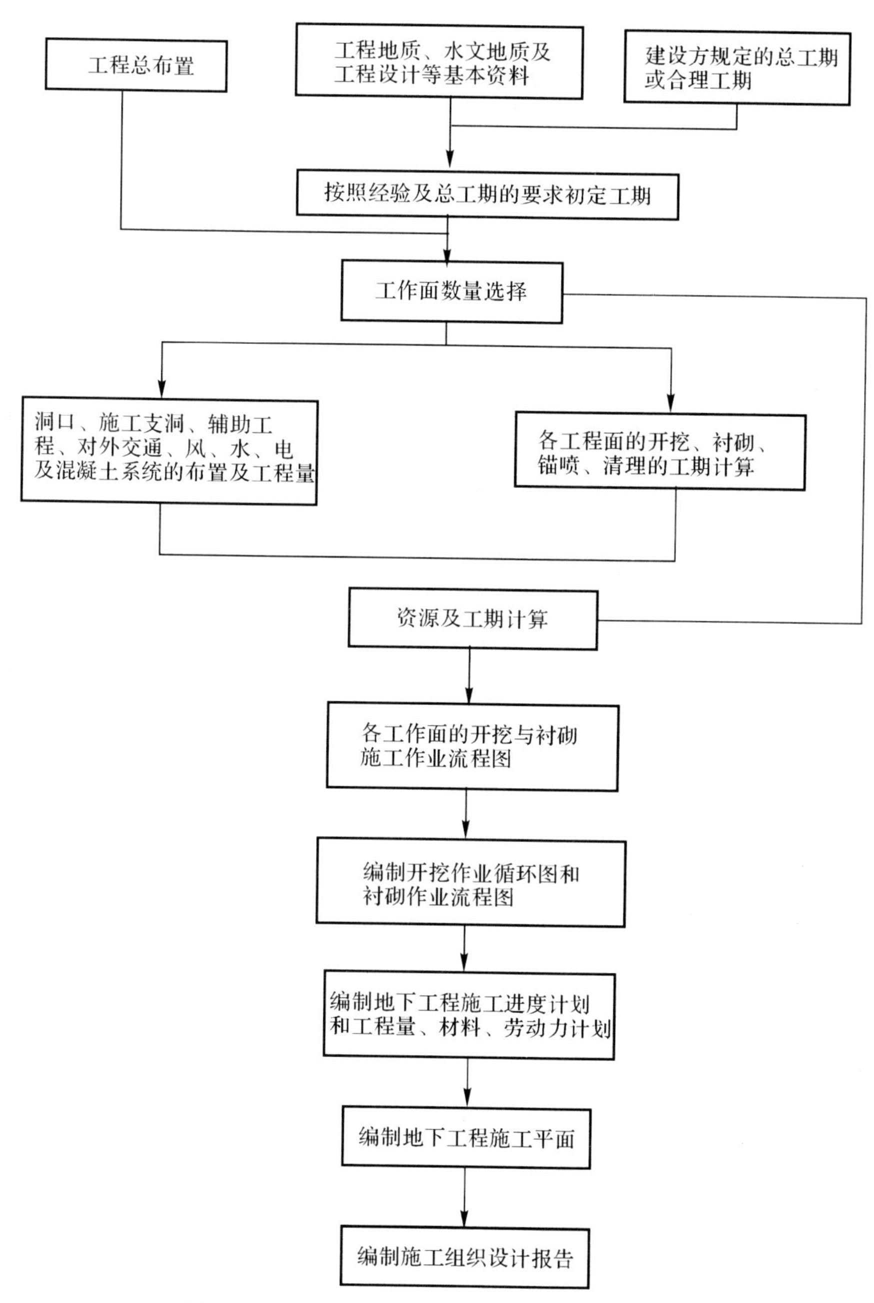

图 13.1　地下工程施工组织设计编制步骤示意图

注:资源为材料、施工设备、劳动力和工程费用数量的统称

13.2 施工方案

编制施工组织设计，关键是确定合理的施工方案。施工方案带有全局性和前瞻性，包含关键的施工技术和施工组织措施，其合理性将直接影响工程的施工效率、质量、工期和技术经济效果，是使工程施工达到高效、快速、优质、低耗和安全要求的重要保证。

13.2.1 施工方案的定义

施工方案是解决完成单位工程或部分工程所需要的人工、材料、机械、资金和方法等可变因素及合理安排。

地下工程施工可分为开挖(包括钻爆与装运岩石)、支护(包括临时、永久性支护和衬砌)、安装三部分工作。所谓地下工程施工方案，即指工程施工过程中这三项工作在时间和位置上的安排关系或安排计划。施工方案在地下工程施工中起指南作用，每项工程无论规模大小，都要认真地研究和确定。

13.2.2 施工方案确定的依据

每个施工方案都适合于一定的条件，结合具体条件才能分清方案的优缺点，以便取舍。在确定方案时，考虑的因素越多，方案适应性越强，方案越佳。确定施工方案，主要考虑工程类型、施工条件(包括工程地质和水文条件)、施工要求(包括质量、工期或进度、工程费用等)等方面的因素。具体来讲，施工方案确定的依据有：

1. 工程类型与用途

在相同地质条件下，不同类型、不同用途的工程，因其工作要求不同而需选择不同的施工方案，反映在施工方案的差异主要是支护衬砌方案不同。在地质条件相同的场合，对围岩稳定性的要求越高，支护费用(包括勘察、支护的设计和建筑)越大。这里，因工程类型和用途的不同发生支护费用的改变或施工方案的改变，既有安全系数上考虑，又有工程目的和工程服务要求上的考虑。

2. 地形、地质和水文条件

(1)地形地理条件。如工程所处的地点、交通情况、施工点海拔高度等是否有利于设备的进出与使用及材料的运输；生活居住条件、供水、通风能否满足要求；洞(井)口的出渣条件，取材(建筑材料)条件是否方便。

(2)地质和水文条件。工程地质和水文地质条件是确定施工方案的重要依据之一，在某种程度上对施工方法的选择起决定性作用。在选择方案前应进行地质勘查，查明表土和岩层性质及水文情况，据此并结合其他条件来确定施工方案和方法。在施工过程中，还需要跟踪收集施工信息，并作好超前预报工作，根据变化的工程地质和水文地质情况对施工方案随时作出调整。

3. 工程规模与掘进断面

一般来说，工程规模越大，投入的设备越多，机械化程度越高，技术化程度越高，技术性越强，因而，确定方案的难度越大，有时需要靠现代管理科学理论与方法和计算机来帮助。这里，工程规模大小，不但指巷道或斜井的数量和工作量多少，而且指巷道或竖、斜井的长短或深浅

(独头)。因为后者对施工方案、施工方法的选择影响很大。

掘进断面同样是选择的重要依据之一,不同的断面,其开挖方法、支护方法及选用设备不尽相同,施工组织也有差异。

4. 工程工期、质量要求和造价情况

对于承包工程,确定施工方案首先要满足工期与质量要求,由工期和质量来确定进度指标,进而来确定施工方法,选用设备与材料。工程总工期的确定一般由设计单位完成,它是根据建设方的要求,在不超过现有最佳施工能力前提下确定的,施工方确定的施工工期不应超过该总工期。质量标准(设计方提出特殊质量标准除外)一般由国家或各部门制定。所以,确定施工方案与方法应将工期和质量作为重要依据。

工程造价对选择施工方案与施工方法也有一定影响,因为确定方案的原则之一是经济合理。在激烈的市场竞争中,当造价过低时,不得不考虑采用特殊措施,如加快施工进度、精简施工人员或设备,采用先进工艺和设备等。

5. 施工能力

对于确定施工方案,若把上述因素看成外部因素,施工能力则可看成内部因素,确定施工方案时应以施工能力为基础。要充分考虑施工队伍的特点、状态、技术能力、装备状况、施工经历,以便有针对性地选用施工方案。

另外,国内外的施工能力、工程竞争情况、竞争对手情况、工程承担的风险、建设方的资金情况等都是选择施工方案时须考虑的因素。

13.2.3　选择施工方案的原则

选择并确定施工方案,应做到技术上先进可行,经济上合理、管理科学、施工速度快、容易保证质量和安全。总的原则应符合快速、优质、安全、经济及均衡生产的要求。

1. 快速的原则

对于每一项工程,尽快完成施工任务是基本要求之一。在人力、物力和条件允许的情况下,按期并提前完成任务是选择并确定施工方案的前提之一,也是保证良好经济效益的前提之一。快速施工涉及的因素很多,除各项施工程序如钻眼爆破、装运、支护、浇筑等达到快速施工外,各程序之间次序安排、时间安排都要恰当合理,衔接自然,尽可能地减少辅助时间,尽可能多利用平行作业。

快速施工还要靠先进的施工设备、可靠的材料、合理的劳动组织结构和科学的管理方式,形成一个快速高效的系统。若在整个系统中,只重视某一部分或某一施工程序,顾此失彼,则必然不能制定好一项快速的施工方案。

当然,制定快速施工方案与外部因素也有关系,如材料和资金来源的落实情况,施工前的准备工作程度,自然灾害的影响,其他单位施工时的干扰,施工方和建设方的合作情况等。这些因素也是制定施工方案要考虑的内容。

2. 优质的原则

工程施工质量必须合格,并尽可能地达到优质标准,这是施工的基本要求。在制定施工方案与施工方法时,首先要对照并满足国家或部门制定的有关质量验收标准,还要满足工程设计中提出的特殊质量标准要求。围绕这些标准来确定施工方法,切不可盲目地自行一套。我国各部门因地下工程的用途不同,相应制定了各自的质量标准,确定方案时应根据工程类型选用相应标准。

要满足施工质量，必须有一套相应措施，有时候也涉及设备的选型、施工方法的改变、劳动组织与管理等。不能先确定何种施工方法和管理组织，再来分析这种方案达到什么质量标准，而是要先以合适的质量标准来选择施工方案。

3. 安全的原则

任何一种施工方案都必须保证安全施工，特别在确定选用爆破器材、爆破方法、通风设备与通风时间、设计支护方案与支护时间时，要充分满足安全要求，不可违章确定施工方案和施工方法。如在煤矿井巷工程施工时，要遵守有关爆矿的安全规定。

安全生产与快速施工并不矛盾，两者可以辩证地结合在一起，即在安全的条件下追求快速施工，在快速施工时注意安全。

4. 经济的原则

投标作为施工企业取得施工权的基本手段，企业间互相竞争的结果，除满足工期及质量要求外，必须达到最合理的低价款承包。确定科学合理的施工方案和施工方法至关重要，企业不但要以较低价款维持施工，而且还要获得一定比例的利润。

安全、快速、优质的施工方案确实是经济方案的重要内容，但有时却非最经济方案。如花上大笔费用购某种昂贵的施工设备，虽然能达到安全、快速、优质的要求，但却不经济，如改用现有的普通设备稍加改进并跟上其他技术措施也基本能满足要求，就显得经济合理。另外，还要针对工程特点选择适当的方案，如工区交通不便或有流动性，则应选择灵活轻便的设备。因此，先进合理的施工方法和科学的管理措施，是施工方案经济合理的根本保证。

选择经济合理的施工方案要与现实状况结合，要把本企业的人力、物力、财力最大限度发挥起来，不断了解市场行情和国内外最新科技动态，尽量合理利用新技术、新工艺、新设备。

13.2.4 施工方案的主要内容

地下工程施工方案的主要内容一般包括施工顺序、施工方法、施工机械设备的选择、施工流水组织、施工方案的技术经济评价等。

1. 确定施工顺序

确定施工方案、编制施工进度计划时首先应该考虑选择合理的施工顺序，它对于施工组织能否顺利进行、保证工程进度和工程质量都起着重要的作用。

工程的施工顺序确定的依据包括工期要求、地下结构的特点、资源供应等情况，并要做到在施工工艺和施工组织上可行，符合施工方法的技术要求，满足工程质量、安全，考虑工程所在地气候、环境和地质的影响等。

在决定施工顺序时，要依据具体情况来确定地表工程和地下工程的关系，并对单项工程做出详细的施工顺序。如灌注桩基础施工顺序为

场地平整→选择桩机→设备测量桩位→安放护筒→钻机定位→钻进成孔→第一次清孔→钢筋笼吊放→下导管→第二次清孔→浇筑水下混凝土→拔除护筒→钻机移位→自然养护→挖土→桩身检测→作基础承台。

2. 施工方法

施工方法选择时应遵循如下原则：

(1)主要考虑主导施工过程的施工方法。所谓主导施工过程一般是指工程量大、在施工中

占重要地位的施工过程，施工技术复杂或采用新技术、新工艺、新结构以及对工程质量起关键作用的施工过程。如隧道施工中的开挖和支护施工，岩体开挖中的爆破、土方开挖工程施工，地下管道施工的盾构、顶管工程的施工等。

(2)与工程地质、水文及地形条件等相匹配。

(3)满足施工技术的要求。

(4)提高机械化施工程度，充分发挥机械效率。

(5)充分考虑安全、先进、合理、可行、经济等因素。一般来讲，地下工程的总体施工方法，在工程的设计阶段就应基本选定。

3. 施工机械的选择

施工机械的选择，对施工效率、工程质量、生产安全与成本等具有决定作用，尤其在机械化施工作为实现建筑工业化的重要因素的情况下，施工机械的选择将成为施工方法选择的中心环节。在实际选择时应注意以下几点：

(1)选择主导施工过程的施工机械，应根据工程特点，确定适宜的机械类型。

(2)选择与主导施工过程施工机械配套的各种辅助机械和运输机具时，应使它们的生产能力相互协调一致，并且保证有效地利用主导施工机械，充分发挥主导施工机械的效益。

(3)应充分利用施工企业现有的机械，在同一工地贯彻一机多用的原则，提高机械化和自动化程度，减少手工操作。

4. 工程施工工序的组织

工程施工工序的组织是施工方案编制的重要内容，是影响施工方案优劣程度的基本因素。在确定施工工序时，一般根据工程特点、性质和施工条件，主要解决流水段的划分和流水施工工序的组织方式两方面的问题。

(1)流水段的划分。正确合理划分施工流水段是组织流水施工的关键，它直接影响到流水施工的方式、工程进度、劳动力及物资的供应等。

(2)流水施工工序的组织方式。在组织流水施工时，应根据工程特点、性质和施工条件组织全等节拍、成倍节拍和分别流水等施工方式。

若流水组中各施工过程的流水节拍大致相等，或者各主要施工过程的流水节拍相等，在施工工艺允许的情况下，尽量组织流水组的全等节拍专业流水施工，以达到缩短工期的目的；若流水组中各施工过程的流水节拍存在整数倍的关系(或存在公约数)，在施工条件和劳动力允许的情况下，可以组织流水组的成倍节拍专业流水施工。若不符合上述两种情况，则可以组织流水组的分别流水施工，这是常见的一种组织流水施工的方法。

5. 施工方案的技术经济评价

施工方案的技术经济分析一般是从技术和经济的角度，进行定性和定量分析，评价施工方案的优劣，从而选取技术先进可行、质量可靠、经济合理的最佳方案。

定性分析不进行准确的数据计算，只是对优缺点作一般的分析和比较。定性分析的内容通常有施工操作的难易程度和安全可靠性，为后续工程提供有利施工条件的可能性，对不同季节施工带来的困难，能否为现场文明施工创造有利条件。

定量的技术经济分析一般是计算出不同施工方案的工期指标、劳动生产率指标、工程质量指标、安全指标、主要工程工种机械化程度及三大材料节约指标的具体数值，然后进行比较分析。

13.3 工程进度计划

工程进度计划是施工组织设计的另一重要组成部分，它是在施工方案已经确定的基础上，决定各项工程的施工顺序、各工序的施工持续时间及整个工期，还是编制劳动力、材料和机具设备供应计划的依据。

工程进度计划的编制是以施工作业方式为基础的。

13.3.1 施工作业方式

目前，在地下工程中采用较多的施工作业方式主要有顺序作业、平行作业和流水作业。

1. 顺序作业

施工顺序作业受施工方案的制约，一旦确定了施工方案，顺序也就确定了，不同的工程项目，有着其固有的施工技术规律和合理的顺序关系，如隧道修建的施工顺序为：

放样→打眼→装药→爆破→通信→处理危石→出渣→支护

其为一个循环，顺序作业按这一施工技术规律来组织。

2. 平行作业

对于施工工艺、工序相同的线形工程（如特长隧道），为缩短工期，可同时开拓多个工作面，按同样的施工工序同时平行进行作业。这种作业方式的优点是能缩短工期，但配置的设备和施工人员多。

3. 流水作业

流水作业是一种科学组织生产的方法，它确立在分工、协作和大批量生产的基础上。施工进度计划的设计和编制应当以流水作业原理为依据，以便使生产有鲜明的节奏性、均衡性和连续性。

流水作业法的实质是将整个建造过程分解为若干施工过程或工序，每个施工过程或工序分别由固定的工作队负责完成；把建设对象尽可能地划分为劳动量大致相等的施工段；确定各施工队在各施工段上的工作持续时间（称为流水节拍）；各施工队按一定的施工工艺，配备相应的机具，依次连续地由一个施工段转移到另一个施工段，反复地完成同类工作；不同的作业队伍完成工作的时间适当搭接起来。

流水施工的基本方式有3类，即等节奏流水、异节奏流水和无节奏流水。

等节奏流水：其特征是在组织流水的范围里，各施工队在各阶段上的流水节拍相等，在可能的情况下，要尽量采用这种流水方式，因为这种方式能保证工人的工作连续、均衡、有节奏。

异节拍流水：每一个工作队在各流水段上的工作延续时间（节拍）保持不变，而不同的工作队的流水节拍却不一定相等。

几个施工过程的流水节拍如果能成为某一个常数的倍数，则可组织成倍节拍流水施工。成倍节拍流水作业组织图是按全等节拍流水作业组织的。如甲工序的流水节拍为2，乙工序的流水节拍为6，丙工序的流水节拍为4，都是2的倍数，故其流水步距为2。各工序要投入的作业队数为流水节拍与最大公约数相除的商数，即甲工序1个队，乙工序3个队，丙工序2个队。

无节奏流水：有时由于受各段工程量的差异或工作面限制，所能安排的人数不相同，使各施工过程在各段及各施工过程之间的流水节拍均无规律性，这时，组织等节奏流水作业或异节奏流水作业均有困难，则可组织分别流水。分别流水的特点是允许施工面有空闲，而要保证各施工过程的工作队连续作业，而且要使各工作队在同一施工段上不交叉作业，更不能发生工序颠倒的现象。

13.3.2　水平图表

水平图表是工程施工中广泛采用的流水作业图表，它简明、直观、易于了解。其编制过程为：

1. 确定施工过程项目

单位工程是由许多工种或单项作业组成的，在编制工程进度计划时，首先应根据施工图和采用的定额手册的项目划分，按施工顺序，将各单项作业详细列出。在列施工项目时，通常应按顺序列成表格，编排序号，查对是否遗漏或重复。凡是与工程对象施工直接有关的内容均应列入。项目划分的粗细要和定额手册的项目划分相一致，以便直接套用定额手册。

2. 计算工程量

按所列施工项目，列表逐项计算工程量。工程量计算可按设计图纸中注明的尺寸照实计算。计量单位应与定额手册中的计量单位一致。

3. 确定劳动量和施工机械台班数量

工程量计算完以后，必须根据相关劳动定额计算每一单项作业需要的劳动量。当采用机械施工时，还要根据机械台班定额计算需要的机械台班数量。

套用定额时要考虑到作业人员的实际技术水平和具体的施工条件，必要时应对定额作适当的调整，这样可以使得所制定的进度计划更加切合实际。

4. 确定各施工过程的持续时间

劳动量和机械台班量确定之后，便可计算各单项作业的持续时间，一般以天为单位表示。持续时间的长短与参加作业的人数、机械台数以及每天的施工班数有关。计算施工过程持续时间，首先根据工期要求、工程性质和特点，以及施工条件来确定每天工作班数。施工人数和机械台数，一般根据本单位现有职工人数和可使用的机械台数为依据进行计算。

$$T = L/(m \times n) \tag{13.1}$$

式中　T—— 施工过程持续时间；

L—— 完成该施工过程总劳动量(或机械台班数)；

m—— 每天工作班数；

n—— 参加施工人数(或机械台数)。

如果计算出来的持续时间过长，而工期要求较紧时，就要考虑设法增加作业人数，或增加工作班数(当原来只工作 1～2 班时)，或者增加机械台数和机械的工作班数。

5. 画出施工进度表，确定施工工期

各施工过程的持续时间确定之后，便可安排进度，绘制施工进度表。首先，按施工顺序排列施工过程，然后考虑各施工过程尽可能平行作业，即进度线要搭接起来，这样可大大缩短工期。此外，还应找出采用较大型机械和耗费劳动量最多的施工过程，也叫做主导施工过程，注意使其他施工过程和主导施工过程很好地协调和搭接。各施工过程的持续时间用水平进度线的长短表示，所以，这种计划图表叫水平图表。表 13.1 为某单位工程进度计划的水平图表。

表 13.1　某单位工程进度计划表(水平图表)

序号	分项工程名称	工程量		定额	需要劳动量	劳动组织		机械设备	每天工作班数	工作持续天数	进度														
		单位	数量			工种	每班人数				三月			四月			五月			六月			七月		
											上旬	中旬	下旬	上旬	中旬	下旬	上旬	中旬	下旬	上旬	中旬	下旬	上旬	中旬	下旬
1	1号口洞口接近道路										—														
2	1号口暂设工程										—														
3	2号口洞口接近道路										—														
4	2号口暂设工程										—														
5	1号口切口开挖											—													
6	2号口切口开挖											—													
7	1号口引洞开挖												—												
8	2号口引洞开挖												—												
9	主洞导坑开挖													—	—	—	—	—	—	—	—	—	—	—	—
10	主洞扩大开挖																	—	—	—	—	—	—	—	—
11	1号口引洞衬砌																								
12	2号口引洞衬砌																								
13	主洞衬隔潮																								
14	防水隔潮工程																								
15	洞室地坪																								
16	设备安装																								

进　度

八月			九月			十月			十一月			十二月			一月			二月			三月			四月			五月			六月		
上旬	中旬	下旬	上旬	中旬	下旬	上旬	中旬	下旬	上旬	中旬	下旬	上旬	中旬	下旬	上旬	中旬	下旬	上旬	中旬	下旬	上旬	中旬	下旬	上旬	中旬	下旬	上旬	中旬	下旬	上旬	中旬	下旬

6. 调整进度计划

施工进度计划初步编制后，必须检查其施工顺序是否合理，工期是否满足要求，劳动力、材料、机械的使用是否均衡。为了检查劳动力是否均衡，还可作劳动力平衡图。对有几个单位工程同时施工的工程来说，应将所有单位工程一起考虑，看总的劳动力、主要机械的使用是否均衡。

需要调整计划时，可适当地增加或缩短某些施工过程的持续时间，或适当地提前或推后某些施工过程的开工时间，在条件允许时，尽量组织平行作业。

13.3.3 网络图

网络图又叫流线图，是一种用统筹方法编制的施工进度计划形式。统筹法的核心是将工序复杂的工程经过周密分析和统筹安排建立成网络模型——网络图，再通过系统的数学计算，从中找出对完成整个工程起关键性作用的线路来。这条线路又叫主要矛盾线，构成这条线路的工序就叫主导工序(或关键工序)。这样，就为完成整个工程指出了工作的重点，有利于对计划进行有效地检查、调整和控制。

工程网络计划的编制要点是：弄清逻辑关系，讲究排列方法，计算准确，关键线路突出，仔细研究进行调整。

网络计划的表达形式是网络图。网络图是由若干个代表工程计划中各项工作的箭线和连接箭线的节点所构成的网状图形。它用一个箭线表示一个施工过程，施工过程的名称写在箭线上面，施工持续时间写在箭线下面，箭尾表示施工过程开始，箭头表示施工过程结束。

用统筹法编制进度计划的步骤可归纳如下：

(1)对所计划的工程进行深入的分析和研究，根据制订的施工方案，拟出为完成该项工程所必需的施工过程，并确定其最合理的施工顺序。

(2)根据所确定的施工顺序，绘制出网络草图。

(3)根据工程量、劳动力、施工机具情况，计算各施工过程的作业时间(即各施工活动消耗时间)。

(4)计算有关时间参数。

(5)确定关键线路和总工期。

(6)检查调整计划。检验所确定的工程总工期是否符合合同规定的建设期限。若不符合，应首先从关键线路进行调整。调整的方法，一是通过技术革新，缩短关键工序的作业时间。另一方面，就是通过改变施工活动的划分，使顺序开展的活动改变为平行或搭接进行。

(7)绘制正式的网络图，关键线路用粗线条表示。为便于指导施工，可在每一节点上注明日期；在箭头线上还可以标注工效要求或进度等说明。

如图 13.2 所示，为某单位洞室工程的网络图。该工程导洞开挖与洞室扩大相互搭接施工。全洞开挖完后再进行洞室衬砌。在衬砌(包括仰拱)施工时，仰拱和洞室衬砌的模板、钢筋、混凝土等项施工过程也采用相互搭接施工的方式。

与水平图表、竖向图表形式的施工进度计划相比，网络图形式的施工进度计划有以下优点：

(1)施工过程间的关系明确，展开顺序表达清楚，一目了然。

(2)指出了完成整个工程的主要矛盾或关键环节，从而有利于对计划的有效控制。

由于网络图中每项活动都需要消耗一定的资源，所以，可根据编好的网络图编制该工程的劳动力、材料、机具的需用量计划。

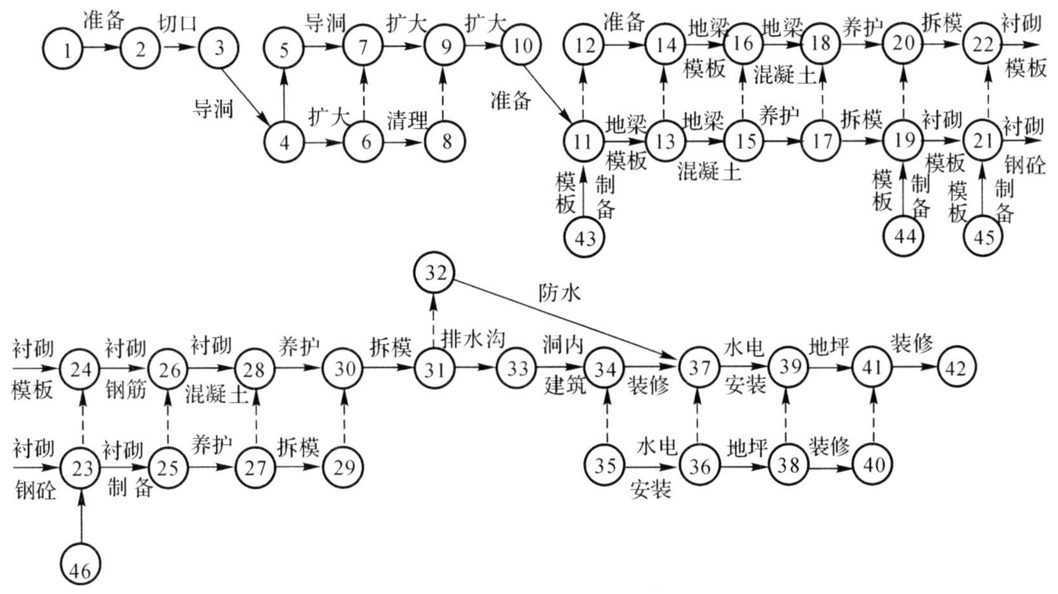

图 13.2　单位工程施工网络图实例

13.3.4　主要材料、机具、劳动力需用量计划

1. 施工工料分析

编制主要材料、机具、劳动力需用量计划，首先必须进行工料分析。工料分析就是计算各项工程需要的各工种劳动力数量和各种主要材料、机械台班的需用量。工料分析是编制主要材料、机具、劳动力需用量计划的原始资料，也是安排生产计划、组织施工、备料和组织机具、材料进场的依据。

工料分析是根据施工图纸和施工定额来编制的。编制步骤是：列出施工过程项目，计算工程量，套用定额计算各施工过程的用工、材料数量和机械台班数量，然后列出工料分析表。计算用工、用料及机械台班数量时，分别套用施工定额中的劳动定额、材料消耗及机械定额。没有施工定额套用的作业项，可根据经验数据或指标套用，各单位根据自己需要内容设计工料分析表。

2. 主要材料、机具、劳动力需用量计划的编制

有了工料分析表，就可以根据施工进度计划编制主要材料、机具、劳动力的需用计划。编制这个计划的目的，在于按照工程进度及时地组织材料、机具和人力进场，保证施工顺利进行，保证施工进度计划的完成。在安排材料（特别是砂、石大堆材料）供应计划时，要根据所在地区的气象、气候和自然条件，以及运输情况等，考虑适当的储备量，以免造成停工待料。材料需用量计划可按月或按旬安排，对于用料数量很大的工程，应按旬安排计划；对于用料较少的工程，则可按月安排计划，组织供应。

13.4 施工场地设计

与一般建筑一样，地下工程施工也要进行施工场地设计。围绕地下工程，在地表需要建设支持其施工的道路、动力供应和设备维修等辅助车间，物资存放仓库，指挥管理机构的办公房屋和人员生活用建筑，其中大多数为施工临时建筑，此外，还得布置各类管线电缆等。这些建筑物与构筑物所形成的空间，就构成了地下工程施工的地表工业场地。

在进行施工场地设计时，为了达到合理布置的目的，应遵循以下原则：

(1)平面布置要力求紧凑，尽可能地减少施工用地。

(2)合理布置施工现场的运输道路及各种材料堆放场、加工场、仓库位置、各种机具的位置；尽量使各种材料的运输距离最短，避免场内二次搬运。

(3)尽量减少临时设施的工程量，降低临时设施费用。利用原有建筑物，提前修建可供施工使用的永久性建筑物；采用活动式拆卸房屋和就地取材的廉价材料；临时道路尽可能沿自然标高修筑以减少土方量，加工场的位置可选择在开拓费用最少之处等。

(4)方便工人的生产和生活，合理地规划行政管理用房和文化生活福利用房的相对位置。

(5)符合劳动保护、环境保护、技术安全和防火的要求。

施工工业场地布置的成果，需要标在一定比例尺的施工地区地形图上，构成施工工业场地布置图。

13.4.1 工地供水

工地用水量由生产用水、生活用水和消防用水三部分组成。生产用水是指掘进工程用水，混凝土工程用水，装岩运输机械、施工辅助车间和动力设备所耗用的水。用水量与工程规模、机械化程度、施工进度、人员数量和气候条件等有关，变化幅度较大，可根据工程所在地的实际情况根据经验估计；生活用水指驻工地职工的饮用和卫生方面的一切用水，其用量也有一定的变化，可参考如下标准估算：生产工人平均用水量 0.1～0.15 m^3/d，非生产工人平均用水量 0.08～0.12 m^3/d；在消防方面，除按要求在设计、施工及布置等方面做好防火工作外，还应按临时建筑房屋每 3 000 m^2 消耗水量 15～20 L/s，灭火时间 0.5～1.0 h 来计算消防用水储备量。

工地用水的水源，一般由现场实际情况而定，常用水源有：山上泉水、河水或钻井取水，条件允许时也可使用自来水。在缺水地区，则用汽车运输或长距离管道供水。

临时供水管网一般有环状管网、枝状管网和混合管网三种布置方式。环状管网能保证供水的可靠性，但管线长、造价高，适用于要求供水可靠的建筑项目或建筑群；枝状管网由干管和支管组成，管线短、造价低，但供水可靠性差，适用于一般的中小型工程；混合管网是主要用水区及干管采用环状，其他用水区及枝管采用枝状的混合形式，兼有两种管网的优点，一般适用于大型工程。

供水管网的布置应在保证供水的前提下，使管道铺设越短越好，同时还应考虑在施工期间支管具有移动的可能性；布置管网时应尽量利用原有的供水管网和提前铺设的永久性管网；管网位置必须避开拟建工程场址；管网铺设要与土方平整规划协调。

13.4.2 工地供电

设计工地供电时主要解决三个问题：确定用电地点和需电量、选择电源、设计供电系统。

1. 工地需电量的确定

在施工阶段，由一个变电站控制的供电区域所需的总功率为

$$P = K\left(\frac{K_m + \Sigma K_c P_y}{\cos \varphi_0} + \Sigma K_c P_z\right) \tag{13.2}$$

式中　P—— 供电区域所需的总功率，kW；

K—— 考虑输电网络中功率损失的系数，一般取 1.05 ～ 1.10；

K_m—— 动力用电的同时负荷系数，可取 0.75 ～ 0.85；

$\cos \varphi_0$—— 功率因素的平均计算值（最高为 0.75 ～ 0.85，一般为 0.65 ～ 0.75）；

K_c—— 需电系数，一般取 0.6 ～ 0.8，也可依据动力设备和照明设备的具体情况在相关手册中查取；

P_y—— 动力用电的铭牌功率，kW；

P_z—— 整个工地照明用电量总和，kW。

2. 选择电源和变压器

电源一般有工地自发电和地方电网供电两种方式。一般应尽量采用地方电网供电，自发电可作为备用，在地方电网供电不稳定时采用。在利用地方电网时，事先必须向供电部门申请。

在选择电源时，应根据重要程度分级。一般情况下，矿井提升设备、有沼气的地下工程通风设备、用水量大的地下工程排水设备，如果停电可造成人身伤亡或设备损坏，长期才能恢复生产的用户属于 Ⅰ 级用户。Ⅰ 级用户应有两个独立的电源，以保证用户的供电。空气压缩机、混凝土搅拌机、水泵、井下照明线路、电机车充电及整流设备等如果停电会造成大量废品、运输中断，给企业造成很大经济损失的属于 Ⅱ 级用户。对于 Ⅱ 级用户一般应采用双回路供电。

随用户不同，应供应不同电压的电能，一般照明用电为 220 V，动力用电为 380 V，某些大型工程机械则可能用 600 V 或更高。隧洞等地下工程施工工作面照明为了保证安全，要求采用 24 ～ 36 V 的安全电压。围岩稳定或支护后的隧道部分，若洞高于 2.5 m，按正规要求在洞顶安装照明设施可用 127 V 或 220 V 电压；若洞高低于 2.5 m，则需用安全电压供电。

在选择变压器时，其容量可为

$$P = K(\Sigma P_{max}/\cos \varphi) \tag{13.3}$$

式中　P—— 变压器的容量，kW；

K—— 功率损失系数，取 1.05；

P_{max}—— 各施工区最大计算载荷，kW；

$\cos \varphi$—— 功率因数，取 0.75。

根据上述计算结果，从变压器产品目录中选择适当型号的配电变压器。

关于电缆规格的选择设计参照有关电工手册。

3. 变压器及供电线路的布置

单位工程的临时供电线路，一般采用枝状布置，其要求为

(1) 尽量利用已有的供电线路和已有的变压器。

(2) 若只设一台变压器，线路枝状布置，变压器一般设置在引入电源的安全区；若设置多

台变压器，各变压器作环状连接布置，每个变压器与用电作枝状布置。

(3) 变压器设置在用电集中的地方，或者布置在现场边缘高压线接入处，高度要离地面超过 3 m，四周安装高度大于 1.7 m 的护栏，并作明显警戒标志，变压器的位置不能影响生产和生活。

(4) 线路宜在路边布置，与建筑物的距离应大于 14.5 m，电杆间距 25 ～ 40 m，高度 4 ～ 6 m，跨铁路时高度为 7.5 m。

(5) 线路布置不得妨碍正常生产和生活，如影响交通和机械的施工、进出、装卸、吊装等，同时注意避开堆场、临时设施、基槽及后期工程所在地。

(6) 按照电工相关规程操作和使用，注意接线盒使用时的安全。

13.4.3 空气压缩机站设计

地下工程压气供应的主要对象是风动凿岩机、风镐等风动工具，以及其他风动机械。

1. 压缩空气量的计算

空气压缩机站的总压缩空气供应量可按下式确定：

$$Q = K_1 K_2 \Sigma n_i q_i K_i \tag{13.4}$$

式中 Q—— 压缩机站生产的总压缩空气量，m^3/min；

K_1—— 压缩空气在管网中输送时的能量损失系数，取 1.1 ～ 1.3，与管线长度、弯头、闸门等有关；

K_2—— 随海拔高度 H(km) 的升高而用气量增加系数，$K_2 = 1 + 0.12H$；

n_i—— 同一种类型机具数量；

q_i—— 每台风动机具消耗的压缩空气量，其经验数值见表 13.2；

K_i—— 风动机具同时工作系数，见表 13.2。

表 13.2 风动机具单台压缩空气用量和同时工作系数表

机械类型	压缩空气用量 /($m^3 \cdot min^{-1}$)	同时工作机具数量 / 台	同时工作系数
凿岩机	3.0 ～ 3.5	1 ～ 10	1.0 ～ 0.85
装岩机	5.0 ～ 6.0	1 ～ 2	1.0 ～ 0.75
混凝土喷射机	9.0 ～ 12.0	1 ～ 2	1.0 ～ 0.75

2. 空气压缩机的选择

空气压缩机根据动力可分为内燃空压机和电动空压机；根据结构特点可分为移动式和固定式两种；根据容量可分为大容量、中容量和小容量三种。一般大容量空压机为固定式。选用空压机应根据工地有无足够的电源供应、工程量大小和集中程度以及施工机动性等确定。一般工程量大而集中、工期长的工程，应选用电动大容量固定式空压机；反之，选用小容量移动式空压机。当缺乏电力或零星工程施工时，则选用移动式内燃空压机。

另外，根据用气量的变化，确定配置空压机容量和台数，并配备必要的备用机组。

3. 压缩空气管路

压缩空气管路设计主要是确定压缩空气输送管径。为了避免和减少管路中的风压损失，除必须按照管路铺设要求连接和防止接头漏气外，还必须根据管路长度和输送的压缩空气量，适当的选择管径。管径太小，空气流速过大，从而增加与管壁的摩擦阻力，使风压损失过大；管径过大又不经济。选用管径要求：在最长的管路中，风压损失不应超过 10% ～ 15%，一般空压机的压缩空气压力为 0.6 ～ 0.7 MPa，而最远处进入凿岩机的风压不宜低于 0.5 MPa，否则将影响凿岩机的使用效果。确定管径可根据经验公式计算：

$$d = 20\sqrt{Q} \tag{13.5}$$

式中　d—— 所需管径，mm；

Q—— 管内压缩空气流量，m^3/min。

13.4.4　运输道路

施工运输道路应按材料构件和工程运输的需要，沿其仓库和堆场来布置，运输道路的布置原则和要求有：主要道路应尽可能利用已有道路或规划的永久性道路的路基，根据建筑总平面图上的永久性道路位置，先修筑路基，作为临时道路，工程结束后再修筑路面；最好是环形布置，并与场地道路相接，保证车辆行驶畅通，如不能环形布置，应在路端设置倒车场地；距离装卸区越近越好；满足机械施工的需要；考虑消防的要求，使道路靠近建筑物、木料场等易燃地方，以便车辆直接开到消防栓处，消防车道宽度不小于 3.5；道路路面应高于施工现场地面标高 0.1 ～ 0.2 m，两旁应有排水沟，一般沟深与底宽均不小于 0.4 m，以便排出路面积水，保证运输。

13.4.5　工程用施工仓库设计

根据物资器材和设备存放的不同要求，工地仓库可以是露天堆放、敞棚式或库房式。仓库中的库存量一方面要保障工程施工的需要，另一方面又应避免储存过多而积压浪费。

工程一般需要建筑设备及零部件仓库、金属材料仓库、水泥仓库、爆破器材仓库、油料及危险品仓库等。仓库建筑物必须能够确保所有物资在存放中不变质、不损坏、不丢失。为了确保施工安全，尤其是注意爆破器材仓库、油料及危险仓库的位置。

1. 临时炸药库

根据地质、地形条件不同，炸药库有地面式及洞室式等形式。设置临时炸药库应考虑：

(1) 炸药库应布置在偏僻远离人流、货流通过的地区，合理利用地形，布置在有天然屏障的地段。

(2) 炸药库与工地建筑物及附近居民区、道路、输电线路之间要保持一定的安全距离，安全距离为

$$R = k\sqrt{q} \tag{13.6}$$

式中　R—— 最小安全距离，m；

q—— 爆炸的炸药量，kg。

k—— 安全系数，见表 13.3。

在选择安全系数时，应考虑可能爆炸的具体情况及被保护的建筑物。

(3) 雷管与炸药之间的安全距离为

$$R' = K' \sqrt{N} \tag{13.7}$$

式中 R'—— 最小安全距离，m；

K'—— 安全系数，双方均无土堤时，$K' = 0.06$，双方均有土堤时，$K' = 0.03$；

N—— 库内存放的雷管数，个。

表 13.3 炸药爆炸后空气冲击破坏安全系数表

安全等级	破坏程度	安全系数	
		无土堤	有土堤
1	安全无破坏	50～150	10～40
2	玻璃窗偶然破坏	10～30	5～9
3	玻璃窗完全破坏，门及窗局部破坏，内墙有裂纹	5～8	2～4
4	内隔墙、门、木板房及板棚等破坏	2～4	1.1～1.9

(4)炸药库房修筑土堤，土堤应高出屋檐 1.5 m，其上部宽度不小于 1 m，下部按土内摩擦角 45°～60°范围确定。土堤与库房墙间距为 2～3 m，并设有排水沟。

(5)炸药库应设围墙或铁丝网，它们与炸药库墙距离不小于 40 m，围墙外 3～5 m 的地方有炸药库管理。

(6)炸药库房屋结构应不低于《建筑设计防火规范》中规定的耐火等级二级的各项要求；炸药库要有消防水管及储水量充足且不冻结的蓄水池。

(7)炸药库内不准使用明火。

2. 临时油料库

工程施工临时油料库因服务年限短多采用地上式。油料库一般包括库房及发料间，室外应设装卸平台。设置油料库时应注意：

(1)建筑物的耐火等级不得低于二级，建筑物主要部件应采用准燃烧体材料及非燃烧体材料，油库内外应设消防灭火设施。

(2)油库与其他建筑物、铁路、公路等的防火间距应符合现行《建筑设计防火规范》的规定。

(3)油库应有良好的通风隔热措施。

(4)库房内人工照明应采用防爆照明。

3. 材料及构件堆场

材料及构件堆场的面积为

$$F = Q/(nqk) \tag{13.8}$$

式中 F—— 材料、构件堆场或仓库所需的面积；

Q—— 某种材料现场总用量；

n—— 某种材料分批进场次数；

q—— 某种材料每平方米的储存定额；

k—— 堆场、仓库的面积利用系数。

材料及构件堆场应遵循的布置原则为：预制构件应尽量靠近垂直运输机械，以减少二次搬运的工程量；各种钢构一般不宜露天堆放；砂石应尽量靠近泵站，并注意运输装卸方便；工程所需原材料，在拟建工程周边方便布置。

13.4.6　工地其他临时房屋

工地其他临时房屋大概可以分为

(1)办公用房：工程指挥部、工区的办公室、会议室等。

(2)居住用房：主要是现场人员宿舍。

(3)文化娱乐用房：俱乐部、图书室。

(4)生活福利用房：医院、商店、食堂、浴室、理发室、厕所等。

在修建这些临时房屋时，一方面应该满足以上各方面的实际需要，另一方面又必须尽一切可能减少修建费用。为此应该考虑：

(1)尽量利用施工地区附近村镇、城市的民房和文化福利设施。

(2)采用装配式结构和移动式的房屋，以便转移到其他工地使用。

(3)对于不能拆迁的临时房屋，尽可能利用当地材料修建，并按使用年限选用适当的建筑物标准。

(4)办公室、职工宿舍等的布置，应便利工人的生产与生活，既要靠近施工现场，又要避开洞口和其他产生噪声的点，以不影响办公室和保证作业人员的休息。

工地临时房屋的需要量取决于工程规模、工期长短等因素。可根据工地的工人、干部及家属的总人数和国家规定的房屋面积定额，计算出各类房屋的建筑面积，并参照工程所在地区的具体条件来确定。

13.5　施工监测

由于地下工程施工的复杂性，施工监测已经成为地下工程施工的重要内容之一。考虑到地下隧道是地下工程的重要形式之一，本节重点介绍地下隧道的施工监测问题。

13.5.1　观测的意义、适用范围及主要内容

一、观测意义

地下工程围岩和支护系统观测的目的和意义概括如下：

(1)及时掌握和提供围岩和支护系统变化信息和工作状态。

(2)评价围岩和支护系统的稳定性、安全性。

(3)及时预报围岩险情，以便采取措施，防止事故发生。

(4)指导安全施工，修正施工参数或施工工序。

(5)验证、修改工程设计参数。

(6)为地下工程设计和施工积累资料，同时为围岩稳定性理论研究提供基础数据。

(7)对地下隧道未来性态作出预测。依据各类观测曲线的形态特征，掌握其变化规律，进而对其未来性态作出有效地预测。

(8)法律及公证的需要。经过计量认证的观测单位,其所提供的观测结果,具有公证效力。对由于工程事故而引起的责任和赔偿问题,观测资料有助于确定其原因和事故责任。

二、观测范围

并非所有地下隧道工程都需要实施现场监控量测。地下隧道是否需要现场监控量测,主要依据地下隧道围岩类别和规模(跨度)。当地下隧道跨度小于 5 m 时,Ⅰ～Ⅳ类围岩均不需要现场监控量测;但当地下隧道规模很大时,如当地下隧道跨度大于 20 m 时,即便是Ⅰ类围岩,也需要实施现场监控量测。《锚杆喷射混凝土支护技术规范》对应实施现场监控量测的工程范围进行了规定(见表 13.4)。

表 13.4　地下隧道进行现场监控量测的工程范围选定表

跨度 B/m 围岩分级	≤5	5<B≤10	10<B≤15	15<B≤20	20<B≤25
Ⅰ	—	—	—	△	√
Ⅱ	—	—	△	√	√
III	—	—	√	√	√
Ⅳ	—	√	√	√	√
Ⅴ	√	√	√	√	√

注:①"√"者为应进行现场监控量测的地下隧道;②"△"者为选择局部地段进行量测的地下隧道。

表 13.4 的规定表明:凡是跨度较大和围岩较差的地下隧道,均应进行现场监控量测;围岩好但跨度大的地下隧道,宜在局部地段进行量测,控制和监视局部不稳定块体的动态,以保证安全。

三、地下隧道围岩观测内容及项目

地下隧道围岩观测内容及项目与适用范围见表 13.5。

表 13.5　地下隧道原位观测项目及适用范围一览表

观测项目	观 测 内 容	观测仪器	适 用 范 围
巡视检查	开挖掌子面处围岩稳定性 围岩构造情况 围岩和支护变形及稳定性 校核围岩类别	目视 地质锤 地质罗盘	地下隧道各部位
变形(位移)观测	围岩表面变形量测 围岩内部变形量测 支护表面变形量测	收敛计	测量隧道周壁两点间的相对位移
		位移计	测量围岩中不同深度处各点之间的相对和绝对位移
		测斜仪	测量钻孔内垂直于钻孔方向的位移
		挠度计	测量隧道周壁各点或围岩中某一点的位移

续表

观测项目	观测内容	观测仪器	适用范围
应变观测	围岩内部应变量测 支护（喷混凝土）内部应变量测 衬砌内部应变量测	应变计	测量围岩、支护、衬砌结构的应变，并计算应力
		应变砖	测量支护、衬砌结构应变，并计算应力
		锚杆（钢筋）应变计	测量围岩应变、锚杆（钢筋）应变（应力）
应力观测	围岩初始应力量测 围岩二次应力量测 支护、衬砌内部应力量测 围岩支护间接触压力量测	液压应力计 差动电阻应力计 钢弦应力计 钢筋计 载荷测力计	测量围岩、支护结构的应力及两者界面的压力
地下水位水压观测	地下水位 地下水渗透压力 外水压力	测尺 渗压计	测量围岩内部、作用在支护结构上的地下水位压力
温度观测	围岩温度 混凝土温度 气温和水温	电阻温度计 一般温度计	测量隧道围岩、支护测量围岩、支护衬砌混凝土及洞内气温、水温等
松弛圈观测	围岩爆破松弛范围量测 围岩二次应力调整松弛范围量测	声波仪 钻孔多点位移计	适用地下隧道开挖后不同时期围岩松弛变化测量
动态观测	围岩及支护系统动载观测 围岩及结构振动速度观测 围岩声波速度量测	高频应变仪 测振仪 声波仪	测量大型隧道开挖爆破影响 测量地下隧道声波波速

13.5.2　监测方案设计

一、观测项目的确定

1. 观测项目的确定原则

（1）以安全观测项目为主的原则。作为判断地下隧道围岩稳定的最直观、最可靠的位移观测和应力观测，应成为最主要的观测项目。其中对中小型地下隧道工程，应以围岩收敛观测为主；对具有高边墙、大跨度的地下厂房，作为位移观测项目（仪器），应以钻孔多点位移计为主，钻孔倾斜仪配合；前者可测围岩内部不同深度处的位移，后者则具隐蔽性特点及位移变化连续性特点。实践表明，使用目前的尺式或钢丝式收敛计进行大跨度、高边墙隧道收敛位移观测是不成功的；围岩应力观测，就具体地下厂房而言，应以锚杆应力观测和预应力锚索应力观测为主。这几项观测项目，不论在空间分布上，还是在数量上，都应体现以安全观测为主的原则。

（2）观测项目设计宜体现全面的原则。观测项目不仅要重点突出，还要考虑全面的原则。

因为观测目的是多方面的，不仅要考虑围岩安全，还要考虑载荷条件及变化、设计计算等要求；但对于次要观测项目，如围岩温度观测，宜少量布置。

(3)观测项目宜同步设置的原则。对系统观测断面的观测点及重要部位的随机观测点，应同时埋设两类或两类以上观测项目(仪器)，如围岩内部位移观测、锚杆应力观测、锚索应力观测等。这样可通过结果的互相印证，提高结果的可靠性。

(4)少而精的原则。对长期观测项目(包括施工期和运行期)，应在反映地下工程围岩实际工作状况前提下，力求少而精的原则。

(5)贯彻经济性原则。在保证观测仪器质量的前提下，应适当考虑观测仪器的经济性。

2. 观测项目分类及确定

《锚杆喷射混凝土支护技术规范》规定的观测项目见表13.6，并将其分为必测和选测项目。

表13.6　现场监控量测内容和项目表

项目类别	必测项目			选测项目							
项目序号	(1)	(2)	(3)	(4)	(5)	(6)	(7)	(8)	(9)	(10)	(11)
项目名称	地质和支护状况观察	周边位移	拱顶下沉	地表下沉	围岩内部位移	松动区范围	围岩压力	两层支护间接触应力	钢架结构受力	支护结构内力	锚杆应力

日本《新奥法设计技术指南(草案)》将采用新奥法修建地下工程时所进行的观测项目分为A类和B类，其中，A类是必须进行量测的项目，B类是根据情况选测的项目，其建议的具体项目见表13.7。

表13.7　地下工程观测项目一览表

项目 / 围岩条件	A类量测			B类量测						
	洞内观察	洞内收敛	拱顶沉降	地表沉降	地中位移	锚杆轴力	衬砌应力	锚杆拉拔试验	围岩试件	洞内弹性波
硬岩地层(断层等破碎带除外)	·	·	·	△	△*	△*	△	△	△	△
软岩地层(不产生很大的塑性地压)	·	·	·	△	△*	△*	△*	△	△	△
软岩地层(塑性地压很大)	·	·	·	△	·	·	○	△	○	△
土砂地层	·	·	·	·	△*	△*	○	·	△	

注：·必须进行项目；○应该进行的项目；△必要时进行的项目；△*这类项目的量测结果对判断设计是否保守是很有用的。

从表 13.6 和表 13.7 可知，我国和日本均将地下隧道围岩观测项目分为必测项目和选测项目。必测项目是地下隧道围岩观测的核心，它是设计、施工等所必须进行的经常性量测项目。两国规范(规定)对必测项目的规定基本一致，仅是表述略有不同。选测项目则是由于岩土工程条件、工程规模、工程性质等具体条件和设计要求不同而选择的观测项目。

二、观测布置

观测布置包括观测断面的确定(断面间距)和观测点的布置。观测断面又细分为系统观测断面和一般观测断面。把多项观测内容有机地组合在一个观测断面里，且有计划、有目的的观测；观测手段互相校验、印证，综合分析观测断面的变化，这种观测断面称为系统观测断面；仅将单项观测内容布置在一个观测断面内(通常指收敛观测断面或称必测项目断面)，了解围岩和支护在这个断面上各部位的变化情况，这种观测断面称为一般观测断面。

通常认为，从围岩稳定性监控出发，应重点观测围岩质量差及局部不稳定块体；从反馈设计、评价支护参数合理性出发，则应在代表性的地段设置观测断面；在特殊的工程部位(如洞口和分叉处)也应设置观测断面。

1. 观测断面的确定(断面间距)

应该指出，《锚杆喷射混凝土支护技术规范》对观测断面间距并没有明确规定，而原国家标准则对观测断面间距规定如下：对一般性观测断面(必测项目断面)，观测断面间距为 20～50 m；对系统观测断面，仅规定选择有代表性的地段测试。该规范同时规定，测点布置的数量与地质和工程有关。对地质条件差和重要的工程，应从密布点。

系统观测断面间距，其位置与数量由具体需要满足，对洞径小于 15 m 的长隧道，在一般围岩条件下，应 200～500 m 设一个断面。

地表下沉观测结果与埋深关系很大，其观测断面间距见表 13.8。

表 13.8　地表下沉观测的测点纵向间距

埋深 h 与隧道跨度 D 关系	测点距离/m
$h<D$	5.0～10.0
$D<h<2D$	10.0～20.0
$h>2D$	20.0～50.0

在一般的铁路和公路隧道中，根据围岩类别，洞周收敛位移和拱顶下沉观测的断面间距定为Ⅱ类：5.0～20.0 m；Ⅲ类：20.0～40.0 m；Ⅳ类：40.0 m 以上(注：铁路和公路隧道围岩类别划分有所不同，详见相关规范)。

具有高边墙、大跨度特点的水电站地下厂房，其系统观测断面间距一般为 $1.5D$～$2.0D$(D 为厂房跨度)。

2. 观测点的布置形式

观测点的布置形式，主要依据隧道断面尺寸、形状、围岩地质条件、开挖方式、程序、支护类型等因素进行布置。在安装埋设和观测过程中，可依据具体情况进行适当地调整。

(1)围岩周边收敛位移(测点、线布置)。收敛观测点(线)的布置应根据观测目的、地质条件、隧道的形态和大小确定。比较常见的布置形式如图 13.3 所示。

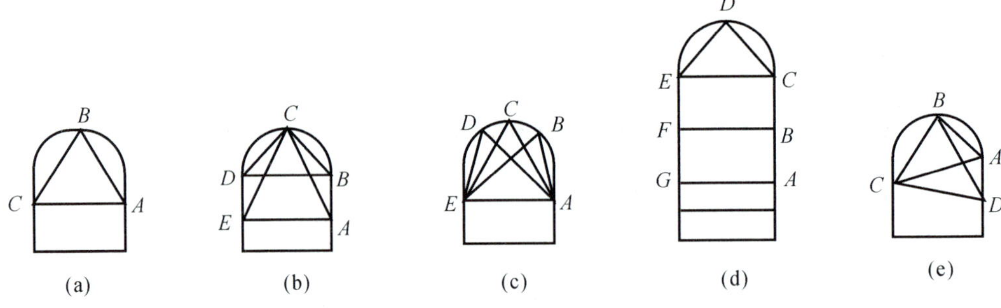

图 13.3　收敛测点(线)布置形式示意图

若收敛观测的目的是为围岩稳定监控服务，当隧道尺寸不大时，则选用图 13.3(a)所示的布点(线)方式即可；若收敛观测的目的是要反算岩体地应力场和围岩力学参数，或是计算边墙两侧中部的下沉量时，则选择图 13.3(b)或(c)所示的布点(线)较好；当地下隧道边墙很高，如大于 30m 时，为了观测可行和方便，则选用图 13.3(d)所示的布点(线)方式较好；若为求一侧边墙下沉量(如边墙中部有断层存在时)，则选用图 13.3(e)所示的布点(线)方式较好。

(2)钻孔位移计观测孔布置形式。钻孔位移计观测孔常布置在地下隧道的拱顶、边墙和拱脚部位，如图 13.4 所示为钻孔位移计测孔布置常采用的几种形式。当地下隧道高度和宽度差别不大，围岩又存在各向异性时，可选用图 13.4(a)(b)所示的布置形式；当围岩比较均一时，钻孔位移计则可仅布置在隧道的一侧，如图 13.4(c)(d)所示的布置形式；当地下隧道规模大，且高宽比大于 2.0 时，则宜选用图 13.4(e)所示的布置形式；当拟掌握隧道围岩位移变化的全过程时，则可选择由地表向下钻孔，通过钻孔向预定开挖的隧道围岩中预埋钻孔位移计。西龙池抽水蓄能电站地下厂房钻孔位移孔，在隧道上部岩体中预埋位移计，如图 13.4(f)所示；也可在临近已开挖的隧道中。已有观测成果表明，其观测数据和位移时间关系曲线很有规律。

(3)锚杆应力计观测孔布置形式。锚杆应力计通常布置在地下隧道的拱顶，边墙中部、中下部和拱脚部位。如图 13.5 所示为钻孔锚杆应力计测孔布置通常采用的几种形式。当地下隧道高度和宽度差别不大，洞径(宽)小于 10 m 时，可选用图 13.5(a)所示的布置形式；当地下隧道高度和宽度差别不大，洞径(宽)大于 10 m、小于 20 m 时，可选用图 13.5(b)所示的布置形式；当地下隧道规模大，且高宽比大于 2.0 时，则宜选用图 13.5(c)所示的布置形式；当围岩比较均一时，锚杆应力计也可仅布置在隧道一侧，如图 13.5(d)所示。

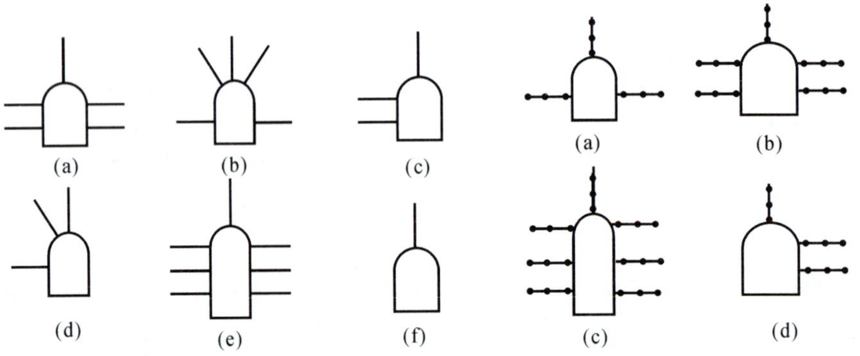

图 13.4　钻孔位移计观测孔布置示意图　　图 13.5　锚杆应力计观测孔布置示意图

(4)钻孔测斜观测孔布置形式。对具有高边墙、大跨度的地下厂房,钻孔测斜观测孔可布置在边墙两侧中部距边墙 2.0～2.5 m 的围岩内;当围岩地质条件均一时,可仅在边墙一侧布置,中小地下隧道边墙两侧可不布置钻孔测斜仪。

(5)支护结构应力应变观测点布置形式。混凝土衬砌(喷层)应力应变观测布置,除应与锚杆应力观测孔布置相对应外,还应在有代表性的部位布置观测点,以便掌握混凝土衬砌(喷层)在整个断层上的受力状态和支护作用。此外,在支护结构应力应变观测点布置时,还应考虑特殊地质部位、特殊结构部位及地下隧道是否有偏压,位移是否对称,有无底鼓可能性等因素。

三、监测手段和仪表的选择

监测手段和仪表的确定主要取决于围岩工程地质条件和力学性质,以及测量的环境条件。通常,对于松软围岩中的隧道工程,由于围岩变形量值较大,因而可以采用精度稍低的仪器和装置;而在硬岩中则必须采用高精度监测元件和仪器。在一些干燥无水的隧道工程中,电测仪表往往能工作得很好;在地下水发育的地层中进行电测就较为困难。埋设各种类型的监测元件时,对深埋地下工程,必须在隧道内钻孔安装;对浅埋地下工程,则可以从地表钻孔安装,从而可以监测隧道工程开挖过程中围岩变形后的全过程。

四、观测频度的确定

各观测项目原则上应根据其变化的大小和距工作面距离确定观测频度。如洞周收敛位移和拱顶下沉的观测频度可根据位移速度及离开挖面的距离而定。当不同的测线和测点位移量值和速度不同时,应以产生最大位移者来确定量测频度,整个断面内各测线和测点应采用相同的观测频度。

《锚杆喷射混凝土支护技术规范》规定的观测频度为:在隧道开挖或支护后的半个月内,每天应观测 1～2 次;半个月后到一个月内,或掌子面推进到距观测断面大于 2 倍洞径的距离后,每 2 天观测一次;1～3 个月期间,每周测读 1～2 次;3 个月以后,每月测读 1～3 次。若设计有特殊要求,则可按设计要求执行。若遇突发事件或原因,参量发生异常变化,则应按特殊观测要求执行,即应加强观测,增加观测频度。

日本《测量指南》规定的观测项目与观测频度见表 13.9。

表 13.9　观测项目与观测频度

类 型	项 目	量测次数		
		0～15 天	16～30 天	31 天以上
A 测量	洞内观察及调查	1 次/天	1 次/天	1 次/天
	收敛位移、拱顶下沉	1 次/天	1 次/2 天	1 次/周
B 测量	围岩内部位移、锚杆轴向力衬砌应力	1～2 次/天	1～2 次/天	1 次/周
	洞内弹性波速度	1 次	1 次	1 次

13.5.3　监测数据的分析及警戒值的确定

一、观测资料的分析

1. 收敛观测资料整理

(1)收敛观测记录整理。收敛观测资料整理包括整理地下隧道围岩收敛观测记录,计算经温度修正的实际收敛值，绘制相关曲线及图形。

收敛观测记录整理包括的内容：工程名称、观测阶段和观测断面及观测点的编号与位置、基线长度、地质描述、收敛计编号。收敛计读数、观测时间、观测温度、观测断面与开挖掌子面的间距等；观测值的温度修正；计算各断面两侧点间收敛值，测点绝对位移值等。

(2)实际收敛值的计算。经温度修正的实际收敛值，计算公式为

$$\mu=\mu_i+\alpha L(t_n-t_0) \tag{13.9}$$

式中 μ—— 实际收敛值，mm；

μ_i—— 收敛读数值，mm；

α—— 收敛计系统温度线胀系数，一般采用 $\alpha=12\times10^{-6}$；

L—— 基线长，mm；

t_0—— 收敛计标定时的环境温度，℃；

t_n—— 收敛观测时环境实测温度，℃。

(3)图表整理。收敛观测图表整理主要包括：①收敛变形与时间关系曲线；②收敛变形与距掌子面距离关系曲线；③收敛速率与时间关系曲线；④相对变形与相对距离关系曲线；⑤收敛变形值断面分布图；⑥收敛变形汇总表和综合表。

上述监测成果作为围岩稳定信息应及时反馈，及时报告给施工和设计单位，以指导施工和修改设计。反馈的形式有三种：①险情预报简报(及时发出)；②定期简报(通常每隔15天发布一次)；③监测总报告(通常在任务完成后2个月之内提交)。

观测资料的整理，应特别注意对影响观测成果的因素的分析。影响收敛观测成果的重要因素有：①收敛计的精度、灵敏度的影响；②收敛测桩安装质量的影响；③收敛测桩保护效果的影响；④环境的影响，如放炮飞石碰动，震动甚至砸坏测桩，隧道温度变化的影响；⑤人为读数误差的影响，如不同测读人员操作水平及方法产生的影响。

2. 钻孔岩体轴向位移观测资料整理

(1)钻孔岩体轴向位移观测记录整理。钻孔岩体轴向位移记录整理内容包括工程名称、观测断面和观测孔及测点的编号及位置。地质描述、轴向位移读数值、观测时间。观测断面与开挖掌子面的距离、观测数据校核及计算。

(2)图表整理。钻孔岩体轴向位移观测图表整理主要包括“4线2图”，即：①围岩位移与时间关系曲线；②围岩位移与开挖进尺关系曲线；③围岩位移随埋设深度变化曲线；④围岩位移速率与时间关系曲线；⑤观测断面围岩位移分布图；⑥钻孔位移计安装竣工图。

3. 锚杆应力观测资料整理

(1)锚杆应力观测记录整理。锚杆应力观测记录的整理包括工程名称、观测端面、观测孔及测点的编号及位置、地质描述、钢弦频率值或电阻值、观测时间、观测断面与开挖掌子面的距离。

(2)图表整理。锚杆应力观测表整理主要包括“4线1表”，即：①测点应力与时间关系曲线；②测点应力与掌子面距观测断面距离关系曲线；③测点应力与埋设深度关系曲线；④锚杆应力变化率与时间关系曲线；⑤锚杆应力综合汇总表。

在资料整理时，应注意影响锚杆应力观测成果的因素。这些因素主要有：①锚杆应力计的精度、稳定性和灵敏度；②钻孔注浆质量；③安装质量；④测读人员技术素质。

4. 钻孔岩体横向位移观测资料整理

(1)钻孔主体横向位移观测记录整理。钻孔岩体横向位移观测记录及整理内容包括工程名称、导槽方位、测斜孔编号、测孔位置、地质描述、最大位移方向及垂直最大位移方向的读数值、观测时间、观测数据校核及计算等。

(2)图表整理。钻孔岩体横向位移观测图表整理主要包括“3线1图”,即:①测点变化值与深度关系曲线;②水平位移量与深度关系曲线;③测点位移与时间关系曲线;④倾斜仪安装竣工图。

上述观测资料的整理,应特别注意对影响观测结果的因素进行分析。影响钻孔岩体横向位移的观测结果的主要因素有:①测斜管及管接头的质量;②灌斜管与孔壁之间的灌浆材料(应和围岩变形性质一致);③每次测点位置变化(要求每次测量都应严格固定在同一位置上);④测斜仪的轴心与感应轴不一致或零点漂移(要求在测量时,一组导槽必须正反测两次,以便自动消除仪器的固有误差。

二、监测数据警戒值及围岩稳定性判断准则

1. 容许位移量

容许位移量是指在保证隧道不产生有害松动和保证地表不产生有害下沉量的条件下,自隧道开挖起到变形稳定为止,在起拱线位置的隧道壁面间水平位移总量的最大容许值,或拱顶的最大容许下沉量,在隧道开挖过程中若发现监测到的位移总量超过该值,或者根据已测位移预计最终位移将超过该值,则意味着围岩不稳定,支护系统必须加强。

容许位移量与岩体条件、隧道埋深、断面尺寸及地表建筑物等因素有关,例如城市地铁,通过建筑群时一般要求地表下沉不超过5～10 mm,对于山岭隧道,地表沉降的容许位移量可由围岩的稳定性确定。

2. 容许位移速率

容许位移速率是指在保证围岩不产生有害松动的条件下,隧道壁面间水平位移速度的最大容许值。它同样与岩体条件、隧道埋深及断面尺寸等因素有关,容许位移速率目前尚无统一规定,一般都根据经验选定。

除了以上两种判别标准外,有时还可以根据位移-时间曲线来判断围岩的稳定性。总之,在隧道施工险情预报中,应同时考虑收敛或变形速度、相对收敛量或变形量及位移时间-曲线,结合观察到的洞周围岩喷射混凝土和衬砌的表面状况等综合因素作出预报。

思　考　题

1. 地下工程施工组织设计的编制内容有哪些?
2. 选择地下工程施工方案的原则是什么?
3. 如何编制地下工程进度计划?
4. 地下工程施工场地设计的内容有哪些?
5. 地下工程施工监测方案设计的原则是什么?设计的内容有哪些?

参考文献

[1] 关宝树，杨其新．地下工程概论[M]．成都：西南交通大学出版社，2001．

[2] 周传波，陈建平，罗学东，等．地下建筑工程施工技术[M]．北京：人民交通出版社，2008．

[3] 杨其新，王明年．地下工程施工与管理[M]．成都：西南交通大学出版社，2005．

[4] 朱永全，宋玉香．隧道工程[M]．北京：中国铁道出版社，2005．

[5] 于书翰，杜谟远．隧道工程[M]．北京：人民交通出版社，2001．

[6] 王梦恕，等．中国隧道及地下工程修建技术[M]．北京：人民交通出版社，2010．

[7] 吴焕通，崔永军．隧道施工及组织管理指南[M]．北京：人民交通出版社，2005．

[8] 施仲衡．地下铁道设计与施工[M]．西安：陕西科学技术出版社，1997．

[9] 张凤祥，朱合华，傅德明．盾构隧道[M]．北京：人民交通出版社，2004．

[10] 刘建航，候学渊．盾构法隧道[M]．北京：中国铁道出版社，1991．

[11] 夏永旭，王永东．隧道结构力学计算[M]．北京：人民交通出版社，2004．

[12] 孙均，候学渊．地下结构[M]．北京：科学出版社，1987．

[13] 张彬，郝凤山．地下工程施工技术[M]．徐州：中国矿业大学出版社，2009．

[14] 姜玉松．地下工程施工技术[M]．武汉：武汉理工大学出版社，2008．

[15] 蒋洪胜．盾构法隧道管片接头的理论研究及应用[D]．上海：同济大学，2000．

[16] 罗衍俭．铁路隧道结构设计理论与方法存在的问题[J]．世界隧道，1997(5)：8－12．

[17] 黄建明．盾构管片计算模型的选择[J]．铁道建筑，2004(6)：29－31．

[18] 吴波，阳军生．岩石隧道全断面掘进机施工技术[M]．合肥：安徽科学技术出版社，2008．

[19] 惠兴田．矿山建设工程[M]．西安：西安地图出版社，2010．

[20] 董方庭，姚玉煌，等．井巷设计与施工[M]，徐州：中国矿业大学出版社，1986．

[21] 路耀华，崔增祁．中国煤矿建井技术[M]．徐州：中国矿业大学出版社，1995．

[22] 赛云秀．现代矿山井巷施工技术[M]．西安：陕西科学技术出版社，2000．

[23] 何满朝，袁和生，等．中国煤矿锚杆支护理论与实践[M]．北京：科学出版社，2004．

[24] 沈季良，等．建井工程手册[M]．北京：煤炭工业出版社，1992．

[25] 中国矿业学院．特殊凿井[M]．北京：煤炭工业出版社，1981．

[26] 刘丽萍．基础工程．北京：中国电力出版社，2007．

[27] 陈礼仪，胥建华．岩土工程施工技术[M]．成都：四川大学出版社，2008．

[28] 陈忠汉，程丽萍．深基坑工程[M]．北京：机械工业出版社，1999．

[29] 丛蔼森．地下连续墙的设计施工与应用[M]．北京：中国水利水电出版社，2000．

[30] 陆震铨，祝国荣．地下连续墙的理论与实践[M]．北京：中国铁道出版社，1987．

[31] 刘国彬，王卫东．基坑工程手册[M]．北京：中国建筑工业出版社，2009．

[32] 王卫东，王建华．深基坑支护结构与主体结构相结合的设计分析与实例[M]．北京：中国建筑工业出版社，2007．

[33] 建筑施工手册编写组．建筑施工手册[M]．4 版．北京：中国建筑工业出版社，2003．

[34] 张勤，李俊奇．水工程施工[M]．北京：中国建筑工业出版社，2005．

[35] 中国非开挖技术协会行业标准．顶管施工技术及验收规范(试行)[S]．北京：人民交通

出版社，2006.
[36] 马保松，D. Stein，蒋国盛，等. 顶管和微型隧道技术[M]. 北京：人民交通出版社，2004.
[37] 叶建良，蒋国盛，窦文武. 非开挖铺设地下管线施工技术与实践[M]. 武汉：中国地质大学出版社，2000.
[38] 张凤祥. 沉井与沉箱[M]. 北京：中国铁道出版社，2002.
[39] 陈韵章. 沉管隧道设计与施工[M]. 北京：科学出版社，2005.
[40] 王彬. 荷兰沉管隧道工程的发展概况[J]. 现代隧道技术，2006(6)，70－77.
[41] 崔云龙. 简明建井工程手册[M]. 下册. 北京：煤炭工业出版社，2003.
[42] 周晓敏，王梦恕. 人工地层冻结技术在我国城市地下工程中的兴起[J]. 都市快轨交通，2004，17(S1)：77－79.
[43] 李大建. 广州地铁超长水平冻结施工设计[J]. 都市快轨交通，2007，20(02)：55－59.
[44] 叶观宝. 地基处理[M]. 北京：中国建筑工业出版社，2009.
[45] 刘斌. 地下特殊施工技术[M]. 北京：冶金工业出版社，1994.